Deutsche Seewarte

Die Ergebnisse der Wetterprognosen im Jahre 1886

Deutsche Seewarte

Die Ergebnisse der Wetterprognosen im Jahre 1886

ISBN/EAN: 9783741101960

Hergestellt in Europa, USA, Kanada, Australien, Japan

Cover: Foto ©berggeist007 / pixelio.de

Manufactured and distributed by brebook publishing software
(www.brebook.com)

Deutsche Seewarte

Die Ergebnisse der Wetterprognosen im Jahre 1886

Die Ergebnisse der Wetterprognosen

im Jahre 1886

nach den tabellarischen Zusammenstellungen in den Monats-

berichten der Deutschen Seewarte 1886

von

Dr. **J. van Bebber,**

Vorsteher der III. Abtheilung der Deutschen Seewarte.

Hamburg, 1887.

Gedruckt bei Hammerich & Lesser in Altona.

Die Ergebnisse der Wetterprognosen im Jahre 1886

nach den

tabellarischen Zusammenstellungen in den Monatsberichten der Deutschen Seewarte
für den Jahrgang 1886.

Bereits bei einer früheren Gelegenheit[*]) wurden die Nachtheile der bisherigen, mit geringen Variationen fast überall noch angewandten Methode der Prüfung der Wetterprognosen besprochen und besonders darauf hingewiesen, dass dieselbe viele und schwer zu beseitigende Willkürlichkeiten in sich schliesst und dass sie für die einzelnen Prognosengebiete keine vergleichbaren Zahlen giebt, welche über die Leistungsfähigkeit der Prognosen sowie über den wirklichen Werth der Lokaleinflüsse geeigneten Aufschluss geben.

Die neuere mit dem Jahre 1886 von der Seewarte angewandte Methode der Prognosenprüfung dagegen ist in der Ansübung durchaus frei von jeder Willkür und individuellem Urtheil und liefert daher Zahlenwerthe, welche unter sich vollkommen vergleichbar sind. Diese Zahlenwerthe schliessen allerdings Einzelfälle in sich, die gewissermaassen mehr oder weniger vom Zufall abhängen, so dass eine Einzelprognose, bei deren Prüfung die Terminbeobachtungen zu Grunde gelegt wurden, den wirklichen Thatbeständen unter Umständen nicht entspricht, wie sie durch den kontinuirlichen Verlauf der Witterung gegeben sind, allein im grossen Ganzen gleichen sich diese durch den Zufall gegebenen Unrichtigkeiten aus und die grossen Zahlen geben ein getreues Bild der Erfolge und Misserfolge der Wetterprognosen.

In den zu Anfang des Jahres 1886 reorganisirten Monatsberichten der Deutschen Seewarte sind die thatsächlichen Witterungsverhältnisse vergleichend mit den von der Seewarte ausgegebenen Prognosen für jeden Tag zusammengestellt und zwar für Hamburg, Neufahrwasser und München, gewissermaassen als die Repräsentanten des nordwestlichen, östlichen und südlichen Deutschlands. Es erschien nun nicht uninteressant und die Arbeit lohnend, das in diesen Tabellen niedergelegte Material zu verwerthen, zu diskutiren und die sich hieraus ergebenden Resultate übersichtlich zusammenzustellen.

Die hier untersuchten Prognosen sind dieselben, welche in den täglichen autographirten Wetterberichten der Seewarte für das nordwestliche, östliche und südliche Deutschland veröffentlicht worden sind, zur Prüfung wurden die in obigen Wetterberichten enthaltenen Beobachtungen von Hamburg, Neufahrwasser und München für 8^h a. m. und 2^h p. m. benutzt.

---

[*]) cf. „Monatliche Uebersicht der Witterung", Jahrgang 1884, Aprilheft, und „Meteorologische Zeitschrift", Jahrgang 1884, p. 397; vgl. auch „Monatliche Uebersicht der Witterung", Jahrgang 1884, August- und Dezemberheft.

Zum Verständnisse der in den unten stehenden Tabellen enthaltenen Ausdrücke lassen wir folgende Begriffsbestimmungen folgen:

Temperatur-Abweichung: k = kalt (negative Abw. > 2°), **n** = normal (Abw. o—2°), **w** = warm (positive Abw. > 2°);

Temperatur-Aenderung: a = Abnahme, **u** = unveränderter Stand (Aenderung < 1°), **z** = Zunahme der Temperatur;

Windstärke: Beauf. 1—4 = schwach, 5 und 6 = frisch, > 6 = stürmisch;

Bewölkung: h = heiter (o—1), **v** = wolkig (2—3), **b** = bedeckt (4), **r** = Niederschläge, **d** = Nebel, Dunst;

Niederschlag: t = trocken, **e** = etwas Regen (o—1.5 mm), **r** = Regen, Schnee etc. (> 1.5 mm). Die Angaben des Niederschlages gelten für die Zeit von 8ʰ a. m. des angegebenen Tages bis 8ʰ a. m. des folgenden.

In den **Prognosen** ist bei Bewölkung: **v** = veränderlich; bei Niederschlag: **v** = veränderlich, **o** = ohne wesentliche Niederschläge.[*]

Der Erfolg oder Misserfolg der Wetterprognosen kann durch zwei Ursachen mehr oder weniger beeinflusst werden, die wir, soll unser Urtheil ein richtiges, einwurfsfreies sein, bei unserer Untersuchung nicht vernachlässigen dürfen, nämlich durch die Wahrscheinlichkeit des Eintritts einer Witterungserscheinung überhaupt oder den Zufall, und durch die Erhaltungstendenz des Wetters.

Es ist klar, dass der Zufall gewöhnlich nicht gerade 50 % Treffern entspricht, wie man zuweilen anzunehmen geneigt ist, sondern dass die Trefferprozente für den Zufall im Allgemeinen in ausserordentlich weiten Grenzen liegen, und dass dieselben mit dem jeweiligen Witterungscharakter für längere Zeit grossen Schwankungen unterworfen sind. Betrachten wir beispielsweise die Tabelle für Windstärke, so kamen im Jahre 1886 für 6ʰ a. m. und für Hamburg 357 Fälle in Betracht und zwar 284 für schwache, 57 für frische und 16 für stürmische Winde, es entsprechen also dem Zufall 80 % der Fälle für schwache, 16 % für frische und nur 4 % für stürmische Winde. Hätten wir also während des ganzen Jahres ununterbrochen schwache Winde prognostizirt, so hätten wir an 80 % Treffer erzielt, dagegen 20, wenn die Prognose stets auf frisch oder stürmisch gelautet hätte.

Hiernach erschien es nöthig, bei Untersuchung des Erfolges oder Misserfolges der Wetterprognosen den Zufall in Rechnung zu bringen. Dieses geschah in Bezug auf Abweichung und Aenderung der Temperatur, Bewölkung und Niederschlage und es wurden die sich ergebenden Zahlenwerthe für die Häufigkeit des Eintretens der verschiedenen Arten der Erscheinungen in Prozenten den entsprechenden Tabellen beigefügt, so dass dieselben unmittelbar mit den Prognosen verglichen werden können.

Ein anderer sehr wichtiger Punkt, welcher bei Beurtheilung des Erfolges und des Misserfolges der Wetterprognosen in Betracht fällt, scheint die Erhaltungstendenz des Wetters zu sein, nämlich die Neigung des Wetters denselben Charakter längere Zeit beizubehalten. In der That, wollte man beständig auf Fortdauer des zur Zeit der Prognosenstellung bestehenden Wetters prognostiziren, so würde man für die meisten meteorologischen Elemente Resultate erhalten, welche grössere Trefferprozente aufweisen, als den auf den blossen Zufall begründeten Prognosen entsprechen. Allein eins muss ausdrücklich betont werden, dass solche Prognosen für die Praxis fast unbrauchbar und werthlos sind. Denn der bei weitem wichtigste Moment bei der Verwerthbarkeit der Wetterprognose liegt

---

[*] Ueber die Terminologie der Prognosen vergl. »Annalen der Hydrographie etc.«, Jahrgang 1878, pag. 220 ff.

in der Voraussage des Witterungswechsels, der Aenderung des Wetter-charakters; gerade diese Voraussagen bestimmen lediglich den wahren Werth der Wetterprognosen, sie bilden den eigentlichen Maassstab der Erfolge der ausübenden Witterungskunde. Immerhin kann bei Aufstellung der Wetterprognosen die Erhaltungstendenz des Wetters berücksichtigt werden, ja sie darf nicht vernachlässigt werden, aber stets muss bei der Prognosenstellung in erster Linie das Hauptaugenmerk auf die Vorhersage des Witterungswechsels gerichtet sein.

Es ist jedenfalls von hohem Interesse festzustellen, wie sich im Jahre 1886 die Erhaltungstendenz des Wetters in den drei Prognosenbezirken Deutschlands stellte, um im Allgemeinen beurtheilen zu können, mit welcher Wahrscheinlichkeit des Eintreffens ein Witterungswechsel vorausgesagt werden konnte, und darzulegen, ob und wie oft die Erhaltungstendenz des Wetters bei der Aufstellung der Prognosen Berücksichtigung fand.

Zur Durchführung dieser Untersuchung wähle ich die für die Landwirthschaft wichtigsten meteorologischen Elemente, nämlich Temperatur, Bewölkung und Niederschlag und zwar für Hamburg, Neufahrwasser und München für 8ʰ a. m. und 2ʰ p. m. Nach den in den Monatsberichten der Seewarte publizirten Tabellen wurde die Zahl der aufeinander folgenden Tage bestimmt, an welchen das Wetter in Bezug auf das betreffende Element für 8ʰ a. m. denselben Charakter hatte und aus diesen Perioden das Mittel genommen, so dass sich hieraus die mittlere Periodendauer ergab. Hieraus wurde die mittlere Wahrscheinlichkeit der Fortdauer desselben Charakters von Tag zu Tag berechnet mit Hülfe der Formel $1-\frac{1}{L}$, wobei L die mittlere Dauer der Perioden bedeutet. Dieselbe Rechnung wurde für 2ʰ p. m. durchgeführt.

In den folgenden Tabellen bedeutet L die mittlere Länge der Perioden desselben Witterungs-Charakters in Bezug auf das betreffende Element in Tagen, W die mittlere Wahrscheinlichkeit der Fortdauer desselben Charakters von Tag zu Tag, die übrigen Zeichen haben dieselbe Bedeutung wie oben angegeben. Ausserdem sind in dieser Tabelle auch die Häufigkeitszahlen des Vorkommens der angegebenen meteorologischen Elemente gegeben.

Erhaltungstendenz.
1) Temperatur-Abweichung.

Tabelle I.

		8ʰ a. m.				2ʰ p. m.				8ʰ a. m. Zahl der Fälle			2ʰ p. m. Zahl der Fälle		
		Hamburg		Neufahrw.		München		Hamburg		Neufahrw.		München		Hamburg	Neufahrw.	München	Hamburg	Neufahrw.	München
		L	W	L	W	L	W	L	W	L	W	L	W						
Okt. bis März	k	5.1	80	4.1	76	2.5	60	6.6	85	6.6	85	3.8	74	67	55	55	62	66	64
	n	2.1	52	1.9	47	2.1	52	3.0	67	2.7	63	1.8	44	73	57	72	73	72	65
	w	2.0	50	2.2	55	2.3	57	2.2	55	2.8	64	1.9	47	42	70	55	47	44	53
April bis Sept.	k	3.2	69	2.9	66	4.5	78	2.7	63	3.2	69	3.5	71	74	47	64	68	57	75
	n	2.2	55	2.9	66	2.0	50	2.1	52	2.2	55	1.3	23	74	89	63	67	68	36
	w	2.9	66	2.6	62	2.2	55	2.8	64	2.5	60	3.2	69	35	47	56	48	58	72
Jahr	k	4.0	75	3.6	72	3.3	70	4.0	75	4.4	77	3.7	73	141	102	119	130	123	139
	n	2.2	55	2.4	58	2.1	52	2.4	58	2.5	60	1.6	37	147	146	135	140	140	101
	w	2.4	58	2.4	58	2.2	55	2.5	60	2.6	62	2.5	60	77	117	111	95	102	125

2) Temperatur-Aenderung.

	8ᵇ a. m.			2ᵇ p. m.			8ᵇ a. m. Zahl der Fälle			2ᵇ p. m.		
	Ham- burg	Neu- fahrw.	Mün- chen	Ham- burg	Neu- fahrw.	Mün- chen	Hamburg	Neufahrw.	München	Hamburg	Neufahrw.	München
	L	W	L	W	L	W	L	W	L	W	L	W						
Okt. a	1.4 29	1.5 33	1.6 38	1.4 29	1.3 23	1.5 33	69	70	80	70	60	64
bis u	1.6 38	1.3 23	1.3 23	1.6 38	1.6 38	1.3 23	55	41	41	55	61	52
März z	1.4 29	1.4 29	1.3 23	1.3 23	1.3 23	1.6 38	58	71	60	57	61	66
April a	1.4 29	1.2 17	1.6 38	1.3 23	1.5 33	1.5 33	64	53	55	65	60	61
bis u	1.3 23	1.7 41	1.6 38	1.2 17	1.5 33	1.3 23	54	64	57	41	48	34
Sept. z	1.4 29	1.5 33	1.6 38	1.7 41	1.5 35	2.0 50	65	66	71	77	75	88
Jahr a	1.4 29	1.3 23	1.6 38	1.4 29	1.4 29	1.5 33	133	123	136	135	120	125
u	1.5 33	1.5 33	1.5 33	1.4 29	1.5 33	1.3 23	109	105	98	96	109	86
z	1.4 29	1.4 29	1.4 29	1.5 33	1.4 29	1.8 44	123	137	131	134	126	154

3) Bewölkung.

	8ᵇ a. m.			2ᵇ p. m.			8ᵇ a. m.			2ᵇ p. m.		
Okt. h	1.3 33	1.7 41	1.3 23	1.3 33	1.6 38	1.3 23	24	35	26	33	45	41
bis v	1.2 17	1.2 17	1.2 17	1.4 29	1.2 17	1.3 23	26	31	21	40	28	44
März b, d	4.2 76	3.4 71	3.9 74	2.8 64	3.1 68	2.3 57	132	116	135	109	109	97
April h	1.7 41	1.9 47	2.1 54	2.2 55	2.2 59	2.3 57	60	65	57	55	68	53
bis v	1.5 33	1.6 38	1.2 17	1.4 29	1.9 47	1.8 44	54	62	37	63	65	72
Sept. b, d	2.1 54	1.5 33	2.7 63	1.9 47	1.4 29	1.5 33	69	56	89	65	50	58
Jahr h	1.6 38	1.8 44	1.8 44	1.9 47	1.9 47	1.8 44	84	100	83	88	113	94
v	1.4 29	1.5 33	1.2 17	1.4 29	1.6 38	1.5 33	80	93	58	103	93	136
b, d	3.1 67	2.4 58	3.3 70	2.4 58	2.2 59	1.9 47	201	172	224	174	159	155

4) Niederschlag. 8ᵇ a. m. bis 8ᵇ p. m.

Okt. bis März	t, o	2.7 63	4.0 75	3.3 70	—	—	—	87	121	100	— — —
	e, r, v	2.9 66	2.1 52	2.8 64	—	—	—	95	61	82	— — —
April bis Sept.	t, o	3.2 69	3.6 74	3.3 70	—	—	—	104	125	89	— — —
	e, r, v	2.5 60	1.6 37	3.5 71	—	—	—	78	58	94	—
Jahr	t, o	2.9 66	3.8 71	3.3 70	—	—	—	191	246	189	—
	e, r, v	2.7 63	1.8 44	3.1 68	—	—	—	173	119	176	—

Die Haufigkeitszahlen zeigen im Allgemeinen für die drei Prognosengebiete ganz gute Uebereinstimmung. Im Jahre 1886 waren für ganz Deutschland Tage mit normaler und zu geringer Wärme durchschnittlich überwiegend, insbesondere für Hamburg, wo die Zahl der ersteren 4 mal so gross war, als die Zahl der kalten Tage, in Neufahrwasser und München dagegen war die Zahl der warmen und kalten Tage nicht weit von einander verschieden. Bei der Temperatur-Aenderung treten die Werthe für »unverändert« überall zurück, was darin seinen Grund haben dürfte, dass die Grenzen ±1° doch etwas zu eng sein dürften.[*] Trübe Tage sind in der kälteren Jahreszeit entschieden vorwiegend, in der wärmeren Jahreszeit dagegen sind die Zahlen für die heiteren und trüben Tagen ziemlich

---

[*] Vgl. »Monatliche Uebersicht der Witterung« April 1884, Beilage, p. 2.

gleichwerthig. Die Regenwahrscheinlichkeit ist im Allgemeinen grösser als 50 (wenn 100 Gewissheit), insbesondere in Neufahrwasser, wo die Zahl der Regentage mehr als doppelt so gross war, als die der trockenen Tage.

Was die Erhaltungstendenz anbetrifft, so zeigen die Zusammenstellungen für Temperatur-Abweichung, Bewölkung und Niederschläge die entschiedene Neigung zur Fortdauer, selbstverständlich ist dieses bei der Temperatur-Aenderung nicht der Fall, wo, im Gegentheil, Neigung zum Wechsel vorhanden sein muss. Während bei der Temperatur-Aenderung die Dauer der Perioden eine kurze und gleichmässige ist, zeigen sich für Temperatur-Abweichung, Bewölkung und Niederschläge sehr verschiedene Werthe, welche etwas näher zu betrachten, nicht uninteressant und nicht unlohnend sein dürfte. Wir lassen daher eine Tabelle zur Ergänzung der vorhergehenden folgen, in welcher die Zahl und die Länge der Perioden nach Tagen angegeben sind, bei denen der Witterungs-Charakter in Bezug auf das betreffende Element um 8^h a. m. am folgenden, zweitfolgenden etc. Tage derselbe war wie um 8^h a. m. am Vortage; und ebenso für 2^h p. m. (siehe folgende Seite).

Nach dieser Tabelle stimmen (für 1886) die einzelnen Perioden der Fortdauer für die drei Prognosengebiete ziemlich gut mit einander überein. Für die einzelnen Elemente sind hauptsächlich folgende Eigenthümlichkeiten hervorzuheben.

Die Perioden der kalten Tage waren 1886 durchweg länger als jene der warmen Tage und solche mit nahezu normaler Temperatur. Wegen ihrer langen Dauer ist insbesondere hervorzuheben die Kälteperiode im Febr. und März, welche in Hamburg 47 Tage, nämlich vom 5. Februar bis zum 23. März ununterbrochen anhielt, mit geringer Unterbrechung, hauptsächlich durch normale Tage, in Neufahrwasser vom 5. Februar bis zum 28. März und in München vom 4. Februar bis zum 18. März, für welche Zeit in den Prognosen fast beständig auf Frost prognostizirt wurde. Diese letzteren Prognosen, welche fast ausnahmslos mit den nachfolgenden Thatbeständen übereinstimmten, sind in den unten folgenden Zusammenstellungen über die Erfolge der Prognosen nicht in Rechnung gezogen worden, so dass also eine sehr erhebliche Zahl Treffer bei dieser Untersuchung vernachlässigt wurde. Die Perioden der Temperatur-Aenderung sind natürlich von kurzer Dauer, indessen in vereinzelten Fällen können dieselben sogar 6 Tage umfassen; so zeigte die Morgen-Temperatur Anfangs Februar in München an 6 Tagen hintereinander ein beständiges Sinken um mehr als 1°, andererseits blieb sie unverändert vom 8. bis zum 12. Juni in München und ebenso vom 13. bis zum 18. Juli in Neufahrwasser.

Die Perioden mit trüben Tagen, welche allerdings vorwiegen, sind durchweg länger als jene der heiteren und gemischten. Besonders lange Perioden anhaltend trüben Wetters kamen vor im Januar und Februar in Hamburg (25 Tage) und im Februar in München (20 Tage). Dagegen sind die Perioden der trockenen Tage durchschnittlich länger als jene der Regentage, nur in München ist der Unterschied gering. Längere Trockenheits-Perioden kamen vor im August (Hamburg 19, Neufahrwasser 16, München 12 Tage), im Februar (Neufahrwasser 23, München 18 Tage), im Juni (München 22 Tage).

Es ist bekannt, je länger die mittlere Dauer einer Witterungs-Erscheinung ist, um so mehr ist wahrscheinlich, dass einem Tage mit einem bestimmten Witterungs-Charakter ein anderer mit gleichem Charakter folgen wird. Die Zahlen für diese Wahrscheinlichkeit, welche aus der mittleren Dauer der Perioden unmittelbar abgeleitet sind, finden sich in obiger Tabelle I. Diese Zahlen, welche allerdings zwischen sehr weiten Grenzen liegen, geben direkt an, wie viel Prozent Treffer

Fortdauer desselben Wettercharakters, in Tagen, für das Jahr 1886.

1) Temperatur-Abweichung.

Tabelle II

		\multicolumn{8}{c}{8ʰ a. m.}				\multicolumn{8}{c}{2ʰ p. m.}	
		\multicolumn{8}{c}{Zahl der Perioden mit Tagen}	Perioden mit mehr als 8 Tagen und zwar mit	\multicolumn{8}{c}{Zahl der Perioden mit Tagen}	Perioden mit mehr als 8 Tagen mit
		1	2	3	4	5	6	7	8		1	2	3	4	5	6	7	8	
Ham-burg	k	10	7	6	3	3	1	1	1	10, 11, 15, 17 Tagen	11	9	4	1	1	1	1	1	10, 11, **47** Tagen
	n	33	18	3	7	2	—	—	—	9, 15	30	12	9	1	4	1	—	2	11, **11**
	w	15	7	3	5	2	—	1	1	—	17	10	1	2	3	1	1	1	13
Neu-fahrw.	k	11	4	5	5	4	2	2	—	20	9	7	4	1	1	1	—	1	9, **11**, 20, **32**
	n	24	16	8	5	7	—	2	—	—	29	10	7	5	3	3	1	—	9, 9
	w	19	10	5	3	1	1	2	—	10	15	11	3	1	1	2	1	—	9, **11**
Mun-chen	k	12	15	6	3	3	—	—	1	13, 17, 19	12	7	7	2	5	1	1	1	10, 12, **13**, 17, 19,
	n	30	19	4	7	—	4	—	—	—	17	15	8	1	1	—	—	—	—
	w	21	9	7	3	—	2	—	—	12	17	7	6	3	3	—	1	—	**12**

2) Temperatur-Aenderung.

		1	2	3	4	5	6	7	8		1	2	3	4	5	6	7	8	
Ham-burg	a	72	17	5	3	1	—	—	—	—	69	23	4	—	1	—	—	—	—
	u	54	12	5	2	1	—	—	—	—	49	12	5	2	—	—	—	—	—
	z	64	20	5	1	—	—	—	—	—	57	22	7	2	1	—	—	—	—
Neu-fahrw.	a	68	15	9	—	—	—	—	—	—	58	27	3	—	—	—	—	—	—
	u	47	12	8	1	—	1	—	—	—	46	16	9	1	—	—	—	—	—
	z	62	26	7	1	—	—	—	—	—	70	17	5	3	1	—	—	—	—
Mun-chen	a	50	21	11	2	—	1	—	—	—	53	20	8	2	—	—	—	—	—
	u	50	9	5	1	1	1	—	—	—	52	9	2	1	1	—	—	—	—
	z	66	14	7	4	—	—	—	—	—	43	23	12	5	—	—	—	—	—

3) Bewölkung.

		1	2	3	4	5	6	7	8		1	2	3	4	5	6	7	8	
Ham-burg	h	35	10	2	1	—	2	1	—	—	35	8	3	1	2	1	—	1	—
	v	40	14	4	—	—	—	—	—	—	52	15	4	1	1	—	—	—	—
	b	29	7	10	10	4	2	—	—	9, 11, 12, 25	31	18	10	5	3	2	2	1	9
Neu-fahrw.	h	34	11	5	1	5	—	—	—	—	31	16	5	3	3	—	—	1	—
	v	44	14	3	3	—	—	—	—	—	35	15	5	1	—	—	—	—	9
	b	34	18	5	9	3	1	1	—	9, 9	39	11	7	2	3	2	—	—	9, 9, 11
Mun-chen	h	26	10	4	3	—	1	1	—	—	38	7	2	1	2	2	—	—	—
	v	42	5	2	—	—	—	—	—	—	48	10	5	1	1	—	—	—	**10**
	b	22	14	10	5	6	3	2	2	9, 9, 11, 20	41	25	6	2	3	—	1	—	15

4) Niederschläge.

man erhalten würde, wenn man beständig nach Erhaltungstendenz prognostizirte. Man sieht, dass diese Zahlen abhängig sind von dem vorwaltenden Witterungs-Charakter in den einzelnen Jahreszeiten, und dass dieselben für einzelne Elemente einen sehr hohen Werth erhalten können, nur bei der Temperatur-Aenderung sind dieselben sehr klein, und derartige Prognosen (nach Erhaltungstendenz) in Bezug auf dieses Element würden durchaus ungünstig ausfallen.

Es wurde bereits oben betont, dass Wetterprognosen, die sich auf die Erhaltungstendenz des Wetters stützen, und wenn sie noch so viele Treffer-prozente aufweisen, werthlos sind. Ich habe nun zu zeigen, dass die Prognosen, wie sie von der Seewarte ausgegeben wurden, zwar die Erhaltungstendenz be-rücksichtigen, wie es ja nothwendig ist, aber keinesfalls dieselbe über Gebühr in den Vordergrund stellen, vielmehr dass sie auf die Voraussage des Witterungs-wechsels ihr grösstes Augenmerk richten. Um dieses einzusehen, diene folgende Zusammenstellung für Bewölkung und Niederschläge, in welcher der Häufigkeit nach angegeben ist, welche Prognose bei einem bestimmten Witterungs-Charakter gegeben wurde. Da die Prognosen an der Seewarte für den folgenden Tag erst nach Einlauf und Bearbeitung der Nachmittags-Beobachtungen aufgestellt und ausge-geben werden, so wurden dieselben mit den Beobachtungen um 2ʰ p. m. in Ham-burg, Neufahrwasser und München verglichen. Die ersten Zahlen der Tabellen bedeuten hiernach: in 34 Fällen war um 2ʰ p. m. in Hamburg das Wetter heiter, hierauf wurden gegeben in Prozenten: 24% Prognosen auf heiter, 47°/₀ auf ver-änderlich, 18°/₀ auf bedeckt und 11°/₀ auf Dunst oder Nebel.

Kombiniren wir diese Tabelle mit der Tabelle I, so erhalten wir eine Ant-wort auf die Frage, welche Witterungs-Elemente hat der Prognosensteller öfter vorhergesagt, als es nach Maassgabe der Erhaltungstendenz rathsam erschien,

Tabelle III.

Einfluss der wirklichen Witterung auf die Prognosenstellung.
1) Bewölkung.

		Hamburg				Neufahrwasser				München			
	auf wirkliche Witterung um 2ʰ p. m.	folgten in % Prognosen				auf wirkl. Witterung um 2ʰ p. m.	folgten in % Prognosen				auf wirkl. Witterung um 2ʰ p. m.	folgten in % Prognosen			
		h	v	b	d		h	v	b	d		h	v	b	d
Oktbr. bis Marz	34 h	24	47	18	11	40	27	33	22	18	35	26	31	20	23
	37 v	19	54	16	11	27	22	37	18	23	37	12	50	20	18
	94 b	15	44	30	11	86	10	39	36	15	83	11	48	28	13
	22 d	23	9	32	36	12	4	52	30	14	15	3	40	40	17
	116 b + d	17	37	30	16	98	10	40	35	15	97	10	46	30	14
April bis Sept.	56 h	50	41	7	2	71	59	38	3	0	52	48	38	14	0
	64 v	38	56	3	3	63	18	63	18	1	72	30	60	9	1
	61 b	10	69	20	1	48	10	65	23	2	59	18	73	9	0
	2 d	0	0	(50)	(50)	1	0	0	(100)	0	0	0	0	0	0
	63 b + d	9	68	21	2	49	10	65	23	2	59	18	73	9	0
Jahr	90 h	40	43	11	6	112	48	36	10	6	87	39	36	16	9
	101 v	31	55	8	6	90	19	56	18	7	109	24	56	13	7
	155 b	13	54	26	7	134	10	48	32	10	140	14	59	20	7
	24 d	21	13	33	33	12	4	48	36	12	15	3	40	40	17
	179 b + d	14	48	27	11	146	9	48	33	10	155	13	58	21	8

2) Niederschläge.

	Hamburg		Neufahrwasser		München	
	auf wirkl. Witterung um 2ʰ p. m.	folgten in %/₀ Prognosen t | o | e | r | v	auf wirkl. Witterung um 2ʰ p.m.	folgten in % Prognosen t | o | e | r | v	auf wirkl. Witterung um 2ʰ p.m.	folgten in % Prognosen t | o | e | r | v
Oktbr. bis Marz	85 t	22 39 6 30 3	118	22 31 8 34 5	100	21 28 11 36 4
	49 c	6 33 8 49 4	22	2 23 2 64 9	43	6 23 16 55 0
	43 r	2 5 12 67 14	35	4 17 16 63 0	42	8 14 18 53 7
	92 c+r	4 20 10 58 8	57	4 20 11 63 4	85	7 19 17 54 3
April bis Sept.	80 t	42 26 3 21 8	94	39 13 6 30 12	69	39 14 10 29 8
	27 c	19 26 0 44 11	14	25 29 4 21 21	30	35 20 8 33 4
	41 r	10 17 2 51 20	30	15 7 15 53 10	41	15 10 10 39 26
	68 c+r	13 21 2 49 15	44	18 14 11 43 14	71	23 14 9 37 17
Jahr	165 t	32 38 4 25 6	212	30 23 7 32 8	169	29 22 11 33 5
	76 r	11 30 5 47 7	36	11 25 3 47 14	73	18 22 13 46 1
	84 z	6 11 7 60 16	65	9 12 15 58 6	83	11 12 14 46 17
	160 c+r	8 20 6 54 12	101	10 17 11 54 8	156	14 17 13 46 10

welche Elemente hätte er häufiger prognostiziren können, und welche Ausdrücke sind in der Prognose mehr als bisher zu berücksichtigen, welche mehr zu vermeiden? Diese objektive Selbstkritik dürfte eine ganz willkommene Handhabe bieten, der Prognose eine bestimmtere Gestalt und dann auch eine grössere Treff-Sicherheit zu geben. Um nun hierüber eine klare Uebersicht zu erhalten, machen wir aus den beiden Tabellen I und III folgende Zusammenstellung. *A* bedeutet die Anzahl der Fälle, in welchen ein bestimmter Wetter-Charakter bei Bewölkung um 2ʰ p. m. herrschte (nicht in Prozenten), *B* in wie viel Prozent der Fälle derselbe Witterungs-Charakter prognostizirt wurde, *C* wie oft (in Prozenten) derselbe nach der Erhaltungstendenz eintrat und dann auch oft (in Prozenten) dieser Charakter nach Maassgabe der Erhaltungstendenz zu wenig (—) oder zu viel (+) prognostizirt wurde. Die Angaben unter *C* beziehen sich auf 2ʰ p. m.

Tabelle IV.

Prognosenstellung in Beziehung zur Erhaltungstendenz.

1) Bewölkung.

	Hamburg				Neufahrwasser				München			
	A	B	C	D	A	B	C	D	A	B	C	D
Oktbr. bis Marz	34 h	24	33	— 9	40 h	27	38	—11	35 h	26	23	+ 3
	37 v	54	29	+25	27 v	37	17	+20	37 v	50	23	+27
	116 b+d	46	64	—18	98 b+d	50	68	—18	97 b+d	44	57	—13
April bis Sept.	56 h	50	55	— 5	71 h	59	59	0	82 h	48	57	— 9
	64 v	56	29	+27	63 v	63	47	+16	72 v	60	44	+16
	63 b+d	27	47	—20	49 b+d	25	29	— 4	59 b+d	9	33	—24
Jahr	90 h	40	47	— 7	112 h	48	47	+ 1	87 h	39	44	— 5
	101 v	55	29	+26	90 v	56	38	+18	109 v	56	33	+23
	179 b+d	38	58	—20	146 b+d	43	59	—14	155 b+d	29	47	—18

2) Niederschlag.

	Hamburg				Neufahrwasser				München			
	A	B	C	D	A	B	C	D	A	B	C	D
Oktbr. bis März	85 t	61	63	— 2	118 t	53	75	—12	100 t	49	70	—21
	92 e+r	76	66	+10	57 e+r	78	52	+26	85 e+r	74	64	+10
April bis Sept.	80 t	68	69	— 1	94 t	52	74	—22	69 t	53	70	—17
	68 e+r	66	60	+ 6	44 e+r	68	37	+31	71 e+r	63	71	— 8
Jahr	165 t	65	66	— 1	212 t	53	71	—18	169 t	51	70	—19
	160 e+r	72	63	+ 9	101 e+r	73	44	+29	156 e+r	69	68	+ 1

Die Differenzen, auf welche es hier ankommt, zeigen für die drei Prognosengebiete ganz deutlich, dass bei Aufstellung der Wetterprognosen einerseits die Erhaltungstendenz nicht vernachlässigt wurde und dass andererseits auf die Vorhersage der Witterungswechsel Aufmerksamkeit gelegt wurde. Die auffallende Uebereinstimmung der Vorzeichen der Differenzen berechtigen ferner zu dem Schlusse, dass die Vernachlässigungen oder die Berücksichtigungen der Erhaltungstendenz bei der Aufstellung der Prognosen für alle drei Prognosengebiete obgewaltet haben.

Was nun zunächst die Bewölkung betrifft, so ergiebt sich sowohl für die kältere als auch für die wärmere Jahreszeit und für alle drei Prognosenbezirke ein Ueberwiegen der Prognosen auf veränderliche Bewölkung, obgleich die Wahrscheinlichkeit, dass an zwei aufeinanderfolgenden Tagen die Bewölkung (um 2^h p. m.) übereinstimmend veränderlich sei, sehr gering ist, insbesondere im Winter. Diese Thatsache enthält daher gewissermaassen eine Warnung, dass man bei der Prognosenstellung mit dem Ausdrucke ›veränderlich‹ wenigstens vorsichtig sein soll und überlegen muss, ob man dafür nicht die bestimmteren Ausdrücke ›heiter‹ oder ›trübe‹, oder ›ziemlich heiter‹, ›ziemlich trübe‹ wählen soll. Ueber diesen Punkt werden die untenstehenden Tabellen Auskunft geben können, aus welchen der Erfolg der Prognosen auf veränderliche Bewölkung ersichtlich ist.

Die Prognosen auf ›heiter‹ sind überall etwas weniger häufig, diejenigen auf ›trübe‹ viel weniger häufig angewandt, als es der Erhaltungstendenz entspricht. Bei den Prognosen auf trockenes Wetter wurde ein Wechsel des Witterungscharakters viel mehr vermuthet als bei den Prognosen auf Regenwetter. Mit welchem Rechte dieses geschah, ist aus den unten stehenden Tabellen zu ersehen.

Nach diesen Erörterungen, die wir vorauszuschicken für nothwendig hielten, weil ohne ihre Berücksichtigung eine genaue Beurtheilung des Erfolges oder Misserfolges des Prognosendienstes kaum möglich ist, geben wir im Nachstehenden die Ergebnisse der Prognosenprüfung für das Jahr 1886 und zwar für Temperatur-Abweichung, Temperatur-Aenderung, Bewölkung, Niederschläge und Richtung und Stärke des Windes. Die Einrichtung der Tabellen ist leicht verständlich. Am Eingange jeder Tabelle befinden sich die Zahlen, welche die Häufigkeit der für jedes meteorologische Element aufgestellten Prognosen angeben, die daneben stehenden Zahlen geben in Prozent die Häufigkeit der darauf folgenden Witterung für die verschiedenen Elemente an. Für Temperatur, Bewölkung und Niederschläge sind ausserdem noch die Wahrscheinlichkeitszahlen für den Zufall des

Eintritts einer bestimmten Witterungserscheinung beigegeben, so dass diese direkt mit den Trefferprozenten verglichen werden können und die mit »Differenz« überschriebene Kolumne unmittelbar die über dem Zufall liegende Trefferprozente anzeigt, wobei die mit — bezeichneten Zahlen Misserfolge bezeichnen. Hierbei sei jedoch bemerkt, dass die Zahlen für den Zufall aus allen Fällen, auch dann, wenn keine Prognosen für das betreffende Element gegeben wurden, berechnet sind, was auch bei den kleinen Tabellen auf Seite 17, 18 und 19 zu berücksichtigen ist.

Temperatur-Abweichung
Tabelle V.

Hamburg 8ʰ a. m.

Prognose, es folgten auf	kalt	norm. o z	warm	Zufall Wahrscheinl.	Diff.
Okt. kalt 14	74	26	0	37	37
bis norm. 0	—	—	—	40	—
März warm 18	0	38	62	23	39
April kalt 39	74	26	0	40	34
bis norm. 9	44	34	22	40	— 6
Sept. warm 44	11	48	41	19	22
Jahr kalt 53	74	26	0	39	35
norm. 9	44	34	22	40	— 6
warm 62	8	45	47	21	28

Hamburg 2ʰ p. m.

Prognose, es folgten auf	kalt	norm. o z	warm	Zufall Wahrscheinl.	Diff.
Okt. kalt 19	53	37	10	33	20
bis norm. 0	—	—	—	41	—
März warm 19	5	21	74	26	48
April kalt 30	61	37	2	37	24
bis norm. 10	30	30	40	37	— 7
Sept. warm 44	11	41	48	26	22
Jahr kalt 57	58	37	5	35	23
norm. 10	30	30	40	38	— 8
warm 63	10	35	55	26	29

Neufahrwasser 8ʰ a. m.

Prognose, es folgten auf	kalt	norm. o z	warm	Zufall Wahrscheinl.	Diff.
Okt. kalt 19	68	21	11	30	38
bis norm. 1	0	(100)	0	31	—
März warm 23	4	22	74	39	35
April kalt 43	56	35	9	26	30
bis norm. 11	27	46	27	48	— 2
Sept. warm 49	0	51	49	26	23
Jahr kalt 62	60	31	9	28	32
norm. 12	25	50	25	40	10
warm 72	1	42	57	32	25

Neufahrwasser 2ʰ p. m.

Prognose, es folgten auf	kalt	norm. o z	warm	Zufall Wahrscheinl.	Diff.
Okt. kalt 19	58	37	5	36	22
bis norm. 1	0	(100)	0	40	—
März warm 24	0	29	71	24	47
April kalt 42	64	21	15	31	33
bis norm. 11	27	46	27	37	9
Sept. warm 48	4	46	50	32	18
Jahr kalt 61	62	26	12	33	29
norm. 12	25	50	25	39	11
warm 72	3	40	57	28	29

München 8ʰ a. m.

Prognose, es folgten auf	kalt	norm. o z	warm	Zufall Wahrscheinl.	Diff.
Okt. kalt 10	30	70	—	30	0
bis norm. 0	—	—	—	40	—
März warm 19	0	21	79	30	49
April kalt 31	71	19	10	35	36
bis norm. 8	0	75	25	34	41
Sept. warm 37	5	27	68	31	37
Jahr kalt 41	61	32	7	32	29
norm. 8	0	75	25	37	38
warm 56	4	25	69	31	38

München 2ʰ p. m.

Prognose, es folgten auf	kalt	norm. o z	warm	Zufall Wahrscheinl.	Diff.
Okt. kalt 10	40	50	10	35	5
bis norm. 0	—	—	—	36	—
März warm 19	0	21	79	29	50
April kalt 32	78	12	10	41	37
bis norm. 8	38	12	50	20	— 18
Sept. warm 37	8	16	76	39	37
Jahr kalt 42	69	21	10	38	31
norm. 8	38	12	50	28	— 16
warm 56	5	18	77	34	43

Temperatur-Aenderung.

Tabelle VI.

Hamburg 8ʰ a. m.

Prognose, es folgten auf		abnehmend	unverändert <1°	zunehmend	Zufall Wahrscheinl.	Diff.
Okt.	abnehm. 44	55	30	19	38	17
bis	unveränd. 39	25	46	29	30	16
März	zunehm. 30	33	23	44	32	12
April	abnehm. 15	61	16	13	35	25
bis	unveränd. 32	47	25	28	29	— 4
Sept.	zunehm. 38	17	26	57	36	21
	abnehm. 59	63	24	13	37	26
Jahr	unveränd. 71	35	36	29	29	7
	zunehm. 68	24	25	51	34	17

Hamburg 2ʰ p. m.

Prognose, es folgten auf		abnehmend	unverändert <1°	zunehmend	Zufall Wahrscheinl.	Diff.
Okt.	abnehm. 47	60	23	17	39	21
bis	unveränd. 37	25	29	46	30	— 1
März	zunehm. 30	33	23	44	31	13
April	abnehm. 15	74	13	13	36	34
bis	unveränd. 32	42	19	39	22	— 3
Sept.	zunehm. 38	23	18	59	42	17
	abnehm. 62	63	21	16	37	26
Jahr	unveränd. 69	33	24	43	26	— 2
	zunehm. 68	27	20	53	37	16

Neufahrwasser 8ʰ a. m.

		abnehmend	unverändert <1°	zunehmend	Zufall Wahrscheinl.	Diff.
Okt.	abnehm. 28	68	29	3	38	30
bis	unveränd. 42	31	29	40	23	6
Marz	zunehm. 32	6	32	60	39	21
April	abnehm. 20	40	20	40	29	11
bis	unveränd. 27	40	15	45	35	—20
Sept.	zunehm. 32	15	37	48	36	12
	abnehm. 48	56	24	20	38	23
Jahr	unveränd. 69	35	32	33	29	3
	zunahm. 64	11	34	55	38	17

Neufahrwasser 2ʰ p. m.

		abnehmend	unverändert <1°	zunehmend	Zufall Wahrscheinl.	Diff.
Okt.	abnehm. 32	62	25	13	33	29
bis	unveränd. 34	26	45	26	33	12
März	zunehm. 35	26	27	47	33	14
April	abnehm. 20	65	25	10	33	32
bis	unveränd. 26	35	16	49	26	—10
Sept	zunehm. 34	12	27	61	41	20
	abnehm. 52	63	25	12	33	30
Jahr	unveränd. 60	30	31	39	30	1
	zunehm. 69	19	27	54	37	17

München 8ʰ a m.

		abnehmend	unverändert <1°	zunehmend	Zufall Wahrscheinl.	Diff.
Okt.	abnehm. 41	59	24	17	44	15
bis	unveränd. 39	44	24	32	23	1
März	zunehm. 22	34	25	41	33	8
April	abnehm. 19	37	42	21	30	7
bis	unveränd. 35	31	30	39	31	1
Sept.	zunehm. 42	21	13	66	39	27
	abnehm. 60	52	30	18	37	15
Jahr	unveränd. 74	39	27	34	27	0
	zunehm. 64	26	17	57	36	21

München 2ʰ p. m.

		abnehmend	unverändert <1°	zunehmend	Zufall Wahrscheinl.	Diff.
Okt.	abnehm. 46	45	26	29	35	10
bis	unveränd. 40	38	27	35	29	— 2
März	zunehm. 24	21	25	54	36	18
April	abnehm. 19	61	11	28	33	28
bis	unveränd. 35	39	20	41	19	1
Sept.	zunehm. 43	16	9	75	48	27
	abnehm. 65	50	22	28	24	16
Jahr	unveränd. 75	38	24	38	24	0
	zunehm. 67	18	15	67	42	23

Bewölkung.

Tabelle VII.

Hamburg 8ʰ a. m.

Es folgten auf	heiter 0—1 %	wolkig 2—3 %	bedeckt 4 %	Nebel Dunst	h n/%	v %/n	bd %	Zufall Wsch. %	Differenz
Okt. bis März									
h 24	25	6	48	21	25	6	69	13	+12
v 72	10	23	41	26	10	23	67	14	9
b 45	15	14	51	20	} 13	11	76	73	3
d 27	9	6	46	39					
April bis Sept.									
h 60	43	22	25	10	34	22	35	33	1
v 100	31	31	31	7	31	31	38	29	2
b 20	20	30	45	5	} 20	32	48	38	10
d 2	25	50	0	25					
Jahr									
h 84	36	18	32	14	36	18	46	23	13
v 172	22	27	35	16	22	27	51	22	5
b 65	17	19	49	15	} 15	16	69	55	14
d 29	10	8	43	39					

Hamburg 2ʰ p. m.

Es folgten auf	heiter 0—1 %	wolkig 2—3 %	bedeckt 4 %	Nebel Dunst	h n/%	v %/n	bd %	Zufall Wsch. %	Differenz
Okt. bis März									
h 20	29	22	46	3	29	22	49	18	11
v 74	17	27	42	14	17	27	56	22	5
b 42	9	18	61	11	} 10	17	73	60	13
d 25	12	16	51	21					
April bis Sept.									
h 58	49	39	12	0	49	39	12	30	19
v 100	24	31	44	1	24	31	45	34	—3
b 21	10	38	52	0	} 11	36	53	36	17
d 2	33	0	67	0					
Jahr									
h 78	44	34	21	1	44	34	22	24	22
v 174	21	29	43	7	21	29	50	28	1
b 63	9	24	58	9	} 15	22	63	48	15
d 27	13	15	52	20					

Neufahrwasser 8ʰ a. m.

Es folgten auf	heiter 0—1 %	wolkig 2—3 %	bedeckt 4 %	Nebel Dunst	h n/%	v %/n	bd %	Zufall Wsch. %	Differenz
Okt. bis März									
h 25	43	20	30	7	43	20	37	19	24
v 63	11	19	56	14	11	19	70	17	2
b 47	6	11	70	13	} 18	11	71	64	7
d 24	41	12	38	9					
April bis Sept.									
h 56	48	35	13	4	48	35	17	36	12
v 99	30	38	29	3	30	38	32	34	4
b 23	26	17	57	0	} 29	16	55	30	25
d 2	66	0	33	0					
Jahr									
h 81	46	30	18	6	46	30	24	28	18
v 162	23	31	39	7	23	30	46	25	5
b 70	13	13	66	8	} 21	12	67	47	20
d 26	42	12	38	8					

Bewölkung.

Neufahrwasser 2ʰ p. m.

Es folgten auf	heiter 0-1 %	wolkig 2-3 %	bedeckt 4 %	Nebel Dunst	h %	v %	bd %	Zufall W'sch. %	Differenz
Okt. bis März									
h 22	33	7	53	7	33	7	60	25	3
v 66	26	14	52	6	26	14	58	15	—1
b 47	20	16	59	5	} 22	15	63	60	3
d 26	26	13	57	4					
April bis Sept.									
h 56	64	25	11	0	64	25	11	37	27
v 99	24	45	31	0	24	45	31	36	9
b 24	33	38	25	4	} 33	37	30	27	3
d 1	0	0	(100)	0					
Jahr									
h 78	55	20	23	2	55	20	25	31	24
v 165	25	32	40	3	25	32	43	26	6
b 71	24	23	48	5	} 25	20	55	43	12
d 27	26	13	57	4					

München 8ʰ a. m.

Es folgten auf	heiter 0-1 %	wolkig 2-3 %	bedeckt 4 %	Nebel Dunst	h %	v %	bd %	Zufall W'sch. %	Differenz
Okt. bis März									
h 21	21	5	30	46	21	5	76	15	6
v 69	10	12	64	14	10	12	78	12	0
b 47	13	13	59	15	} 13	8	71	73	—2
d 26	13	0	33	54					
April bis Sept.									
h 58	60	16	19	5	60	16	24	31	29
v 104	18	19	56	7	18	19	63	20	—1
b 23	32	34	34	0	} 36	32	32	49	—17
d 2	(100)	0	0	0					
Jahr									
h 79	50	13	22	15	50	13	37	23	27
v 173	15	10	59	16	15	10	75	16	—6
b 70	19	20	50	11	} 19	14	67	61	6
d 28	18	0	31	51					

München 2ʰ p. m.

Es folgten auf	heiter 0-1 %	wolkig 2-3 %	bedeckt 4 %	Nebel Dunst	h %	v %	bd %	Zufall W'sch. %	Differenz
Okt. bis März									
h 22	34	24	25	17	34	24	42	23	11
v 73	19	29	44	8	19	29	52	24	5
b 46	8	27	63	1	} 17	24	59	53	6
d 25	33	19	31	17					
April bis Sept.									
h 55	45	36	19	0	45	36	19	29	16
v 102	19	50	31	0	19	50	31	39	11
b 19	21	26	53	0	} 23	26	51	32	19
d 1	(100)	0	0	0					
Jahr									
h 77	42	32	20	6	42	32	26	26	16
v 175	19	41	37	3	19	41	40	32	9
b 65	12	26	59	3	} 20	25	55	42	13
d 26	35	19	31	15					

Hydrometeore.

Tabelle VIII.

Hamburg (8ʰ a. m. bis 8ʰ a. m.)

		trocken %,₀	etwas Regen 0--1.5 %	Regen %,₀	trocken %,ₐ	Regen %,ₐ	Zufall, Wahrscheinlichk.	Diff.
Okt. bis März	t	26	62	29	9	68	32	48	20
	o	45	71	13	16				
	c	17	51	24	25				
	r	76	35	31	34	35	65	52	13
	v	12	8	33	59				
April bis Sept.	t	52	75	10	15	66	34	57	9
	o	18	39	11	50				
	c	10	52	14	34				
	r	48	38	29	33	40	60	43	17
	v	15	40	33	27				
Jahr	t	78	71	17	12	67	33	52	15
	o	63	62	13	25				
	c	28	52	21	27				
	r	124	36	31	33	37	63	48	15
	v	27	26	33	41				

Neufahrwasser (8ʰ a. m. bis 8ʰ a. m.)

		trocken	etwas Regen 0--1.5	Regen	trocken	Regen	Zufall, Wahrscheinlichk.	Diff.
Okt. bis März	t	28	84	4	12	78	22	66	12
	o	48	75	10	15				
	c	14	61	18	21				
	r	75	56	20	24	58	42	34	8
	v	11	65	0	35				
April bis Sept.	t	40	81	4	15	80	20	68	12
	o	20	76	10	14				
	c	10	61	13	26				
	r	48	54	7	39	58	42	32	10
	v	12	67	0	33				
Jahr	t	68	82	4	14	79	21	62	17
	o	68	75	10	15				
	c	24	63	16	21				
	r	123	55	15	30	58	42	33	9
	v	23	66	0	34				

München (8ʰ a. m. bis 8ʰ a. m.)

	trocken %	etwas Regen 0—1.5 %	Regen %	trocken %	Regen %	Zufall Wahrscheinlichk.	Diff.
Okt. bis März — t	26	72	13	15	70	30	55	15
o	45	69	21	20				
e	22	60	30	10				
r	80	44	28	28	46	54	44	10
v	7	33	13	54				
April bis Sept. — t	44	69	16	15	65	35	49	16
o	20	60	20	20				
e	13	55	15	30				
r	43	37	26	37	41	59	52	7
v	20	40	15	45				
Jahr — t	71	70	15	15	67	33	52	15
o	65	66	20	14				
e	35	59	19	22				
r	123	41	27	32	44	56	48	8
v	27	38	15	47				

Nach den vorhergehenden Darlegungen erscheint es nicht thunlich, auch die Erhaltungstendenz des Wetters mit in die Rechnung einzuführen, da diese bei der Aufstellung der Wetterprognose naturgemäss doch nur zum Theile Berücksichtigung finden darf.

Betrachten wir nun im Einzelnen die Tabelle, so können daraus folgende Ergebnisse gezogen werden:

1) Temperatur-Abweichung. Zur besseren Uebersicht stellen wir die über dem Zufall liegenden Prozentzahlen der Treffer in folgender kleiner Tabelle für das Jahr übersichtlich zusammen.

Tabelle IX.

	8ʰ a. m.									2ʰ p. m.								
	kalt			normal			warm			kalt			normal			warm		
	k. J.	w. J.	Jahr	k. J.	w. J.	Jahr	k. J.	w. J.	Jahr	k. J.	w. J.	Jahr	k. J.	w. J.	Jahr	k. J.	w. J.	Jahr
Hamburg	37	34	35	—	·6	-6	39	22	26	30	24	13	—	-7	-8	48	22	29
Neufahrw.	38	30	32	—	-2	10	35	23	25	22	33	29	—	9	11	47	18	29
München	0	36	29	—	(41)	38	49	37	38	5	37	31	—	-18	-16	50	37	43

Wir ersehen aus diesen Zahlen, dass die Trefferprozente aller Prognosen auf kaltes und warmes Wetter den Zufall erheblich übertreffen sowohl in der kälteren als in der wärmeren Jahreszeit, sowohl am Morgen als auch am Nachmittage und für alle drei Prognosengebiete. Ueberhaupt zeigen alle drei Gebiete in Bezug auf die Erfolge der Prognosen eine nicht zu verkennende Aehnlichkeit.

Auffallend ist, dass die Zahlen für die Prognosen auf normale Temperatur, welche fast ausschliesslich der wärmeren Jahreszeit angehören, unter dem Zufall liegen. In diesem Falle folgte gewöhnlich einem kalten Morgen ein warmer Nachmittag, wie es im Sommer bei heiterem Wetter Regel ist.

2) **Temperatur-Aenderung.** Wie bereits oben bemerkt wurde, ist bei der Temperatur-Aenderung fast ganz allein der Zufall maassgebend, wogegen die Erhaltungstendenz keine oder vielmehr eine negative Rolle spielt. Zur Beurtheilung des Erfolges oder Misserfolges der Prognosen kann diese Tabelle wohl als die maassgebende angesehen werden. Zur leichteren Uebersicht stellen wir die Resultate in einer der vorangehenden ganz ähnlichen Tabelle zusammen:

Tabelle X.

	8ʰ a. m.									2ʰ p. m.							
	abnehmend		unverändert			zunehmend			abnehmend		unverändert			zunehmend		
	k. J.	w. J.	Jahr	k. J.	w. J	Jahr	k. J.	w. J	Jahr	k. J.	w. J	Jahr	k. J.	w. J.	Jahr	k. J	w. J	Jahr
Hamburg	17	25	26	16	—4	7	12	21	17	21	38	26	—1	—3	—2	13	17	16
Neufahrw.	30	11	23	6	—20	3	21	12	17	29	32	30	12	—10	1	14	20	17
München	15	7	15	1	1	0	8	27	21	10	28	16	—2	1	0	18	27	23

Auch hier zeigen die Zahlen für alle drei Prognosengebiete sowie für die Jahres- und Tageszeiten grosse Uebereinstimmung. Die Trefferprozente sind für die Prognosen auf abnehmende und zunehmende Temperatur durchaus günstig, insbesondere in der wärmeren Jahreszeit in Bezug auf 2ʰ p. m. für »abnehmend«, in der kälteren Jahreszeit zeigen sich für abnehmend und das ganze Jahr hindurch für zunehmend für 8ʰ a. m. und 2ʰ p. m. keine wesentliche Unterschiede. Wie bei dem Ausdrucke »normal« bei Temperatur-Abweichung zeigt sich bei »unverändert« ein Rückgang der Trefferprozente. Diese bleiben für die wärmere Jahreszeit für alle drei Gebiete, für Neufahrwasser auch für die kältere Jahreszeit unter dem Zufall, während sie für die letztere für Hamburg und München kaum den Zufall erreichen. Für die ungünstigen Fälle ist eine Neigung zur Zunahme oder Abnahme durchweg nicht zu erkennen. Diese Thatsache giebt uns die Lehre, künftighin mit der Prognose »unverändert« vorsichtiger zu sein und in einzelnen Fällen zu bedenken, ob es nicht gerathener erscheint, statt derselben Zunahme oder Abnahme der Temperatur zu prognostiziren.

Sehen wir ab von den zufälligen Aenderungen, die für alle Orte, Jahres- und Tageszeiten doch nur in sehr engen Grenzen liegen, so zeigen die Zahlen der Tabelle VI für Temperatur-Abnahme oder -Zunahme eine regelmässige Anordnung, welche die reelle Basis der Prognosenstellung unverkennbar charakterisirt.

3) **Bewölkung.** Nicht so übereinstimmend sind die Zahlenwerthe für die Trefferprozente für dieses Element, sie zeigen vielmehr unter sich ziemlich erhebliche Abweichungen.

Tabelle XI.

	8ʰ a. m.									2ᵇ p. m.							
	heiter			veränderlich			bedeckt			heiter		veränderlich			bedeckt		
	k. J.	w. J.	Jahr	k. J	w. J	Jahr	k. J.	w. J.	Jahr	k. J.	w. J.	Jahr	k. J.	w. J.	Jahr	k. J.	w. J.	Jahr
Hamburg	13	13	13	9	2	5	3	10	14	11	19	22	5	—3	1	13	17	15
Neufahrw	24	12	18	2	4	5	7	25	20	8	27	24	-1	9	6	3	3	12
München	16	29	27	0	—1	—6	—2	—17	6	11	16	16	5	11	9	6	19	13

Die Prognosen auf »heiter« waren gut für Neufahrwasser für das ganze Jahr und für München für die wärmere Jahreszeit, dagegen ungünstig für Hamburg in der wärmeren Jahreszeit für 8ʰ a. m. In dem letzteren Falle folgte vorwiegend bedeckt, wogegen um 2ʰ p. m. die Thatbestände den Prognosen mehr entsprachen.

Ferner waren die Prognosen auf »veränderliche Bewölkung« ungünstig für München in der wärmeren Jahreszeit für 8^h a. m. (wogegen die für 2^h p. m. viel günstiger waren), für Hamburg in der wärmeren Jahreszeit für 2^h p. m. und für Neufahrwasser in der kälteren Jahreszeit um 2^h p. m. In allen diesen Fällen folgte auf die Prognose »veränderliche Bewölkung« trübes Wetter.

Schon oben wurde die Anwendung des Ausdruckes »veränderliche Bewölkung« als wenigstens bedenklich bezeichnet, unsere Tabelle bestätigt dieses vollständig und lässt die häufigere Vertauschung dieses Ausdruckes mit »bedeckt« erfolgreicher erscheinen. Etwas günstiger fällt allerdings das Resultat aus, wenn wir die Bewölkungsverhältnisse nur für 2^h p. m. in Betracht ziehen.

4) Niederschläge.

Tabelle XII.

	trocken			Regen		
	k. J.	w. J.	Jahr	k. J.	w. J.	Jahr
Hamburg	20	9	15	13	17	15
Neufahrwasser	12	12	17	8	10	9
München	15	16	15	10	7	8

Die Trefferprozente in Bezug auf Niederschläge zeigen für alle drei Gebiete sowie für die Jahreszeiten grosse Uebereinstimmung und geben einen Ausdruck für einen nicht ungünstigen Erfolg der Prognosenstellung.

Vereinigen wir alle Tabellen in der Weise, dass wir alle über dem Zufall liegenden Trefferprozente für die drei Prognosengebiete für die kältere (k. J.) und wärmere (w. J.) Jahreszeit und das Jahr sowie für 8^h a. m. und 2^h p. m. summiren, wobei diejenigen in Bezug auf Niederschläge halb für 8^h a. m. und halb für 2^h p. m. gezählt sind, so gelangen wir zu einem Gesammt-Resultate, welches in mehrerer Hinsicht interessant und wichtig ist.

Tabelle XIII.

	8^h a. m.						2^h p. m.					
	Hamburg		Neufahrw.		München		Hamburg		Neufahrw.		München	
	k. J.	w. J.	k. J.	w. J.	k. J.	w. J.	k. J.	w. J.	k. J.	w. J.	k. J.	w. J.
Temperatur-Abw.	76	50	73	51	49	114	68	39	69	60	55	56
Temp.-Aenderung	45	42	57	3	24	35	43	52	55	42	26	56
Bewölkung	24	13	33	4	4	11	29	33	10	39	22	46
Niederschläge	16	13	10	11	12	12	16	13	10	11	12	12
	161	118	173	106	89	172	156	137	144	152	115	170
	279		279		261		293		296		285	

$$8^h \text{ a. m.} + 2^h \text{ p. m.} \qquad \left\{ \begin{array}{l} \text{Hamburg } \textbf{572.} \\ \text{Neufahrw. } \textbf{575.} \\ \text{München } \textbf{546.} \end{array} \right.$$
Gesammt-Resultat

Die Uebereinstimmung in diesen Zahlen ist ausserordentlich gross und führt zu der Schlussfolgerung, dass der Prognosendienst für alle drei Gebiete fast gleich günstige Erfolge hatte, obgleich nach der gewöhnlichen Annahme Hamburg wegen Anwendung lokaler Beobachtungen hätte bevorzugt werden müssen. Wir haben schon wiederholt und mit allem Nachdruck darauf hingewiesen, dass der Werth lokaler Beobachtungen für die Wetterprognosen in der Regel überschätzt wird und auch das obige Resultat bestätigt diese Behauptung im vollsten Maasse. Statt die lokalen Einflusse bei jeder Gelegenheit ohne weiteres herbeizuziehen, wäre es doch wohl viel wichtiger, dieselben genauer zu studiren und ihrem Werthe nach festzustellen; man würde allerdings dann zu dem Resultate kommen, dass dieselben viel geringer sind, als man anzunehmen geneigt ist.

§) Windstärke und Windrichtung.

a) Windstärke.
Hamburg.

Tabelle XIV.

			wirkl. Witterung 8ʰ a. m.			Prognose	wirkl. Witterung 2ʰ p. m.		
		Prognose	0–4	5,6	>6		0–4	5,6	>6
Oktober	O—4	128	**94**	5	1	126	**91**	5	4
bis	5,6	57	**57**	25	18	40	**57**	28	15
März	>6	11	32	23	**45**	11	18	18	**64**
April	O—4	137	**94**	6	0	154	**88**	10	2
bis	5,6	20	**60**	40	0	20	**70**	22	8
September	>6	4	**44**	33	23	5	18	**54**	28
	O—4	284	**94**	5	1	280	**89**	8	3
Jahr	5,6	37	**61**	32	7	60	**61**	26	13
	>6	13	35	26	**39**	16	18	30	**52**

Neufahrwasser.

Oktober	O—4	124	**97**	3	0	128	**93**	6	1
bis	5,6	37	**92**	8	0	40	**97**	3	0
März	>6	8	75	13	0	9	67	17	16
April	O—4	149	**96**	4	0	150	**95**	4	1
bis	5,6	28	**83**	17	0	17	71	23	0
September	>6	3	**60**	40	0	4	**78**	0	22
	O—4	282	**96**	4	0	283	**95**	4	1
Jahr	5,6	13	**89**	11	0	37	**89**	11	0
	>6	13	**69**	31	0	10	71	22	19

Wustrow.

	O—4		**84**	14	2	137	87	11	2
	5,6	25	**73**	25	6	25	58	23	7
	>6	2	**62**	2	2	13	73	33	4
	O—4		**88**	3	2	123	87	11	2
	5,6	13	77	23	2	12	88	—	33
	>6	2	2	**71**	2	3	5		24
	5,6	28	**82**	—	2	28	87		2
	>6	2	7	22	3	2	72		
	>6		33	7	5		72	22	

b) Windrichtung.
Hamburg.

Tabelle XV.

		Prog-nose	wirkl. Witterung 8h a. m.				Prognose	wirkl. Witterung 2h p. m.			
			N	E	S	W		N	E	S	W
Oktober bis März	N	9	39	13	9	39	12	35	10	20	35
	E	34	12	75	13	0	36	13	62	21	4
	S	34	1	33	52	14	35	3	31	43	23
	W	43	5	11	43	41	47	7	23	32	38
April bis Septbu.	N	18	29	28	11	32	19	32	20	9	39
	E	12	16	59	13	12	14	22	27	27	24
	S	21	1	18	51	30	22	3	6	32	59
	W	35	11	11	37	41	43	10	32	26	32
Jahr	N	27	33	22	10	35	31	33	16	14	37
	E	46	13	70	13	4	50	16	53	23	8
	S	56	1	27	51	21	57	3	23	40	34
	W	77	9	10	40	41	90	8	6	36	50

Neufahrwasser.

			N	E	S	W		N	E	S	W
Oktober bis März	N	7	45	29	2	24	7	63	17	10	10
	E	38	3	34	50	13	38	11	40	45	4
	S	39	8	8	65	19	48	4	10	73	13
	W	36	8	1	47	44	41	11	4	50	35
April bis Septbr.	N	23	53	20	9	18	19	41	32	2	25
	E	15	27	45	27	1	13	15	51	25	9
	S	17	7	9	51	33	17	19	5	45	31
	W	41	26	2	13	59	46	20	14	16	50
Jahr	N	30	51	22	7	20	26	51	28	4	17
	E	53	10	36	43	11	51	12	43	40	5
	S	57	8	8	60	24	65	8	8	65	19
	W	77	18	2	29	51	87	16	9	32	43

München.

			N	E	S	W		N	E	S	W
Oktober bis März	N	8	10	31	13	46	5	16	28	5	51
	E	26	16	56	16	12	23	31	63	1	5
	S	24	2	21	36	41	21	16	21	15	48
	W	43	5	17	31	47	44	9	19	13	59
April bis Septbr.	N	9	14	24	14	48	11	28	8	3	61
	E	9	9	28	27	36	8	27	33	11	29
	S	14	8	27	18	47	14	21	26	14	39
	W	31	7	13	7	73	32	17	11	14	58
Jahr	N	17	12	27	13	48	16	23	21	3	53
	E	35	14	50	19	17	31	30	56	4	10
	S	38	4	23	29	44	35	18	23	15	52
	W	74	11	15	28	46	76	13	16	14	57

schon wiederholt und mit allem Nachdruck darauf hingewiesen, dass der Werth lokaler Beobachtungen für die Wetterprognosen in der Regel überschätzt wird und auch das obige Resultat bestätigt diese Behauptung im vollsten Maasse. Statt die lokalen Einflüsse bei jeder Gelegenheit ohne weiteres herbeizuziehen, wäre es doch wohl viel wichtiger, dieselben genauer zu studiren und ihrem Werthe nach festzustellen; man würde allerdings dann zu dem Resultate kommen, dass dieselben viel geringer sind, als man anzunehmen geneigt ist.

5) Windstärke und Windrichtung.

a) Windstärke.
Hamburg.

Tabelle XIV.

		Prognose	wirkl. Witterung 8ʰ a. m.			Prognose	wirkl. Witterung 2ʰ p. m.		
			0—4	5,6	>6		0—4	5,6	>6
Oktober	0—4	128	94	5	1	126	91	5	4
bis	5,6	37	57	25	18	40	57	28	15
März	>6	11	32	23	45	11	18	18	64
April	0—4	156	94	6	0	154	88	10	2
bis	5,6	20	60	40	0	20	70	22	8
September	>6	4	44	33	23	5	18	54	28
	0—4	284	94	5	1	280	89	8	3
Jahr	5,6	57	61	32	7	60	61	26	13
	>6	15	35	26	39	16	18	30	52

Neufahrwasser.

		Prognose	0—4	5,6	>6	Prognose	0—4	5,6	>6
Oktober	0—4	124	97	3	0	126	93	6	1
bis	5,6	37	92	8	0	40	97	3	0
März	>6	8	75	15	0	6	67	17	16
April	0—4	158	96	4	0	159	95	4	1
bis	5,6	18	83	17	0	17	71	29	0
September	>6	5	60	40	0	4	78	0	22
	0—4	282	96	4	0	285	95	4	1
Jahr	5,6	15	89	11	0	57	89	11	0
	>6	13	69	31	0	10	71	10	19

München.

		Prognose	0—4	5,6	>6	Prognose	0—4	5,6	>6
Oktober	0—4	134	84	14	2	126	87	11	2
bis	5,6	28	73	26	6	26	68	25	7
März	>6	10	62	29	9	13	65	31	4
April	0—4	164	86	13	1	163	87	12	1
bis	5,6	15	77	23	0	14	78	7	15
September	>6	4	29	71	0	3	86	0	14
	0—4	298	85	14	1	289	87	12	1
Jahr	5,6	43	75	22	3	40	72	19	9
	>6	14	53	39	8	16	70	24	6

b) **Windrichtung.**
Hamburg.   Tabelle XV.

		Prognose	wirkl. Witterung 8ʰ a. m.				Prognose	wirkl. Witterung 2ʰ p. m.			
			N	E	S	W		N	E	S	W
Oktober bis März	N	9	39	13	9	39	12	35	10	20	35
	E	34	12	75	13	0	36	13	62	21	4
	S	34	1	33	52	14	35	3	31	43	23
	W	43	5	11	43	41	47	7	23	32	38
April bis Septbr.	N	18	29	28	11	32	19	32	20	9	39
	E	12	16	59	13	12	14	22	27	27	24
	S	21	1	18	51	30	22	3	6	32	59
	W	35	11	11	37	41	43	10	32	26	32
Jahr	N	27	33	22	10	35	31	33	16	14	37
	E	46	13	70	13	4	50	16	53	23	8
	S	56	1	27	51	21	57	3	23	40	34
	W	77	9	10	40	41	90	8	6	36	50
Neufahrwasser.											
Oktober bis März	N	7	45	29	2	24	7	63	17	10	10
	E	38	3	34	50	13	38	11	40	45	4
	S	39	8	8	65	19	48	4	10	73	13
	W	36	8	1	47	44	41	11	4	50	35
April bis Septbr.	N	23	53	20	9	18	19	41	32	2	25
	E	15	27	45	27	1	13	15	51	25	9
	S	17	7	9	51	33	17	19	5	45	31
	W	41	26	2	13	59	46	20	14	16	50
Jahr	N	30	51	22	7	20	26	51	28	4	17
	E	53	10	36	43	11	51	12	43	40	5
	S	57	8	8	60	24	65	8	8	65	19
	W	77	18	2	29	51	87	16	9	32	43
München.											
Oktober bis März	N	8	10	31	13	46	5	16	28	5	51
	E	26	16	56	16	12	23	31	63	1	5
	S	24	2	21	36	41	21	16	21	15	48
	W	43	5	17	31	47	44	9	19	13	59
April bis Septbr.	N	9	14	24	14	48	11	28	8	3	61
	E	9	9	28	27	36	8	27	33	11	29
	S	14	8	27	18	47	14	21	26	14	39
	W	31	7	13	7	73	32	17	11	14	58
Jahr	N	17	12	27	13	48	16	23	21	3	53
	E	35	14	50	19	17	31	30	56	4	10
	S	38	4	23	29	44	35	18	23	15	52
	W	74	11	15	28	46	76	13	16	14	57

Die Windstärken sind nach der Skala Beaufort angegeben und zwar nach 3 Klassen: Stärke o bis 4 = schwache, Stärke 5 und 6 = frische und Stärke über 6 = stürmische Winde. Die Windrichtungen wurden nach 8 Strichen berechnet und dann auf 4 reduzirt, indem die Hälfte den benachbarten Richtungen der Hauptrichtung zugefügt wurden.

Da schwache Winde bei weitem die häufigsten, dagegen frische und stürmische Winde viel seltener vorkommen, so kann uns das Resultat in obiger Tabelle für Windstärke nicht überraschen, nämlich, dass für erstere die Trefferprozente 90 weit übersteigen, während sie für letztere sehr gering sind. Wenn wir indessen bei der Beurtheilung den Zufall mit in Rechnung ziehen, so wird sich das Resultat ganz anders herausstellen, nämlich geringere Trefferprozente für schwache Winde und erheblich höhere für frische und stürmische Winde.

Die Tabelle für Windrichtung zeigt die charakteristische Anordnung der Zahlen ganz gut und dieses spricht für eine reelle Basis der Prognosenstellung.

* * *

Die vorhergehende Untersuchung führt zu folgenden Hauptergebnissen:

1) *Die Wahrscheinlichkeit des rein zufälligen Eintretens einer Witterungserscheinung ist nicht 50 pCt. (wenn 100 pCt. die volle Gewissheit bezeichnet), sondern liegt im Allgemeinen zwischen sehr weiten Grenzen. Eine Berücksichtigung des reinen Zufalls ist für Beurtheilung des Erfolges oder Misserfolges der Prognosen unbedingt nothwendig.*

2) *Die Erhaltungstendenz des Wetters ist zwar bei Aufstellung von Wetterprognosen nicht zu vernachlässigen, allein Prognosen, welche nur auf Erhaltungstendenz basirt sind, haben keinen, oder doch nur bedingten Werth. Bei der Prognosenstellung ist das Hauptaugenmerk auf die Vorhersage des Witterungswechsels zu legen. Dass dieses bei den Wetterprognosen der Seewarte wirklich der Fall war, geht aus der vorhergehenden Untersuchung deutlich hervor.*

3) *Bei der Anwendung der Ausdrücke in der Prognose „normale Temperatur", „unveränderte Temperatur", „veränderliche Bewölkung" ist es gerathen, ganz besonders vorsichtig zu sein.*

4) *Die Prognosen der Seewarte haben eine reelle Basis und können ziffernmässig einen nennbaren Erfolg aufweisen.*

5) *Die Zahlenwerthe für die Prozentzahl der Treffer sind für die drei Prognosengebiete, nämlich Nordwest-, Ost- und Süddeutschland, nahezu gleich und hieraus folgt, dass der Werth der Lokalindizien meistens überschätzt worden ist.*

Monatsbericht der Deutschen Seewarte.

Januar 1886.

Inhalt: I. Die atmosphärischen Vorgänge in Europa, insbesondere Zentral-Europa. II. Vorläufige Mittheilungen über das Wetter auf dem Nordatlantischen Ozean. III. Meteorologische Tabellen. IV. Karte der Bahnen der barometrischen Minima im Januar 1886.

Anhang: Die Bewegung der barometrischen Minima in den Tagen vom 20. bis 24. Januar 1886 über Europa.

I. Die atmosphärischen Vorgänge in Europa, insbesondere Zentral-Europa.

1. Luftdruck und Wind.

Sowohl in Bezug auf die örtlichen Lagen ihrer Bahnen als auch auf die weitere Entwickelung ihrer Erscheinung lassen die barometrischen Depressionen im Monat Januar 1886 drei wesentlich verschiedene Epochen hervortreten.

In der ersten Epoche, die sich über die ersten beiden Dekaden des Monats erstreckt, erscheinen die Depressionen ausschliesslich im nördlichsten Theile des Atlantischen Ozeans und zwar nördlich von Schottland und von Skandinavien, mit Ausnahme einiger kleineren Phänomene und Theilminima im Süden und zeitweise auch in Zentral-Europa. Auch ihre Bahnen haben ihre Lage im Norden unseres Erdtheiles und enden entweder ohne tieferes Eindringen in das Festland im nördlichen Eismeer oder überschreiten in Lappland das Skandinavische Gebirge. Die beiden Depressionen, welche die letztere Richtung verfolgen, zeigen nahezu parallele Bahnen, die tiefere derselben (No. I der Bahnenkarte) verläuft im nördlichen Russland, während die andere (No. VII) über dem Bottnischen Busen verschwindet.

Eine grosse Erscheinung (No. II) am Anfang des Monats nimmt jedoch in ihrem weiteren Fortgange einen von den anderen der gleichen Epoche wesentlich verschiedenen Verlauf. Ebenfalls im Norden Schottlands in unsere Wahrnehmung tretend, hält sie zunächst die allgemeine nordöstliche Richtung bei, bildet jedoch beim Betreten des Festlandes auf ihrer Ostseite ein Theilminimum (II*) und macht unter dessen Einfluss eine Ausbiegung nach Süden, um beim Skagerrack wieder die erstere Richtung bis zum Weissen Meere aufzunehmen. Eine weitere Eigenthümlichkeit dieses ersten Theiles des Monats sind die zahlreichen Theilminima, welche sich an die eben besprochenen Hauptdepressionen anschliessen und die fast durchweg in südlicher Richtung sich bewegen.

Besonders bemerkenswerth seines langen Bestandes wegen und der späteren selbständigen Entwickelung ist ein Theilminimum (No. II*), welches sich am 5. des Monats in der nördlichen Nordsee bildet; dasselbe bewegt sich mit einer kleinen Ausbuchtung nach Westen bis zum 7. abends südlich bis zum Golf von Lyon, indem es an Tiefe abnimmt und bei seinem Durchgange durch Frankreich vom 6. abends bis zu dem obengenannten Tage im Zusammenhang mit dem Hauptminimum sich in eine Furche niedrigen Luftdruckes ausdehnt. Durch Windrichtung und Barometerstand lässt sich jedoch noch die Lage des Zentrums erkennen. Vom 7. abends an ist das Theilminimum als selbständige Erscheinung zu betrachten, die Bahn wendet sich nun rein östlich, beim Ueberschreiten der Appeninen vertieft sich die Depression erheblich und behält diese Tiefe bei während des noch zweimal sich wiederholenden Ueberschreitens der Halbinsel von der Adria nach dem Golf von Neapel und zurück zur Adria, sowie bei der folgenden nordöstlichen Bewegung bis Siebenbürgen; schliesslich endet die Bahn bei rein nördlicher Richtung durch Russland im Weissen Meere.

Am 9. abends macht sich während der stattfindenden Vertiefung über Ungarn ein sekundäres Theilminimum bemerkbar, welches sogleich die nördliche Richtung nach dem Weissen Meere zu annimmt.

Eine weitere interessante Erscheinung tritt am 16. im Nordosten von Schottland auf; dort herrscht von diesem Tage bis zum 19. sehr niedriger Luftdruck, dessen tiefste Stelle sich unregelmässig hin und her bewegt; von dieser Depression trennen sich zwei Theilminima ab.

Ausser diesen im Norden Europas ihren Ursprung habenden Erscheinungen sind noch einige kleinere Phänomene zu bemerken, welche sich im mittelländischen Meere entwickeln; trotz ihrer nicht unbedeutenden Tiefe des Druckes sind sie jedoch nur von Einfluss auf das Wetter eines sehr beschränkten Kreises, indem die grossen Phänomene des Nordens fast allein den Witterungscharakter des ganzen Erdtheils bestimmen.

Der Verlauf der Minima nach der Bahnenkarte lässt ohne Weiteres die Thatsache erkennen, dass während dieser ersten Epoche des Monats im Norden Europas durchweg niedriger Luftdruck herrschte. Dementsprechend lag während des grössten Theiles dieser Zeit über Zentral-Europa ein Gürtel relativ hohen Luftdruckes, welcher, an sich nur wenig von dem normalen verschieden, zwei Maxima verband, die das südwestliche und südöstliche Ende des Erdtheiles berührten. Je nach der Entwickelung der Minima im mittelländischen Meer, war dieser Gürtel auf seiner südlichen Seite durch dieselben begrenzt, oder erstreckte sich gleichfalls über die Mittelmeerländer. Eine Ausnahme hiervon machen besonders der 6. und 7. Tag dieses Monats: unter dem Einflusse der Depression II und ihres Theilminimums II^b lag eine Furche niedrigen Luftdruckes über Zentraleuropa. Das westliche Maximum lag am 6. abends und am folgenden Tage nördlicher d. h. über Irland. Aber bereits am Abend des 7. war der frühere Zustand wieder hergestellt: der Gürtel hohen Luftdruckes lag wieder über Zentraleuropa, ein geschlossenes Maximum über Süddeutschland enthaltend; gleichzeitig war die Verbindung des oben ausführlicher besprochenen Theilminimums II^b mit dem Hauptminimum gelöst.

Dieser regelmässige Gürtel wurde jedoch bald wieder unterbrochen durch verschiedene nach Süden sich bewegende Minima, welche mehrfach tief nach Süden bis in das mittlere Frankreich und Deutschland sich herabziehende Zungen bildeten (No. IV u. IV^a am 8., V^a am 11. und VII^a am 13.) Charakteristisch bleiben jedoch die beiden Gebiete hohen Luftdruckes im Westen und Osten des Erdtheiles, welche immer aufs Neue ihre Keile zwischen die beiden Gebiete niederen Luftdruckes im Norden und Süden hineintreiben.

Mit dem 17. macht sich eine neue Aenderung in der Druckvertheilung bemerkbar; das westliche Maximum rückt südwestwärts, während das östliche nach Norden sich bewegt, gleichzeitig sinkt der Luftdruck zwischen denselben und das nördliche und südliche Depressionsgebiet findet sich bereits am 18. durch eine Furche niederen Luftdruckes verbunden, in welcher auch die Theilminima XI^a und XI^b ihre Entstehung finden. Das Depressionsgebiet XI im Norden Schottlands wird trotz seiner beträchlichen Tiefe (728 mm am 17. abds.) durch das Maximum im Nordosten an einer östlichen Vorwärtsbewegung gehindert und zeigt somit schon den Uebergang zu der Tendenz der Bewegung der Depressionen in der folgenden Epoche an.

Während der zweiten Epoche vom 20. bis zum 24. herrscht in Zentral- und West-Europa niedriger Luftdruck, zwei Minima, von denen das eine (No. XIII) bereits am 18. im Busen von Genua, das andere (No. XVI) am 21. über Bosnien sich entwickelt, bewegen sich zunächst in rein nördlicher Richtung und wenden sich in Süddeutschland resp. Nordungarn nach Westen, diese Richtung bis West- frankreich beibehaltend.

Die bereits am Schluss der vorigen Epoche sich zeigende Bewegung der beiden Maxima dauert fort, so dass das östliche Maximum gegen den 24. sich bis über Finnland ausdehnt, während das frühere westliche über dem Festland verschwunden ist und der verbindende Gürtel sich südlich von Sicilien befindet, so dass über ganz Westeuropa bis Südspanien niedriger Luftdruck herrscht. In denselben tritt mit dem Beginn der letzten Epoche dieses Monats am 25. ein auf dem Atlantischen Ozean bereits am 22. bemerkbares Minimum Nr. XVII ein; von Westen kommend nimmt dasselbe am 25. im Meere westlich von Frankreich das Minimum Nr. XVI in sich auf, wendet sich über der Bretagne nach Westen und verschwindet am 26. über Süd-Irland.

An diesem Tage naht bereits eine neue mächtige Erscheinung Nr. XIX mit östlicher Bewegungsrichtung auf dem Ozean heran; am 28. ändert sie ihre Richt- ung in eine nördliche ab und behält dieselbe unter fortwährend zunehmender Vertiefung bis zu 726 mm bis zu den Faröer-Inseln bei, durchschneidet alsdann die Nordsee bis zum Skagerrack (am 1. Februar) und verläuft unter wieder zuneh- mendem Druck seines Zentrums in rein nördlicher Richtung über dem nor- wegischen Meere.

Von dem östlichen Maximum schnürt sich ein selbständiges Maximum ab, während der grössere Theil bei östlicher Bewegung für Europa verschwindet. Der losgetrennte Theil des Maximums lagert mit bis 782 mm zunehmender Höhe während der Tage vom 26. abends bis 28. über Finnland; unter seinem Einfluss steigt bis zu diesem Tage der Luftdruck in Zentral-Europa bis etwas über den normalen. In den folgenden Tagen zieht sich das Maximum unter weiterer Er- höhung des Kernes auf etwa 785 mm wieder südlich nach Mittelrussland, verliert jedoch alsdann bis zum Schlusse des Monats an Höhe. Am 28. tritt gleichfalls wieder von Westen kommend ein Maximum über Spanien auf und in den letzten Tagen des Monats finden wir diese beiden Maxima über Zentral-Europa durch einen Gürtel von relativ hohem, den normalen nur wenig übersteigenden Luft- druck verbunden und somit eine in den allgemeinen Zügen ähnliche Luftdruck- vertheilung wie am Beginn des Monats.

Unter dem Einfluss der verschiedenen grösseren Depressionsphänomene ist in den ersten beiden Dekaden und besonders über den die Nordsee begren- zenden Ländern unruhiges Wetter vorherrschend.

Die Zusammenstellung der stürmischen Winde auf Seite 4—6 lässt zunächst ausgedehnte stürmische Witterung am 5. des Monats erkennen; dieselbe wurde hervorgerufen durch die am 3. erscheinende Depression II. Bereits am Abend dieses Tages wehen an der östlichen Küste der Nordsee stürmische südliche Winde, welche im weiteren Verlauf rechtdrehend sich über Norddeutschland ausdehnen. Das sich am 5. bildende Theilminimum II^b erzeugt ebenfalls auf den britischen Inseln und am Kanal stürmische Luftbewegung, welche auch noch am 6. abends am Rande der gebildeten Furche niederen Luftdruckes bemerkbar ist. Bei dem Wege des Hauptminimums über die Ostsee ist besonders die deutsche

Küste von starkem Sturm (Königsberg W 10 am 6. abds.) betroffen, da das Minimum auch da noch dieselbe Tiefe beibehält, welche es am vorhergehenden Tage über Skandinavien zeigte.

Schwere stürmische Winde erzeugt das Minimum IV und sein Ausläufer am 8. des Monats über den britischen Inseln, Nordfrankreich und der Nordsee, im Westen der Nordsee nordwestlich und rechtdrehend, im Osten südwestlich und zurückdrehend.

Am 13. ist stürmische Witterung durch das Minimum VII zu verzeichnen und zwar in gleicher Weise wie bei der vorhergehenden Erscheinung.

Im Mittelmeer sind besonders am 9. und 10. während der Lage des Minimums II[b] in diesen Gegenden stürmische Winde beobachtet; desgleichen rufen die Minima XII und XIII am 17. resp. am 19. starke Luftbewegung hervor.

Nach dem 20. folgt eine Epoche ruhigen Wetters über Europa, welche erst am 29. beim Erscheinen des Minimums XIX östlich von Schottland ihr Ende findet. Stürmische, im Westen rechtdrehende, im Osten zurückdrehende Winde über den britischen Inseln, Nordfrankreich und der gesammten Nordseeküste nehmen während der Südwärtsbewegung der Depression am 31. an Stärke zu und dringen bis Süddeutschland vor. Der Wendung der Bahn nach Norden folgt am ersten Tage des Februar eine Abnahme der Windstärke.

———

Die folgende Zusammenstellung ist den meteorologischen Bulletins von Hamburg, Skandinavien und Dänemark, London, Paris, Wien und St. Petersburg entnommen und enthält alle Beobachtungen stürmischer Winde (8 Beaufort und darüber), soweit es sich um europäische Stationen handelt. Da in Frankreich, Spanien, Portugal, Italien und Russland die Schätzung der Windstärke nicht nach genau derselben Skala, wie in den übrigen Ländern, zu geschehen scheint, so sind in Kursiv-Schrift aus Frankreich, Spanien und Portugal noch alle Windstärken 7, aus Russland und Italien alle Stärken 6 und 7 hinzugefügt.

1. Morg.: Bodö ENE 10, Christiansund W 8, Göteborg W 8; — *Pesaro NW 7, Florenz NNE 6*; — Helsingfors SSW 9, Pernau SSW 8, *Windau SW 7, Ssermaxa WSW 7.*
    Ab.: Christiansund W 8; — *Florenz N 6, Pesaro NW 6, Malta N 6.*
2. Morg.: Königsberg W 8; — *Pesaro NW 6, Malta N 6.*
    Ab.: Königsberg W. 8.
3. Morg.: Reval NNW 6, *Windau NW 7.*
    Nm.: Skudesnäs SE 9.
    Ab.: Christiansund SSE 8, Skudesnäs SE 8, Vestervig SSE 8; — Pembroke SW 8.
4. Morg.: Hamburg WSW 8; — Florö SSW 8, Skudesnäs WSW 8, Faerder WSW 8, Hernösand SE 8.
    Falun S 8; — *Astrachan SE 6.*
    Nm.: Skudesnäs WSW 8.
    Ab.: Karlsruhe SW 9; — *Lorient SW 7, Puy-de-Dôme WSW 7.*
5. Morg.: Karlsruhe SW 9; — Helmullet WNW 8, Holyhead WSW 8; — *Gris-Nez W 7, Boulogne WNW 7, Cherbourg NW 7, La Hague NW 7, Croisette SE 7, Puy-de-Dôme WSW 8;* — Säntis W 8; — *Sardowala ESE 6, Ssermaxa SE 7.*
    Nm.: Borkum WSW 8, Skudesnäs NW 8; — Mullaghmore WNW 8, Holyhead W 10, Scilly WNW 8.
    Ab.: Hamburg WSW 8, Borkum WSW 8, Hannover WSW 8; — Christiansund ENE 8, Skudesnäs NNW 8, Samsö SSW 8, Bogö SW 8; — Scilly WNW 8, Helder WSW 9; — *Gris-Nez W 8, Boulogne W 8, Cherbourg W 7, La Hague W 7.*
6. Morg.: Hannover W 8; — Faerder N 8, Skagen NE 8, Fanö NW 8, Samsö NW 8, Bogö W 8; — Scilly WNW 8; — *Cherbourg SW 7, La Hague SW 7, Ouessant NW 7, Lorient SW 7;* — Säntis W 8.
    Nm.: Swinemünde W 8, Stockholm N 8.
    Ab.: Memel SW 9, Rügenwaldermünde W 9, Königsberg W 10, Karlsruhe SW 9; — Hammershus NW 8, Stockholm N 8, Göteborg N 8, Wisby W 8; — Scilly NE 9; — *Dunkerque NE 7, Puy-de-Dôme SE 8.*

7. Morg.: Memel W 8; — Wisby NW 8; — *La Grognon S 7, Er-Hastellic NE 7, Puy-de-Dôme WSW 7, Coruña N 7;* — *Windau NW 7, Pinsk S 6.*

Nm.: Skudesnäs WSW 8, Ardrossan SSW 8.

Ab.: Skudesnäs WSW 10, Oxö SSW 8, Vestervig SW 8; — Stornoway WNW 9, Aberdeen SSW 8, Ardrossan SW 9.

8. Morg.: Skudesnäs SW 8, Oxö ENE 10, Faerder S 10, Skagen WSW 8, Vestervig SW 10, Samsö S 10, Göteborg SW 8; — Stornoway WNW 9, Wick NNW 9, Nairn WNW 10, Holyhead NW 8; — Gris-Nez SW 8.

Nm.: Skudesnäs S 9, Sumburgh Head N 8, Stornoway NNW 9, Holyhead NW 8.

Ab.: Skudesnäs S 8, Oxö ESE 8, Vestervig SE 8, Fanö S 8, Carlshamn SW 8; — Sumburgh Head N 8, Stornoway NNW 8, Wick NNW 9; — *Boulogne NW 7, Cherbourg NNW 7, La Hague NNW 7, Saint-Mathieu N 7, Ouessant NNW 7, Clermont W 7, Puy-de-Dôme W 8.*

9. Morg.: *La Hève NNE 7, Cherbourg N 7, La Hague N 7, Ouessant N 7, Cap Béarn NNW 7, Croisette SW 7, Sicié SW 7, Ile Sanguinaire WNW 8, Puy-de-Dôme W 7, Florenz SW 6, Livorno W 6;* — St. Gotthard N 8; — Ssermaxa SSW 8.

Ab.: *Dunkerque N 7, Gris-Nez SW 7, Cherbourg N 7, La Hague N 7, Ouessant N 7, Marseille NW 7, Ile Sanguinaire WNW 8; Puy-de-Dôme NW 7,* — *Livorno SW 6, Rom WSW 6, Neapel SW 6, Palermo WSW 6*

10. Morg.: *Cap Béarn NNW 7, Cette N 7, Croisette SW 7, Puy-de-Dôme NNW 7, Palermo SSW 6;* — St. Gotthard N 8; — *Helsingfors ENE 7.*

Ab.: Cap Béarn N 8, *Perpignan NW 7, Cette NNW 7, Ile Sanguinaire N 7;* — *Brindisi S 6.*

11. Morg.: Skudesnäs SSE 8; — Donaghadee N 8; — Cap Béarn NW 8, — *Wjatka S 7.*

Nm.: Skudesnäs SSE 8; — Holyhead N 8, Scilly NNE 8.

Ab.: Skudesnäs NW 9; — Scilly NNE 8; — Cherbourg NNE 8, La Hague NNE 8, Ouessant N 7, Lorient SNE 7.

12. Morg.: Christiansund WSW 8; — *Dunkerque NNW 7, Malta N 7.*

Ab.: Skudesnäs SSW 8; — *Marseille NW 7,* Croisette NW 8, *Puy-de-Dôme N 7, Pesaro W 7.*

13. Morg.: Skudesnäs SSW 8, Faerder SSW 8, Samsö SW 8, Hernösand S 8, Göteborg S 8; — Malin Head NW 8, Belmullet WNW 9, Donaghadee N 8, Liverpool WNW 8, Holyhead WNW 9, Roche's Point NW 8; — *Cap Béarn NW 7, Puy-de-Dôme W 7;* — *Hangö S 6, Sswaastopol SSW 6.*

Nm.: Malin Head N 8, Mullaghmore NW 9, Belmullet NNW 10, Holyhead NW 9, Scilly NNW 9; — Jersey NW 8, Rochefort WNW 8.

Ab.: Samsö SSE 8; — Mullaghmore NW 9, Belmullet N 9, Donaghadee NNW 8, Holyhead NW 9, Pembroke NNW 8, Scilly NNW 10; — *Boulogne NW 7,* Cherbourg NNW 8, La Hague NNW 8, *Saint-Mathieu N 7, Ouessant NNW 8, Er-Hastellic NNW 8, Chassiron NW 7, Biarritz WSW 7, Puy-de-Dôme W 8,* — *Cagliari WNW 6.*

14. Morg.: Scilly N 8; — *Dunkerque N 7, La Hève NE 7, Cherbourg NE 7, La Hague NE 7, Ouessant N 7;* — Coruña NE 8, Lissabon N 9; — *Brindisi E 6, Malta NNW 6.*

Ab.: Skudesnäs S 8; — *La Hève NE 7, Cap Béarn NW 7.*

15. Morg.: Faerder SSW; — *Hangö SW 6, Helsingfors SW 6, Wjatka S 6.*

Nm.: Helgoland WSW 9; — Belmullet W 9.

Ab.: Wisby WSW 8; — *Gris-Nez SW 7.*

16. Morg.: Florö SE 9; — Belmullet W 8. — *Puy-de-Dôme W 7;* — *Malta E 6;* — *Hangö SSW 6, Helsingfors SW 6, Perm SSW 7,* Wyborg WSW 8, Ssermaxa S 8.

Nm.: Skudesnäs WSW 8; — Belmullet W 8.

Ab.: Belmullet WNW 8, Pembroke WSW 9, Scilly WSW 8, Prawle Point WSW 8.

17. Morg.: Münster S 8; — Skudesnäs SSE 9, Oxö SSE 10, Faerder SSE 8, Dovre S 8, Vestervig SSE 8; — Belmullet W 8, — *Puy-de-Dôme W 7; Pesaro NNW 6;* — *Sardauula S 7,* Ssermaxa SSE 8.

Nm.: Skudesnäs S 9.

Ab.: Skudesnäs SSW 8, Carlshamn SW 8; — Gris-Nez W 8, *Cherbourg SW 7, La Hague SW 7, Ile Sanguinaire WSW 7;* — *Pesaro W 6, Cagliari WNW 6,* Palermo NNW 6.

18. Morg.: Oxö SSE 8, Faerder SE 8, Vestervig SSE 8, Samsö SSE 8; — *Chassiron SW 7, Puy-de-Dôme SW 7;* — *Pesaro W 7, Palermo NW 6, Malta WNW 7;* — *Hangö S 7.*

Nm.: Shields W 8, Scilly, NNW 8; — Rochefort WNW 9.

Ab.: Skudesnäs ESE 8, Oxö SSE 8, Samsö SE 8; — *Er-Hastellic NW 7, Serranne W 7,* Puy-de-Dôme W 8; — *Malta NW 7.*

19. Morg.: Oxö ENE 8; — Helmullet N 9; — *Puy-de-Dôme W 7*; — *Coruña NNW 7*; — Pinsk ESE 8.
Nm.: Helmullet N 10, Scilly NNW 8.
Ab.: Stornoway N 8, Helmullet N 10, Scilly KNW 9; — *Ouessant NNW 7*; — *Neapel NW 7, Palermo SW 6.*

20. Morg.: *Coruña NNW 7*; — *Hangö SE 6*, Nikolaew ESE 8.
Ab.: Scilly ENE 8; — *Malta W 6.*

21. Morg.: *Svermaru SE 6.*
Ab.: *Puy-de-Dôme WSW 7.*

22. Morg.: Carlshamn NE 8; — *Pinsk ESE 6.*
Ab.: Oxö NNE 8, Skagen ENE 8, Vestervig ENE 8, Kopenhagen ENE 8, Stockholm NNE 8; — *Neapel NW 6, Brindisi S 6.*

23. Morg.: Oxö ENE 8; — *Serrance SW 7; — Brindisi SE 6.*
Ab.: Oxö ENE 8; — *Brindisi SE 6, Cagliari NW 6*

24. Morg.: Oxö ENE 10; — *Puy-de-Dôme WSW 7.*
Nm.: Skudesnäs ESE 8.
Ab.: Skudesnäs ESE 8; — Wick ESE 8; — *Puy-de-Dôme SW 7.*

25. Morg.: *Cette S 7*, Puy-de-Dôme S 8.
Ab.: Nizza E 8, *Puy-de-Dôme SSW 7.*

26. Morg.: Donaghadee NNE 8.
Ab.: Donaghadee NE 8.

27. Morg.: Oxö ENE 8, Faerder ENE 8.
Ab.: Samsö NE 8.

28. Morg.: Oxö NE 8, Faerder ENE 8, Samsö NE 8; — *Pinsk ESE 6.*
Ab.: Oxö NE 8; — Helmullet SSE 8; — *Palermo SSW 6.*

29. Morg.: Stornoway SSE 8, Wick S 9; — *Ouessant WNW 7, Er-Hastellie NW 7*; — *Pinsk ESE 6, Kamorusyok NE 7.*
Nm.: Skudesnäs SE 8, Stornoway SSE 8, Aberdeen S 8, Helmullet NW 9.
Ab.: Skudesnäs ESE 8; — Wick S 9, Scilly NW 8; — Puy-de-Dôme W 8; — *Cagliari WNW 6.*

30. Morg.: Skudesnäs ESE 8; — Croisette NW 9, *Puy-de-Dôme WNW 7*; — *Staryj Bychow SE 6.*
Nm.: Skudesnäs ESE 8.
Ab.: Skudesnäs ESE 8; — Scilly WNW 8, Dungeness WSW 8; — *La Hève SW 7, Ouessant W 7, Croisette NW 8*; — *Cagliari WNW 6, Malta WNW 7.*

31. Morg.: Florö ESE 8, Oxö S 8, Faerder SSE 8, Samsö SSE 8, Göteborg S 8; — Scilly W 9; — *Gris-Nez SW 7, Cherbourg SW 7, La Hague WSW 7, Ouessant W 7, Cap Béarn NW 7*; — Säntis W 8.
Nm.: Skudesnäs SE 8.
Ab.: Kassel SW 8, Hannover SW 8, Kaiserslautern SW 8, Karlsruhe SW 9; — Bodö ESE 8, Skudesnäs SE 8, Oxö ESE 8, Bogö SE 8; — Scilly WNW 9; — *Gris-Nez WNW 8, Boulogne W 7, La Hève WNW 7, Cherbourg W 8, La Hague W 8, Ouessant NW 7, Le Grognon W 7, Er-Hastellic W 7, Ile d'Aix WSW 7, Chassiron W 7, Nancy S 7*; — *Cagliari NW 6.*

2. Temperatur.

Im Beginn des Monats liegt über dem Nordosten des Erdtheiles niedrige Temperatur. Dieses Gebiet gewinnt in den ersten Tagen des Monats eine Ausdehnung nach dem Südosten, erstreckt sich am 7. über Deutschland und beherrscht vom 8. bis zum 13. Zentral-Europa. Die Null-Linie, welche in diesen Tagen im Westen und Süden von Frankreich und alsdann vom Golf von Lyon bis zum Busen von Triest östlich verlief, so dass also auch Südfrankreich vom Froste betroffen wurde, wird am 14. wieder östlich bis zum Rhein gedrängt. Gleichzeitig ist die Temperatur im Norden gestiegen und zieht sich das Minimum der Temperatur nach dem Inneren des Kontinents und dem Südosten Russlands zu. Vom 15. bis zum 19. ist in Westeuropa und an den Küsten, zeitweise auch über der Ostsee die Temperatur über Null; im Innern von Zentral-Europa und im Osten behält jedoch das Frostwetter seine Herrschaft. Vom 20. bis 24. hat sich der Frost wieder bis Mittelfrankreich ausgedehnt, am 22. meldet München —15° und am 23. Paris —6°.

Vom 25. an bewegt sich die Null-Linie wieder östlich, am 26. ist bereits in Norddeutschland Thauwetter. Die niedrige Temperatur lagert wieder hauptsächlich mit beträchtlicher Tiefe (am 30. meldet Haparanda —27°) über dem Nordosten des Erdtheiles.

Diesen Bewegungen der Null-Linie entsprechen die in in der Tabelle S. 12—13 gegebenen Anomalieen. Haparanda zeigt zwei Perioden beträchtlicher negativer Anomalie vom 1. bis 10. und vom 26. bis 31. Berlin, Karlsruhe, München haben eine Periode negativer Temperatur-Anomalie vom 7. bis zum 24., Paris vom 7. bis zum Schlusse des Monats.

Die niedrigsten Temperaturen wurden beobachtet u. A. in Haparanda am 4. —33°, in Uleaborg am 8. —32°, in Archangelsk am 5. —34°; aus Deutschland meldet besonders niedrige Temperaturen Kassel am 8. —22°, Bamberg am 12. —15°, München am 22. —15°.

Die niedrigen Temperaturen in Zentral-Europa entsprechen der Lage des relativ hohen Luftdruckes über diesen Gegenden; die mehr oder weniger westliche Lagerung der Null-Linie der Temperatur zeigt sich als besonders von der Intensität und Lage des westlichen Maximums abhängig.

3. Bewölkung, Regen, Gewitter.

Unter dem Einfluss der zahlreichen Depressionen ist während des bei Weitem grössten Theiles des Monats das Wetter insbesondere über Zentral-Europa trübe, nur manchmal nach dem Vorübergang eines Minimums äusserst kurze Zeit bis zum Herannahen eines folgenden aufklarend.

In den Tagen vom 17. bis 27. macht sich eine Periode geringerer Bedeckung über Deutschland bemerkbar, doch wird auch diese am 20. und 23. durch die Bedeckung unterbrochen, welche zwei Mitteleuropa passirende kleinere Depressionen hervorrufen.

Vom 20. bis zum 30. herrscht in Deutschland vielfach nebeliges Wetter.

Starke Niederschläge waren die weitere Folge des Vorübergangs der Depressionen. In der ersten Dekade wurden besonders die britischen Inseln, sowie Norddeutschland davon betroffen, während in der zweiten Dekade viele Niederschläge in Frankreich eintraten. In Deutschland zeigt sich in den Tagen vom 11. bis 15. eine Periode geringer Niederschlagsmenge.

Auch in der 3. Dekade ist besonders Frankreich von schweren Niederschlägen heimgesucht. Nizza beobachtete am 26. 51 mm. Die grösste aus Deutschland gemeldete Niederschlagsmenge waren 28 mm am 5. in München.

II. Vorläufige Mittheilungen über das Wetter auf dem Nordatlantischen Ozean.

Die hier gegebenen Mittheilungen sind den Journalen der nachstehenden Schiffe entnommen worden.

Dampfschiffe: Hungaria, Main, Gellert, Moravia, Rhein, Teutonia, Bohemia, Lessing, Weser, Neckar, Fulda, Ems, Donau, Silesia, Rugia, Carl Woermann, Eider, Rhätia, Suevia, General Werder, Amerika, Allemannia, Moravia, Rhenania, Ceará, Frankfurt, Berlin, Anna Woermann, India, Desterro, Holsatia, Rosario, Valparaiso, Thuringia, Uruguay, Massalia, Strassburg, Borussia, Ohio, Rio, Hamburg, Kronprinz Friedrich Wilhelm, Corona, Saxonia.

Segelschiffe: Amelia, Amanda & Elisabeth, Hedwig, Alpina, Caroline, Emma Römer, Dione, Inca, Palme.

Nach der vorherrschenden Luftdruck-Vertheilung, insbesondere der Lage der Maxima, lassen sich in der Witterung des Januar auf dem Nordatlantischen Ozean sechs Epochen unterscheiden.

1) Die erste Epoche, welche bis zum 5. Januar anhielt und eine Fortsetzung der am 27. Dezember eingetretenen letzten Epoche des vorhergehenden Monats bildete, charakterisirte sich durch hohen Luftdruck im westlichen und im östlichen Theile der Mittelzone und durch niedrigen Luftdruck auf der Mitte des Ozeans und im hohen Norden. Das östliche Maximum, das, wie gewöhnlich der Fall, die grösste Beständigkeit zeigte, erstreckte sich in seiner Umgrenzung durch die Isobare von 765 mm von der Küste Südeuropas südwestwärts bis nach etwa 40° w. L. Der höchste Druck, der etwa 770 mm betrug, lag meistens westlich von Portugal. Das zweite Maximum, welches an den amerikanischen Kontinent sich anlehnte, nahm anfänglich nur den südwestlichen Theil der Mittelzone ein, während in der Umgebung von Neuschottland sich eine Depression zeigte. Nachdem diese vom 2. zum 3. Januar aber südostwärts verzogen war, dehnte es sich unter dem Einflusse der folgenden steifen, nördlichen Winde weit nordostwärts aus und erstreckte sich nun in einem breiten Streifen ganz langs der amerikanischen Küste bis jenseits Neufundland. Der höchste Druck, der am 3. und 4. südlich von Neuschottland beobachtet wurde, erreichte nahezu 775 mm. Zwischen den beiden Maxima, auf der Mitte des Ozeans, lag ein anfänglich in nördlicher, später in nordöstlicher Richtung sich erstreckendes und mit der Depression bei Island in Verbindung stehendes Gebiet niedrigeren Luftdrucks, das meistens jedoch auch kaum eine grössere Tiefe als 760 mm zeigte.

Die Luftdruck-Vertheilung, wie sie geschildert worden ist, bedingte auf der westlichen Hälfte der Mittelzone das Vorherrschen nordwestlicher und nordöstlicher, auf der Osthälfte das Vorherrschen südlicher und westlicher Winde. Letztere waren meistens nur von mässiger Stärke. Dagegen wehten die nördlichen Winde auf der amerikanischen Seite des Ozeans unter der Einwirkung steilerer Gradienten vielfach steif und selbst stürmisch, insbesondere am 2. und 3., an welchen Tagen das Schiff Hedwig im Golfstrom, etwa 400 Seemeilen südwestlich von Kap Cod, in schweren Böen wehenden und zeitweilig zu vollem Sturm sich steigernden Wind aus Nordwest bis Nordost hatte. Ausserdem war der südlichste Theil des auf der Mitte des Ozeans befindlichen Depressions-Gebietes der Ort, wo während dieser Epoche unruhiges Wetter herrschte, und wie immer, wenn Depressionen in niederen Breiten auftreten, zeichnete sich das Wetter hier besonders durch die grosse Häufigkeit elektrischer Erscheinungen aus. Auf dem Dampfer Rhenania wurde vom 1. bis zum 5. zwischen 30° n. Br., 35° w. L. und 20° n. Br., 50° w. L. fast ununterbrochen Blitzen und Wetterleuchten und mehrmals sehr heftiges Gewitter beobachtet. Am Abend des 1. Januar erschienen dabei ungewöhnlich grosse und zahlreiche Elmsfeuer, auf allen Toppen und Raanocken bis zur Fockraa herunter. Der Wind wehte in Boen; am 4., in 25° n. Br. und 46° w. L., steigerte er sich für kurze Zeit aus Südost zu schwerem Sturme. In Folge der Anwesenheit der Depression lag die polare Passatgrenze auf der Mitte des Ozeans in dieser Epoche weit südwärts verschoben, während sie im östlichen und meistens auch im westlichen Theile des Meeres eine verhältnissmässig nördliche Lage hatte.

Wie bereits bemerkt wurde, dehnte sich das westliche Maximum im Laufe der Epoche mehr und mehr nordostwärts aus. Am 5. war dasselbe über den nördlichen Theil des Ozeans so weit vorgedrungen, dass es mit dem östlichen Maximum in Berührung kam. Dagegen begann an seiner Rückseite das Barometer gleichzeitig zu fallen, und diese Depression, die am 5. an der amerikanischen

Küste erschien, war am 6. mit der auf der südlichen Mitte des Ozeans befindlichen verschmolzen. Eine weitere Folge der Druck-Zunahme im Norden war, dass eine Depression, die bis dahin zwischen Island und Nordschottland gelegen hatte, sich am 6. längs der Westküste Europas südwärts verschob und die Grenze des vorher an den Kontinent sich anlehnenden östlichen Maximums auf den Ozean zurückdrängte. Auf diese Weise vollzog sich der Uebergang zu der nächsten Epoche.

2) Die Hauptzüge der Druck-Vertheilung während der zweiten Witterungs-Epoche, welche vom 6. bis zum 12. Januar zu rechnen ist, waren: ein Gebiet hohen Luftdrucks, das sich von Norden über den östlichen Theil und die Mitte des Ozeans — zwischen etwa 10° und 40° bis 50° w. L. — südwärts bis nach etwa 20° n. Br. erstreckte, niedriger Druck auf dem westlichen Theile des Ozeans und über Westeuropa. Der Ort der höchsten Barometerstände von 775 bis 780 mm befand sich fortwährend im Norden der Azoren, und noch in 50° n. Br. betrug der Luftdruck im Mittel etwa 770 mm. In dem Gebiete niedrigeren Drucks an der Westseite des Maximums, sowie anscheinend auch in dem am Ostrande, traten nacheinander drei Depressionen auf, die an der Westseite nach Nord bis Nordost, an der Ostseite aber nach Süd zogen. Die Minima im Westen hatten eine Tiefe von etwa 745 mm. Im Osten lag der niedrigste Druck gewöhnlich innerhalb der Küste; auf dem Meere fiel das Barometer nur anfänglich etwas unter 755, später kaum unter 760 mm.

Der Lage des Maximums entsprechend hatte das Passatgebiet, ausgenommen auf dem westlich von 50° w. L. gelegenen Theile des Ozeans, eine verhältnissmässig grosse nördliche Ausdehnung, indem es sich bis nach etwa 35° n. Br. erstreckte. Weiter nordwärts herrschten im Osten von 30° w. L. nordwestliche bis nördliche, im Westen südliche bis südwestliche Winde. In den Depressions-Gebieten, sowohl im Osten als im Westen, wehte es oft steif und böig, zeitweilig (am 10. und 11.) selbst vollen Sturm, und im Westen fanden häufige Regen-, in der Nähe der Küste, bei nordwestlich holendem Winde, auch Schneefälle statt; auf dem grössten Theile der Mittelzone waren jedoch während der Epoche mässige Winde und gutes Wetter herrschend.

3) Die dritte Epoche, vom 13. bis zum 17. Januar, unterschied sich von der vorhergehenden nur insofern, als jetzt das Maximum auch den grössten Theil des westlichen Gebiets der Mittelzone einnahm und von etwa 10° w. L. ganz über den Ozean bis an die amerikanische Küste reichte. Niedriger Luftdruck herrschte, ausser in dem Striche zunächst der Küste von Europa, nur noch im äussersten Südwesten, in der Umgebung von 30° n. Br. und 60° w. L. Die höchsten Barometerstände wurden meistens in der Umgebung der Azoren, zeitweilig auch in der Nähe von Neufundland beobachtet und erreichten am 13. und 14. eine Höhe von mehr als 780 mm. Das Minimum der Depression im Osten befand sich nördlich von Schottland und hatte hier eine Tiefe von etwa 735 mm, während vor dem Kanal das Barometer kaum unter 755 mm fiel. Der niedrigste beobachtete Stand an der Küste von Portugal und vor der Strasse von Gibraltar war nicht weniger als 760 mm. Auch die Depression im Südwesten war anscheinend nicht von erheblicher Tiefe. Dieselbe hatte, wie schon bemerkt wurde, anfänglich eine sehr südliche Lage; im Laufe der Epoche drängte sie jedoch allmählich nordwärts, dergestalt, dass südlich von Neuschottland, in etwa 40° n. Br., der Luftdruck vom 14. bis zum 17. Januar von 775 bis auf 755 mm abnahm.

Die herrschenden Winde blieben auf der östlichen Hälfte des Meeres dieselben wie vorher: im Norden von 40° n. Br. westlich und nordwestlich, an der

europäischen Küste nördlich, im Süden von 35° n. Br. Passat. Auf der westlichen
Hälfte herrschten dagegen fast überall und fast während der ganzen Epoche östliche Winde. Ausgenommen in den bezeichneten Depressions-Gebieten: vor dem
Kanal, an der Küste von Portugal und in den amerikanischen Gewässern, wo es
verschiedentlich steif und einige Male selbst stürmisch wehte, trat der Wind auch
jetzt nur mit mässiger Stärke auf, und heftige Stürme kamen überhaupt nicht vor.

4) Während der Zeit vom 18. bis zum 20. Januar, die als die vierte
Epoche zusammengefasst ist, herrschte nicht ein bestimmter Zustand in der
Druckvertheilung, sondern sie bildete ein Uebergangsstadium von der die vor-
hergehenden 14 Tage auszeichnenden Herrschaft allgemein hohen Luftdrucks auf
der Mittelzone zur Herrschaft verhältnissmässig niedrigen Drucks, welche die
folgende Epoche charakterisirte. Die Veränderung ging in der Weise vor sich,
dass die im Südwesten befindliche Depression ihr Vordringen nach Nord und
Nordost zu beschleunigen begann und bald das Maximum vom amerikanischen
Kontinente abtrennte, während gleichzeitig die Depression im Osten, deren
Minimum vorher bei Nordschottland lag, sich südwärts verschob und so auch
hier die Grenze des Maximums zurückdrängte. Schon am Morgen des 18. Januar
nahm das Gebiet von mehr als 765 mm Druck zwischen 40° und 50° n. Br. nur
noch den Streifen zwischen 25° und 45° w. L. ein; vor dem Kanal war das Barometer von 755 auf 740 mm, an der Küste von Portugal von 765 auf 755 mm gefallen. Im Westen war der niedrige Luftdruck zwar nur von kurzem Bestande,
da hier, an der Rückseite der Depression, ein neues Maximum erschien. Indessen
bildete sich an der Südseite der Depression (XVI), bei deren weiterem Fortschreiten nach Osten, ein bis nach etwa 30° n. Br. sich ausdehnendes Theilminimum
aus, so dass am 20. Januar die ganze östliche Hälfte der Mittelzone von einem
Gebiete niedrigen Luftdrucks eingenommen war.

Unter dem Einfluss der tiefen Depression über Südwest-Europa, welche von
der weiter landabwärts erscheinenden zunächst noch isolirt blieb, herrschten auch
in dieser Epoche vor dem Kanal und in den südeuropäischen Gewässern noch
steife, böige, vor dem Kanal zu anhaltendem, heftigen Sturme sich steigernde
Nordwestwinde. Das Schiff »Hedwig« hatte in 48° n. Br. und etwa 18° w. L. vom
Mittage des 18. bis zum Mittage des 20. Januar fortwährend Sturm aus NW bis
NNW, mit schweren Regen- und Hagelboen. Auf dem übrigen Gebiete vollzog
sich mit dem Fortschreiten der von Nordwest kommenden Depression XVI eine
Drehung des Windes, erst nach Süd und dann durch West nach Nord. Auch hier
war das Wetter unruhig und böig, und verschiedentlich erreichte der Wind die
Stärke 8; zu wirklichen Stürmen kam es hier jedoch nicht.

5) Das Merkmal der fünften Witterungs-Epoche, vom 21. bis zum
27. Januar, war fast ununterbrochen niedriger Luftdruck auf der östlichen, abwechselnd höher und niedriger Druck auf der westlichen Hälfte der Mittelzone
und südliche Lage des Maximums der Passatgrenze. Im Osten traten nacheinander
drei verschiedene Depressionen auf, die indessen so rasch aufeinander folgten,
dass eine wesentliche Unterbrechung des niedrigen Luftdrucks nicht stattfand.
Dieselben zogen, wie es scheint, zuerst längs der amerikanischen Küste nach
Nordost; auf der Höhe der Neufundland Bank, wo die erste schon am 19. passirt
war und die zweite am 21., die dritte am 24. Januar erschien, bildete sich jedes-
mal eine Zweitheilung der Depression heraus, und der südliche Theil wandte sich
alsdann mit zunehmender Tiefe und mit zunehmendem Umfang ost- bis südostwärts gegen die Küste von Europa. Die hervorragendste Erscheinung war die
zweite Depression, deren Minimum von 733 mm Tiefe sich am 23. und 24. Januar

ausserhalb der Bucht von Biscaya in etwa 44° n. Br. und 18° w. L. befand und die sich dann nordostwärts nach dem Eingang des Kanals fortbewegte. An allen Seiten derselben trat der Wind als heftiger Sturm auf, und noch in 750 Seemeilen Entfernung südwestlich vom Minimum hatte Dampfer ›Corona‹ am 23. schweren Sturm aus Nordwest. Im inneren Theile der Depression zeigte sich bei veränderlichen und sehr böigen Winden fortwährendes starkes Blitzen, und mehrmals steigerten sich die elektrischen Entladungen zu heftigen Gewittern. In den beiden übrigen Depressionen erreichte das Minimum kaum eine grössere Tiefe als 750 mm; aber auch diese waren von unruhigem Wetter und stürmischen Winden begleitet. Im Westen, wo die Barometer-Schwankungen noch weniger tief waren, blieb das Wetter verhältnissmässig ruhig.

Die vorherrschenden Winde der Epoche waren: vor dem Kanal und landabwärts bis nach etwa 30° w. L. Ost bis Nord, zwischen 30° und 40° w. L. Nordwest, östlich von 30° w. L. und zwischen 30° und 40° n. Br. Südwest und Nordwest. Auf der westlichen Meereshälfte vollzog sich eine allmähliche Drehung des Windes von Nordwest durch Nordost und Südost nach Südwest und dann noch einmal durch Nordwest und Nordost bis Südost. Das erste, durch das Vorüberziehen einer Depression bewirkte Umlaufen des Windes von Südwest beziehentlich Südost nach Nordwest fand am 21., das zweite am 25. Januar statt.

Von den beiden Maxima, welche in den Zwischenräumen der Depressionen an der amerikanischen Küste auftraten, zog das erste von Neufundland aus südostwärts und verschmolz, wie es scheint, mit dem südlich von 30° n. Br. gelegenen Maximum der Rossbreiten. Das zweite, welches in 50° w. L. etwa 4 Tage später, am 26. Januar erschien, verfolgte dagegen eine östlichere Zugrichtung und dehnte sich, während die auf der östlichen Meereshälfte befindliche Depression nordostwärts verzog, schliesslich bis an die Küste von Südeuropa aus. Auf dem ganzen Gebiete östlich von 40° w. L. und zwischen 30° und 45° n. Br. stieg das Barometer vom 28. zum 29. um 8 bis 10 mm. Auf diese Weise vollzog sich der Uebergang zu der sechsten und letzten Witterungs-Epoche.

6) Während der drei letzten, die sechste Epoche des Monats bildenden Tage, vom 29. bis zum 31. Januar, herrschte auf der Mittelzone des Ozeans wieder ein verhältnissmässig hoher Luftdruck, indem ein Maximum, das in der Umgebung der Azoren seine grösste Höhe erreichte, den ganzen östlich von 50° w. L., und südlich von 45° n. Br. gelegenen Theil derselben einnahm. Auf der Mitte des Ozeans erstreckte es sich zeitweilig über 50° n. Br. hinaus. An Gebieten niedrigeren Drucks zeigten sich eine Depression im Nordosten und eine im Westen. Beide veränderten ihre Lage nur wenig; das Minimum der ersten, welche vor dem Kanal eine Tiefe von etwa 750 mm hatte, befand sich nördlich von Schottland, während die zweite, deren Minimaldruck etwa 745 mm betrug, von 40° n. Br. und 68° w. L., ihrer Morgen-Position am 29., sich langsam nordostwärts verschob. In Folge dieser geringen Orts-Veränderung trat auch der Wind sehr beständig auf und zwar so, dass er im Osten von 30° w. L. fast fortwährend aus Nordwest, im Westen dagegen aus Südwest und Süd kam. In beiden Depressions-Gebieten war das Wetter unruhig, mit häufigen Regen- und Hagelschauern und elektrischen Entladungen; besonders vor dem Kanal, wo nach den Berichten von ›Neckar‹ und ›Emma Römer‹ am 30. und 31. anhaltender Sturm aus Westnordwest bis Südwest herrschte. In dem Gebiete hohen Luftdrucks und im Passat, dessen Gebiet bei der nördlichen Lage des Maximums jetzt wieder verhältnissmässig weit nach Norden reichte, war der Wind dagegen nur von geringer Stärke und das Wetter schön.

III*- Abweichungen von der normalen Temperatur um (7) 8

Tag	Bodö	Skudesnäs*	Haparanda*	Stockholm*	Stornoway	Shields	Valencia	St. Mathieu	Paris*	Perpignan*	Borkum	Hamburg	Swinemünde	Neufahrwasser	Memel
1	10.3	4.6	5.5	5.4	6.2	7.6	2.6	1.7	3.1	3.0	3.7	2.6	3.0	0.1	2.4
2	6.3	0.8	14.5	3.6	0.6	3.7	2.6	2.1	5.8	2.6	4.9	7.1	8.1	6.4	7.7
3	5.7	1.0	1.5	4.8	5.1	2.6	3.8	3.0	5.2	3.1	3.5	4.0	2.6	1.7	4.2
4	6.7	3.0	20.9	2.1	0.5	0.9	1.2	3.3	5.0	4.2	5.6	8.2	7.8	2.0	0.8
5	8.1	0.2	4.1	4.0	2.7	1.3	1.2	0.6	4.3	3.2	3.0	3.3	4.9	5.5	6.5
6	12.1	5.1	14.1	0.7	3.8	2.3	3.4	0.7	1.8	0.7	0.4	1.7	2.4	2.7	5.7
7	12.3	2.7	12.3	13.9	2.1	9.0	6.1	3.7	2.2	2.8	1.7	2.2	3.7	5.0	1.3
8	8.9	1.7	17.9	3.6	3.8	4.0	0.0	0.3	8.3	0.5	5.7	6.4	5.3	6.2	1.7
9	10.4	2.0	17.9	0.7	3.2	3.4	0.0	1.4	4.3	2.9	0.1	0.5	3.0	3.1	3.1
10	2.9	1.0	13.7	2.1	0.5	6.2	2.2	1.2	2.2	3.3	1.5	3.8	1.4	0.1	5.1
11	3.5	1.8	1.8	2.2	1.0	1.7	1.6	1.9	10.9	3.3	3.1	2.3	1.1	0.5	1.4
12	1.9	0.9	6.0	1.8	2.9	4.0	1.6	3.4	2.6	0.5	2.4	4.1	1.7	0.4	0.2
13	1.9	4.3	5.4	1.4	1.6	2.8	1.1	2.6	2.2	1.3	0.6	4.2	1.8	0.9	3.9
14	2.1	1.1	8.6	0.1	0.5	1.1	0.5	0.9	0.4	1.5	0.8	5.3	6.1	4.4	0.9
15	0.8	4.8	4.2	2.0	2.1	3.9	1.1	1.1	0.2	0.3	0.8	1.0	1.3	7.6	3.8
16	2.2	1.6	8.3	6.0	3.2	1.6	0.6	1.4	1.1	2.5	1.2	2.1	4.2	2.3	4.6
17	0.6	2.6	10.5	2.0	4.9	1.6	0.6	0.7	0.3	0.0	0.4	0.2	1.5	2.3	6.4
18	3.0	1.9	9.7	3.8	6.6	4.4	3.4	3.4	3.5	3.2	1.4	0.3	0.5	4.5	2.0
19	3.2	2.1	9.7	3.8	2.1	7.7	1.1	3.9	4.3	1.8	0.4	0.2	1.3	2.6	3.3
20	1.6	1.1	9.3	2.9	0.6	7.2	1.1	2.9	6.1	5.9	0.4	1.2	3.4	1.0	0.1
21	2.3	1.7	2.7	3.1	1.0	1.1	5.6	8.9	6.7	5.6	0.6	1.2	3.0	1.8	0.5
22	2.5	1.3	3.5	2.6	2.7	1.6	3.9	3.3	5.7	7.6	3.0	3.9	1.3	1.3	1.5
23	3.5	3.5	2.9	1.5	1.6	0.5	4.5	4.6	8.5	3.6	6.1	5.3	0.2	3.6	1.4
24	0.1	2.0	0.3	2.1	1.0	0.5	6.8	5.9	6.5	4.8	6.7	7.5	0.9	1.3	0.8
25	3.5	1.0	1.7	2.9	1.6	0.0	6.2	3.4	2.0	5.4	2.9	3.6	0.2	0.7	2.7
26	2.3	0.2	10.9	2.6	0.5	1.1	7.4	0.3	2.1	2.0	0.6	1.7	3.1	2.6	5.1
27	6.8	1.5	14.9	3.8	0.1	0.6	3.5	4.1	4.0	0.1	0.2	1.9	3.0	2.8	0.9
28	1.8	0.5	3.9	1.6	0.1	2.7	1.0	1.8	3.4	2.3	0.7	1.3	1.8	2.5	10.3
29	1.9	0.3	4.5	0.9	1.8	1.1	0.1	1.8	2.1	0.2	0.3	1.0	0.3	3.2	6.3
30	4.7	1.2	14.5	0.2	3.2	2.3	0.8	1.5	1.7	1.4	1.2	1.8	2.6	2.7	0.6
31	3.1	1.8	3.8	2.7	5.5	1.7	0.3	3.3	1.7	4.8	0.7	2.1	1.1	0.8	2.2
Mittel	3.4	1.0	3.3	0.5	1.2	1.3	1.3	1.0	1.6	1.2	0.3	0.3	0.9	0.1	0.7

Die Werthe der Temperaturabweichungen beziehen sich für die Norwegischen, Schwedischen, Englischen, Deutschen und Italienischen Orte auf 8 Uhr morgens, für die Französischen, Oesterreich-Ungarischen, Russischen und Türkischen auf 7 Uhr morgens.

ens im Monat Januar 1886 (fette Zahlen +, magere —).

Breslau	Karlsruhe	München	Wien*	Hermannstadt*	Rom*	Archangelsk*	St. Petersburg**	Moskau*	Astrachan*	Constantinopel*	Katharinenburg*	Barnaul*	Irkutsk*	Taschkent*	Tag
1.9	0.7	2.6	8.5	4.4	2.4	5.6	1.2	4.0	5.4	2.2	2.6	6.1	17.9	1.1	1
5.7	4.1	2.1	8.0	1.6	3.6	5.2	9.0	6.1	4.7	4.0	10.4	3.9	11.2	2.6	2
4.2	6.0	6.7	7.3	3.3	5.6	2.2	2.4	11.7	3.2	4.2	12.2	3.1	1.7	3.4	3
6.9	7.4	3.1	3.7	1.0	3.2	—	10.8	1.2	17.2	1.5	13.2	13.3	0.2	2.9	4
9.0	7.4	10.2	2.7	6.6	1.4	20.8	0.4	3.1	7.0	0.9	10.6	10.5	1.6	6.1	5
2.7	4.8	2.2	6.7	3.1	3.9	8.3	7.4	12.9	5.0	2.4	8.6	11.1	0.9	9.3	6
2.0	2.3	4.9	2.5	5.3	2.7	4.7	7.5	9.8	3.5	2.9	10.2	12.1	8.1	0.9	7
5.4	4.9	2.1	2.4	3.9	3.0	3.3	4.1	2.6	1.9	4.3	12.6	4.9	7.7	4.6	8
4.5	1.7	0.2	0.5	10.5	2.8	12.8	1.3	0.1	4.8	6.9	14.0	6.9	11.4	5.8	9
3.1	3.3	1.9	1.5	10.9	2.4	19.3	0.9	1.7	6.7	7.6	8.3	11.2	6.7	5.6	10
0.2	2.2	3.6	1.1	7.1	5.0	9.1	1.3	12.2	6.4	9.5	1.8	16.8	2.7	3.4	11
1.9	8.0	3.1	1.4	6.1	0.0	3.6	8.1	12.2	8.7	8.3	10.9	0.1	9.8	0.3	12
4.7	1.8	0.2	1.7	0.3	3.2	7.1	4.1	12.2	6.8	5.1	12.8	9.6	5.2	2.7	13
7.3	0.8	1.6	2.6	3.2	6.0	0.1	1.0	13.0	3.1	3.7	11.7	11.2	2.7	0.4	14
6.0	1.9	0.1	5.4	1.4	3.8	10.6	2.8	9.8	4.6	3.9	11.4	1.3	5.5	1.4	15
0.6	3.0	0.3	7.4	--	4.8	8.0	7.6	6.0	0.8	5.5	14.3	11.5	6.9	2.5	16
1.3	1.6	3.3	1.8	3.2	0.0	11.6	4.1	4.4	7.6	3.5	11.7	4.5	12.1	3.9	17
4.8	2.8	5.7	1.6	6.6	0.2	12.2	7.7	8.4	5.4	7.8	—	6.6	1.0	2.5	18
0.9	2.5	2.5	1.2	9.0	1.8	11.0	8.1	2.4	2.0	8.3	1.8	9.4	4.4	1.5	19
0.9	3.7	0.2	3.6	6.9	0.6	6.5	2.0	2.0	2.6	7.1	5.3	6.4	3.2	3.0	20
2.0	2.9	6.2	1.1	7.9	2.4	1.7	0.8	6.5	3.7	7.4	9.3	6.7	3.8	4.8	21
0.2	5.7	11.0	0.3	4.9	3.4	0.8	3.8	6.3	0.9	5.5	3.1	4.8	3.2	4.9	22
3.4	2.2	5.6	4.3	5.0	3.4	2.2	1.1	3.9	9.2	4.9	0.9	2.0	4.5	1.0	23
2.2	9.4	5.2	2.5	8.0	1.2	6.7	2.4	1.1	3.7	5.2	1.3	3.4	6.8	2.0	24
1.4	1.2	2.3	2.7	7.2	1.1	2.9	0.3	0.2	0.3	3.3	0.7	7.0	4.6	1.4	25
0.3	0.5	1.8	2.8	4.8	1.3	4.5	3.1	1.3	6.8	2.4	5.5	2.7	3.6	2.1	26
2.2	1.3	0.8	2.4	3.2	2.9	10.1	7.6	1.8	5.4	3.6	2.7	4.1	5.6	13.1	27
3.3	2.1	2.3	2.8	3.8	2.9	3.3	13.2	10.9	4.4	5.1	5.2	1.8	7.8	3.8	28
1.4	1.6	0.1	4.2	8.8	2.8	2.3	12.6	10.5	15.2	2.4	10.4	7.9	3.4	2.7	29
6.3	3.6	5.0	4.0	5.8	1.3	3.0	4.6	15.7	16.0	3.6	18.4	3.3	3.6	2.2	30
4.3	3.7	1.0	4.3	3.7	0.9	9.7	1.9	3.5	11.4	2.8	3.5	14.7	6.8	14.5	31
0.5	0.3	0.3	0.6	4.2	0.3	1.6	0.2	2.2	0.8	4.7	5.4	5.5	2.0	1.3	Mittel

Während bei den übrigen Beobachtungsorten die von der Seewarte berechneten normalen Temperaturen zu grlegt wurden, sind in den mit * versehenen Reihen die Differenzen der Temperaturen und der aus dem von St. Petersburg entnommenen normalen Pentadenmitteln verzeichnet; für St. Petersburg ** sind die Abgen von der täglichen Normalen derselben Stunde nach demselben Bulletin gegeben.

	Hamburg																	Neufa...							
	Wirkliche Witterung											Prognose						Wirkliche Witte							
	8ʰ a. m.					2ʰ p. m.					Niederschlag 8ʰ a.m.–8ʰ a.m.							8ʰ a. m.					2ʰ p.		
Tag	Temp.-Abw	Temp.-Aend	Windstärke	Windricht.	Bewölkung	Temp.-Abw	Temp.-Aend	Windstärke	Windricht.	Bewölkung		Temp.-Abw	Temp.-Aend	Windstärke	Windricht.	Bewölkung	Niederschlag	Temp.-Abw	Temp.-Aend	Windstärke	Windricht.	Bewölkung	Temp.-Abw	Temp.-Aend	Windstärke
1	w	z	m	s'	d	w	z	f	s'	d	r	—	u	m	w	v	e	n	u	l	s	b	w	z	l
2	w	z	f	s'	r	w	z	f	s'	b	e	—	u	f	w	v	v	w	z	f	s'	b	w	z	m
3	w	a	m	w'	v	w	a	l	s'	b	r	—	a	m	w'	v	o	n	a	m	w'	v	n	a	f
4	w	z	s	s'	r	w	z	s	s'	r	r	—	z	f	s'	v	v	n	u	m	s	d	w	z	l
5	w	a	m	s'	b	w	a	s	s'	v	e	w	—	f	w	v	—	w	z	l	s'	b	w	a	l
6	n	a	s	s'	b	n	a	s	w	v	t	—	a	s	w	—	r	w	a	f	s'	v	n	u	s
7	k	a	l	w'	h	k	a	l	s'	h	t	—	a	m	—	v	o	k	a	m	w'	v	k	a	m
8	k	a	m	e'	h	k	a	m	s'	v	r	—	z	f	s'	b	r	k	a	n	s'	v	k	u	f
9	n	z	m	e'	r	n	z	l	s'	r	r	—	z	f	s/w	—	r-	k	z	l	s	r	k	z	l
10	k	a	l	n	h	k	a	l	n	h	e	—	a	f-	n'	v	r	n	z	l	n	b	n	z	m
11	k	z	l	s	r	k	z	l	e'	b	t	—	z	m	e	v	o	n	u	m	w'	b	n	u	l
12	k	a	l	e'	v	k	a	l	e'	h	t	—	z/-	—	—	v	r	n	u	l	e'	b	n	u	l
13	k	u	m	s	b	n	z	f	s	b	t	—	z	f	w	b	r	n	a	l	w	b	u	u	l
14	k	a	m	e'	b	k	a	m	e'	d	t	—	z	f	s	b	r	k	a	l	s'	b	k	a	l
15	n	z	f	s'	b	n	z	s	s'	b	f	—		l	x	hd	o	k	a	l	s	v	k	u	m
16	w	z	f	s'	r	n	u	s	s'	b	e	—	z	s	w	b	r	w	z	f	s	b	n	z	m
17	n	a	f	e'	v	n	u	m	s'	b	e	—	u	f	w	v	r	w	u	l	s'	b	n	u	l
18	n	u	f	e'	v	n	z	f	e'	v	e	—	u	f	w	v	r	k	a	l	s	h	k	a	l
19	n	u	m	e'	b	n	a	m	s'	b	t	—	-a	—	s	b/v	r/-	w	z	m	e'	z	n	z	m
20	n	z	l	n'	d	n	u	m	n'	r	r	—	—	m	s	v	v	n	n	l	c'	b	n	a	l
21	n	u	l	n'	r	n	a	l	e'	v	e	—	u	m		v	e	n	u	l	e'	b	n	z	m
22	k	a	l	x	d	n	u	l	w'	r	r	—	a	m	—	v	v	n	u	m	e	b	n	u	f
23	k	a	l	e'	v	k	a	l	e'	v	t	f	—	l	x	b	r	k	a	l	x	h	n	u	l
24	k	a	l	e'	d	k	u	l	e'	h	t	f	—	l	x	v	r	n	z	m	e'	r	n	a	l
25	k	z	m	e	b	n	z	m	e'	b	r	f	—	l	x	h	o	n	z	l	e'	r	n	z	l
26	n	z	m	e	z	n	z	l	e'	d	r	—	z	l	x	b	r	w	z	l	e'	r	n	u	l
27	n	u	m	n'	d	n	u	m	n'	d	r	—	u	l	x	b	r	w	u	m	e	r	n	a	m
28	n	u	m	e'	b	n	u	m	e'	b	e	—	a	f	e	v	—	k	a	l	e'	b	k	a	l
29	n	u	l	e'	d	n	u	l	e'	d	e	—	a/-	f	s	v	o	k	u	l	e'	b	k	z	l
30	n	u	m	s	b	n	z	s	s'	h	e	—	uz	m	s	v	r	w	z	l	e'	d	n	z	l
31	w	u	f	e'	b	n	u	f	s	v	r	—	uz	f	s	v	r	n	a	l	s'	d	n	u	l

Erklärung der Zeichen:

In den Angaben der wirklichen Witterung zu den Beobachtungs-Terminen 8ʰ a. m. und 2ʰ p. m. bedeutet für
Temperatur-Abweichung: k = kalt (negative Abw. > 2°), n = normal (Abw. < 2°), w = warm (positive Abw.
Temperatur-Aenderung: a = Abnahme, u = unveränderter Stand (Aenderung < 1°), s = Zunahme der Temp
Windstärke: l = leicht (0—2), m = mässig (3—4), f = frisch (5—6), s = stürmisch (> 6);
Windrichtung: n, e, s, w = N, E, S, W; n', e', s', w' = NE, SE, SW, NW; x = Stille; für die Zw
    striche werden die auf der Windrose bei Drehung von Süd über West nach Nord zunächst liegenden Hauptstriche ;
Bewölkung: h = heiter (0—1), v = wolkig (2—3), b = bedeckt (4), r = Niederschläge, d = Nebel, Dun

		sser								**München**													
		Prognose						Wirkliche Witterung										Prognose					
								8ʰ a. m.					2ʰ p. m.					Niederschlag 8ʰ a. m. – 8ʰ a. m.							
Temp.-Abw.	Temp.-Aend.	Windstärke	Windricht.	Bewölkung	Niederschlag	Temp.-Abw.	Temp.-Aend.	Windstärke	Windricht.	Bewölkung	Temp.-Abw.	Temp.-Aend.	Windstärke	Windricht.	Bewölkung	Niederschlag 8ʰ a. m. – 8ʰ a. m.	Temp.-Abw.	Temp.-Aend.	Windstärke	Windricht.	Bewölkung	Niederschlag	Tag
—	u	m	w	v	c	k	z	l	e′	b	n	z	l	s′	v	t	—	u	m	w	v	e	1
w	—	f	w	b	r	w	z	l	s′	r	w	z	m	s′	r	r	—	u	m	w	d	o	2
w	–/a	m	w	v	r	w	z	m	w	b	w	u	m	w	b	t	w	–/a	m	w	v	r	3
—	a/z	l/-	x/w	–.v	t/v	w	a	m	s′	h	w	z	m	w	v	t	—	a/z	l/-	x/w	–/v	t/v	4
w	—	f	w	b	r	w	z	m	w	b	w	a	f	w	r	e	w	—	f	w	v	r	5
—	a	s	w	—	r	w	a	f	w	b	w	u	m	w	h	t	—	a	s	w	—	r	6
—	a	m	—	h	r	w	a	l	x	d	k	a	m	n′	b	r	—	a	l	—	b	r	7
f	–/z	m	s′	h·v	—	k	a	l	x	r	n	z	l	e′	r	e	f	—	l	x	h	t	8
f	—	f	s′	h·b	t/r	n	z	m	w	b	k	a	m	w	b	r	f	—	f	s′	h/b	t/r	9
—	u	m	—	v	r	n	a	m	w′	r	k	a	m	w	b	e	—	u	m	—	v	r	10
—	z	m	c	v	o	k	a	l	x	r	k	a	l	n′	h	c	f	—	l	x	v	o	11
—	a/-	—	—	v	–/r	k	u	l	e	b	k	u	m	w	z	e	—	a/-	—	—	v	–/r	12
—	z	f	w	b	r	n	z	m	w	b	k	z	l	s′	h	e	f	—	m	w	—	r	13
—	z	f	s	b	r	n	a	l	s′	v	n	z	l	e′	v	t	—	z	f	s	b	r	14
f	—	l	x	hd	o	n	z	m	s′	d	n	a	m	s′	b	t	f	—	l	x	hd	o	15
—	z	s	w	b	r	n	u	m	e′	d	n	z	m	w	v	e	—	z	s	w	b	r	16
—	z	m	s′	b	r	w	z	l	s′	d	w	u	l	w	v	t	—	u	m	w	v	o	17
—	a	f	s	—	r	k	a	m	c′	h	k	a	m	e	h	t	—	u	f	w	v	r	18
—	z	m	s	—	r	w	z	l	s′	b	k	u	m	n′	b	r	—	–/a	—	s/-	b/v	r/-	19
—	a	l	x	v	o	n	a	m	s′	v	n	z	m	w	v	t	—	a	l	x	v	o	20
—	u	m	—	v	r	k	a	l	e	d	k	a	m	e	h	t	—	a	—	—	v	r	21
—	a	m	—	v	v	k	a	l	n′	d	k	u	l	x	d	t	f	—	—	—	v	r	22
f	—	l	x	v	o	k	z	l	w′	d	n	z	m	w′	v	e	f	—	l	x	b	r	23
f	—	l	x	v	r	k	u	l	n′	d	n	z	l	e	b	t	f	—	l	x	v	r	24
f	—	l	x	h	o	w	z	l	w	b	n	u	m	n′	v	t	f	—	l	x	h	o	25
—	u	l	x	b	r	n	u	m	e′	v	n	u	m	e	b	t	—	a	l	x	b	r	26
—	u	l	x	b	r	n	u	l	c′	b	n	u	l	n′	h	t	—	u	l	x	b	r	27
—	a	f	e	v	—	k	a	l	x	d	k	a	l	n′	d	t	—	a	m	e	—	o	28
—	a/-	f	s	v	v	n	w	l	e	d	n	z	l	n′	d	e	—	u	l	x	v	r	29
w	—	f	s	—	r	w	z	m	w	b	n	z	f	w	v	d	—	u	m	s	v	r	30
—	u	f	s	v	r	n	a	l	e′	v	n	z	f	w	v	r	—	u	f	s	v	r	31

Anhang.

Die Bewegung der barometrischen Minima in den Tagen vom 20. bis 24. Januar 1886 über Europa.

Der von Seiten der Seewarte mehrfach besprochene Zusammenhang der Bewegung der Zyklonen mit der allgemeinen Temperatur- und Druck-Vertheilung findet seine klarste Ausprägung, wenn in einem grossen Gebiete niederen Druckes mehrere Depressions-Zentren sich befinden, vor Allem, wenn der zentrale Raum zwischen denselben kälter ist, als die Umgebung. Ein solcher Fall lag in den Tagen vom 20. bis 24. Januar d. J. vor. In ganz West- und Zentral-Europa betrug der Luftdruck in dieser Zeit anhaltend unter 760 mm, während in Russland ein barometrisches Maximum lagerte, das im Laufe dieser Tage sich allmählich auch über Skandinavien ausdehnte. Nach ausgebreiteten Schneefällen, welche ganz Zentral-Europa mit einer Schneedecke überzogen hatten und sich in diesen Tagen noch wiederholten, bildete sich schon am 20. über dem westeuropäischen Kontinent ein inselförmiges Gebiet stärkeren Frostes aus, welches von der kalten Luft des Druck-Maximums in Osteuropa, wie dies im Winter so oft vorkommt, durch mildere Luft in Ostdeutschland und Polen getrennt war — ein Vorgang, an dem sowohl die Behinderung der horizontalen Luftzirkulation durch die Gebirge, als die Begünstigung niedersteigender Bewegung durch die Nähe der aufsteigenden Ströme auf den wärmeren Meeren ihren Antheil haben dürften. Intensiv, nämlich —5° bis —17°, wurde der Frost erst, als im Laufe des 21. der Himmel über einem Theile von Deutschland auf mehr als 24 Stunden klar wurde, während er am 20. (wenigstens zu den 3 Termin-Stunden) völlig trübe gewesen war.

Auf untenstehendem Kärtchen ist die Lage des Kältezentrums, wie es sich aus den Wetter-Berichten unter Rücksicht auf die Seehöhe ergibt, für die Morgen-Beobachtung dieser Tage durch den Buchstaben K und das Datum angegeben. Dieses Kältezentrum wurde nun im Laufe der fünf Tage umkreist von vier Theil-Depressionen, welche sich längs der Peripherie des grossen Gebiets niederen Luftdrucks entgegen der Bewegung des Uhrzeigers bewegten. Die Karte führt deren Bahnen und Positionen am Morgen, Nachmittag und Abend nach den Daten der deutschen, englischen, französischen und italienischen Wetterberichte auf, jene vom Nachmittag allerdings nur innerhalb Deutschlands. Durch die Kürze der Intervalle ist die Verfolgung der Depressionen in den meisten Fällen eine vollständig sichere, die nicht ganz zweifellosen Bahntheile sind durch gestrichelte Linien kenntlich gemacht. Mit Ausnahme des letzten Theiles der Bahn XI b hielt sich der Luftdruck in dem Zentrum aller dieser Depressionen mit auffallender Gleichförmigkeit zwischen 741 und 749 mm.

Ziehen wir im Geiste oder in Wirklichkeit Verbindungslinien zwischen den gleichzeitigen Positionen der verschiedenen Minima, oder zwischen diesen und den Kältezentren, so sehen wir diese Linien entgegen den Zeigern einer Uhr sich drehen. Dieses Tanzen zweier Minima um einander hat grosse Aehnlichkeit mit der Rotation zweier Doppelsterne um den gemeinsamen Schwerpunkt; als solcher funktionirt in der Regel und auch in unserem Fall das Gebiet, in welches in den Niveaus von einem oder mehreren Tausend Metern über Meer der tiefste Luftdruck des ganzen Niederdruck-Gebiets fällt. Wir haben im letzteren ein Beispiel im Kleinen von einer Zyklone mit kaltem Zentrum, wie es Ferrel uns im Grossen in der ganzen Atmosphären-Kalotte der N- und S-Erdhalbkugel schon gelehrt hat. Die Druck-Erhöhung im Zentralraume muss sich in beiden Fällen auf die untersten Schichten beschränken und in der Dichtigkeit der kalten Luft ihren Grund haben; um diesen Zentralraum herum wandern in beiden Fällen die barometrischen Minima am Erdboden, resp. die Ausbuchtungen der Isobaren in der Höhe, im Sinne entgegen der scheinbaren Bewegung der Sonne auf der betreffenden Hemisphäre. Dass der druckvermindernden resp. luftabführenden Ursache — welche es auch sei — gerade im innersten Raume in Bezug auf den Druck in der untersten Schicht die Waage gehalten wird und der Luftdruck hier wieder mit der Annäherung an's Zentrum wächst, ist in unserem Falle erklärlich, weil die starken Temperatur-Gradienten, besonders zwischen Ost und West, sich auf dieses innere Feld beschränken; anders ist es bei der allgemeinen tellurischen Zirkulation, weil hier die rascheste Temperatur-Abnahme mit der Breite theilweise erheblich ausserhalb des Ringes niedersten Luftdrucks fällt; es muss hier also die druckvermindernde Ursache jenseits 60° Breite eine noch raschere Abnahme nach dem Pole zu erleiden, als sie der Temperatur-Gradient nachweisbar erleidet, was aus den Ferrel'schen Rechnungen nicht hervorgeht und noch der Erklärung harrt.

Ein recht klares Bild über die besprochenen Verhältnisse in unserem Falle erhalten wir, wenn wir einen Süd-Nord-Schnitt durch die Atmosphäre über Europa ungefähr längs dem 9ten Längengrad östlich von Greenwich nehmen.

Das folgende Täfelchen giebt im Durchschnitt der 9 Morgen- und Abend-Beobachtungen vom Abend des 19. bis zu jenem des 23. Januar:

(a) den mittleren Luftdruck im Meeresniveau; für die deutschen Stationen korrigirt wegen der mittleren Lufttemperatur desselben Zeitraums nach Seite 142 des Jahrgangs 1877 der Annalen der Hydr. u. Mar. Met.;

(b, c, d) die mittlere Lufttemperatur an der Station, im Meeresniveau und in 1250 m Höhe über diesem, welche letzteren Werthe annähernd der Mittel-Temperatur der ganzen Schicht zwischen 0 und 2500 m entsprechen; die vertikale Temperatur-Abnahme ist dabei gleich 0.45° für jede 100 m gesetzt; aus (a) und (d) ergiebt sich

(e) der wahrscheinliche Luftdruck in 2500 m Höhe über dem Meere, nach der abgekürzten Barometerformel berechnet.

	La Calle	Cagliari	44° N (Nizza)	Friedrichs-hafen	Kassel	Ham-burg	Oxö	Christian-sund	Bodö
(a) Luftdruck im Meeres-Niv.	755.6	752.0	748.7	751.9	749.8	751.3	757.0	759.7	763.9
(b) Stations-Temperatur ...	9.3	12.1	2.8	−4.8	−3.9	−2.3	0.5	−0.7	−3.6
(c) Temperat. im Meeres-Niv.	9.4	12.1	2.8	−3.0	−3.1	−2.2	0.5	−0.7	−3.6
(d) desgl. in 1250 m ...	3.8	6.5	−2.8	−8.6	−8.7	−7.8	−5.1	−6.3	−9.2
(e) Luftdruck in 2500 m...	555.8	554.7	546.4	544.7	543.2	544.9	550.9	552.3	553.2

Die Luftdruck-Werthe sind auf die Schwere des 45. Parallels reduzirt, die Temperatur-Mittel sind nicht wegen der täglichen Periode korrigirt, entfernen sich jedoch nicht sehr von wahren Mitteln. Das folgende Diagramm stellt die obigen Werthe graphisch dar:

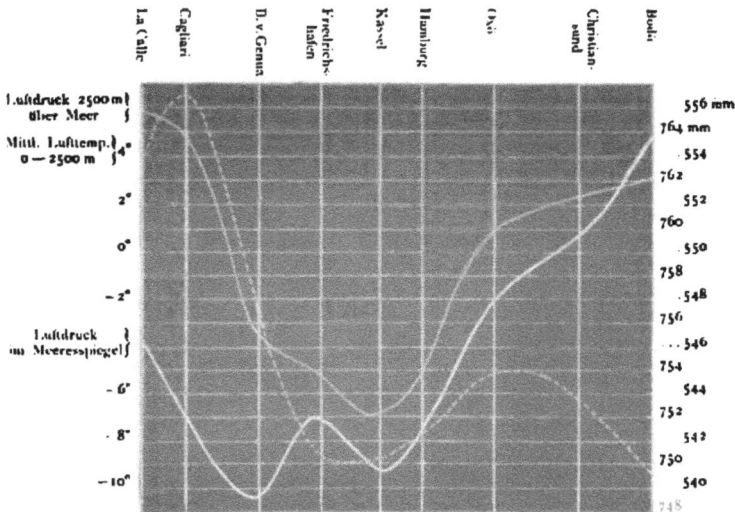

In der stark ausgezogenen Kurve des Luftdrucks im Meeresniveau sieht man deutlich die Spaltung des grossen Gebietes mit niedrigerem Luftdruck durch die Erhebung im Alpengebiete; die gestrichelte Temperaturkurve zeigt, dass auf dem allgemeinen Abfall von Süd nach Nord dieses Gebiet und dessen nördliches Vorland ein sehr ausgesprochenes, sekundäres Kältethal bilden; in Folge davon ist jene Erhebung im Alpengebiet in der oberen Luftdruckkurve verschwunden, deren einfaches Minimum südlich von Kassel liegt, und ist zugleich das Verhältniss der angrenzenden Maxima ein anderes als unten, indem unten der kalte Norden, oben der warme Süden den höheren Druck aufweist.

W. K.

Die Direktion der Seewarte.

Dr. *Neumayer.*

chtigkeit		Bewölkung				Niederschlag			Stationen	
8ʰ	Mittel	8ʰ	2ʰ	8ʰ	Mittel	5ʰ a. m.	8ʰ p. m.	Summa		Monats-Mittel, Summen u. Extreme für Luftdruck, Temperatur und Hydrometeore.
92	91	8.0	9.0	8.8	8.6	15	17	32	Memel	
90	90	8.8	8.7	8.8	8.8	14	24	38	Neufahrwasser	
90	91	8.1	7.9	7.9	8.0	16	28	44	Swinemünde	
94	94	7.3	7.9	7.7	7.6	35	4	39	Wustrow	
94	94	7.8	8.0	8.0	7.9	38	40	78	Kiel	
93	92	8.2	7.5	7.4	7.7	45	38	83	Hamburg	
93	92	8.5	7.5	7.4	7.8	52	30	82	Keitum	
92	92	7.8	7.0	6.6	7.1	41	28	69	Wilhelmshaven	
96	96	8.9	7.6	6.7	7.7	45	52	97	Borkum	

abl d. Tage mit ieder- lag	st. Wind	Stationen	Winde %	1. Dekade		2 Dekade		3. Dekade		Winde %	
				Ostsee	Nord- see	Ostsee	Nord- see	Ostsee	Nord- see		Mittel- und Summenwerthe der Dekaden.
4	0	Memel	N	7	7	1	0	1	1	N	
7	0	Neufahrwasser	NE	4	10	7	8	4	12	NE	
10	2	Swinemünde	E	3	1	7	7	32	29	E	
4	2	Wustrow	SE	9	1	28	17	40	22	SE	
10	3	Kiel	S	13	10	29	24	14	11	S	
10	2	Hamburg	SW	32	35	14	30	2	14	SW	
8	2	Keitum	W	21	26	7	6	1	1	W	
9	2	Wilhelmshaven	NW	11	7	4	1	0	0	NW	
8	5	Borkum	Stille	0	3	3	7	6	10	Stille	

in Procenten				Windgeschwindigkeit in Metern per Sekunde		Stationen	
SW	W	NW	Stille	Mittel	Tage mit > 15 m		Monatliche Summen und Mittel für die Windverhältnisse.
14	6	3	0	7.02	1. 2. 5.—7.	Memel	
15	11	3	2	4.54	6.	Neufahrwasser	
14	9	10	2	6.42	5. 6. 31.	Swinemünde	
18	7	7	1	7.27	1. 2. 4.—6. 15. 31.	Wustrow	
18	12	2	10	7.20	1—6. 15. 31.	Kiel	
24	10	2	3	7.26	3.—6. 15. 30. 31.	Hamburg	
22	15	3	1	6.51	3.—5. 8.	Keitum	
24	13	0	16	?	?	Wilhelmshaven	
16	6	3	6	10.78	1.—9. 12. 13. 15.—18. 30. 31.	Borkum	

23.	24.	25.	26.	27.	28.	29.	30.	31.	Da- tum	Stationen	
07	5.15	4.96	2.59	5.67	7.68	8.25	7.26	6.71		Memel	Tagesmittel der Windgeschwindigkeit nach dem Anemometer.
87	2.62	1.87	1.55	6.91	4.37	3.93	4.51	4.67		Neufahrwasser	
36	3.03	3.09	3.30	4.90	6.17	2.58	5.20	10.02		Swinemünde	
12	3.43	2.62	2.42	4.46	5.27	6.88	11.67			Wustrow	
86	2.80	3.00	2.40	4.19	3.40	1.82	8.72	12.55		Kiel	
94	4.14	6.71	3.23	4.83	4.16	2.69	8.79	12.40		Hamburg	
15	2.99	7.53	4.92	4.84	4.61	3.34	7.89	9.73		Keitum	
13	3.52	7.77	2.17	3.22	2.24	2.90	10.23	12.89		Wilhelmshaven	
06	9.08	11.23	4.83	6.62	5.10	6.71	15.56	16.13		Borkum	

waren nach den Aufzeichnungen der Barographen in Memel 733.1 mm, 12ᵇ a. m. am 28. und 74 (33.6 mm, 11ᵇ p. m. am 27. und 733.8 mm, 12ᵇ p. m. am 31., In Hamburg 763.6 mm, 8ᵇ p. m. a lere Temperatur wird auf dreierlei Weise berechnet, als ¹/₂ (8 a. + 8 p.), ¹/₃ (8 a. + 2 p. + 8 p.) u Temperaturmittel angenommen, was dem wahren Mittel sehr nahe entspricht. Für alle
ü

it blofser Thaubildung sind ausgeschlossen, auch wenn die Thaumenge eine mefsbare Gröfse e il desselben Horizontal-Abschnitts enthält das Procentverhältnifs der Windrichtungen in den d und die einzelnen Stationen ist, um die Lage der Luvseite anzudeuten, von je zwei entgegen- g die Windrichtung an, wie dieselbe sich aus den Aufzeichnungen der Registrir-Anemometer e ichst frei aufgestellt.) Das Mittel dieser Werthe oder die mittlere Windgeschwindigkeit des g iner Stunde 15 m per Sekunde erreichte oder überstieg.

Monatsbericht der Deutschen Seewarte.
Februar 1886.

Inhalt: I. Die atmosphärischen Vorgänge in Europa, insbesondere Zentral-Europa. II. Vorläufige Mittheilungen über das Wetter auf dem Nordatlantischen Ozean. III. Meteorologische Tabellen. IV. Karte der Bahnen der barometrischen Minima im Februar 1886. Tabelle der Mittel, Summen und Extreme für den Februar 1886 aus den meteorologischen Aufzeichnungen der Normal-Beobachtungsstationen an der Deutschen Küste.

I. Die atmosphärischen Vorgänge in Europa, insbesondere Zentral-Europa.

1. Luftdruck und Wind.

Schon am Schlusse des vorangehenden Monats begann der hohe Luftdruck im Osten unseres Erdtheils weiter erheblich zu steigen und beherrschte derselbe fast während des ganzen Februars die Witterungslage insbesondere Zentral-Europas.

Unter der Macht seines Einflusses zeigten die ohnehin wenig zahlreich auftretenden Depressionen keine grosse absolute Tiefe, der Barometerstand im Zentrum derselben ging kaum unter 744 mm herab.

Nur in den ersten Tagen tritt noch die vom vorigen Monat übernommene grosse Erscheinung (No. I der Bahnenkarte des Februar, No. XIX des Januar) der herrschenden Einwirkung des östlichen Maximums entgegen. Am 1. Februar mit einer Tiefe von unter 726 mm über dem Skagerrack liegend, bildet diese Depression besonders nach Süden hin starke Gradienten. An ihrem südwestlichen Rande, am Eingange des Kanals, zeigt sich bereits an demselben Tage der Beginn einer Neubildung (No. Iª), welche fast ohne Vertiefung zunächst schnell, am 2. jedoch bereits sehr langsam östlich fortschreitet. Gleichzeitig bildet sich über dem Golf von Genua eine kleine Depression (No. II) aus, mit einem kleinen Ausläufer des Haupt-Minimums I sich vereinigend, nimmt diese die gleiche Bewegungs-Richtung an. Am 3. wendet sich die Bahn nach Norden.

An diesem Tage erscheint ein neues geschlossenes Minimum (No. III) über der Irischen See mit einem Ausläufer (No. IIIª) über Süd-Frankreich.

Unter dem Einflusse dieser Depressionen (No. I, Iª, II, III u. IIIª), deren weiterer Verlauf aus der Bahnenkarte ersichtlich ist, besteht über Zentral-Europa zwischen dem östlichen und dem westlich von Spanien über dem atlantischen Ozean liegenden Maximum ein ausgedehntes Gebiet niedrigen Luftdruckes. Mit zunehmender Intensität des östlich über Russland liegenden Maximums und Ausdehnung des westlichen Maximums bis über Irland verliert dieses Depressionsgebiet schnell an absoluter Tiefe; schon am 4. abends ist der Barometerstand, mit Ausnahme der beiden südöstlichen Halbinseln des Erdtheils und eines kleinen Gebietes von Pommern und Westpreussen, in ganz Europa über den Normalen.

Dieser hohe Barometerstand blieb während der ganzen übrigen Tage des Monats über dem östlichen Frankreich, Deutschland, Oesterreich-Ungarn und Russland mit nach Osten, etwa vom 18. an nach Nordosten und in den letzten Tagen nach Norden meist ausserordentlich zunehmender Intensität bestehen.

Demnach berührten die ferner in diesem Monat erscheinenden Depressionen dieses Gebiet nicht, mit einer einzigen Ausnahme (No. XI) gegen Schluss des Monats.

Einige wenige Depressionen (No. V, VI und IX) finden ihren selbständigen Ursprung in dem Bereich des mittelländischen Meeres.

Das Minimum No. VI tritt für uns am 10. über Tunis in Erscheinung, es bildet sich aus einem Gebiet niedrigen Luftdruckes heraus, welches seit dem 6. über Nordafrika liegt; an diesem Tage verschwand die mit grosser Geschwindigkeit von Norden her die Pyrenäen überschreitende Depression No. IV^a über Algier hinweg für unsere Wahrnehmung.

Sämmtliche übrigen unsern Erdtheil betreffenden Minima dieses Monats erscheinen über dem atlantischen Ozean oder entwickeln sich als Ausläufer aus dem Gebiet des durch diese veranlassten niedrigen Luftdruckes.

Die den nördlichen Theil Europas berührenden Depressionen (No. IV, VII und X) betreten nirgends das Festland, sondern nehmen ihren Vorübergang über dem Meere nördlich von den britischen Inseln und Skandinavien. Demzufolge können die in der Bahnenkarte angeführten Positionen auch nur die Lage des für uns wahrnehmbaren tiefsten Barometerstandes andeuten, ohne damit Bestimmtes über die Tiefe und ohne mehr als die Richtung über die Lage des wirklichen Depressionszentrums auszudrücken.

Der Ausläufer No. IV^a ist von Interesse seiner eigenthümlichen Bildung wegen; unter ausserordentlich schnellem Barometerfall senkte das Hauptmininium während des 5. eine schmale und langgestreckte Zunge über Irland hinab, welche sich bald als geschlossenes Minimum abschnürte und bereits am 6. morgens über der Bai von Biscaya lag, und, wie schon bemerkt, mit grosser Geschwindigkeit im Laufe desselben Tages Algier erreichte.

Keinen wesentlichen Einfluss auf die Witterungslage des Festlandes hat die nur ihre Lage auf dem Ozean beibehaltende Depression No. X^a.

Bereits früher war an diesem Orte*) die Vermuthung ausgesprochen worden, dass die eigenthümliche Aufeinanderfolge der Depressionen in der Richtung von Süden nach Norden daher rühre, dass diese Depressionen nur Ausläufer einer Hauptdepression seien. Diese Vermuthung findet bei der jetzigen Ausdehnung der Bahnenkarte über einen Theil des atlantischen Ozeans ihre Bestätigung durch die Minima No. VII, VII^a und VII^b; im anderen Falle würde man nicht in der Lage gewesen sein, den Zusammenhang dieser drei Erscheinungen festzustellen.

Trotz ihrer südlicheren Lage konnten die beiden Depressionen No. VII^a und VII^b keinen wesentlichen Einfluss auf die beständige Witterungslage Europas ausüben; die erstere betraf nur ein kleines Gebiet am Eingange des Kanals, die zweite wurde nach zweitägigem Bestehen über dem Ozean westlich von Spanien bei nördlicher Bewegungs-Richtung von einem von Nordwesten herannahenden Minimum No. VIII am 15. aufgenommen. Auch dieses behielt die Lage seines Zentrums auf dem Ozean bei. Bei östlicher Bewegung am 15. in der Bai von Biscaya kehrte es am Abend dieses Tages wieder nach Westen um und verlief dann an der portugiesischen Küste entlang nach Süden.

Am 17. verlängerte sich die in Rede stehende Depression über die Strasse von Gibraltar hinweg bis in den Süden des Mittelländischen Meeres. Die sich nun bildenden beiden Ausläufer No. VIII^a und VIII^b hielten im Verein mit der am 26. in Süd-Frankreich auftretenden Depression No. XI^a den Luftdruck über dem Mittelländischen Meere von jenem Tage an auf relativ geringer Höhe.

Die einzige seit dem 5. das Zentrum Europas berührende Depression erscheint am 23. über dem Atlantischen Ozean, sie bewegt sich in rein östlicher Richtung mit mittlerer Geschwindigkeit und erreicht in der Nacht vom 25. zum 26. Frankreich. Da der Barometerstand des Zentrums jedoch inzwischen den

---

*) Vgl. auch »Aus dem Archiv der Deutschen Seewarte«, V. Jahrg. 1882, No. 3, Seite 17.

normalen erreicht hat, so hat sich bei ihrem weiteren östlichen Fortschreiten auch an der Thatsache nichts geändert, dass der Barometerstand über dem kontinentalen Theile Europas seit dem 4. stets über der normalen sich erhielt.   .

Seit demselben Tage ist, der Lage der Minimabahnen entsprechend, in dem Gebiet des Mittelländischen Meeres niedriger Luftdruck vorherrschend, nur einige wenige Tage überstieg derselbe 760 mm; aber auch an diesen ist derselbe im Verhältniss zu dem hohen Luftdruck Zentral- und Ost-Europas als ein niedriger zu bezeichnen.

Im Norden des Erdtheils verschwindet der in der ersten Hälfte des Monats durch die Depressionen I, IV und VII gebildete niedrige Luftdruck mit dem 16. und macht einem hohen Barometerstande bis zum Schlusse des Monats Platz.

Das im Westen unseres Erdtheils liegende Maximum ist im Laufe dieses Monats auf die Witterungslage von sehr geringem Einfluss im Vergleich zu dem östlichen Maximum, welches, wie schon bemerkt, das Hauptphänomen dieses Monats bildet.

Mit Beginn des Monats ist der Barometerstand über der Mitte Russlands nur wenig über 770 mm, am 3. jedoch findet ein rasches Steigen statt und schon am 5. morgens meldet Moskau den hohen Stand von 785 mm. Zunächst behält das Maximums seine Lage über Mittelrussland bei und veranlasst im Nordosten des Erdtheiles allgemeines Steigen des Barometers. Am 5. abends hat das östliche Ostseegebiet und Skandinavien bereits einen 770 mm übersteigenden Barometerstand. Die Isobare von 770 mm schreitet weiter südlich vorwärts; die westliche Ausdehnung des hohen Luftdruckes wird durch die herannahende Depression IV gehemmt.

Am 7. verläuft die genannte Isobare von der Bai von Biscaya bis zum Schwarzen Meere und von der Südwestspitze Irlands bis zum nördlichen Theile des Bottnischen Meerbusens. Zwischen diesen beiden Linien findet man am 8. d. M. ein geschlossenes Maximum von 780 bis über 782 mm über dem Kanal, den Niederlanden, Nord- und Ostdeutschland liegen, welches sich im Osten sogar bis Wien herab erstreckt. Am Abend desselben Tages hat dasselbe an Ausdehnung und Stärke gewonnen; der über Ost-Deutschland und Böhmen liegende Theil enthält einen Barometerstand von über 785 mm. Der Kern des über Russland liegenden Maximums ist langsam südlich vorgerückt und erreicht am 8. über der Ukraine die Höhe von 790 mmm. Am folgenden Tage findet wieder die Vereinigung der beiden Maxima über Ungarn hinweg statt. Der hohe 770 mm übersteigende Luftdruck beherrscht ganz Zentral-Europa bis zum 10. Von diesem Tage an sinkt jedoch das Barometer im Gebiete des Maximums rasch und schon am 11. abends ist der 770 mm übersteigende Luftdruck auf den Osten des Erdtheils beschränkt.

Vom 13. an nimmt die Intensität des in Rede stehenden Maximums wieder zu, in ganz Russland herrscht ein Luftdruck über 770 mm; diese Isobare folgt ziemlich den politischen Grenzen dieses Reiches. Die Lage wird im Wesentlichen beibehalten bis zum 18., unter Veränderung des maximalen Luftdruckes über Mittelrussland, welcher vom 14. abends an 782 mm übersteigt. Nur findet vom 15. an eine langsame Verschiebung des 770 mm übersteigenden Luftdruckes über Skandinavien hin statt; am 18. erreicht derselbe Schottland. Im weiteren Verlaufe nimmt das Maximum eine nördliche Bewegung unter zeitweiser Erhöhung des Kernes über 785 mm. Die Isobare 770 umfasst am 20. ausser Skandinavien und Russland auch Jütland und Ostdeutschland und bewegt sich an den beiden folgenden Tagen weiter nach Süden; am 22. abends hat ganz Europa nördlich vom 50. Breitengrade, ausserdem auch fast der ganze südlicher gelegene Theil Frankreichs einen Luftdruck höher als 770 mm. Jedoch schon am folgenden Tage weicht derselbe wieder zurück und vom 24. an ist die Lage des hohen Luftdruckes eine ähnliche wie am 20. Der Luftdruck beginnt nun im Norden und noch stärker im Osten zu sinken, so dass am 27. abends nur noch das nordwestliche Russland, Skandinavien mit Jütland, die deutsche Ostseeküste und die Ostküste Schottlands höheren Barometerstand als 770 mm zeigten. Am 28. liegt ein geschlossenes Maximum von etwa 778 mm über Südskandinavien.

In den ersten Tagen des Monats veranlasst die bereits im Januar erschienene Depression No. I der Bahnenkarte im nördlichen Theile unseres Erdtheils frische bis stürmische Winde. Der Lage des Depressions-Zentrums über Südnorwegen zufolge wehen am 1. die Winde über England, Nordfrankreich und Norddeutschland bis Pommern aus westlicher, im östlichen Ostseegebiet und Nordbotten jedoch aus südlicher und südöstlicher Richtung. Unter geringem Zurückdrehen an der Nordküste Deutschlands und Rechtdrehen über dem Nordbotten flauen die Winde im Laufe des 2. bereits ab und vom 3. bis zum 26. ist für Zentraleuropa eine durchaus schwache östliche Luftbewegung unter der Einwirkung des hohen Luftdruckes im Osten und Norden zu verzeichnen; die Depressionen I* und III beeinflussen nur ein ganz eng begrenztes Gebiet und kommen zu keiner allgemeineren Geltung, da sie wenig ausgeprägt in einem Gebiet niedrigen Luftdruckes liegen.

Eine Aenderung hierin bringt die am 26. das Festland mit ihrem Zentrum berührende Depression. Während an der deutschen Küste die östlichen Winde auffrischen, springen in Süddeutschland die Winde nach West um, doch flauen dieselben schon am 28. ab und am Abend desselben Tages ist in Zentraleuropa wieder die östliche Windrichtung die herrschende.

Dementsprechend findet man auch aus der Tabelle der Mittel, Summen und Extreme aus den meteorologischen Aufzeichnungen der Normal-Beobachtungs-Stationen an der deutschen Küste, dass in der zweiten und dritten Dekade des Monats (in den Zahlen der ersten Dekade mischen sich die verschiedenen Windrichtungen als Folgen der Depression I und dann des östlichen Maximums) der Ost- und Südostwind ungemein überwiegen, in beiden Dekaden sind diese beiden Winde sowohl an den Stationen der Ostsee als der Nordsee in 72 bis 74% der Beobachtungen verzeichnet worden.

Winde mit über 15 m Geschwindigkeit pro Sekunde sind in Uebereinstimmung mit der obigen Besprechung in jener Tabelle nur für die beiden ersten und beiden letzten Tage des Monats angegeben.

Für Zentraleuropa und besonders für Deutschland war daher dieser Monat ein ausserordentlich ruhiger und beständiger.

Nicht von gleicher Beständigkeit sind die Depressionsgebiete der an das Meer grenzenden Theile unseres Erdtheiles.

Unter dem Einflusse der Depressionen I, IV und VII sind über den britischen Inseln vom 5. bis 14. südliche und westliche Winde vorherrschend. Während vom 6. bis 11. der Kanal dem Gebiet der östlichen bis nördlichen Winde angehört, findet auch über diesem am 12. ein Uebergang in die südliche Richtung statt.

Mit dem weiteren Vordringen des hohen Luftdruckes von Osten her, dehnt am 16. die östliche Luftströmung sich auch über Grossbritannien und Nordfrankreich aus.

Am 19. macht sich jedoch bereits der Einfluss der herannahenden Depression X über Irland und Schottland mit südlichen Winden bemerkbar. Diese

Windrichtung hält über dem genannten Gebiet bis zum 21. an, berührt jedoch nicht den Kanal. Nach wechselnden Winden, die eine Vertiefung des Luftdruckes über Schottland veranlasst, gewinnt am 23. wieder der Ostwind seine Herrschaft und behält dieselbe im Wesentlichen bis zum Schlusse des Monats.

Aehnlichen Wechsel wie Grossbritannien in Bezug auf die Windrichtung erfährt die norwegische Küste, jedoch der Zeit nach in der Weise verschoben, als die bezüglichen Depressionszentren erst später dieselbe berühren. Wenn auch die Depressionen bei ihrem Vorübergang die Winde mannigfach auffrischen, so erreichen sie über Grossbritannien nur an vereinzelten Orten eine stürmische Stärke.

Mit dem Fortschreiten nach Osten hin nehmen die Gradienten erheblich zu und so veranlasst besonders die Depression IV am 8., 9. und 10. über Skandinavien und Finnland eine stürmische Luftbewegung.

Jedoch ist im Allgemeinen auch im Norden und Nordwesten Europas, mit Ausnahme der beiden Perioden vom 1. bis 2. und 7. bis 10., die Witterungslage in Bezug auf den Wind eine ruhige zu nennen.

Im Süden und Südwesten beeinflussen die zahlreicheren Depressionen die Windrichtung, so dass keine besonders hervortritt, sondern dieselbe von der augenblicklichen Lage der Depressionszentren abhängt; es ergiebt die Zusammenstellung der stürmischen Winde eine vielfach lebhaftere Luftbewegung im Bereich des Mittelländischen Meeres.

— —

Die folgende Zusammenstellung ist den meteorologischen Bulletins von Hamburg, Skandinavien und Dänemark, London, Paris, Wien und St. Petersburg entnommen und enthält alle Beobachtungen stürmischer Winde (8 Beaufort und darüber), soweit es sich um europäische Stationen handelt. Da in Frankreich, Spanien, Portugal, Italien und Russland die Schätzung der Windstärke nicht nach genau derselben Skala, wie in den übrigen Ländern, zu geschehen scheint, so sind in Kursiv-Schrift aus Frankreich, Spanien und Portugal noch alle Windstärken 7, aus Russland und Italien alle Stärken 6 und 7 hinzugefügt.

1. Morg.: Keitum W 8, Helgoland WSW 8, Königsberg SSW 8; — Säntis WSW 8; — Vestervig SW 8, Samsö SW 8, Hangö SW 8, Upsala ESE 8, Stockholm SE 8, Carlstadt SE 8, Wisby SSE 8; — Mullaghmore WNW 8, Belmullet WNW 8; — *Grünes: W 7, Ile d'Aix WSW 7, Chassiron W 7*, Puy de Dôme WSW 8; — *Hangö SE 6, Finsk SE 6, Charkow ESE 7.*

Nm.: Helgoland W 8; — Säntis SW 8; — Mullaghmore NW 8, Holyhead W 8; — Rochefort W 9.

Ab.: Bamberg S 8; — Christiansund SE 8, Samsö SW 8; — Mullaghmore WNW 8, Belmullet WNW 8, Holyhead WNW 9; — *Clermont W 7*, Servance W 9, Puy de Dôme W 9.

2. Morg.: Karlsruhe SW 9; — Säntis W 8; — *Croixette NW 7, Servance W 7, Puy-de-Dôme WNW 7*; — Hangö SE 8, *Helsingfors ESE 6, Pernau SE 6, Finsk SE 6, Staryj Bichow SE 6*, Ssermaxa SE 8, *Lpow ESE 6, Charkow E 7.*

Nm.: St. Petersburg SSE 6.

Ab.: *Ile Sanguinaire NW 7, Puy-de-Dôme W 7*; — *Pesaro NW 7, Neapel NW 6.*

3. Morg.: Puy-de-Dôme WSW 8, *Pic-du-Midi NW 7*; — *Hangö SSE 7, Staryj Bychow SE 6, Ssermaxa SE 8, Lpow E 6, Nowonussijsk NE 6, Stawropol SE 6.*

Ab.: *Clermont W 7*, Puy-de-Dôme W 8.

4. Morg.: *Ile Sanguinaire NW 7*, Puy-de-Dôme WSW 8, *Palermo WNW 6*; — *Helsingfors S 6, Finsk ESE 7*, Ssermaxa SE 8, *Pwcenez S 6, Odessa ESE 6*, Nikolaew ENE 8, *Nowonussijsk NE 6.*

Ab.: *Pesaro NW 6, Palermo WNW 6.*

5. Morg.: *Cap Béarn NW 7, Pesaro NE 6*; — *Finsk E 6, Lpow E 6, Elissawetgrad E 6, Nikolaew ESE 7.* .

Nm.: Stockholm E 8.

Ab.: Carlshamn ENE 8; — *Cap Béarn N 7*; — Lissabon N 9.

6. Morg.: *Coruña N* 7.
7. Morg.: Stornoway SSW 8, Aberdeen S 8; — St. Gotthard N 8; — *Pinsk ENE 6.*
　　Nm.: Skudesnäs SE 8.
　　Ab.: Skudesnäs SSE 10; — *Puy-de-Dôme NE 7; — Florenz NNE 7.*
8. Morg.: Bodö SW 8, Christiansund SW 8, Florö SSW 8; — Barcelona N 9; — *Florenz N 6.*
　　Brindisi S 6; — Uleaborg S 6, Nikolaew ENE 6.
　　Nm.: Säntis SSW 8.
　　Ab.: Christiansund WSW 9; — *Florenz NNE 6, Pesaro WNW 6, Livorno E 7.*
9. Morg.: Christiansund SW 8, Florö S 8, Skudesnäs SSE 8, Faerder SSW 8; — *Serrance E 7; —*
　　Barcelona NE 9; — *Florenz NNE 6, Pesaro NW 6, Livorno NNE 6; —* Uleaborg
　　W 8, *Hangö WSW 6, Helsingfors WSW 6.*
　　Nm.: Skudesnäs SSE 8; — *Florenz NNE 7, Livorno ENE 7, Neapel E 7, Cagliari ENE 8.*
10. Morg.: Bodö WSW 10, Christiansund SW 8, Faerder SW 8; — *Florenz NNE 6, Livorno*
　　ENE 6; — Uleaborg W 6, Hangö WSW 7, Helsingfors WNW 6, Wyborg SW 6,
　　Siermaxa SW 6.
　　Ab.: Bodö WSW 8; — *Florenz NNE 7, Livorno NE 6.*
11. Morg.: Bodö SW 8.
　　Nm.: Stornoway S 8.
　　Ab.: Bodö WSW 8.
12. Morg.: Florö SSE 8, Skudesnäs SSE 8; — *Pesaro NW 6.*
　　Nm.: Skudesnäs SSE 8.
　　Ab.: Bodö WSW 8, Skudesnäs SSE 8; — Valencia S 8.
13. Ab.: Skudesnäs N 8.
14. Morg.: Oxö SE 8; — *Siermaxa SE 6, Stawropol SE 6.*
　　Nm.: Skudesnäs NNE 8.
　　Ab.: Skudesnäs SE 8.
15. Morg.: *Nikolaew ENE 6, Stawropol SE 6.*
　　Ab.: Skudesnäs SW 8; — *Turin SW 6.*
16. Morg.: Bodö SW 10; — *Kertsch E 6,* Poti E 8.
18. Morg.: *Malta ESE 7.*
　　Ab.: *Boulogne NE 7;* — Malta E 8.
19. Morg.: *Malta E 7.*
　　Nm.: Skudesnäs E 8.
　　Ab.: Skudesnäs E 8; — *Palermo SW 6.*
21. Ab.: Oxö ENE 8.
22. Morg.: *Nikolaew ENE 6, Kertsch E 7,* Noworossijsk NE 8.
23. Morg.: Odessa N 6, Nikolaew NE 8, Kertsch E 8, *Noworossijsk NE 7.*
24. Morg.: Oxö NE 8, Faerder NE 8; — Helmullet SE 8; — *Nikolaew NE 7, Noworossijsk NE 7.*
　　Ab.: Oxö NNE 8.
25. Morg.: Oxö NNE 8, Faerder NNE 8; — *Noworossijsk NE 6.*
　　Ab.: Oxö NNE 8.
26. Ab.: Oxö ENE 8.
27. Nm.: Helgoland ENE 8.
　　Ab.: Borkum ENE 8; — Oxö ENE 8.
28. Ab.: Christiansund W 8; — *Scilly ESE 8; —* Sicié NW 8, *Pesaro N 6, Palermo WNW 6.*

2. Temperatur.

Ein Blick auf die Monatsmittel der Temperatur-Abweichungen auf Seite 14 lässt ohne Weiteres erkennen, dass der diesjährige Februar sich als im Allgemeinen verhältnissmässig kalt zeigte, mit Ausnahme der besonders von den Depressionen berührten Gebiete unseres Erdtheils.

Der Gang der Temperatur zeigt sich den herrschenden Luftdruck-Verhältnissen entsprechend.

So finden wir im Süden Europas keine wesentliche Abweichung im Monatsmittel von der normalen und in Rom sind auch die Temperatur-Schwankungen keine erheblichen.

Aehnliches gilt für die britischen Inseln, doch hält hier der Einfluss der allgemeinen Erkältung des Erdtheiles die Temperatur meist unter der normalen, wenn auch mit geringen Abweichungen, und wird naturgemäss der östliche und südliche Theil des Königreichs hiervon mehr berührt, als der nach dem Atlantischen Ozean zu gelegene. Es zeigt sich dabei deutlich die Wechselwirkung der Depressionen und der Temperatur-Aenderungen; mit dem Herannahen des Minimums IV tritt ein Steigen der Temperatur am 5. ein und bleibt dieselbe bis zum 11. über der Normalen unter dem Einfluss der Depression VII. Da aber am 12. Grossbritannien auf der Rückseite derselben liegt, so sinkt von da die Temperatur wieder. Am 19. macht sich in Verbindung mit dem Minimum X abermals ein Steigen bemerkbar, dem am 22. wieder der Abfall folgt.

In noch höherem Maasse zeigt sich die Verbindung des relativ niedrigeren Luftdruckes mit positiver Temperatur-Abweichung über dem nördlichen Theile Europas. Mit der Lage der Depression I über Skandinavien herrscht über Skandinavien und Nordrussland warmes Wetter, welches am 4. nach dem Vorübergang dieses Phänomens einer Abkühlung Platz macht. Am 7. und 8. findet jedoch mit dem Erscheinen des Minimum IV wieder Erwärmung statt. Dieses warme Wetter hält wieder an bis zum 18., an welchem Tage der hohe Luftdruck sich über Skandinavien verbreitet hat. Von da bis zum Schlusse des Monats herrscht fast ununterbrochen auch über dieser Halbinsel die niedrige Temperatur. Unter diesen Umständen zeigen sich auch starke Temperatur-Schwankungen; die Abweichungen von der Normalen betrugen in Haparanda am 3. +11.0°, am 7. —12.7°, am 10. und 11. +13.5°, am 24. —15.5°, am 26. +7.0° und am 28. wieder —12.8°; die Monats-Abweichung liegt im Norden einige Zehntel über der Normalen.

Ueber dem kontinentalen Europa tritt mit dem Verschwinden der Depression I am 3. Abkühlung ein und liegt von da an die Temperatur mit der gleichzeitigen Herrschaft des hohen Luftdruckes durchaus unter der Normalen. Besonders tiefes Sinken der Temperatur findet sich an den verschiedenen Beobachtungs-Orten in den Tagen vom 6. bis 9. und vom 25. bis 28.; auf die Temperatur-Aenderungen der einzelnen Orte ist die Lage zu dem Maximum des Luftdruckes nicht ohne Einfluss. Besonders hohe Abweichungen zeigen am 27. Memel —14.5°, am 28. Berlin —13.8° und Breslau —15.2°.

Unter Vorrücken der Null-Linie der Temperatur nach Westen liegt die Temperatur am 4. bereits in Russland, Deutschland, Dänemark und Oesterreich-Ungarn unter dem Gefrierpunkte und wird in den folgenden Tagen auch Frankreich fast bis zum Mittelmeer in dieses Gebiet des Frostes hineingezogen. Diese Lage der Witterung besteht bis zum östlichen Frankreich während des ganzen Monats, nur das westliche Frankreich hat bei dem Erscheinen der Depressionen VII * am 12. eine 0° übersteigende Temperatur und behält dieselbe ohne längere Ausnahme bis zum Schluss des Monats bei.

Ein eigenthümliches Zurückdrängen der Null-Isotherme zwischen dem 48. und 52. Breitengrad findet am 18. statt (Wiesbaden meldet +1.4°, Kaiserslautern +0.2°); im südlichen Frankreich ist jedoch im Innern des Landes die Temperatur noch unter 0° (Clermont —1.9°). Es scheint diese Erscheinung die Folge einer kleinen lokalen Depression zu sein, welche in jener Gegend sich gebildet hat; dabei findet ein Steigen des Barometers über ganz Frankreich und Süddeutschland statt. Am folgenden Tage ist der frühere Zustand wieder hergestellt. Ferner veranlasst die Depression XI ein Steigen der Temperatur über 0° hinaus in Frank-

reich und dem westlichen Theil Süddeutschlands jedoch nur am 26.; am 27. und
28. liegt in Süddeutschland und dem östlichen Frankreich die Temperatur unter 0°.
Eine ausserordentlich weite Ausdehnung der Null-Linie nach Süden bis zur
Biscaya-See, den Pyrenäen und dem Golf von Lyon ist am 23. morgens zu bemerken; es erklärt sich dies aus der Lage der Isobare von 770 mm, welche, von
Norden kommend, fast bis zu den Pyrenäen herabreicht und somit einen kalten
Luft-Transport von Norden her anzeigt, sowie aus dem gegen Abend auf-
klarenden Wetter, welches in der Nacht eine starke Abkühlung durch Strahlung
zur Folge hatte.

Während der schon bemerkten Kälte-Perioden sank in Deutschland besonders
im Innern des Landes und an der östlichen Ostseeküste die Temperatur zeitweise
unter —10° hinab. Die niedrigste Temperatur in Deutschland meldet Memel
am 27. mit —17° des Minimum-Thermometers; die niedrigsten morgens in Europa
beobachteten Temperaturen: Kuopio am 6. und Haparanda am 24. mit —28°.

8. Bewölkung. Regen, Gewitter.

Trotz dem Vorherrschen des hohen Luftdruckes war das Wetter in diesem
Monat in Zentraleuropa und im Besonderen über Deutschland meist trübe; nur
Süddeutschland zeigt in einzelnen Perioden eine geringere Bedeckung.

In den ersten Tagen bis zum 7. fallen in Deutschland häufige Niederschläge
(meist Schnee und Graupeln) als Folgen der verschiedenen Depressionen I, Ia,
II und III, sowie eigenthümlicher Einbuchtungen, welche am 6. und 7. die Isobaren
über Deutschland während der Zunahme des Luftdruckes zeigen. Am 1. nach 8P
fand in Chemnitz ein Gewitter statt bei in Bezug zur Umgebung hoher Abend-
Temperatur.

Die niedrige Temperatur, der Umstand, dass das trübe Wetter ein ober-
flächliches Thauen durch die Sonnenstrahlen verhinderte, sowie der hohe relative
Feuchtigkeitsgehalt der Luft erhielten die Schneedecke bis zum Schlusse des
Monats.

Vom 8. bis zum 21. wurden in Deutschland nennenswerthe Niederschläge
nicht verzeichnet. Dagegen herrschte nebliges Wetter, eine Erscheinung, welche
mit besonders hohen Barometerstande und schwacher Luftbewegung in dieser
Jahreszeit meistens verbunden ist. Bei der niedrigen Temperatur trat in Folge
der grossen relativen Feuchtigkeit der Luft vielfach Rauhfrost auf.

Am Beginn der dritten Dekade treten in Mittel-Deutschland, wie es scheint
veranlasst durch eine Krümmung der Isobare unter dem Einfluss der Depression VIII
im Mittelmeere, vereinzelte Schneefälle ein. Am 27. und 28. verursacht das
Minimum XI Schneefälle über Westdeutschland mit Ausnahme der Küstenstriche.

Während das trübe und neblige Wetter über dem übrigen Deutschland anhält, findet im Osten vom 23. an ein Aufklaren, wie früher bemerkt, unter Sinken
der Temperatur statt.

Auch in den übrigen Theilen unseres Erdtheiles ist das Wetter meist trübe;
in den Gebieten, welche von den Depressionen starker berührt wurden, fielen
dementsprechend Niederschläge; besonders im Westen und Norden Grossbritanniens
war das Wetter theilweise sehr veränderlich und fielen vielfach Graupeln, sowie
Schnee und Regen gemischt.

Am 21. und 22. abends wurde in Skandinavien und Finnland Nordlicht
beobachtet.

II. Vorläufige Mittheilungen über das Wetter auf dem Nordatlantischen Ocean.

Die hier gegebenen Mittheilungen sind den Journalen folgender Schiffe entnommen:

Dampfschiffe: Ems, Eider, Fulda, Werra, Neckar, Donau, Main, Weser, Ohio, Hannover, Baltimore, Leipzig, America, Kronprinz Friedrich Wilhelm, General Werder, Hermann, Silesia, Rugia, Rhätia, Suevia, Allemannia, Moravia, Rhenania, Bavaria, Albingia, Bohemia, Hungaria, Borussia, Saxonia, Thuringia, Lessing, Gellert, Argentina, Paranagua, Rio, Hamburg, Petropolis, Pernambuco, Lissabon, Desterro, Valparaiso, Ceará, Sakkarah, Hesperia, Carl Woermann, Brema.

Segelschiffe: Emma Römer, Dione, Mozart, Prinz Albert, Kaiser, Polynesia, Adolph, Adelaide, Caroline Behn, Gerd Heye, J. F. Pust, Olbers, Emil Julius, George Washington, Hugo, Columbus, Marie, Ventilia, Juno.

Der Verlauf der Witterung auf dem Nordatlantischen Ozean im Monat Februar theilte sich, ebenso wie in den beiden vorhergehenden Wintermonaten, in sechs durch die herrschende Druckvertheilung unterschiedene Epochen.

1) Die erste Epoche, welche bis zum 5. Februar zu rechnen ist, bildete eine Fortsetzung der am 28. begonnenen letzten Epoche des Monats Januar. Ein Gebiet hohen Luftdrucks, dessen Maximum von etwa 772 mm Höhe die Umgebung der Azoren einnahm, erstreckte sich während dieser Zeit von der Küste Südeuropas west- bis südwestwärts bis nach etwa 60° w. L. Am Nordwest- und Nordrande desselben entlang bewegten sich, abwechselnd mit Gebieten höheren Drucks, hintereinander mehrere Depressionen, die zuerst längs der amerikanischen Küste nach Nordost und dann ostwärts gegen die britischen Inseln zogen. Die erste befand sich schon zu Anfang des Monats nahe der europäischen Küste; die zweite lag am 1. Februar an der amerikanischen Küste nahe Kap Cod und erreichte am 5. Nordwesteuropa; die dritte erschien am 4. Februar an der Nordatlantischen Küste der Vereinigten Staaten. Der Drucklagerung entsprechend hatte auf der grösseren östlichen Hälfte des Ozeans die Passatregion während dieser Zeit eine grosse nördliche Ausdehnung, so zwar, dass das Gebiet vorherrschend östlicher Winde hier bis zum Parallel von etwa 38° N reichte. An der Nordseite des Maximums war der Wind zwischen Bermuda und der Länge der Azoren vorherrschend südwestlich, vor dem Kanal West bis Nordwest; unter der amerikanischen Küste wechselte der Wind zwischen Südwest, Nordwest und Nordost. Das Wetter war im Gebiete des Maximums, also auf dem grössten Theile der Mittelzone ruhig; dagegen trat im Bereiche der Depressionen, obschon dieselben kaum eine Tiefe von unter 750 mm erlangten, der Wind mehrfach heftig stürmend auf, insbesondere am 4. und 5., an welchen Tagen unter der amerikanischen Küste ein anhaltender Nordsturm mit Schnee und grosser Kälte wehte. Dampfer »Rhätia« beobachtete unweit Sandy Hook am 5. Februar eine Lufttemperatur von —11°, während die Wasserwärme +6° betrug. Auf der europäischen Seite des Ozeans wehte es ebenfalls steif, mit häufigen Regenschauern. Eigentliche Stürme kamen jedoch nicht vor; auch war hier das Wetter, dem südlichen Herkommen der Luftströmung entsprechend, verhältnissmässig warm.

2) Zweite Epoche, vom 6. bis zum 8. Februar. Das Gebiet höheren Drucks, welches die zweite und die dritte Depression von einander trennte, legte sich, nachdem es den amerikanischen Kontinent verlassen hatte und in südost-

licher Richtung auf den Ozean hinausgetreten war, alsbald mit dem erwähnten beständigen Maximum zusammen, ohne dass an dem Westrande des letzteren vorher ein Fallen des Barometers und eine Veränderung des Windes stattfand. Das nächste, an der Rückseite der dritten Depression erscheinende Maximum blieb dagegen bei seiner Wanderung von der amerikanischen Küste nach Osten, welche sich während der zweiten Epoche vollzog, von dem Maximum im Osten durch eine mit der nördlicher ziehenden Depression in Verbindung stehende Rinne niedrigeren Luftdrucks getrennt. Die Grenze des östlichen Gebietes hohen Drucks wurde bis zu den Azoren zurückgedrängt; das Maximum verlegte sich nordostwärts nach der Kanalmündung, während gleichzeitig im Südosten, in der Umgebung der Strasse von Gibraltar, eine anscheinend mit der Nummer II der vorigen Epoche identische und vom Norden gekommene Depression erschien. In Folge dieser Wanderungen vollzog sich im Westen von 30° w. L. auf der ganzen Mittelzone und selbst noch im Süden von 30° n. Br. ein Umlaufen des Windes von Südwest, bezw. Südost und Ost nach Nordwest und Nord, begleitet von Regenfällen und einer stellenweise vollen Sturm hervorrufenden Steigerung der Windstärke. Vor der Bucht von Biscaya wehte am 6. Februar ebenfalls aus Nordnordwest ein schwerer Sturm, desgleichen am 8. vor der Strasse von Gibraltar aus Nordost. Im westlichen Theile des Ozeans war das Wetter dagegen an diesen Tagen ruhig. Es wiederholte sich hier, indem ein drittes Maximum auf den Ozean hinaustrat, noch einmal das Spiel der umlaufenden Winde, bei erst fallendem, dann wieder steigendem Barometer; doch war die Schwankung nur von geringer Tiefe. Vom 8. zum 9. Februar hatte sich das hier, wie auch das in der Länge der Azoren befindliche rinnenförmige Gebiet nahezu ausgefüllt, und damit war die Luftdruck-Vertheilung eingetreten, welche in der nächsten Epoche herrschend war.

3) Noch mehr als die vorhergehenden zeichnete sich die dritte Epoche, vom 9. bis zum 12. Februar, durch hohen Luftdruck auf der Mittelzone aus. Vom 9. bis zum 11. ergaben alle zwischen 30° und 50° n. Br. angestellten Beobachtungen Barometerstände über 764, ja zum grossten Theile über 770 mm. Das Maximum überstieg am 9. und 10. westlich von der Bucht von Biscaya 775 mm, am 11. und 12., als die höchsten Stände südöstlich von Neufundland gefunden wurden, selbst 780 mm. Die durch den niedrigeren Druck im hohen Norden bedingten westlichen Winde waren nur von mässiger Stärke und geringer Gebietsausdehnung; auf dem grossten Theile der Mittelzone herrschten Winde aus dem östlichen Halbkreise, die besonders auf der Westhälfte des Meeres unter dem Einfluss des hier befindlichen hohen Maximums und zweier Depressionen, die im Süden von 30° n. Br. lagerten, anhaltend mit der Stärke 6 bis 8 wehten.

4) Schon am 12. Februar begann auf der Ostseite des Ozeans eine erhebliche Abnahme des Druckes, die in der Weise vor sich ging, dass eine vom Norden kommende Depression in das Maximum hineindrang und sich bei den Azoren mit einer der im Süden befindlichen Depressionen vereinigte. In der Nähe der genannten Inseln fiel das Barometer vom 11. zum 12. von 771 mm auf 763 mm. Am 13. Februar war auch der Rest des Maximums vor der Küste Südeuropas verschwunden und damit die Wetterlage der vierten Epoche hergestellt, die vom 13. bis zum 18. Februar anhielt. Ihre Kennzeichen waren: niedriger Druck im Osten, hoher Luftdruck auf der Mitte des Ozeans, veränderliche Druckverhältnisse im Westen. Die Depression im Osten zeigte sich am regelmässigsten ausgeprägt am 15. Februar, zu welcher Zeit das Minimum sich westlich von Kap Finisterre, in etwa 15° westl. L. befand und die dasselbe umkreisenden Winde, insbesondere die östlichen Winde der Nordseite, mit

Sturmesstärke wehten. In den folgenden Tagen zeigte sich das Minimum weiter ostwärts nach dem Festlande verlegt, und am 17. und 18. trat der Wind nur noch mit mässiger Stärke auf. Die höchsten Stände im Maximum, welche 770 bis 775 mm erreichten, hatten ihren Ort gewöhnlich in 35° bis 40° n. Br. und 40° bis 50° w. L. Das von der Isobaren von 765 mm umgrenzte Gebiet erstreckte sich südwärts über 30° und nordwärts anscheinend über 50° n. Br. hinaus. Die Druckvertheilung regelte die Luftbewegung auf der Mittelzone in der Weise, dass der Wind im Osten von 40° w. L. vorherrschend nördlich und nordwestlich, im Westen von 50° w. L. südlich und südwestlich war. Nahe der amerikanischen Küste hielten die südlichen Winde jedoch nur bis zum 15. an. An den folgenden Tagen, als die hier befindliche Depression, die Westgrenze des Maximums auf der Mitte des Ozeans zurückdrängend, sich weiter ostwärts verlegt hatte, waren hier nördliche Winde herrschend, die alsbald höheren Luftdruck, sowie eine erhebliche Abnahme der Lufttemperatur herbeiführten. Die Passatgrenze war, ausgenommen auf dem östlichen Theile des Ozeans, während dieser Epoche verhältnissmässig nördlich, in 30° bis 35° n. Br. gelegen. Stürmische Winde kamen ausser den bereits erwähnten nur ganz vereinzelt vor; im Ganzen war das Wetter für die Jahreszeit sehr ruhig und beständig.

Auch während der vierten Epoche herrschte auf der Mittelzone im Allgemeinen noch ein verhältnissmässig hoher Luftdruck. Das Minimum der Depression im Osten und der im Westen erreichte keine grössere Tiefe als 750 mm bezw. 755 mm, und auf dem allergrössten Theile des Gebiets war der Barometerstand über 760 mm. Tiefe Depressionen gelangten erst in der folgenden fünften und sechsten Epoche zur Herrschaft.

5) Während der fünften Epoche, vom 19. bis zum 21. Februar, waren die Druckverhältnisse auf dem Ozean veränderlich. Zwei Depressionen, von denen die erste bereits in der vorhergehenden Epoche den westlichen Meerestheil einnahm und die zweite am 19. an der Küste der Vereinigten Staaten erschien, bewegten sich, abwechselnd mit Maxima, ostwärts über die Mittelzone, so dass am Ende der Epoche die erste die europäische Küste und die zweite die Neufundland-Bank erreicht hatte, während das zwischenliegende Maximum die Umgebung der Azoren einnahm. Beide Depressionen erreichten eine bedeutende Tiefe, die erste von 730 mm, die zweite von 740 mm, und waren von schweren, mit grossen Richtungsänderungen des Windes verlaufenden Stürmen, starken Niederschlägen und heftigen elektrischen Entladungen begleitet. Der Wind war vorherrschend Südwest bis Nordwest, doch holte er beim Vorüberziehen der Depressionen stellenweise einerseits bis Südost und andererseits bis Nord.

6) Die sechste Epoche, welche am 22. Februar begann und bis zum Ende des Monats anhielt, zeichnete sich vor allem durch niedrigen Luftdruck auf der Mittelzone aus. Zu Anfang derselben erstreckte sich noch ein Streifen von etwa 765 mm Druck von den Azoren nordostwärts nach den britischen Inseln; am 23. Februar war jedoch auch dieser verschwunden, die ganze Mittelzone bildete ein zusammenhängendes Gebiet niedrigen Luftdrucks, und etwas höhere Barometerstände zeigten sich nur noch vorübergehend in der Nähe der Küsten, im äussersten Südwest- und Nordosttheile der Zone. Das Maximum der Rossbreiten lag weit südwärts verschoben.

Bis zum 26. Februar waren in dem grossen Depressionsgebiet immer mehrere Depressionszentren vorhanden, die gewöhnlich in östlicher Richtung fortschritten, mitunter aber auch scheinbar rückläufige Bewegungen machte, indem das folgende

Minimum eine solche Tiefe erlangte, dass an der Rückseite des vorhergehenden der Gradient aufgehoben wurde. Die grösste Tiefe erreichten die Minima immer in der Nähe der Neufundland-Bank oder etwas östlich davon. Vom 25. bis zum 28. wurde hier stets ein Barometerstand von weniger als 735 mm, zeitweilig selbst unter 730 mm gefunden. Das Wetter war dementsprechend besonders während dieser Zeit ungemein stürmisch. In den amerikanischen Gewässern wehte es fast ununterbrochen schwer aus Nordwest und Nord, oft zu orkanartiger Wuth sich steigernd, und auch die an der Nordseite der Depression auftretenden östlichen Winde wuchsen am 25. zum schweren Sturme an. Oestlich von 30° w. L. war das Wetter verhältnissmässig ruhig. Am 27. und 28. Februar gehörte die ganze Luftbewegung dem Systeme einer einzigen Depression an, deren Minimum südöstlich von Neufundland lag. Im Westen von 50° w. L., war der Wind Nordwest, im Osten Südwest bis Südost. Dies bewirkte einen Gegensatz in den Lufttemperaturen der beiden Seiten des Ozeans der Art, dass in 40° n. Br. unter der amerikanischen Küste —7°, dagegen vor dem Kanal, in 50° n. Br., +12° gefunden wurden.

Die Direktion der Seewarte.

Dr. *Neumayer.*

III. Meteorologische Tabellen.

III.ᵃ Abweichungen von der normalen Temperatur um (7) 8

Tag	Bodö	Skudesnäs	Haparanda	Stockholm	Stornoway	Shields	Valencia	St. Mathieu	Paris	Perpignan	Borkum	Hamburg	Swinemünde	Neufahrwasser	Memel
1	0.6	0.7	4.0	4.1	4.9	3.4	1.3	1.6	1.7	7.7	09	0.7	3.6	3.2	0.7
2	3.6	1.3	3.4	4.2	2.1	1.7	1.3	0.2	1.8	2.5	0.8	1.1	3.3	1.4	4.8
3	1.7	1.1	11.0	5.8	7.7	3.4	0.3	0.8	0.5	7.1	0.8	1.1	2.9	2.6	1.6
4	0.6	2.0	9.6	4.5	6.0	4.0	4.1	1.2	1.6	1.2	0.7	0.3	1.4	2.5	0.3
5	0.7	2.6	3.7	0.3	0.6	5.6	0.8	3.3	3.7	2.6	0.1	0.5	0.3	2.8	6.8
6	1.9	0.6	10.3	3.5	2.7	4.5	1.4	3.2	4.8	5.9	3.5	1.6	4.7	8.4	11.1
7	0.2	2.8	12.7	2.4	1.8	3.4	3.0	3.9	6.4	4.2	3.3	4.3	9.1	13.5	5.7
8	5.8	3.7	5.3	2.0	1.9	0.2	3.0	5.7	9.8	4.6	4.0	3.6	0.1	1.2	0.3
9	8.0	3.3	12.1	5.4	4.0	0.7	1.9	7.5	10.7	05	5.1	6.8	6.4	0.6	3.6
10	5.8	4.2	13.5	3.5	0.1	1.5	2.4	6.5	8.1	0.3	4.5	5.6	04	0.3	3.3
11	7.7	3.6	13.5	5.3	2.3	0.3	1.5	0.9	6.0	0.6	3.1	1.7	3.8	4.0	1.5
12	8.7	0.4	12.1	2.4	1.0	2.5	2.3	1.0	5.3	1.3	3.0	4.2	8.3	11.1	4.3
13	8.1	1.8	10.1	1.6	1.1	0.3	2.7	1.7	3.1	7.6	3.2	4.1	5.8	9.0	6.3
14	3.8	0.4	10.3	2.6	2.8	2.5	3.3	0.1	4.1	1.8	0.8	2.5	7.6	5.9	1.7
15	4.8	2.6	7.5	3.2	5.0	3.0	6.6	1.7	5.3	4.4	2.7	1.4	4.2	3.6	1.7
16	5.5	1.4	6.5	1.6	1.2	0.3	4.4	0.3	2.5	0.9	3.5	4.8	4.6	9.2	6.5
17	0.7	0.1	1.1	2.4	5.5	0.9	3.4	2.7	2.6	22	4.3	4.6	3.6	6.3	6.2
18	0.3	0.3	0.3	0.5	4.4	1.5	3.4	1.7	2.0	3.1	5.1	6.2	7.4	1.3	4.0
19	3.4	1.1	2.9	0.2	1.6	2.6	2.3	3.8	5.2	22	4.2	3.8	3.0	7.0	5.9
20	0.9	1.5	6.3	1.2	0.1	7.0	0.5	2.1	5.6	1.3	4.1	5.5	6.7	1.9	2.7
21	0.1	1.3	6.7	0.7	2.2	3.8	1.0	6.2	4.9	2.9	3.1	5.1	3.8	6.9	5.6
22	2.5	1.9	12.1	2.1	1.1	2.7	1.7	4.1	5.7	1.3	4.6	4.4	5.3	1.9	3.8
23	1.9	2.7	13.9	0.5	2.2	2.8	3.5	4.3	5.8	7.3	6.0	5.8	3.7	3.5	5.5
24	1.0	1.5	15.5	1.3	1.7	2.8	3.0	6.4	5.6	1.9	4.1	4.6	4.2	9.6	8.4
25	0.7	0.7	14.6	7.5	2.2	3.3	3.0	4.1	8.1	5.5	4.5	5.9	10.2	11.7	11.3
26	1.8	2.3	7.0	5.3	2.8	4.0	4.1	2.8	4.7	2.1	3.6	3.7	9.5	12.2	13.0
27	2.0	3.3	4.6	5.3	3.3	3.4	3.5	3.5	8.2	0.2	4.2	6.2	7.8	10.8	14.5
28	3.0	3.3	12.4	10.8	2.2	2.3	0.7	0.4	5.9	0.2	9.4	11.3	11.5	8.7	7.1
Mittel	2.0	0.2	0.8	0.4	1.7	2.3	1.5	2.5	4.8	0.5	3.3	3.7	4.2	5.1	4.2

Die Werthe der Temperaturabweichungen beziehen sich für die Norwegischen, Schwedischen, Eng Deutschen und Italienischen Orte auf 8 Uhr morgens, für die Französischen, Oesterreich-Ungarischen, Ru und Türkischen auf 7 Uhr morgens.

gens im Monat Februar 1886 (fette Zahlen +, magere —).

Breslau	Karlsruhe	München	Wien*	Hermannstadt*	Kom*	Archangelsk*	St. Petersburg**	Moskau*	Astrachan*	Constantinopel*	Katharinenburg*	Barnaul*	Irkutsk*	Taschkent*	Tag
4.6	5.2	6.4	3.8	3.7	2.8	0.7	1.3	5.8	7.2	4.9	4.5	10.7	3.7	19.3	1
3.5	2.0	3.2	3.6	8.5	4.3	4.3	5.5	4.2	6.6	3.5	2.9	14.3	7.2	19.1	2
0.8	1.9	1.9	2.6	9.7	3.9	3.8	4.9	8.1	7.0	4.3	0.2	24.9	1.2	16.5	3
0.1	1.9	0.7	0.8	1.5	0.1	0.8	0.7	11.3	9.6	4.2	1.1	12.9	12.8	12.7	4
0.3	1.0	1.0	0.1	3.4	2.7	1.7	7.8	12.2	8.8	1.7	3.7	19.4	7.7	9.1	5
3.1	4.1	2.7	2.9	0.7	5.3	4.3	8.5	10.0	7.0	6.8	0.7	12.7	3.5	4.7	6
9.0	6.5	5.0	4.1	7.9	2.1	15.7	6.3	8.3	7.2	9.5	1.8	7.8	2.7	4.5	7
5.0	6.0	5.9	8.9	2.2	0.7	4.7	2.5	7.1	10.8	3.2	10.1	3.9	4.3	13.3	8
0.3	7.3	4.6	4.6	3.7	3.0	8.8	8.3	8.2	9.1	2.2	0.7	10.9	5.9	14.3	9
0.5	4.0	3.2	1.6	1.5	1.4	15.5	10.2	7.2	2.6	2.4	3.6	14.2	1.0	19.3	10
4.2	2.9	1.9	3.9	4.4	0.1	12.9	9.6	8.5	2.0	2.3	1.3	5.9	10.8	13.5	11
7.7	1.8	1.6	6.6	1.8	0.5	12.7	7.3	8.1	2.5	2.7	7.1	16.9	11.2	6.7	12
5.2	1.6	0.6	6.1	1.1	1.3	10.3	0.3	6.1	4.2	3.6	11.5	19.2	10.9	3.5	13
6.4	2.1	1.7	3.1	2.7	2.7	6.1	3.6	3.0	4.0	3.4	10.7	6.1	3.2	6.9	14
3.6	6.0	3.3	1.3	1.1	4.1	5.8	2.2	2.0	2.2	0.3	8.4	14.6	9.8	10.4	15
7.0	4.1	0.9	0.5	0.2	3.0	1.8	2.4	1.2	2.0	2.9	3.4	11.1	16.7	8.9	16
3.7	3.4	1.4	1.3	0.7	1.4	5.8	4.5	3.3	5.6	0.5	0.4	1.8	18.0	12.6	17
1.2	2.7	0.7	0.4	1.5	0.4	1.8	5.2	6.2	1.5	0.9	3.4	8.7	16.0	11.6	18
1.8	1.5	0.2	0.1	0.9	1.6	3.2	5.3	11.0	2.2	2.0	3.7	1.1	13.0	9.4	19
6.8	3.8	6.1	0.7	0.2	2.0	9.7	4.0	8.8	5.6	1.8	3.3	0.3	5.2	8.9	20
2.3	7.1	6.0	0.0	2.2	2.1	10.3	4.3	9.8	5.7	1.5	7.6	8.1	1.4	3.0	21
2.6	5.0	6.6	0.3	3.5	2.4	9.7	7.3	9.8	8.2	2.8	3.1	4.0	8.0	0.4	22
1.7	7.3	4.7	0.1	1.8	1.0	13.7	6.6	9.6	10.6	3.0	11.1	7.1	0.2	1.4	23
3.7	6.4	0.8	1.7	5.9	1.8	14.7	12.6	8.0	10.6	1.4	8.8	11.9	4.4	2.6	24
10.4	4.6	5.1	2.0	5.3	2.5	12.6	9.5	7.5	10.3	1.5	8.7	12.4	4.9	1.2	25
8.3	1.4	2.9	6.0	7.9	2.7	1.4	26.4	9.2	11.3	4.9	11.1	8.8	1.7	4.3	26
8.0	3.9	0.8	5.0	7.6	0.4	1.0	0.0	12.6	8.3	4.9	2.0	8.1	4.5	0.9	27
15.2	1.3	2.0	2.5	5.7	1.5	6.1	1.7	7.6	6.1	2.1	6.4	14.9	4.9	0.8	28
3.7	3.1	2.0	1.7	0.0	0.8	0.2	1.5	4.7	5.8	1.2	1.7	9.1	4.3	7.8	Mittel

Während bei den übrigen Beobachtungsorten die von der Seewarte berechneten normalen Temperaturen zu gelegt wurden, sind in den mit * versehenen Reihen die Differenzen der Temperatur und der aus dem von St. Petersburg entnommenen normalen Pentadenmitteln verzeichnet; für St. Petersburg ** sind die Ab- gen von der täglichen Normalen derselben Stunde nach demselben Bulletin gegeben.

III^b. Vergleichende Zusammenstellung der thatsächlichen Witterun[g]

	Hamburg																	Neufa							
	Wirkliche Witterung											Prognose						Wirkliche Witter[ung]							
	8ʰ a. m.					2ʰ p. m.					Niederschlag 8 a.m.–8 a.m.							8ʰ a. m.					2ʰ p. [m.]		
Tag	Temp.-Abw.	Temp.-Aend.	Windstärke	Windricht.	Bewölkung	Temp.-Abw.	Temp.-Aend.	Windstärke	Windricht.	Bewölkung		Temp.-Abw.	Temp.-Aend.	Windstärke	Windricht.	Bewölkung	Niederschlag	Temp.-Abw.	Temp.-Aend.	Windstärke	Windricht.	Bewölkung	Temp.-Abw.	Temp.-Aend.	Windstärke
1	n	a	f	s'	h	n	a	f	s'	v	e	—	z	f	s'	v	r	w	z	m	s'	b	n	u	m
2	n	u	f	w	b	n	u	m	s'	r	r	—	a	f	w	v	r	n	a	m	s'	h	n	u	m
3	n	u	m	s'	b	n	u	m	s'	b	t	—	a	—	—	v	e	k	a	m	s	d	n	a	l
4	n	a	l	x	b	n	u	l	w	d	r	—	ua	l	—	v	e	w	z	l	e	b	n	u	l
5	n	u	l	n	d	k	u	l	e'	b	e	f	—	l	—	bd	—	k	a	l	s	b	k	a	l
6	n	a	l	e	b	k	a	m	e	h	t	f	a	f	e	v	t	k	a	m	e'	b	k	a	l
7	k	a	l	n'	b	k	a	m	e	h	t	f	—	m	e	—	e	k	a	l	x	v	k	z	m
8	k	u	l	n'	d	k	z	l	e	b	t	f	—	l	—	h	o	n	z	l	w	b	n	z	l
9	k	a	l	c'	d	k	a	l	e'	v	t	f	—	l	—	—	t	n	z	l	w	b	n	u	l
10	k	z	l	c'	d	k	u	l	e'	d	t	f	—	l	—	h	t	n	u	l	s'	b	k	a	m
11	n	z	l	e	d	k	u	l	e'	d	t	f	—	l	—	hd	o	k	a	l	s	d	k	a	l
12	k	a	l	e'	d	k	a	l	s'	d	t	—	z	m	s	d	o	k	a	l	s	v	k	u	l
13	k	n	l	e'	b	k	u	l	s	b	t	—	z	f	s	b	r	k	z	l	s	h	k	a	l
14	k	z	l	c'	b	k	z	l	e'	b	t	—	uz	l	—	d	o	k	z	l	s	b	k	z	m
15	n	z	l	e'	b	k	a	l	e	d	t	—/a	m	s	v		o	k	z	l	s	b	k	u	l
16	k	a	m	e	d	k	a	l	e'	d	t	f	—	l	e	d	t	k	a	l	s	h	k	u	l
17	k	u	m	e	b	k	z	m	e'	b	t	f	—	m	e	—	o	k	z	m	e'	b	k	u	l
18	k	a	m	e	v	k	z	m	e	h	t	—	uz	m	e	v	t	n	z	l	s	d	k	z	m
19	k	z	l	c	d	k	u	l	e'	b	e	f	—	m	e	—	t	k	a	m	e'	h	k	a	l
20	k	a	l	e	b	k	a	l	e	b	t	f	—	m	e	d	t	k	z	m	e'	b	k	z	l
21	k	u	l	e	b	k	u	m	e	b	t	f	—	l	e	hd	o	k	a	l	e'	v	k	a	l
22	k	u	l	n'	b	k	u	m	n	v	t	f	—	l	e	hd	o	n	z	l	e'	b	k	a	l
23	k	a	l	e	b	k	u	m	e'	v	t	f	—	l	e	hd	o	k	a	l	s	v	k	u	l
24	k	z	l	e	b	k	u	l	e	b	t	f	—	l	e	hd	n	k	a	l	s	v	k	u	l
25	k	a	l	e	b	k	z	l	e'	h	t	f	—	l	e	hd	o	k	a	l	s	h	k	a	l
26	k	z	l	e'	b	k	a	l	e	b	e	—	z	l	e	hd	t	k	u	l	s	h	k	z	l
27	k	a	m	e'	b	k	u	f	e	b	t	—	z	—	—	v	e	k	z	l	s	v	k	a	m
28	k	a	m	e	h	k	a	m	e	h	t	f/—	—	lm	—	v	t	k	z	l	s'	b	k	u	m

Erklärung der Zeichen:

In den Angaben der wirklichen Witterung zu den Beobachtungs-Terminen 8ʰ a. m. und 2ʰ p. m. bedeutet für

Temperatur-Abweichung: k = kalt (negative Abw. > 2°), n = normal (Abw. < 2°), w = warm (positive Abw.
Temperatur-Aenderung: a = Abnahme, u = unveränderter Stand (Aenderung < 1°), ■ = Zunahme der Temp[eratur]
Windstärke: l = leicht (0–2), m = mässig (3–4), f = frisch (5–6), ■ = stürmisch (> 6);
Windrichtung: n, e, ■, w = N, E, S, W; n', e', ■', w' = NE, SE, SW, NW; x = Stille; für die Zw[ischen]striche werden die auf der Windrose bei Drehung von Süd über West nach Nord zunächst liegenden Hauptstriche g[...]
Bewölkung: h = heiter (0–1), v = wolkig (2–3), b = bedeckt (4), r = Niederschläge, d = Nebel, Dunst

ältnisse im Februar 1886 und der gestellten Prognosen.

sser						**München**																	**Tag**
Prognose						Wirkliche Witterung											Prognose						
						8ʰ a. m.					2ʰ p. m.					Niederschlag 8ʰ a.m.—8ʰ a.m.							
Temp.-Abw.	Temp.-Aend.	Windstärke	Windricht.	Bewölkung	Niederschlag	Temp.-Abw.	Temp.-Aend.	Windstärke	Windricht.	Bewölkung	Temp.-Abw.	Temp.-Aend.	Windstärke	Windricht.	Bewölkung		Temp.-Abw.	Temp.-Aend.	Windstärke	Windricht.	Bewölkung	Niederschlag	
—	z	f	s'	v	r	w	z	m	w	b	w	u	l	s'	b	r	—	z	f	s'	v	r	1
—	-a	f	s'	b	r	w	a	f	w	b	n	a	f	w	h	c	—	a	f	w	v	r	2
--	a	—	—	v	e	n	a	m	s	b	n	u	m	e	v	c	—	a	—	—	v	e	3
—	ua	l	—	v	e	n	a	l	x	b	n	a	m	n'	r	c	—	ua	l	—	v	c	4
f	—	l	—	bd	—	n	a	m	s'	d	k	a	l	n'	v	c	f	—	l	—	bd	—	5
f	a	f	e	v	t	k	a	l	x	b	k	a	m	n'	d	e	—	a	—	—	v	r	6
f	—	m	e	—	e	k	a	l	x	d	k	u	l	x	b	e	f	—	m	e	—	e	7
f	—	f	e	b	r	k	u	l	n'	b	k	u	m	e	h	t	f	—	m	ne'	v	e	8
f	—	l	—	—	t	k	z	m	e	b	k	z	m	n'	h	t	f	—	f	e	—	t	9
f	—	l	—	h	t	k	z	l	n	d	k	a	l	w'd		t	f	—	l	—	h	t	10
f	—	l	—	hd	o	n	z	l	x	d	k	u	l	n	d	t	f	—	l	—	hd	t	11
f	-/z	l	—	d	o	n	u	m	s'	d	k	u	l	x	b	t	f	-/z	l	—	d	o	12
—	z	m	s	d	o	n	z	l	e'	d	k	u	l	e	d	t	—	z	l	—	d	o	13
—	uz	l	—	d	o	n	a	l	e	d	k	u	l	e	b	t	—	uz	l	—	d	o	14
f	—	l	—	hd	t	k	a	l	e	d	k	u	l	w'	h	t	f	—	l	—	hd	t	15
f	—	l	e	d	t	n	z	l	w'd		k	z	l	n'd		t	f	—	l	e	d	t	16
f	—	m	e	—	o	n	u	m	e	d	k	u	l	e	v	t	—	u	l	—	b	e	17
—	uz	m	e	v	t	n	u	m	n'd		k	a	m	e	b	t	—	uz	l	—	b	e	18
f	—	m	e	—	t	n	u	l	e	b	k	z	l	x	b	t	f	—	m	e	—	t	19
f	—	m	e	d	t	k	a	m	e'd		k	a	f	e	h	t	f	—	m	e	d	t	20
f	—	l	e	hd	o	k	u	l	e'	h	k	z	f	n'	h	t	f	—	l	e	hd	o	21
f	—	l	e	hd	o	k	u	l	w'	h	k	u	m	n'	v	t	f	—	l	e	hd	o	22
f	—	l	e	hd	o	k	z	l	n'	b	k	u	f	e	v	t	f	—	l	e	hd	o	23
f	—	l	e	hd	o	n	z	l	s'	b	k	z	l	x	b	t	f	—	l	e	hd	o	24
f	—	l	e	hd	o	k	a	m	e'd		n	z	l	e	v	t	f	—	l	e	h	o	25
—	z	l	e	hd	t	k	u	l	e'	h	w	z	l	n'	h	e	—	z	l	e	hd	t	26
—	z	—	—	v	c	n	z	f	w	b	k	a	m	s'	h	e	—	a	l	—	v	e	27
f	—	f	e	—	c	k	a	l	w'	b	k	a	m	n'	r	r	f	—	lm	—	v	t	28

sohlag: t = trocken, e = etwas Regen (0—1.5 mm), r = Regen, Schnee etc. (> 1.5 mm), g = Gewitter.
Angaben des Niederschlages gelten für die Zeit von 8ʰ a. m. des angegebenen Tages bis 8ʰ a. m. des folgenden.
n der **Prognose** haben die Zeichen in den bezüglichen Stellen die gleiche Bedeutung, nur bei Bewölkung ist
ränderlich; es treten ferner hinzu die folgenden Zeichen, bei Temperatur-Abweichung: f = Frost, bei Niederschlag:
änderlich, o = ohne wesentliche Niederschläge. Die Prognose steht bei dem Datum, für welches sie gegeben ist.
ruche bedeuten: Zähler »zuerst«, Nenner »dann«. Ist für die der Stelle entsprechende Witterungs-Erscheinung
gnose nicht gestellt, so wird dies durch — angedeutet.

Druck zwischen 747 u 755 mm
3 — 12 Februar.

baro

Fe

VII
IV

III

II

V
v'

III a

VI

VIII

IV

vor 16 — 19 Febr

VIII

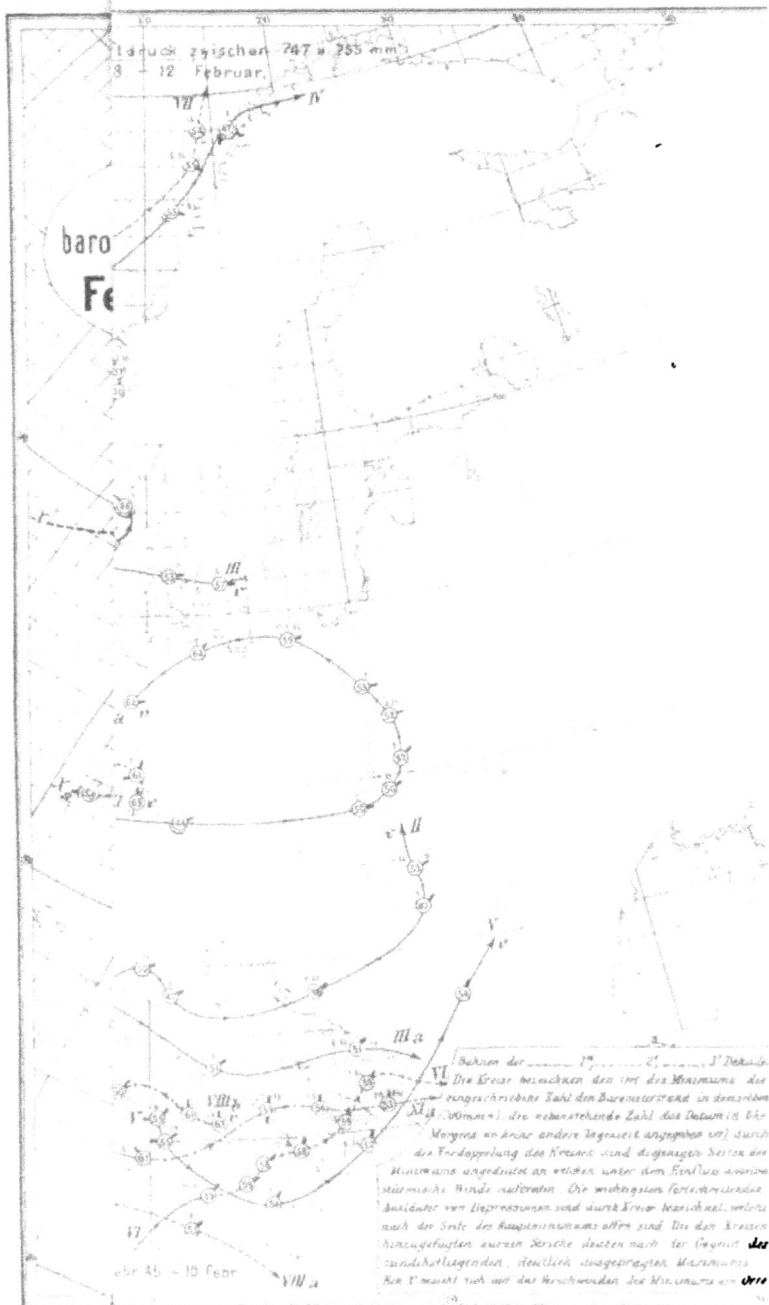

Beobachtungsstationen an der Deutschen Küste.

Monats-Mittel, Summen u. Extreme für Luftdruck, Temperatur und Hydrometeore.

[F]euchtigkeit 8h	[F]euchtigkeit Mittel	Bewölkung 8h	Bewölkung 2h	Bewölkung 8h	Bewölkung Mittel	Niederschlag 8h a. m.	Niederschlag 8h p. m.	Niederschlag Summa	Stationen
92	90	4.8	6.1	5.3	5.4	2	2	4	Memel
92	90	7.5	7.8	7.6	7.6	8	5	13	Neufahrwasser
81	85	6.8	7.2	6.3	6.8	5	2	7	Swinemünde
95	94	8.1	8.0	7.5	7.9	6	1	7	Wustrow
92	92	9.1	8.9	9.4	9.1	14	8	22	Kiel
90	90	9.1	8.0	7.9	8.3	10	2	12	Hamburg
93	92	9.0	7.6	7.5	8.0	14	4	18	Keitum
90	89	8.0	7.4	7.6	7.7	2	7	9	Wilhelmshaven
98	98	8.0	7.3	6.9	7.4	5	4	9	Borkum

Mittel- und Summenwerthe der Dekaden.

Zahl d. Tage mit Nieder-schlag	Zahl d. Tage mit st. Wind	Stationen	Winde %	1. Dekade Ostsee	1. Dekade Nord-see	2 Dekade Ostsee	2 Dekade Nord-see	3. Dekade Ostsee	3. Dekade Nord-see	Winde %
0	0	Memel	N	3	**9**	0	1	2	**1**	N
0	0	Neufahrwasser	NE	6	15	**3**	**8**	**12**	**21**	NE
3	2	Swinemünde	E	**10**	**20**	**21**	**43**	**50**	**60**	E
0	0	Wustrow	SE	**23**	**14**	**53**	**29**	**24**	**13**	SE
3	2	Kiel	S	**19**	4	**14**	**10**	**4**	0	S
4	2	Hamburg	SW	**23**	**20**	0	2	1	0	SW
5	0	Keitum	W	5	11	0	0	0	0	W
2	3	Wilhelmshaven	NW	3	1	0	0	0	0	NW
3	5	Borkum	Stille	8	6	9	7	7	5	Stille

Monatliche Summen und Mittel für die Windverhältnisse.

[Win]d. in Procenten SW	W	NW	Stille	Windgeschwindigkeit in Metern per Sekunde Mittel	Tage mit > 15 m	Stationen
8	2	0	1	4.66	keine	Memel
10	2	0	4	3.41	keine	Neufahrwasser
8	0	4	1	4.71	1. 2.	Swinemünde
8	0	1	8	3.84	1. 2.	Wustrow
8	2	1	27	2.38	keine	Kiel
10	2	0	1	5.12	1. 2. 27. 28.	Hamburg
10	6	1	2	4.24	keine	Keitum
7	2	0	19	4.90	1. 2. 27.	Wilhelmshaven
7	3	0	2	6.93	1. 2. 18. 27. 28.	Borkum

Tagesmittel der Windgeschwindigkeit nach dem Anemometer.

23.	24.	25.	26.	27.	28.			Datum / Stationen
4.27	3.75	2.66	1.99	2.84	2.32			Memel
2.11	1.50	1.08	3.12	5.16	3.56			Neufahrwasser
1.77	3.88	3.34	4.93	7.91	5.51			Swinemünde
1.65	3.39	3.42	3.71	6.20	3.71			Wustrow
1.13	3.94	3.53	5.76	9.68	8.21			Kiel
4.19	5.64	3.94	6.23	9.30	8.00			Hamburg
3.33	4.39	4.66	6.53	8.51	5.58			Keitum
3.19	5.02	2.30	6.90	15.95	11.56			Wilhelmshaven
7.08	9.56	5.00	7.25	16.84	16.04			Borkum

…se waren nach den Aufzeichnungen der Barographen in Memel 784.2 mm, 7h a. m. am 9. und 743.2 m…w 785.5 mm, 10h p. m. am 8. und 734.3 mm, 1h a. m. am 1., in Hamburg 784.8 mm, 12h p. m. am 8. …ittlere Temperatur wird auf dreierlei Weise berechnet, als 1/2 (8 a. + 8 p.), 1/3 (8 a. + 2 p. + 8 p.) und 1/…eines Temperaturmittel angenommen, was dem wahren Mittel sehr nahe entspricht. Für alle übrigen…

…e mit bloſser Thaubildung sind ausgeschlossen, auch wenn die Thaumenge eine meſsbare Gröſse erreich… Theil desselben Horizontal-Abschnitts enthält das Procentverhältniſs der Windrichtungen in den drei D…nat und die einzelnen Stationen ist, um die Lage der Luvseite anzudeuten, von je zwei entgegengesetz… auf die Windrichtung an, wie dieselbe sich aus den Aufzeichnungen der Registrir-Anemometer ergieb… …öglichst frei aufgestellt.) Das Mittel dieser Werthe oder die mittlere Windgeschwindigkeit des ganzen …ns einer Stunde 15 m per Sekunde erreichte oder überstieg.

6.

Monatsbericht der Deutschen Seewarte.

März 1886.

Inhalt: I. Die atmosphärischen Vorgänge in Europa, insbesondere Zentral-Europa. II. Vorläufige Mittheilungen über das Wetter auf dem Nordatlantischen Ozean. III. Meteorologische Tabellen. IV. Karte der Bahnen der barometrischen Minima im März 1886. Tabelle der Mittel, Summen und Extreme für den März 1886 aus den meteorologischen Aufzeichnungen der Normal-Beobachtungsstationen an der Deutschen Küste.

I. Die atmosphärischen Vorgänge in Europa, insbesondere Zentral-Europa.

1. Luftdruck und Wind.

Ganz wesentlich verschiedene Luftdrucks- und Witterungsverhältnisse zeigen sich zu Anfang und am Ende des Monats; so dass einschliesslich der ebenfalls eigenartigen Zwischenzeit gegen Mitte des März im wesentlichen drei Epochen scharf hervortreten.

Die erste Epoche vom 1. bis 6. charakterisirt sich durch fast allgemein niedrigen Luftdruck über dem ganzen Erdtheil. Zwar liegt an den beiden ersten Tagen des Monats noch eine Zone hohen Luftdruckes über dem Ostseegebiet, doch wird diese während des Vorwärtsschreitens der von dem atlantischen Ozean herkommenden Depression No. I der Bahnenkarte bald über die östlichen Grenzen Europas zurückgedrängt. Dieses gleichzeitige Bestehen der an Tiefe zunehmenden und nach einer kleinen nördlichen Abweichung über den britischen Inseln schliesslich die Zugstrasse IVᵇ*) über die südliche Nord- und die Ostsee verfolgenden Depression und des am 2. über Ostpreussen die Höhe von 775 mm übersteigenden Maximums verursacht starke Gradienten und stürmische, umlaufende Winde, besonders am 2. und 3. auf grossem Gebiete, welches sich in Deutschland nicht nur über die Nordseeküste, sondern selbst bis tief nach Süddeutschland hinein erstreckt. Das Verschwinden des Maximums und die allgemeine Abnahme des Luftdruckes an den folgenden Tagen hat das Abflauen der Winde zur Folge.

Die allgemeine Abnahme des Luftdruckes entsteht ausser durch das nordöstliche und nördliche Vorwärtsschreiten der Depression I, durch die ebenfalls vom Atlantischen Ozean herstammenden Minima II, III und IV, welche südlichere Bahnen einschlagen, No. III Süddeutschland und Oesterreich passirend, No. II und IV der Zugstrasse V**) über Südfrankreich, das nördliche Italien und den nördlichen Theil der Balkanhalbinsel folgend. Diese sämmtlichen Depressionen zeichnen sich durch eine bei der Lage ihrer Bahnen ungewöhnliche Tiefe aus, ebenso wie die Zunahme der Vertiefung des Minimums I während seiner östlichen Bewegung von England bis zur Ostsee besonders bemerkenswerth ist. Gleichzeitig mit dem Herannahen der Depression II tritt am 2. im Norden Lapplands eine Depression No. V in Erscheinung. Diese beiden Depressionen werden in das grosse Depressionsgebiet des Minimums I hineingezogen und bilden mit demselben vom 3. abends bis zum 5. eine langgestreckte Zunge niederen Luftdruckes im östlichen Theile Europas. No. II sowohl als No. V haben dabei eine um das nunmehrige Hauptminimum kreisende Bewegung entgegengesetzt dem Sinne des Uhrzeigers, so dass am 5. das Minimum V die Nordsee erreicht.

*) Vergleiche van Bebber, Typische Witterungserscheinungen, Archiv der Deutschen Seewarte, Jahrgang V, 1884.
**) a. a. O.

Die in dieser Epoche südlich vorüberziehenden Minima vermögen in Deutschland eine Verstärkung des Windes nicht mehr herbeizuführen: ihr Einfluss erstreckt sich nur auf die wechselnde Windrichtung. Dagegen sind in den Tagen
vom 4. bis zum 6. im südlichen Frankreich, sowie im Mittelmeere stürmische
Winde zu verzeichnen.

Bereits am 6. hatte das im Südwesten unseres Erdtheiles liegende Maximum
sich bis über Grossbritannien ausgedehnt und somit die zweite Epoche vom
7. bis zum 17. eingeleitet. Am 7. ist nämlich bereits ein starkes Fallen über
Irland unter dem Einflusse einer tiefen Depression eingetreten, deren Zentrum an
diesem Tage noch über dem westlichen Theile des Atlantischen Ozeans liegt.
Ihre Ausläufer No. VI^a und VI^b sowie die Neubildung VII im Westen der iberischen
Halbinsel trennen den nördlichen Theil des ursprünglich mit dem Passatgebiet in
Verbindung stehenden hohen Luftdruckgebietes als selbständiges Maximum ab.

Dieses in sich geschlossene Maximum, welches mit wechselnder Höhe (bis
zu 782 mm ansteigend) sich überaus langsam ostwärs bewegend über dem nördlichen Theile Europas erhält, stellt im Verein mit dem durch den südlichen Zug
der den Erdtheil berührenden Minima veranlassten niedrigen Luftdruck im Mittelmeergebiete die charakteristische Witterungslage dieser Epoche dar.

Bei ihrem Herannahen veranlasst die Depression VI starke Gradienten im
Westen Europas und damit stürmische östliche Winde vom 7. bis 10. im Küsten-
gebiet des Ozeans.

Nach einer sehr langsamen südlichen Bewegung des Minimums No. VII am
11. und 12. entlang der portugiesischen Küste, tritt eine Aenderung der Richtung
nach Westen über Nordafrika ein. Der spätere Verlauf bei etwas nördlicherer
Lage über der Appeninischen und der Balkanhalbinsel ist von der Ausbildung
zweier Ausläufer über Oberbayern und über Ungarn am 15. und 16. begleitet;
mit Schluss der Epoche verschwinden sowohl die Haupterscheinung als ihre
Nebenbildungen.

Den grössten Theil dieser Epoche an der südlichen Seite des Maximums
liegend hat Deutschland besonders im Norden bei im allgemeinen schwacher
Luftbewegung vorherrschend östliche Winde; so finden wir aus den meteorologischen Aufzeichnungen der Normal-Beobachtungsstationen an der Deutschen Küste
für die Ostsee 81%, für die Nordsee 84% der Winde der 2. Dekade in der
Richtung zwischen NE und SE.

Im Süden Deutschlands bringen am 15. und 16. die Ausläufer VII^b und VII^c
einige Aenderungen in den Windverhältnissen hervor.

Am Schluss dieser Epoche lagert das erwähnte Maximum über den russischen
Ostseeprovinzen, ein starkes Fallen des Barometers über dem westlichen Grossbritannien leitet den vollständigen Umschlag der Witterung in der dritten Epoche
vom 18. bis 31. ein.

Vom 17. an treten zahlreiche und theilweise beträchtlich tiefe Depressionen
auf dem Ozean auf; sie verfolgen ausnahmslos bei nordöstlicher Bewegung über
dem Ozean im Norden Europas die Zugstrasse I*), nur mit ihrem südlichen Rande
das Festland berührend und vereinzelt Ausläufer über die Nordsee oder Grossbritannien entsendend.

Bezüglich der allgemeinen Luftdrucksverhältnisse stellt sich jedoch zunächst
nicht der für die angeführte Zugstrasse I typische Zustand der Atmosphäre über

*) a. a. O.

unserm Erdtheil her. Wenn auch im Süden der Luftdruck zu Anfang der Epoche schnell zunimmt und durchaus den normalen übersteigt, so behält das Maximum der vorigen Epoche doch seine nördlichere Lage über dem mittleren Russland bei; während der Bewegung des Theilminimums XI* von Südschweden nach Südrussland verlagert sich das Maximum am 22. über den Nordbotten einen Rücken hohen Luftdrucks über Skandinavien und Mitteleuropa mit im Süden wieder stark zunehmendem Barometerstande hervorrufend. Am 23. übersteigt im ganzen Ostseegebiet der Luftdruck 770 mm, doch findet von diesem Tage an eine südöstliche Verschiebung des Maximums statt und vom 25. bis zum Schluss des Monats herrscht der typische Zustand jener Zugstrasse I entsprechend: hoher Luftdruck im Süden des Erdtheiles, im allgemeinen den nördlichen Küsten Europas parallel laufende Isobaren und demnach in der Richtung nach Nordwesten fallende Gradienten.

Während des starken Fallens des Barometers am 17. im Westen tritt an der westlichen grossbritannischen Küste und auch an der östlichen Nordseeküste ein Auffrischen der Winde ein, so dass an diesem und dem folgenden Tage vereinzelt stürmische Winde zu verzeichnen sind. Die Tage vom 19. bis zum 25. sind besonders für Zentraleuropa still, bei Winden von wechselnder Richtung. Die auch während dieser Tage über dem Nordwesten Grossbritanniens vorherrschenden stärkeren südlichen und südwestlichen Winde nehmen am 26. abends unter dem Einfluss von Minimum XIII an Stärke zu. Bei der nunmehr eingetretenen grösseren Steilheit der Gradienten frischen die Winde in Nordeuropa auf. Dieses Auffrischen betrifft auch die Deutsche Küste, an welcher vom 27. bis zum Schluss des Monats südwestliche, nach Osten hin mehr südliche Winde wehen.

Stürmisches Wetter bis tief nach Deutschland hineinreichend am 30. und 31. steht mit dem Vorübergang der tiefen Depression XVI und ihrer Nebenbildung XVI* in Verbindung.

———

Die folgende Zusammenstellung ist den meteorologischen Bulletins von Hamburg, Skandinavien und Dänemark, London, Paris, Wien und St. Petersburg entnommen und enthält alle Beobachtungen stürmischer Winde (8 Beaufort und darüber), soweit es sich um europäische Stationen handelt. Da in Frankreich, Spanien, Portugal, Italien und Russland die Schätzung der Windstärke nicht nach genau derselben Skala, wie in den übrigen Ländern, zu geschehen scheint, so sind in Kursiv-Schrift aus Frankreich, Spanien und Portugal noch alle Windstärken 7, aus Russland und Italien alle Stärken 6 und 7 hinzugefügt.

1. Morg.: Pembroke ESE 8; — *Serrance SSE 7*; — *Wjatka W 7*.
   Ab.: Spurnhead ESE 8, Donaghadee ENE 8, Yarmouth SE 8; — Puy-de-Dôme WSW 8.

2. Morg.: Borkum ESE 8, Helgoland SSE 8; — Säntis WSW 8; — Bodö WSW 8, Oxö E 8, Samsö SE 8, Bogö ESE 8; — Servance SSW 8, Puy-de-Dôme WSW 8; — *Nikolaew ENE 6*, Noworossijsk NE 8.
   Nm.: Keitum ESE 8, Helgoland SE 10, Borkum SE 8; — Säntis W 8; — Aberdeen ENE 8; — Rochefort WSW 8.
   Ab.: Chemnitz S 8; — Oxö ENE 8, Vestervig ENE 8, Fanö E 8, Samsö SE 8, Bogö ESE 10; — Wick E 8, Aberdeen ENE 8; — *Ile d'Aix WSW 7*, Servance W 9, Puy-de-Dôme WSW 9.

3. Morg.: Friedrichshafen W 8; — Säntis SW 8; — Oxö NNE 8, Vestervig ENE 8, Samsö E 8; — *Boulogne WNW 7*, *La Hague WNW 7*, *Serrance W 7*, *Puy-de-Dôme WNW 7*; — *Hangö S 6*, *Helsingfors SW 6*, *Wyborg WSW 6*.
   Nm.: Borkum N 8; — Säntis WNW 8.
   Ab.: Bamberg SW 8; — Samsö NE 8; — *Dunkerque N 7*, *Monaco W 7*, *Puy-de-Dôme NNW 7*; — *Livorno SW 7*, *Rom S 6*, *Cagliari WSW 7*, *Palermo SW 7*.

4. Morg.: *Sicié NW 7, Pic-du-Midi W 7; — Coruña WSW 7; — Cagliari WNW 7, Palermo WNW 6; — Nikolaew SSE 6, Ssewastopol SE 6.*
Ab.: *Constantinopel SW 7; — Brindisi WNW 7, Cagliari W 6.*

5. Morg.: *Puy-de-Dôme WSW 7; — Efremow SE 7, Elissawetgrad WNW 8, Nikolaew WNW 9, Ssewastopol WNW 6.*
Nm.: *Scilly ENE 8; — Rochefort SSE 8.*
Ab.: *Scilly NE 8; — Lyon S 7, Servance SW 8, Puy-de-Dôme WSW 8.*

6. Morg.: *La Hève NE 7, Er-Uadellic NNW 7, Le Mans N 8, Ile d' Aix N 7, Chassiron N 8, La Coubre NNW 7, Biarritz W 7, Cap Béarn N 7, Servance W 8, Puy-de-Dôme WSW 9; — Barcelona W 9; — Brindisi SE 6.*
Ab.: *La Hève NE 7, Chassiron NW 7, Cap Béarn NNW 8, Perpignan NW 7, Marseille NW 8, Croisette NW 7, Sicié NW 9, Ile Sanguinaire NW 8, Puy-de-Dôme NW 7; — Cagliari W 7.*

7. Morg.: *Christiansund WNW 8; — Belmullet SE 8, Valencia ESE 8; — Cap Béarn N 8, Marseille NW 7, Croisette NW 8, Sicié NW 7, Ile Sanguinaire NNW 7; — Pesaro NE 7; — St. Gotthard N 8.*
Ab.: *Roches Point SSE 8; — Pesaro NE 7, Cagliari WNW 7.*

8. Morg.: *Christiansund WSW 8; — Belmullet SE 8; — Servance E 7, Puy-de-Dôme E 7; — Pesaro NE 7, Palermo NW 7, Malta NW 6; — Nikolaew NNE 6.*
Nm.: *Rochefort ENE 8.*
Ab.: *Friedrichshafen NE 8; — Puy-de-Dôme NE 7, Palermo NW 6.*

9. Morg.: *Friedrichshafen NE 9; — Belmullet SE 9, Valencia ESE 8, Rochespoint SSE 8, Pembroke S 8, Scilly SE 9; — St. Mathieu SE 7, Ouessant SE 7, Er-Uastellic ESE 8, Chassiron SE 7, Puy-de-Dôme ENE 7; — Nikolaew N 8.*
Nm.: *Belmullet SE 9, Valencia ESE 9, Scilly SE 9; — Rochefort ESE 8.*
Ab.: *Friedrichshafen NE 8; — Bodö SW 8; — Mullaghmore SE 8, Belmullet SE 10, Donaghadee SE 8, Valencia ESE 9, Rochespoint SE 9, Pembroke SE 8, Scilly SE 10, Prawle-Point E 8; — Ouessant ESE 7, Lorient E 7, Le Grognon ESE 7, Er-Uastellic SE 9, Chassiron ESE 7; — Pesaro N 7, Livorno ENE 6.*

10. Morg.: *Bodö WSW 8; — Belmullet SE 8, Valencia SE 8, Scilly ESE 8; — Pesaro N 7; — Lyon NE 6, Nikolaew NE 8, Ssewastopol SW 6.*
Nm.: *Belmullet SE 8, Valencia SE 8; — Rochefort ENE 8.*
Ab.: *Valencia ESE 8.*

12. Ab.: *Cagliari ESE 6.*

13. Morg.: *Barcelona NE 9; — Malta ESE 6.*
Ab.: *Sicié E 8; — Floren: NE 6, Livorno NE 6, Cagliari ESE 7.*

14. Morg.: *Sicié E 7.*
Ab.: *Pesaro NE 6, Livorno ENE 6, Cagliari ESE 7.*

15. Morg.: *Brindisi SE 6, Cagliari SSW 6; — Lesina SE 8.*
Ab.: *Königsberg E 8; — Oxö NE 8, Bogö ENE 8, Carlshamn E 8.*

16. Morg.: *Oxö ENE 8, Faerder NE 8, Vestervig ENE 8, Fanö NE 8, Samsö ENE 8, Bogö E 8; — Livorno WSW 7; — Pinsk ENE 6.*
Ab.: *Königsberg E 8; — Oxö ENE 8, Samsö ENE 8, Bogö ENE 8.*

17. Morg.: *Faerder ENE 8, Vestervig ENE 8, Fanö ENE 8, Samsö ENE 8; — Wick ESE 8; — Elissawetgrad E 7, Nikolaew ENE 7.*
Ab.: *Samsö ENE 8; — Wick SE 8.*

18. Morg.: *Vestervig ENE 8; — Wick SE 8, Belmullet SE 8, Donaghadee SSE 8; — Servance E 7; — Wjatka WSW 7, Elissawetgrad ENE 6.*
Nm.: *Belmullet SSE 9.*
Ab.: *Wick SSE 8, Belmullet SSE 9.*

19. Ab.: *Skudesnäs SSE 8.*

20. Nm.: *Skudesnäs SSE 8.*

21. Morg.: *Uleaborg W 6.*

22. Ab.: *Skudesnäs SSE 8.*

24. Morg.: *Dovre S 8.*

26. Nm.: *Scilly S 8.*
Ab.: *Skudesnäs SSE 8; — Holyhead SSW 9, Scilly SSW 8.*

27. Morg.: Floß SSE 8, Faerder SSE 8, Dovre S 8; — Valencia S 8, Hurst-Castle SW 8.
Ab.: Skudesnäs SSE 9, Vesterrig S 8; — Holyhead SSW 8; — La Hève SW 7.
28. Morg.: Faerder S 8, Vesterrig S 8; — Hangö S 6, Nowrorossijsk NE 6.
Ab.: Christiansund WSW 8; — Belmullet SSW 9.
29. Morg.: Bodö WSW 8.
Nm.: Skudesnäs SSE 8; — Belmullet NW 8, Scilly WNW 9; — Jersey W 8.
Ab.: Belmullet W 8, Scilly WNW 8, Jersey W 8; — Dunkerque SW 8, Gris-Nez W 7, La Hève NW 8, Ouessant WNW 7, Puy-de-Dôme WSW 8.
30. Morg.: Wustrow SW 6, Kiel W 8, Bamberg W 8; — Säntis W 8; — Bogö WSW 8; — Belmullet SW 9, Valencia SSW 9, Roche spoint SW 8; — Dunkerque W 7.
Nm.: Kiel W 8, Breslau W 8; — Säntis W 8; — Mullaghmore WSW 9, Belmullet W 12, Holyhead SW 9, Scilly SW 8.
Ab.: Borkum SW 9; — Skudesnäs SSE 8; — Ardrossan WSW 9, Malin Head WNW 8, Donaghadee W 10, Barrow-in-Furness SW 8, Scilly SW 8, London SW 8, Oxford S 8; — Helder SW 9; — Dunkerque SSW 7; — Madrid S 7, San Fernando E 7.
31. Morg.: Kiel SW 8, Borkum SW 8; — Faerder SW 8, Skagen W 8, Samsö SW 8, Hammershus SW 10; — Barrow-in-Furness S 10, Holyhead SW 10, Pembroke WSW 8, Scilly W 8; — Helder SW 8, Brüssel SSW 8; — Gris-Nez SW 7, La Hève S 7, Lorient SSW 7, Le Grignon SW 7, Puy-de-Dôme WSW 7; — Hangö SW 7, Helsingfors S 6, Wyborg SW 8.
Nm.: Helgoland SW 8, Kassel SSW 8; — Scilly W 8; — Jersey WSW 8.
Ab.: Borkum SW 8, Münster W 8, Karlsruhe SW 9; — Oxö SSW 8, Vesterrig SW 8, Samsö SW 8, Bogö SW 8, Carlshamn SW 8; — Scilly W 8; — Helder SW 8; — Dunkerque SSW 7, Gris-Nez SW 7, La Hève WNW 8, Ouessant WNW 7, Puy-de-Dôme WSW 7.

---

2. Temperatur.

Ein ausgedehntes Frostgebiet, nur die südlichen und westlichen Grenzen des Erdtheiles ausschliessend, herrscht am Beginn des Monats über Europa; besonders in einer Zone über Mitteldeutschland und Mittelrussland ist das Wetter ungewöhnlich kalt (unter —15°), am 2. liegt in Neufahrwasser und Breslau die Temperatur um 16° unter der Normalen.

Die Depressionen der ersten Witterungsepoche bringen nur eine geringe Erwärmung und Verschiebung der Null-Isotherme hervor, so dass am 2. morgens Frankreich und am 3. und 6. ausserdem noch der südlich vom 50. Breitengrade gelegene Theil Zentraleuropas frostfrei sind. Die Herrschaft der Kälte über unsern Erdtheil vermögen sie jedoch nicht zu brechen.

Unter dem Einfluss des Maximums im nördlichen Europa ist bei den vorherrschenden schwachen östlichen Winden vom 7. bis zum 18. nur West- und Südeuropa des morgens meist frostfrei. Der nördliche Verlauf der kleinen Nebenbildungen VII[a] und VII[b] der grossen südlichen Depressionen hat am 16. eine Erwärmung in einer Zone von der Elbmündung bis südlich der Karpathen zur Folge und schliesst dieselbe an diesem Tage aus dem Frostgebiet aus. Bis zum 18. liegt die Morgentemperatur in ganz Europa unter der Normalen; die nördliche Küste Norwegens macht allein eine Ausnahme, denn bei ihrer nördlichen Lage vom Maximum sind an derselben westliche und südwestliche Winde vorherrschend, welche warme Luft vom Meere zuführen, und so liegt denn in Bodö eben vom 8. an, d. h. ungefähr vom Tage des Auftretens jenes Maximums, die Temperatur über der Normalen.

Mit dem Umschlag in den Luftdruckverhältnissen bei Beginn der dritten Witterungsepoche des Monats tritt nun auch naturgemäss eine Aenderung in der Temperatur ein. Die Strenge des Frostes wird allmählich gebrochen, die Nulllinie weicht nach Osten zurück und von Westen her langsam vorrückend steigert die Erwärmung die Temperatur über die Normale.

In der 5. Pentade des Monats liegt im Osten, auch über Nord- und Ostdeutschland, noch niedrige Temperatur, als Folge der in diesen Tagen noch nördlicheren Lage des Maximums und der damit verbundenen und durch den Vorübergang der Depression XI[a] noch besonders erhöhten östlichen Luftbewegung. Die letzte Pentade zeigt jedoch fast über ganz Europa für die Jahreszeit warmes Wetter, nur der Südosten macht eine Ausnahme; vom 28. bis Schluss liegt überall die Temperatur über 0°.

Der vielfach sehr strenge Frost in der ersten Hälfte des Monats, die starke Erwärmung am Schluss ergeben für diesen Monat besonders in den mehr kontinentalen Gebieten des Erdtheiles eine sehr beträchtliche monatliche Wärmeschwankung, so zeigte z. B. das Minimum-Thermometer in Neufahrwasser am 2. —21°, in Breslau am 2. —18°, in München am 9. —19°; das Maximum-Thermometer jedoch beziehungsweise am 30. +13°, am 29. +19°, am 29. +18°, so dass sich für diese drei Orte eine Wärmeschwankung von 33°, 37° und von 37° ergiebt.

0. Bewölkung, Niederschlag, Gewitter.

Die in den ersten Tagen des Monats Zentraleuropa so besonders stark berührenden Depressionen machten natürlich ihren Einfluss auch durch einen allgemeinen Schneefall in Deutschland bemerkbar, welcher am 2., als das Minimum I über Nordwest-Deutschland lagerte, seine grösste Intensität erreichte; besonders stark traten die Schneefälle in dem an der Südseite der Depression gelegenen Süddeutschland bei westlichen Winden auf, während an der deutschen Küste die trockenen, östlichen Winde den Niederschlag in geringerem Maasse förderten.

Am 5. und 6. veranlasste der Vorübergang des Minimums III eine Zunahme der Schneefälle wieder besonders in Süddeutschland, doch erreichten dieselben bei der nunmehr, in Folge der südlichen Lagen auch dort herrschenden östlichen Luftbewegung, bei weitem nicht die Höhe des 2. Monatstages.

Für Deutschland folgt nunmehr eine Periode geringen Niederschlags. Während der Süden vom 9. bis zum 14. heiter ist und nur hin und wieder jener bei strenger Kälte und fast heiterem Himmel auftretende Schnee fällt, dessen Quantität kaum messbar ist, ist im Norden und besonders an der Küste das neblige Wetter mit Rauhfrost vom 6. bis 11. vorherrschend, welches so häufig im Maximum des Luftdrucks bei Frostwetter eintritt. Mit der nordöstlichen Verschiebung des Maximums treten im Norden am 12. Bedeckung und sehr leichte Schneefälle ein.

Das Erscheinen der Depressionsausläufer VII[a] und VII[b] hat wieder eine Zunahme der Schneefälle am 15. und 16. zur Folge. Nach drei für Deutschland im wesentlichen trockenen und heiteren Tagen macht sich die gänzlich veränderte Witterungslage auch in Bezug auf die Niederschläge bemerkbar. Randbildungen der nördlichen Depression veranlassen vom 20. bis 23. in Deutschland vielfach Regenfälle und das neblige Wetter dieser Tage an der Küste hält auch noch die beiden folgenden Tage an.

Vom 26. bis zum Schluss des Monats ist die deutsche Küste regnerisch; das Binnenland wird jedoch nur am 29. unter dem Einfluss des weit nach Süden sich erstreckenden Depressionsgebietes des Minimums XV von Regen betroffen, dem am 30. vorübergehende Aufklarung folgt. Gegen Schluss des Monats werden vereinzelte Gewitter gemeldet: Biarritz am 24. abends Wetterleuchten, Pola am 30. abends Gewitter. In Hamburg fand am 30. mittags 1 Uhr unter böigem Wetter und begleitet von Niederschlag in Form von Graupeln, Schnee und Regen, bei niedriger Temperatur (+5°) ein Gewitter statt.

II. Vorläufige Mittheilungen über das Wetter auf dem Nordatlantischen Ozean.

Für die Herstellung der synoptischen Wetterkarten, welche den hier gegebenen Mittheilungen zu Grunde liegen, konnten die meteorologischen Journale nachstehender Schiffe verwendet werden:

Dampfschiffe: Gellert, Eider, Albingia, Donau, Rugia, Bohemia, Werra, Weser, Lessing, Bavaria, Hungaria, Elbe, Ems, Rhätia, Westphalia, Main, Suevia, Rhein, Amerika, Teutonia, Fulda, Moravia, Hermann, Baltimore, Leipzig, Petropolis, Pernambuco, Sakkarah, Brema, Lissabon, Köln, Desterro, Corrientes, Valparaiso, Ceara, Kambyses, Thuringia, Holsatia, Frankfurt, Hamburg, Uruguay, Borussia.

Segelschiffe: Kaiser, Polynesia, Adelaide, Gerd Heye, J. F. Pust, Olbers, Emil Julius, George Washington, Hugo, Marie, Ventilia, Bertha, Helene, Ida, Johanna, Niagara, Anna, Moltke, Deutschland, Papa, Margaretha Gaiser, Terpsichore, Maryland, Marie, Port Royal, Doris, Marie Louise.

I. Die Wetterlage, welche mit der sechsten Epoche des Februar, am 22. dieses Monats auf dem Nordatlantischen Ozean eingetreten war, erhielt sich im Grossen und Ganzen fast den ganzen März hindurch. Bis zum 25. März blieb auf fast der ganzen Mittelzone niedriger bis tiefer Luftdruck herrschend. Ein Barometerstand von mehr als 760 mm zeigte sich mit einiger Beständigkeit nur im äussersten Südosten, in der Umgebung von Madeira und den Canarischen Inseln. Im Westen, wo ausserdem höherer Luftdruck erschien, war derselbe immer nur von kurzem Bestand, und auch hier erreichten die Maxima nur ganz vereinzelt eine Höhe von 770 mm. Dagegen hatte das beobachtete Minimum fast immer eine Tiefe unter 740 und an mehreren Tagen eine solche unter 730 mm. Der Ort des niedrigsten Luftdrucks auf der Mittelzone war gewöhnlich im Süden oder Osten von Neufundland, in 40° bis 50° n. Br. und zwischen 60° und 30° w. L. Diesen Verhältnissen entsprechend hatte die polare Passatgrenze, ausgenommen auf der Ostseite des Meeres, wo sie sich nördlich bis nach etwa 30° n. Br. hinaufzog, während der angegebenen Zeit eine südliche Lage. Zwischen 25° und 45° n. Br. war der Wind fast ununterbrochen westlich, und zwar auf der Westseite des Ozeans vorherrschend aus dem Nordwest-, auf der Ostseite aus dem Südwestquadranten; im nördlichsten Theile der Mittelzone traten dagegen, bedingt durch die südliche Lage des Minimums, wiederholt auch östliche Winde auf. Das Wetter war unruhig und sehr oft stürmisch.

Wie gesagt, erscheint den allgemeinen Zügen der Luftdruckvertheilung nach die Zeit vom 1. bis zum 25. März als eine einzige, eine Fortsetzung der am 22. Febr. eingetretenen bildende Witterungsepoche. Indessen fanden während derselben insofern Veränderungen statt, als verschiedene Depressionen nach einander die Wetterlage auf dem Ozean zeitweilig beherrschten, und lassen sich dem entsprechend in der Epoche fünf Abschnitte unterscheiden.

1) Die herrschende Depression des ersten Abschnitts, der vom 1. bis zum 9. März zu rechnen ist, war am 26. Februar an der nordamerikanischen Küste bei Kap Cod erschienen und lag anfangs März östlich von Neufundland, wo sie mit geringer, östlicher Ortsveränderung bis zum Ende des Abschnitts verweilte. Das Minimum derselben hatte eine durchschnittliche Tiefe von 730—735 mm. Im östlichen Theile des Depressionsgebiets, zwischen dem Kanal und etwa 30° w. L., zweigten sich während der Zeit vom 1. bis zum 5. mehrere Theilminima ab, die

anscheinend in östlicher bis nordöstlicher Richtung weiterzogen. Das Gebiet, wo
der Luftdruck über 765 mm betrug, nahm nur einen geringen Theil der Mittelzone
ein und erstreckte sich von der Strasse von Gibraltar über Madeira und die
Canarischen Inseln hinaus in südwestlicher Richtung. Ausserdem schien zeitweilig
auch noch im Westen von Irland höherer Luftdruck vorhanden zu sein. Dies
bewirkte, dass an mehreren Tagen am Nordrande der Mittelzone östliche Winde
auftraten, deren Gebiet vom 1. bis zum 4. März vom Kanal bis nach etwa 30° w. L.
hinausreichte. Südlich von 45° n. Br. herrschte jedoch zwischen der europäischen
Küste und 40° bis 50° w. L. ein sehr beständiger Südwestwind. Sowohl dieser
als auch der im Westen herrschende Nordwestwind, wie ebenfalls der Ostwind
vor dem Kanal wehte durchweg steif und wuchs an mehreren Tagen zum Sturme
an, begleitet von Regenfällen auf der östlichen Hälfte des Meeres, von Schnee-
und Hagelschauern und kaltem Wetter in den amerikanischen Gewässern. In der
südlichen und östlichen Umgebung des Minimums wurden täglich elektrische Entladungen: Wetterleuchten, Elmsfeuer und Gewitter beobachtet. Die Hauptsturm-
tage waren der 2., 3., 4. und 8.; am 3. fiel das Barometer bis 728, am 8. selbst
bis 723 mm. Auch am 9. steigerte sich unter der Südküste von Irland der Wind
aus Südost noch zu orkanartigem Sturme.

2) Das Minimum der Depression, welches zuletzt sich rascher bewegte, war
um diese Zeit ostwärts bis nach etwa 27° w. L. vorgedrungen. Gegen den 10. März
war es anscheinend nordostwärts verzogen. An der Stelle, wo es sich vorher
befand, und auf dem ganzen Meeresstriche von 40° w. L. bis an die Küste von
Mitteleuropa stieg das Barometer vom 9. zum 10. um 10 bis 15 mm. Zu gleicher
Zeit war aber im Westen eine neue Depression erschienen, welche nun vom 10.
bis zum 13. März, dem zweiten Abschnitt der Epoche, die Wetterlage beherrschte.

Im Vergleich zu der vorhergehenden Depression verfolgte diese anfänglich
eine sehr südlich gelegene Bahn. Am 10. und 11. März, als das Minimum 50° w. L.
noch nicht überschritten hatte, lag dasselbe südlich von 40° n. Br., und von der
Neufundlandbank westwärts bis an die amerikanische Küste waren in Folge dessen
an diesen Tagen Nordostwinde herrschend. Am nächsten Tage, nachdem die
Depression auf der Mitte des Ozeans eine nördlichere Position eingenommen hatte,
drehte sich der Wind nach Nord und West. Im Osten von 40° w. L. blieb die
Windrichtung dieselbe wie vorher, südwestlich im Süden und südöstlich bis östlich
im Norden von 45° n. Br. Neben dem Maximum im Südosten zeigte sich jetzt
auch vor dem Kanal ein Gebiet ziemlich hohen Luftdrucks. Die Depression,
welche die beiden Maxima trennte, erreichte am 11. an der Küste von Portugal
eine erhebliche Tiefe, wobei der Wind aus Nordost zum Sturme zunahm. Im
Bereiche der Hauptdepression war das Wetter am 10. März noch verhältnissmässig
ruhig. Am 11. und 12. wehte jedoch, besonders aus den nördlichen Strichen,
wieder ein schwerer Sturm mit orkanartigen Regen- und Hagelböen.

3) Während des dritten Abschnitts, vom 14. bis zum 17. März, waren auf
dem Ozean 2 Depressionszentren vorhanden. Das Minimum der Hauptdepression,
welche am 13. bei Neuschottland auf den Ozean hinausgetreten war, verschob
sich längs dem Parallel von 45° n. Br. allmählich ostwärts. Ein zweites Minimum,
das sich am 13. von der Depression des zweiten Abschnitts abgetrennt hatte,
lag westlich vom Eingange des Kanals und zog langsam südostwärts gegen die
Bucht von Biscaya. Am 17. war es vom Ozean verschwunden. Statt seiner war
dagegen an der Westseite des Hauptminimums, welch' letzteres inzwischen die
Mitte des Ozeans erreicht hatte, ein neues Minimum erschienen. Im Bereiche
der Hauptdepression herrschte anhaltend sehr schweres Wetter; nicht nur aus

Südwest und Nordwest, sondern auch aus Ost und Nordost steigerte sich der Wind zu orkanartigem Sturme. Am 17., als das Minimum von 724 mm sich in etwa 44° n. Br. und 32° w. L. befand und auch die zweite, südlich von Neufundland liegende Depression Winde von der Stärke 10 bis 11 hervorrief, nahm das Sturmgebiet fast die ganze Mittelzone ein; noch in 30° n. Br. und 35° w. l. hatte das Schiff ›Moltke‹ WNW 9.

4) Das stürmische Wetter und der sehr niedrige Luftdruck, welche die vorhergehenden Tage auszeichneten, hielt auch den vierten Abschnitt der Epoche hindurch an, der vom 18. bis zum 22. März zu rechnen ist. Während dieser Zeit war wieder nur eine Depression auf dem Ozean vorhanden, welche durch das Zusammenschmelzen der Hauptdepression des vorigen Abschnitts und der zuletzt im Westen erschienenen entstanden war. Ihr Minimum von etwa 730 mm Tiefe lag östlich von Neufundland, zwischen 45° und 30° w. L., und zwar im Gegensatz zu früher jetzt in so hoher Breite, dass der im Süden von 50° n. Br. gelegene Meeresstrich ganz der Südhälfte der Depression angehörte. Am 18. und 19. März, als die Depression ihre grösste Ausdehnung hatte, nahm das von der Isobare von 755 mm umschlossene Gebiet fast die ganze Mittelzone ein. Barometerstände von mehr als 765 mm zeigten sich nur im äussersten Südosten und im Westen, in unmittelbarer Nähe der Küsten. Von etwa 45° w. L. bis an die Küste von Europa herrschte überall ein beständiger Südwestwind, während im Westen auf einem breiten Striche der Wind aus Nordwest bis Nord herrschend war. Aus beiden Richtungen, besonders aber aus der nordwestlichen, trat der Wind anhaltend und bis in weite Entfernungen vom Minimum als Sturm auf, der südlich von Neufundland am 18. und 19. zu orkanartiger Stärke anwuchs. Wie bisher während des ganzen Monats kennzeichnete sich auch jetzt wieder die Herrschaft des niedrigen Luftdrucks, ausser durch das stürmische Wetter, durch sehr häufige elektrische Erscheinungen; täglich wurden an mehreren, weit von einander entfernten Stellen entweder Gewitter oder doch Blitzen und Elmsfeuer beobachtet.

5) Nachdem schon am 21. März der Wind nahe der amerikanischen Küste sich nach Südwest gedreht hatte, trat vom 22. zum 23. wieder eine neue, die fünfte Depression auf dem Ozean hinaus, die nun zusammen mit der Depression IV, welche sich dann in etwa 30° w. L. befand, während des fünften und letzten Abschnitts der Epoche, vom 23. bis zum 25. März, die Wetterlage auf der Mittelzone beherrschte. Die beiden Depressionen zogen in einer nördlich von 50° n. Br. gelegenen Bahn ost- bis nordostwärts; am Ende der Epoche hatte die No. IV die Küste von Europa, die No. V den Meridian von 40° W erreicht. Der Wind blieb vorherrschend westlich, war jedoch in Folge der grösseren Ortsveränderungen der Depressionen nicht mehr so beständig aus derselben Richtung, sondern wechselte zwischen Südwest und Nordwest. Verschiedentlich trat der Wind noch mit der Stärke 8 auf. Im Ganzen war das Wetter aber ruhiger wie vorher; auch erreichten die Minima auf der Mittelzone keine grössere Tiefe als 745 mm, und das Barometer war überhaupt auf dem ganzen Gebiete südlich von 50° n. Br. gegen früher erheblich gestiegen.

II. Die zweite Epoche, welche am 26. März begann und noch eine längere Zeit im April anhielt, zeichnete sich im Gegensatz zu der vorhergehenden durch hohen Luftdruck auf der Mittelzone aus. Wie gesagt, war schon in den letzten Tagen der vorigen Epoche ein Steigen des Barometers eingetreten, der Art dass am Schlusse derselben der Luftdruck im Süden von 40° n. Br. überall bis über 760 mm zugenommen hatte. Diese Druckzunahme setzte sich in den folgenden Tagen fort, und vom 28. März an wurden nur noch auf einem verhältnissmässig

kleinem Gebiete im Norden von 45° n. Br. Barometerstände unter 765 mm beobachtet. Das Maximum hatte vom 28. an immer eine Höhe von mehr als 775 mm
und lag westlich von den Azoren. Ein breiter Streifen von mehr als 770 mm
Druck, der jedoch am 28. und wieder am 31. März durch nordostwärts ziehende
seichte Depressionen durchbrochen wurde, führte von dort in nordwestlicher
Richtung nach dem amerikanischen Kontinente hinüber. Am 30. März erreichte
das Barometer in diesem Striche einen Stand von 780 mm, an derselben Stelle,
wo vom 1. bis zum 8., sowie vom 15. bis zum 20. der mittlere Luftdruck nur
740 mm betrug und während der ganzen Zeit vom 1. bis zum 25. März nur an
zwei Tagen ein Stand von etwas mehr als 760 mm beobachtet wurde. Der Eintritt des hohen Luftdrucks hatte zur Folge, dass das Passatgebiet, dessen polare
Grenze bisher meistens südlich von 20° n. Br. gelegen hatte, sich nordwärts bis
nach etwa 35° n. Br. ausdehnte. Nördlich von 40° n. Br. blieb der Wind jedoch
aus westlicher Richtung herrschend, und an mehreren Tagen trat er hier auch noch
wieder mit grosser Stärke auf. Insbesondere war dies in dem Meeresstriche vor
dem Kanal der Fall, wo rasch nacheinander mehrere anscheinend aus Nordwest
kommende Depressionen erschienen. Am 27., 29., 30. und 31. März wehten hier
schwere, von Südwest nach Nordwest umlaufende, von Regen, Schnee und Hagel
und auch wieder von häufigen elektrischen Entladungen begleitete Stürme. Dabei
fiel das Barometer vom 28. März an im Süden von 50° n. Br. kaum unter 755 mm.
Am Schlusse des Monats erschien jedoch, zugleich mit dem schwersten Sturm
der Epoche, eine Depression, die am Vormittage des 1. April in 49° n. Br. und
20° w. L. die aussergewöhnliche Tiefe von 720 mm erreichte.

Die Direktion der Seewarte.

Dr. *Neumayer.*

III. Meteorologische Tabellen.

III. Abweichungen von der normalen Temperatur um (7) 8

Tag	Budö	Skudesnäs*	Haparanda*	Stockholm*	Stornoway	Shields	Valencia	St. Mathieu	Paris*	Perpignan*	Borkum	Hamburg	Swinemünde	Neufahrwasser	Memel
1	1.4	2.6	4.6	4.5	3.3	3.5	5.3	2 0	5.8	0.8	12.7	12.4	13.5	9.6	10.0
2	4.2	2.6	1.4	6.9	3.3	4.7	5.8	0.3	0.8	2.4	11.1	12.9	13.9	16.3	8.0
3	0.5	6.2	5.6	2.1	2.7	4.1	5.3	2.5	4.1	1.9	4.8	6.5	8.1	7.2	9.8
4	5.3	1.8	7.4	2.9	0.5	3.1	4.8	5.0	8.1	1.3	0.8	7.2	4.8	5.3	0.1
5	9.4	4.4	6.8	9.4	3.8	3.1	6.5	2.4	6.2	1.0	2.3	1.5	1.0	3.0	0.5
6	5.8	3.6	3.2	9.7	7.2	5.4	4.3	2.8	6.0	4.0	3.7	7.8	4.6	11.3	14.5
7	2.6	6.5	1.3	5.3	5.6	10.4	2.7	4.6	6.4	2.8	2.8	4.0	8.2	3.1	12.8
8	2.9	1.5	3.9	5.1	2.8	6.5	0.1	5.7	8.7	8.3	4.6	4.5	14.0	4.7	12.9
9	5.2	1.3	6.1	0.4	1.1	5.5	1.0	6.0	10.6	9.4	6.7	9.1	5.7	3.4	6.5
10	6.9	3.6	5.9	0.8	1.7	2.7	2.1	8.4	11.4	4.6	7.1	8.0	13.2	3.7	8.0
11	6.7	4.8	3.5	1.3	5.0	3.3	3.8	9.7	12.0	5.0	5.6	9.3	5.9	2.8	3.3
12	5.0	1.8	6.7	0.7	7.8	2.3	4.4	9.0	11.6	3.9	5.7	6.9	4.7	3.2	9.8
13	3.5	0.1	4.9	1.0	7.2	3.5	7.1	6.3	10.8	0.1	4.9	4.8	3.9	5.3	0.3
14	4.7	1.2	8.9	2.1	2.2	4.5	3.3	8.1	10.6	4.0	3.6	5.2	3.3	3.4	0.4
15	4.5	1.2	4.7	0.7	2.3	2.4	2.1	5.1	9.8	2.9	4.4	6.4	4.1	1.5	1.2
16	2.4	1.8	8.5	2.9	2.3	3.5	6.1	5.8	7.4	2.5	2.7	2.8	2.0	1.6	1.5
17	0.8	0.4	1.3	5.8	1.2	3.5	5.6	5.3	9.9	3.9	4.4	4.6	3.3	3.7	8.6
18	5.4	2.9	1.5	6.2	1.3	3.6	2.2	1.2	7.1	0 8	4.9	5.8	10.3	9.4	10.6
19	4.9	2.8	4.5	2.4	3.7	1.5	2.7	1.9	1.1	0.8	6.2	8.9	10.6	9.9	8.1
20	5.1	1.0	2.7	1.6	2.5	0.8	2.7	1.0	4.2	3.8	4.1	10.7	6.6	6.3	8.1
21	0.8	0.4	4.3	0.0	2.5	2.9	2.7	1.9	3.2	1.3	0.6	0.4	1.9	3.3	1.1
22	2.7	0.9	8.6	1.7	4.0	4.5	2.0	1.0	3.2	1.6	0.1	1.9	1.6	1.5	7.0
23	0.0	1.7	12.8	2.9	4.5	5.1	2.6	3.3	3 2	0.1	0.1	2.7	2.4	2.0	5.0
24	4.5	2.1	5.4	2.8	3.8	5.6	3.1	4.2	0.7	0.7	1.4	3.1	3.8	6.6	6.1
25	7.0	3.4	10.8	4.4	4.3	4.3	1.9	1.2	2.9	1.7	0.2	1.6	2.9	5.9	6.3
26	9.1	2.1	7.6	3.9	2.5	5.5	3.0	0.9	4.8	3.8	1.2	0.5	1.7	3.2	2.4
27	9.8	2.8	6.9	5.8	2.5	1.6	3.0	1.9	3.8	1.5	5.0	6.1	1.2	0.1	0.3
28	7.5	2.7	7.1	8.6	0.4	2.0	0.4	0.8	4.8	3.2	4.7	7.4	6.3	5.7	2.8
29	3.0	1.6	8.1	3.2	0.4	0.9	2.1	1.5	0.2	2.6	2.8	4.8	5.6	3.1	4.1
30	3.9	1.3	6.1	5.9	1.7	0.3	07	0.3	3.5	2.0	1.3	0.1	2.7	5.5	4.4
31	6.4	2.3	7.5	3.5	3.4	2.9	1.1	0.5	0.4	0.9	3.6	3.4	3.5	2.5	0.8
Mittel	2.9	0.5	0.4	0.5	1.1	1.3	1.5	1.9	4.2	0.9	2.8	4.2	4.4	3.9	4.7

Die Werthe der Temperaturabweichungen beziehen sich für die Norwegischen, Schwedischen, Engl-
Deutschen und Italienischen Orte auf 8 Uhr morgens, für die Französischen, Oesterreich Ungarischen, Russ-
und Türkischen auf 7 Uhr morgens.

gens im Monat März 1886 (fette Zahlen +, magere —).

Breslau	Karlsruhe	München	Wien*	Hermannstadt*	Rom*	Archangelsk*	St. Petersburg**	Moskau*	Astrachan*	Constantinopel*	Katharinenburg*	Barnaul*	Irkutsk*	Taschkent*	Tag
15.6	8.5	7.3	13.0	3.5	3.6	3.0	0.0	4.8	4.5	1.2	6.2	4.6	1.5	2.8	1
16.4	2.8	8.2	16.0	3.6	6.0	15.3	0.8	8.8	3.4	4.8	3.3	10.3	0.3	2.5	2
0.2	0.1	5.7	2.8	8.0	3.3	7.1	0.5	3.1	2.8	3.4	5.2	2.7	4.2	0.7	3
4.4	4.2	4.8	2.8	6.6	1.3	0.7	7.1	17.1	2.2	1.9	0.7	14.0	0.6	1.7	4
0.6	5.3	9.3	0.8	5.2	4.5	3.1	1.4	1.9	2.4	4.4	7.9	14.7	5.6	5.2	5
1.9	2.7	0.7	1.5	6.8	0.6	4.3	4.0	3.7	4.8	3.8	0.3	1.5	11.8	5.0	6
7.0	7.2	6.8	3.4	0.4	0.6	4.2	6.2	4.2	4.1	1.4	3.9	0.4	14.1	1.3	7
10.8	8.5	6.2	8.7	0.4	4.2	4.6	11.2	1.1	4.8	0.6	0.1	7.3	13.1	3.3	8
8.9	11.6	15.3	7.4	3.4	5.7	11.4	11.7	1.8	5.7	3.6	4.1	2.8	16.5	3.9	9
11.0	10.1	9.8	7.8	3.2	7.1	1.4	4.5	7.8	5.7	6.0	3.1	5.2	12.3	5.7	10
8.2	12.3	14.9	10.1	5.4	6.2	8.0	1.0	5.2	3.0	6.5	1.9	0.2	9.1	9.1	11
5.6	11.6	15.5	8.6	6.8	8.3	9.3	4.3	7.6	2.7	6.3	4.9	6.8	1.9	6.1	12
7.2	10.7	13.8	9.7	4.6	3.6	2.5	6.0	2.8	2.5	6.2	5.2	3.8	6.9	2.4	13
10.0	10.2	11.2	6.2	6.6	1.2	6.7	3.1	3.5	2.9	3.1	9.6	11.0	5.5	4.5	14
1.1	6.6	5.0	1.2	3.2	3.6	2.3	0.1	4.1	1.5	1.2	5.1	2.5	15.7	3.9	15
0.1	8.0	4.2	0.7	3.2	0.0	15.3	2.9	5.7	1.3	0.8	14.5	15.0	3.3	3.6	16
2.5	9.7	7.8	1.1	4.5	1.0	0.2	11.3	14.7	0.6	3.3	20.0	20.2	2.6	2.1	17
6.9	6.5	2.7	1.5	3.3	0.6	5.8	8.0	12.0	2.2	2.4	4.1	14.4	15.3	6.6	18
6.8	6.4	4.5	4.2	5.1	2.8	8.4	3.0	0.7	2.6	2.7	0.3	4.4	4.8	4.9	19
6.1	5.2	0.9	0.8	0.6	3.6	1.0	1.1	6.7	1.7	7.6	3.6	6.4	0.4	1.0	20
2.2	3.3	4.7	2.9	1.4	2.5	1.2	2.5	5.8	3.7	1.6	7.1	4.4	5.6	1.1	21
1.2	4.5	4.5	4.9	1.2	3.7	6.4	0.7	0.6	3.3	1.1	3.0	4.7	6.7	0.8	22
2.0	2.4	2.1	1.5	2.2	1.2	18.4	8.3	2.8	2.2	0.7	0.7	1.0	16.7	0.9	23
4.4	2.0	2.2	2.4	0.7	0.6	10.4	0.2	8.5	1.4	2.3	0.5	6.2	8.0	5.7	24
2.9	2.1	2.3	1.7	2.6	1.3	0.8	3.9	4.1	7.0	3.0	7.8	3.0	9.1	5.1	25
1.4	4.4	1.7	0.9	3.8	0.8	8.0	3.7	3.4	3.8	3.0	9.5	1.9	2.9	6.7	26
2.0	3.3	6.0	1.7	2.6	1.2	7.1	3.5	1.6	1.6	2.4	11.4	1.0	2.2	5.4	27
4.0	5.5	3.2	0.9	1.9	0.8	8.5	7.5	0.7	5.9	3.2	12.6	3.1	5.0	7.8	28
8.0	5.8	6.1	2.0	0.4	0.2	9.1	7.8	3.0	4.6	0.5	0.5	7.3	0.4	8.1	29
5.3	0.4	0.9	8.0	1.4	1.5	5.9	5.0	5.6	0.7	0.1	2.5	6.0	1.1	?	30
3.1	0.7	0.1	1.3	2.7	0.6	8.5	6.4	5.4	1.7	1.0	6.1	7.6	5.3	8.0	31
3.6	3.7	3.8	3.2	1.7	1.8	0.3	1.8	2.8	0.3	2.2	3.2	2.0	4.5	0.5	Mittel

Während bei den übrigen Beobachtungsorten die von der Seewarte berechneten normalen Temperaturen zu grunde gelegt wurden, sind in den mit * versehenen Reihen die Differenzen der Temperaturen und der aus dem s von St. Petersburg entnommenen normalen Pentadenmitteln verzeichnet; für St. Petersburg ** sind die Abweichungen von der täglichen Normalen derselben Stunde nach demselben Bulletin gegeben.

	Hamburg																	Neufa...							
	Wirkliche Witterung											Prognose						Wirkliche Witter...							
	8h a.m.					2h p.m.					Niederschlag 8h a.m.–8h a.m.							8h a.m.					2h p.m.		
Tag	Temp.-Abw.	Temp.-Aend.	Windstärke	Windricht.	Bewölkung	Temp.-Abw.	Temp.-Aend.	Windstärke	Windricht.	Bewölkung		Temp.-Abw.	Temp.-Aend.	Windstärke	Windricht.	Bewölkung	Niederschlag	Temp.-Abw.	Temp.-Aend.	Windstärke	Windricht.	Bewölkung	Temp.-Abw.	Temp.-Aend.	Windstärke
1	k	a	m	e	h	k	a	f	e'	h	t	f	—	l	e	—	t	k	a	l	s	v	k	a	l
2	k	u	s	e'	b	k	u	s	e'	r	r	f	z	f	e'	b	r	k	a	l	s	h	k	a	m
3	k	z	l	e'	b	k	z	l	n	r	r	—	z	s	—	b	r	k	z	f	e'	r	k	z	m
4	k	u	l	w	h	k	z	m	w	v	r	—	ua	m	w'	v	e	k	z	m	s'	b	k	z	m
5	n	z	l	w	r	k	a	m	w'	v	e	—	z	m	w	h	o	k	z	l	w	h	k	z	l
6	k	a	l	n'	d	k	a	l	n	b	e	—	ua	l	—	v	t	k	a	l	w	h	k	a	m
7	k	z	l	w'	b	k	z	m	w'	v	t	k	—	m	n	—	o	k	z	l	n	h	k	u	l
8	k	u	l	e	d	k	u	l	e'	h	t	f	—	l	—	hd	o	k	a	l	w'	h	k	u	m
9	k	a	l	x	v	k	u	m	n	b	t	—	z	f	ee'	h	e	k	z	l	w'	h	k	a	l
10	k	z	l	e	d	k	u	l	e	h	t	k	—	f	e	—	t	k	u	l	e	v	k	z	m
11	k	a	l	x	b	k	a	l	n	b	e	k	—	f	en'	hd	t	k	z	l	w'	b	k	u	l
12	k	z	l	e	b	k	z	l	n'	b	e	k	—	l	—	hd	o	k	u	m	e	b	k	u	m
13	k	z	l	n'	v	k	z	l	n'	r	t	k	—	l	—	bd	e	k	a	l	x	b	k	u	l
14	k	u	l	e	b	k	u	m	n'	h	t	k	—	l	—	v	o	k	z	l	x	r	n	z	l
15	k	a	m	n'	b	k	u	m	n'	b	r	—	u	l	e	—	o	n	z	m	e	v	k	u	m
16	k	z	l	e	b	k	u	m	e	b	e	—	z	m	e/-	b	r	n	u	f	e	b	k	a	f
17	k	a	m	e	b	k	a	m	e'	b	t	k	—	m	e	—	e	k	a	f	e'	b	k	u	m
18	k	a	m	e	b	k	u	m	e'	h	t	k	—	m	e	—	o	k	a	l	e'	h	k	a	l
19	k	a	m	e'	b	k	a	l	e'	b	t	f/-	z	f	e'	—	t	k	u	l	s	h	k	z	l
20	k	a	m	e	d	k	z	l	e'	r	r	—	z	l	—	v	te	k	z	l	s	b	k	a	l
21	n	z	l	w	d	k	z	m	w	d	r	—	z	m	ws'	v	v	k	z	l	w	b	k	z	l
22	n	a	l	x	d	k	a	l	w	d	e	—	uz	m	ws'	b	r	n	z	l	n'	d	k	u	m
23	k	u	l	e'	d	k	u	m	e'	b	t	—	u	l	—	d	o	k	u	l	n	h	k	u	l
24	k	d	m	e'	b	n	z	m	e'	v	t	—	a	l	e	d	o	k	a	l	s	h	k	u	l
25	n	z	m	e'	h	w	z	m	s	h	t	—	z	m	es	—	t	k	u	l	s	h	k	z	l
26	n	z	l	e'	d	w	z	l	s'	h	e	—	a	m	-/s'	v	e	k	z	l	s	h	n	z	l
27	w	z	m	s	v	w	u	s	s'	b	t	—	a'-	m	s	v	e	n	z	l	s	h	w	z	l
28	w	z	m	s'	b	w	a	l	s'	b	r	—	ua	f	s'	—	r	w	z	l	s	b	w	z	l
29	w	a	m	s'	v	w	a	m	s'	v	e	—	a	m/f	s/s'	v	r	w	a	l	s	r	w	z	l
30	n	a	s	w	b	k	a	s	w	v	r(g)	w	—	f	s'	v	r	w	z	f	w	b	w	a	m
31	w	z	s	s'	v	w	z	s	s'	b	e	—	a	ms	w	v	r	w	a	f	s'	b	w	z	s

In den Angaben der wirklichen Witterung zu den Beobachtungs-Terminen 8h a. m. und 2h p. m. bedeutet für
Temperatur-Abweichung: k = kalt (negative Abw. > 2°), n = normal (Abw. < 2°), w = warm (positive Abw...
Temperatur-Aenderung: a = Abnahme, u = unveränderter Stand (Aenderung < 1°), s = Zunahme der Temp;
Windstärke: l = leicht (0–2), m = mässig (3–4), f = frisch (5–6), s = stürmisch (> 6);
Windrichtung: n, e, s, w = N, E, S, W; n', e', s', w' = NE, SE, SW, NW; x = Stille; für die Zw...
striche werden die auf der Windrose bei Drehung von Süd über West nach Nord zunächst liegenden Hauptstriche ...
Bewölkung: h = heiter (0–1), v = wolkig (2–3), b = bedeckt (4), r = Niederschläge, d = Nebel, Dun...

f — ˙l — h	o	k a l c d	k a m c v	e	f a f c v	t	1
f — m e' h	o	k u f e r	n z l e' b	r	f z f e' b	r	2
— z f e' b	r	w z l s' b	k a m w r	r	— z s — b	r	3
— z m — b	r	k a s w b	k a s w v	t	— ua m w' v	e	4
— z m w h	o	k a l c' h	k z m e v	e	— z m w h	o	5
— ua l — v	t	n z l n' r	n z l n' r	r	— z f — v	r	6
k — m n —	o	k a m w h	k a m w r	c	— a l n v	—	7
f — m w' b	r	k u l w b	k a m n' h	t	f — l — hd	o	8
— z f ce' h	t	k a l x v	k u f n' v	t	— z f ee' h	t	9
k — f e —	t	k z f e v	k u s n' v	t	k — f e --	t	10
k — f en' hd	t	k a l n' h	k u f n' h	t	k — f en' hd	t	11
k — l — hd	o	k u l n' d	k z m n' h	t	k — l — hd	o	12
k — l — bd	e	k z l n' h	k z f n' h	t	k — l — bd	e	13
k — l — v	o	k z l e' b	k z m n' v	e	k — l -- v	o	14
— u l e —	o	k z m w' d	k z m w b	e	— u l e —	o	15
— z m e/- b	r	k z l x d	k z l x b	t	k — m e v	r	16
k — m e —	e	k a l e' h	k z l n' h	t	k — m e —	e	17
k — m e —	o	k z l n' v	k z m n' h	t	k — m e —	o	18
k — l — h	t	k a l e' d	n z l n' h	t	k — l — h	t	19
— z l — v	te	n z l s' h	w z m w h	t	— z l — v	te	20
— z m ws' v	v	w z m s' b	w u f w b	r	— z m ws' v	v	21
— uz m ws' b	r	w u m w r	n a m w b	r	— uz m ws' b	r	22
— u l — d	o	w a l e v	w z m e v	t	— u l — d	o	23
— a l e d	o	k a m e d	n a f e h	t	— a l e d	o	24
— z m es —	t	k u l s' h	w z l n' h	t	— z m es —	t	25
— z f s h	t	n z l s' h	w z m w v	t	— a l — —	o	26
— z m s —	t	w z l s' b	w u l s' v	t	— a/- m s v	e	27
w — f s' v	t	w a l s' h	w z m n' h	t	— ua f s' —	r	28
w — m s' —	r	w z m s' h	w u m w' v	r	— a m/f s's' v	r	29
w — f s' v	r	n a f w b	n a s w v	t	w — f s' v	r	30
— a ms w v	r	n u m e' h	w z m e' h	t	— a ms w v	r	31

reohlag: t = trocken, o = etwas Regen (o—1.5 mm), r = Regen, Schnee etc. (> 1.5 mm), g = Gewitter.
e Angaben des Niederschlages gelten für die Zeit von 8ʰ a. m. des angegebenen Tages bis 8ʰ a. m. des folgenden.
In der **Prognose** haben die Zeichen in den bezüglichen Stellen die gleiche Bedeutung, nur bei Bewölkung ist veränderlich; es treten ferner hinzu die folgenden Zeichen, bei Temperatur-Abweichung: f = Frost, bei Niederschlag: veränderlich, o = ohne wesentliche Niederschläge. Die Prognose steht bei dem Datum, für welches sie gegeben ist. Brüche bedeuten: Zähler »zuerst«, Nenner »dann«. Ist für die der Stelle entsprechende Witterungs-Erscheinung Prognose nicht gestellt, so wird dies durch — angedeutet.

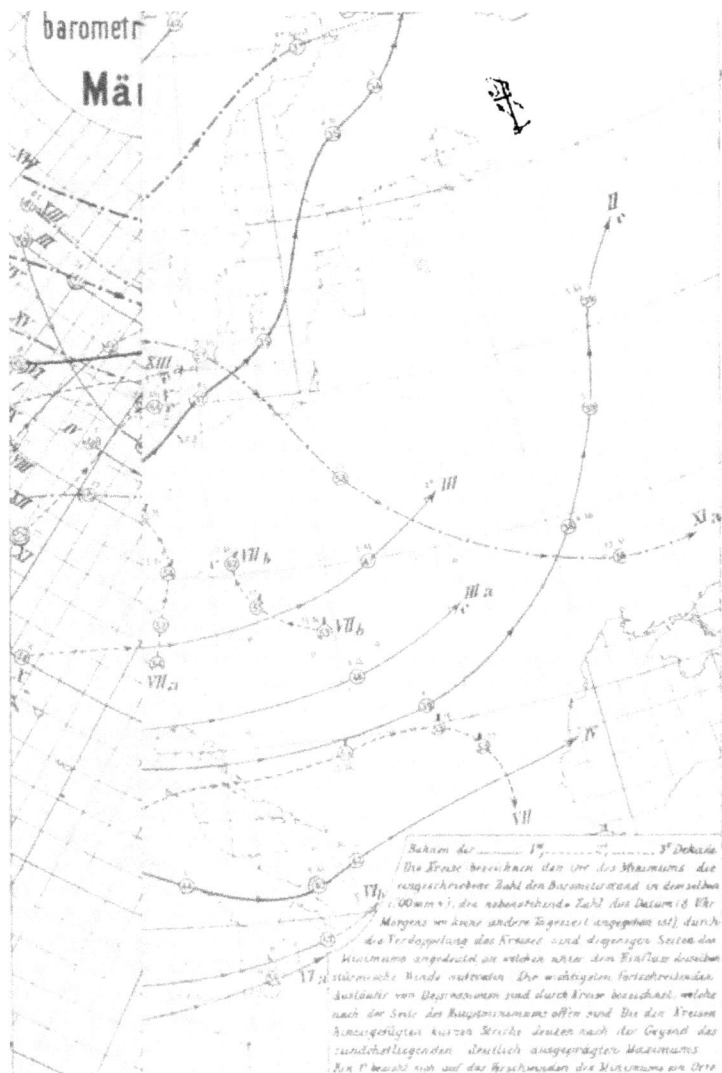

barometr

Mä

bachtungsstationen an der Deutschen Küste.

Monats-Mittel, Summen u. Extreme der Luftdruck, Temperatur und Hydrometeore.

…igkeit		Bewölkung				Niederschlag			Stationen
…	Mittel	8h	2h	8h	Mittel	8h a.m.	8h p.m.	Summa	
[illegible]	84	4.3	5.3	4.3	4.6	8	8	16	Memel
[illegible]	87	5.8	6.0	4.8	5.5	6	3	9	Neufahrwasser
[illegible]	85	6.7	6.4	4.8	5.9	10	5	15	Swinemünde
[illegible]	92	8.2	7.0	7.1	7.4	15	8	23	Wustrow
[illegible]	88	9.0	6.8	7.7	7.8	33	11	44	Kiel
[illegible]	88	8.6	7.5	6.8	7.6	26	16	42	Hamburg
[illegible]	91	7.5	6.0	7.0	6.8	33	25	58	Keitum
[illegible]	89	7.6	6.6	6.5	6.9	15	17	32	Wilhelmshaven
[illegible]	93	8.2	6.5	6.0	6.9	15	18	33	Borkum

Mittel- und Summenwerthe der Dekaden.

…hl d. Tage mit …der… …lag	Tage mit St. Wind	Stationen
[illegible]	1	Memel
[illegible]	2	Neufahrwasser
[illegible]	4	Swinemünde
[illegible]	2	Wustrow
[illegible]	5	Kiel
		Hamburg
[illegible]	5	Keitum
[illegible]	3	Wilhelmshaven
[illegible]	5	Borkum
[illegible]	4	

Winde %	1. Dekade Ostsee	1. Dekade Nordsee	2. Dekade Ostsee	2. Dekade Nordsee	3. Dekade Ostsee	3. Dekade Nordsee	Winde %
N	**12**	**13**	**5**	3	3	2	N
NE	**8**	**12**	**17**	**25**	7	1	NE
E	6	**18**	**37**	**41**	3	3	E
SE	**23**	**19**	**27**	**18**	**19**	**22**	SE
S	11	3	4	3	**32**	**12**	S
SW	4	4	0	2	**26**	**40**	SW
W	**11**	11	1	0	**5**	**11**	W
NW	14	11	2	1	2	2	NW
Stille	11	9	7	7	3	7	Stille

Monatliche Summen und Mittel für die Windverhältnisse.

…n Procenten W	W	NW	Stille	Windgeschwindigkeit in Metern per Sekunde: Mittel	Tage mit ≥ 15 m	Stationen
8	4	3	1	4.20	keine	Memel
7	8	6	2	4.01	keine	Neufahrwasser
12	8	9	2	5.35	keine	Swinemünde
4	3	6	8	5.32	31.	Wustrow
3	5	4	23	5.06	30. 31.	Kiel
5	8	6	7	6.24	30. 31.	Hamburg
4	8	3	6	5.36	31.	Keitum
6	8	2	17	6.50	30. 31.	Wilhelmshaven
9	6	8	1	10.26	1. 2. 27. 30. 31.	Borkum

Tagesmittel der Windgeschwindigkeit nach dem Anemometer.

…	24.	25.	26.	27.	28.	29.	30.	31.	Datum / Stationen
[illegible]	3.25	4.08	4.23	4.64	6.23	5.88	8.03	10.84	Memel
[illegible]	3.63	4.30	5.22	4.42	3.10	2.99	6.45	8.84	Neufahrwasser
[illegible]	6.48	8.58	5.48	5.08	6.99	4.78	10.36	12.24	Swinemünde
[illegible]	6.00	7.58	5.06	7.10	7.21	5.63	13.51	15.02	Wustrow
[illegible]	.64	7.44	5.17	9.50	7.57	8.30	16.80	18.13	Kiel
[illegible]	6.68	6.76	3.80	9.81	6.63	9.58	15.07	17.63	Hamburg
[illegible]	3.76	4.23	2.72	10.98	7.49	6.84	12.18	16.38	Keitum
[illegible]	5.24	5.00	4.20	10.28	6.03	10.36	16.54	17.88	Wilhelmshaven
[illegible]	9.79	9.40	7.38	15.12	7.28	11.12	21.58	23.10	Borkum

…stand nach den Aufzeichnungen der Barographen in Memel 778.3mm, 11h a.m. am 21. und …8.0mm, 12h a.m. am 10. und 758.0mm, 2h p.m. am 3., in Hamburg 778.4mm, 10h a.m. … Temperatur wird auf dreierlei Weise berechnet, als ½ (8 a. + 8 p.), ⅓ (8 a. + 2 p. + 8 p.) … Temperaturmittel angenommen, was dem wahren Mittel sehr nahe entspricht. Für alle

… dieser Beobachtung sind ausgeschlossen, auch wenn die Hauptmenge eine meßbare Größe … desselben Beobachtungs-Abschnitts erhielt. Das Procentverhältniß der Windrichtungen in den … und die einzelnen Stationen ist, um die Lage der Küstenlinie anzudeuten, von je zwei entgegen… …Windrichtung an, wie dieselbe sich aus den Aufzeichnungen der Registrir-Anemometer …des Tages aufgestellt. Das Mittel dieses Werths oder die mittlere Windgeschwindigkeit des …ner Stunde 15 m per Sekunde erreichte oder überstieg.

Monatsbericht der Deutschen Seewarte.
April 1886.

Inhalt: I. Die atmosphärischen Vorgänge in Europa, insbesondere Zentral-Europa. II. Vorläufige Mittheilungen über das Wetter auf dem Nordatlantischen Ozean. III. Meteorologische Tabellen. Karte der Bahnen der barometrischen Minima im April 1886.
Tabelle der Mittel, Summen und Extreme für den April 1886 aus den meteorologischen Aufzeichnungen der Normal-Beobachtungsstationen an der Deutschen Küste.

I. Die atmosphärischen Vorgänge in Europa, insbesondere Zentral-Europa.
1. Luftdruck und Wind.

Die ersten Tage des Monats April gehören in Bezug auf Luftdrucks- und Witterungsverhältnisse der letzten Epoche des vorangehenden Monats an. Bis zum 5. liegt hoher Luftdruck über dem bei weitem grössten Theil des Kontinents. Die nördlich eine Bahn über das Meer zwischen Grönland und Island einerseits, die europäischen Küsten andererseits (Zugstrasse I) verfolgenden Depressionen zeigen zwar eine erhebliche Tiefe, besonders No. II der Bahnenkarte, doch ist unter ihrem Einfluss im allgemeinen nur über den britischen Inseln und Skandinavien ein unter 760 mm liegender Luftdruck vorherrschend. Auch die Randbildung No. II⁴ drückt nur an der Nordküste Frankreichs den Barometerstand unter 760 mm herab, bei ihrem weiteren östlichen Fortschreiten über Deutschland liegt ihr Minimum über diesem Werthe.

Das anfänglich über dem Alpengebiet liegende Maximum bewegt sich unter Zunahme der Höhe (bis 778 mm) langsam nach Osten zu.

Steilere Gradienten haben während dieser Tage unruhiges und stürmisches Wetter an den westlichen Küsten Grossbritanniens und Skandinaviens zur Folge; am 1., 4. und 5. herrschen frische Winde auch an den nördlichen Küsten des kontinentalen Europas (am 1. bis stürmische Winde in der Ostsee). In dem über dem westlichen Mittelmeer liegenden Depressionsgebiet des Minimums II⁵ wehen am 3. und 4. ebenfalls starke bis stürmische Winde.

Wenn auch das Minimum III⁴ eine etwas südlichere Bahn einschlägt, so hat diese Thatsache doch keine wesentliche Veränderung in der Luftdruckvertheilung des Kontinentes zur Folge. Erst bei dem Erscheinen der Depression IV in der nördlichen Nordsee nimmt in Zentraleuropa der Luftdruck ab.

Während in den ersten Tagen Europa im wesentlichen unter der Herrschaft des östlichen kontinentalen Maximums stand, das von dem ozeanischen durch ein Depressionsgebiet (das Minimum II⁵ enthaltend) getrennt war, findet nunmehr eine Verschiebung dieser Verhältnisse nach Osten zu statt und das Eigenthümliche der

ersten dem April ganz angehörigen Epoche vom 6. bis 15. ist eine Zone relativ niedrigen Luftdruckes über Mitteleuropa, welche in den östlichen und westlichen Theilen des Erdtheiles durch die beiden Gebiete hohen Luftdruckes begrenzt wird.

Etwa bis zum 8. übersteigt im Mittelmeergebiete der Luftdruck noch 760 mm, sinkt am 9. jedoch bereits ebenfalls unter diesen Werth herab.

Das Minimum IV, ebenso wie III⁴ der vorhergehenden Epoche, von der Nordsee seinen Weg über die skandinavische Halbinsel nach Norden nehmend, bereitet durch die Entsendung des Ausläufers IV* am 6. über Süddeutschland und Oesterreich-Ungarn den eigenartigen, längere Zeit andauernden Zustand vor, welchen die Depression V hervorruft.

Indem das Minimum dieser Depression am 8. und 9. mit wenig veränderter, erheblicher Tiefe (ca. 724—726 mm) im Norden von Schottland lagert, erstreckt sich ihr Bereich über ganz Mitteleuropa.

In diesem Gebiete entstehen verschiedene sekundäre Erscheinungen, No. V*, V[b], V[c], von denen die ersteren beiden, den hohen Luftdruck im Osten bei ihrer Bewegung zur Rechten lassend, eine süd-nördliche Richtung einschlagen. Umgekehrt bewegt sich in dieser Zone niedrigen Luftdruckes das Minimum VI (möglicherweise auch nur eine Randbildung des inzwischen nördlich unserer Wahrnehmung entschwundenen Minimums V) von der irischen See südostwärts, ebenfalls das Maximum, aber, als am westlichen Rande des Depressionsgebietes liegend, das westliche zur Rechten lassend; schliesslich vereinigt sich dieses Minimum mit dem Theilminimum V[c].

Es verdient hervorgehoben zu werden, dass, wie aus der Bahnenkarte ersichtlich, diese entgegengesetzt gerichtete Bewegung der beiden Minima No. V[b] und VI in einem gemeinschaftlichen Depressionsgebiete sich gleichzeitig vollzieht, nämlich besonders am 10. und 11. des Monats.

Aus der amtlich herausgegebenen «Uebersicht über die Witterungsverhältnisse im Königreich Bayern während des April 1886» entnehmen wir ferner folgende interessante Thatsache:

«In der Zeit vom Mittag des 7. bis zum Abend des 9. April nimmt im allgemeinen der Luftdruck an den drei Stationen München, Bayrisch-Zell und Wendelstein ab. Diese Senkung erleidet jedoch eine Unterbrechung durch eine neue Steigung, deren Beginn auf 5 Uhr morgens des 9. fällt. Innerhalb drei Stunden stieg in München das Barometer um fast 4 Millimeter, in Bayrisch-Zell um 2 Millimeter. Auf dem Wendelstein hingegen betrug diese Zunahme nur $\frac{1}{2}$ Millimeter und trat dort schon um 8 Uhr morgens neues und stetiges Fallen ein. In Bayrisch-Zell und München läuft die Barometerkurve am Vormittag horizontal, steigt gegen Abend nochmals leicht an und erst in der Nacht tritt auch hier das gleichförmige Sinken, wie auf dem Berge ein. . . . . doch müssen wir mit Vorbehalt darin die Wechselwirkung einer Depression erkennen, welche bei Schottland lag und bis weit in den Kontinent hineinwirkte, und eines zungenförmigen Ausläufers, der von dem Maximalgebiete im Südosten des Kontinents rasch gegen das Alpengebiet vorgestossen und dann wieder zurückgezogen wurde. Es scheinen dabei in den unteren Regionen die Luftdruckschwankungen ziemlich beträchtlich gewesen zu sein, während in den höheren Schichten das Gefälle gegen die tiefe Depression im Nordwesten nahe das gleiche blieb.»

Dieser Auffassung schliessen wir uns an, indem wir dieselbe auf Grund unserer Wetterkarten dahin modifiziren, dass die Schwankung im Barometerstande an den tiefer gelegenen Stationen in dem Vorübergang des Minimums V* seinen Grund hat, welches demnach also wahrscheinlich allein den tieferen Schichten der Atmosphäre angehört.

Im Januarheft unseres Monatsberichtes, Seite 16, war aus Temperaturverhältnissen geschlossen worden, dass mehrere um einen gemeinschaftlichen Mittelpunkt in gleichem Sinne kreisende Minima jenes Monats ebenfalls nur den tieferen Schichten der Atmosphäre angehörten. Für die gleiche Bewegung zeigenden Minima V[b] und VI dürften jene Schlüsse nicht zulässig sein, da ein Kältezentrum, um welches sich die Minima bewegen, nicht vorhanden zu sein scheint; im

Gegentheil liegt am 11. zwischen den beiden Minima ausgesprochen hohe Temperatur und pflanzen sich dieselben in der Richtung der niederen Temperatur fort. In diesem grossen Depressionsgebiet finden ausser dem Theilminimum V[a] noch mehrere kleine Minima ihre Entstehung, welche jedoch nur von sehr geringer Tiefe sind und ihrer kurzen Dauer und nur auf ein sehr kleines Gebiet beschränkten Einflusses wegen keine Aufnahme in die Bahnenkarte gefunden haben.

Die Aenderung in der Luftdruckvertheilung im Beginn der Epoche vollzieht sich unter unruhigem Wetter, und besonders mit dem Erscheinen der tiefen Depression No. V treten am 7. über Grossbritannien stürmische südliche Winde auf, welche am 8., mit der Richtung zwischen West und Süd, auf das nördliche Frankreich, das Nordseegebiet und im nördlichen Deutschland bis etwa zur Odermündung sich ausdehnen.

Mit der gleichmässigeren Vertheilung des niedrigen Luftdruckes an den folgenden Tagen nehmen die Winde ab und ist besonders über Zentraleuropa alsdann die Luftbewegung meist schwach, unter dem Einfluss der dieses Gebiet durchschneidenden Minima die Richtung vielfach wechselnd.

Während im Beginn der Epoche für Europa der niedrigste Luftdruck im Nordwesten, der höchste im Süden lag, haben sich allmählich unter Steigen des Barometers im Norden diese Verhältnisse umgekehrt.

Das Maximum des atlantischen Ozeans ist in höhere Breiten gerückt und schon am 13. berührt die Isobare für 770 mm Frankreich und Irland; auch das östliche Maximum verschiebt sich nach Norden und unter Ausdehnung des italienischen Depressionsgebietes nach Westen hin stellt sich der charakteristische Zustand der

zweiten Epoche her, welcher vom 16. bis 21. vorherrscht: hoher Luftdruck im Norden, niedriger im Süden, besonders im Südwesten des Erdtheils.

Unter Zunahme des Luftdruckes im Südosten zieht sich die Mitte des südlichen Depressionsgebietes nach dem Südwesten Europas zu, von wo aus in den Tagen vom 17. an durch die nordöstliche Bewegung des Minimums VIII und die nördliche der Randbildung VI[a] wieder der westliche Theil Zentraleuropas in dieses Gebiet aufgenommen wird.

Das Maximum des Luftdruckes (770—774 mm) verändert vom 17. an seine Lage über dem nördlichen Skandinavien nur sehr wenig.

Unter diesen Verhältnissen erreichen die Winde keine aussergewöhnliche Stärke, in Deutschland, besonders im Norden, ist die östliche Windrichtung fast die ausschliessliche.

In der dritten Epoche, vom 22. bis 27., beeinflussen zwei Depressionsgebiete die Witterungslage Europas.

Das eine, über dem atlantischen Ozean liegend, hat seinen Mittelpunkt in dem Minimum No. IX der Bahnenkarte, welches schon in den letzten Tagen der vorigen Epoche bemerkbar war, jedoch auch in der jetzigen Epoche ebensowenig wie seine Ausläufer IX[a], IX[b] und IX[c] das Festland Europas berührt, sondern nur fallende Gradienten von Mitteleuropa nach dem Westen und Südwesten zu veranlasst.

Zwischen diesem und dem zweiten Depressionsgebiet über Lappland und dem Weissen Meere, das durch eine Randbildung XI[a] einen etwas tiefer einschneidenden Einfluss ausübt, liegt über dem bei weitem grössten Theil des Kontinentes hoher Luftdruck mit meist schwachen und unregelmässigen Winden.

Am 27. tritt abermals ein Umschwung der Witterungsverhältnisse ein. Ueber der nördlichen Nordsee tritt eine geschlossene Depression auf und bewegt sich in östlicher Richtung, während in ihrem Rücken der Luftdruck stark zunimmt, gleichzeitig naht das Minimum No. IX vom Ozean heran und bildet mit jenem zusammen bereits am 28. eine Zone niedrigen Luftdruckes.

Während der folgenden Tage dieser vierten und letzten Epoche des Monats bleibt der hohe Luftdruck über Grossbritannien bestehen; das Depressionsgebiet, dessen Axe in der Richtung von Südwesten nach Nordosten liegt, nimmt allmählich den ganzen Süden Europas in sich auf. Hingegen gewinnt das Maximum am 30. an Ausdehnung und verbreitet sich über die nördlichen Theile Deutschlands und Frankreichs, die flache Depression No. XIII hat darauf keinen hindernden Einfluss.

Auch der Schluss des Monats zeigt im allgemeinen nur schwache Luftbewegung ohne vorherrschende Windrichtung, nur an den letzten beiden Tagen wehen an der deutschen Küste ausschliesslich nördliche und östliche Winde.

Die folgende Zusammenstellung ist den meteorologischen Bulletins von Hamburg, Skandinavien und Dänemark, London, Paris, Wien und St. Petersburg entnommen und enthält alle Beobachtungen stürmischer Winde (8 Beaufort und darüber), soweit es sich um europäische Stationen handelt. Da in Frankreich, Spanien, Portugal, Italien und Russland die Schätzung der Windstärke nicht nach genau derselben Skala, wie in den übrigen Ländern, zu geschehen scheint, so sind in Kursiv-Schrift aus Frankreich, Spanien und Portugal noch alle Windstärken 7, aus Russland und Italien alle Stärken 6 und 7 hinzugefügt.

1. Morg.: Faerder WSW 8, Samsö SW 8, Bogö WSW 8; — *Hangö SW 7, Pernau SW 6, Windau SW 6.*
   Nm.: Memel WSW 8, Kiel W 8; — Valencia SSE 8, Scilly S 8.
   Ab.: Mullaghmore SSE 8, Valencia SE 9, Roches Point SSE 8.
2. Morg.: Skudesnäs SE 8; — Stornoway S 9, Wick S 9, Malin-Head SSW 10, Mullaghmore S 10, Donaghadee SSW 8; — Puy-de-Dôme S 8; — *Kargopol WSW 6.*
   Nm.: Stornoway S 10, Belmullet WSW 8.
   Ab.: Skudesnäs SSE 8, Samsö SSE 8; — Puy-de-Dôme S 9.
3. Morg.: Florö S 10, Skudesnäs SSE 8, Faerder SE 8, Dovre S 8, Samsö SSE 8; — Brüssel SSW 8; — Puy-de-Dôme S 9.
   Nm.: Stockholm S 8; — Belmullet SW 8.
   Ab.: Hernösand S 10, Stockholm S 8; — Mullaghmore S 8, Belmullet SW 9, Roches Point SSW 8; — *Puy-de-Dôme SSW 7; — Cagliari ESE 6.*
4. Morg.: Florö SE 8, Skudesnäs SSE 10; — Wick SSW 9; — *Pesaro WSW 6, Cagliari SE 6;* — Barcelona NE 9; — *Hangö SSE 6, Sardowala S 6, Ssewastopol N 6.*
   Nm.: Skudesnäs SSW 8.
   Ab.: Skudesnäs SW 8, Hernösand S 8; — Belmullet W 8, Liverpool WSW 8, Cambridge SW 8.
5. Morg.: Oxö SSW 8, Faerder S 8, Skagen WSW 8, Vestervig SSW 8, Samsö SW 8; — *Pernau SSW 6, Ssewastopol NE 8.*
   Ab.: Gris-Nez SW 8.
6. Morg.: Belmullet W 8; — *Hangö S 6.*
   Nm.: Skudesnäs SSE 8.
   Ab.: *Puy-de-Dôme W 7.*
7. Morg.: Belmullet SE 9, Valencia SSW 9, Roches Point SSW 8; — *Hangö SSE 7.*
   Nm.: Ardrossan SSE 8, Belmullet W 10, Holyhead S 9, Valencia WSW 8, Scilly SW 8.
   Ab.: Malin-Head WSW 9, Mullaghmoore WSW 9, Belmullet W 10, Liverpool SSW 8, Holyhead SSW 8, Hurst-Castle SW 8.
8. Morg.: Skudesnäs SE 8, Faerder SSE 8, Samsö SSE 8; — Helder SSW 8; — *La Hève W 8, Ouessant SW 7, Lorient SW 7, Er-Hastellic WSW 7, Puy-de-Dôme WSW 8, Pic-du-Midi WSW 8.*
   Nm.: Swinemünde S 9; — Rochefort WSW 8.
   Ab.: Samsö S 8; — *La Hève WSW 7, Servance SW 7, Puy-de-Dôme WSW 7.*
9. Morg.: Samsö SW 8; — Scilly WNW 8; — *La Hève WSW 7, Servance SW 7, Puy-de-Dôme W 7; — Hangö SE 7, Helsingfors SSE 6, Pernau S 6.*
   Nm.: Rochefort WNW 8.
   Ab.: Skudesnäs SSE 8; — *Cagliari NW 6.*

10. Morg.: Skudesnås SSE 8; — *Ile Sanguinaire NW 7*; — St. Gotthard N 8.
Ab.: *Livorno WSW 6, Rom SW 6, Cagliari W 6.*
11. Morg.: Vestervig NE 10, Samsö NNE 8; — *Er-Hastellic NNW 7.*
Nm.: Rochefort NW 9.
Ab.: Oxö NE 8.
12. Morg.: Vestervig SE 8; — *Cagliari W 6.*
Ab.: *Puy-de-Dôme NNE 7; — Cagliari W 7.*
13. Morg.: *Cap Béarn NW 7.*
Ab.: Cap Béarn NW 8, *Cette NNW 7.*
14. Ab.: *Pesaro NNW 6.*
15. Morg.: *Cap Béarn NNW 7; — Pesaro N 6.*
Ab.: *Cagliari SW 6.*
16. Morg.: *Pesaro W 7.*
Ab.: Turin SE 6.
17. Ab.: Oxö ENE 8.
18. Morg.: Säntis S 8; — Oxö NE 8; — *Cagliari SE 7.*
Ab.: Oxö NE 8, Bogö ENE 8; — *Puy-de-Dôme SSE 7.*
19. Morg.: *Pinsk ESE 7, Nikolaew NNE 6.*
20. Morg.: *Pinsk ESE 6.*
21. Ab.: *Cagliari NW 6.*
22. Morg.: *Pic-du-Midi WSW 7.*
23. Morg.: *Brindisi W 7;* — St. Gotthard S 9.
24. Ab.: Skudesnås NNW 8; — *Cagliari E 6.*
25. Morg.: *Ssermaxa SW 7.*
Nm.: Skudesnås NW 8.
26. Morg.: Scilly E 8; — *Puy-de-Dôme SSE 7; — Helsingfors NNW 6, Riga N 6, Windau NW 7, Ssermaxa N 7.*
Km.: Scilly E 8.
Ab.: *Palermo ESE 6.*
27. Morg.: *Brjansk NW 7.*
28. Morg.: Faerder ENE 8, Stockholm NNE 8; — *Kostroma NW 6.*
Nm.: Stockholm NE 8.
29. Morg.: Faerder NNE 8; — *Helsingfors N 6.*
Ab.: *Charleville N 7, Gris-Nez NE 7, Cherbourg NE 7, La Hague NE 7; — Cagliari SE 6.*
30. Morg.: Faerder SW 8; — *La Hève ENE 7, Le Mans N 7;* — Helsingfors NNW 8.
Ab.: *La Hève NE 7.*

---

2. Temperatur.

Im Anschluss an die letzten Tage des vorangehenden Monats dauert zunächst besonders in Zentraleuropa das warme Wetter fort.

Mit dem 6. jedoch, an welchem Tage der Einfluss der nördlichen Depressionen beginnt sich geltend zu machen, tritt eine schnelle Abkühlung über Deutschland und Frankreich auf, so dass über dem letzteren und in Süddeutschland an den folgenden Tagen die Morgen-Temperaturen unter der Normalen liegen. Dieses kühlere Gebiet erstreckt sich am 11. auch über das übrige westliche Deutschland; während im Osten wärmeres Wetter vorherrschend ist. Jenes Gebiet niedrigen Luftdruckes, in welchem während der ersten Witterungsepoche des Monats jene Minima über Zentraleuropa sich bewegen, zeichnet sich besonders vom 10. bis 12. durch niedrigere Temperaturen als seine Umgebung aus.

Die in Frankreich kühle, im westlichen Theile von Deutschland normale, im Osten dagegen warme Temperatur erhält sich im wesentlichen bis zum 18. Doch dehnt sich vom 16. an die hohe Temperatur über Mittelrussland nach Westen hin aus, allmählich Ostdeutschland erreichend; am 19. tritt plötzliche Abkühlung im Osten ein, wohingegen ein Gebiet höherer Temperatur über das Innere Deutschlands und Nordfrankreichs sich lagert. Vom 20. an ist in Mitteleuropa die Temperatur im allgemeinen der Jahreszeit entsprechend, mit allmählich vom Südwesten her fortschreitender Erwärmung. Am 26. jedoch erscheint über Finnland und Lappland niedrige Temperatur, die Angaben des Thermometers sind des morgens unter dem Gefrierpunkte; dieses Kältegebiet nimmt langsam an Ausdehnung und Intensität zu, während bei heiterem Wetter besonders in Deutschland die Erwärmung fortdauert.

Mit der Trübung des Himmels und zahlreichen Niederschlägen tritt bei östlichen Winden am 29. starke Abkühlung ein und liegt an diesem und dem folgenden Tage die Temperatur des Morgens im nördlichen Ostseegebiete unter 0.

In Deutschland war im allgemeinen dieser Monat warm und lag im Tagesmittel die Temperatur meistens über der Normalen; die niedrigen Morgen-Temperaturen sind vielfach klaren Nächten zuzuschreiben.

Besonders für die Jahreszeit hohe Temperaturen wurden in Deutschland am Maximum-Thermometer beobachtet: am 3. in Kassel und Kaiserslautern 21°, am 4. in Magdeburg und München 23°, am 19. in Magdeburg 22°, die höchsten Temperaturen hatten statt: am 27. Kassel 26°, am 28. Magdeburg 26°, Berlin und Wiesbaden 25°.

Das Minimum-Thermometer sank auf —1° am 2. in Rügenwaldermünde, Swinemünde und München, am 3. in Memel und am 30. in Memel und Keitum.

Die monatliche Schwankung war keine ausserordentliche.

---

8. Bewölkung, Niederschlag, Gewitter.

Das kurze Aufklaren, welches an den beiden ersten Tagen des Monats über Deutschland dem Vorübergang der Depression I gefolgt ist, wird schon im Laufe des 3. durch erneute Bewölkung bei dem Herannahen der Randbildung II* unterbrochen. Bei dem Verlauf derselben über dem mittleren Deutschland treten am 3. und 4. mannigfache Regenfälle auf, die am 5. im östlichen Theile der Ostsee (Königsberg) von elektrischen Entladungen begleitet sind.

Das vielfach trübe, unbeständige Wetter hält über Deutschland bis etwa zum 21. an; nur immer für kurze Zeit findet im Rücken der Depressionen leichtes Aufklaren statt, welches am 14., 18. und 19. für Süddeutschland regenlose Tage mit sich bringt. Dieses veränderliche Wetter ist die Folge der zahlreichen mehr oder weniger tiefen Depressionen, die in diesen Tagen und zwar (mit Ausnahme des Minimums IV*) in südnördlicher Richtung Deutschland durchziehen. Indem Deutschland zunächst bis zum 15. ganz in dem mitteleuropäischen Depressionsgebiet liegt, beeinflussen auch in den folgenden Tagen das südliche und südwestliche Depressionsgebiet unsere Witterungsverhältnisse.

Es treten dabei mannigfach Gewitter auf und zwar vorzugsweise im Gebiet derjenigen Depressionen, welche geringe Gradienten zeigen. So veranlasst am 6. die Depression IV* in Sachsen und Schlesien, am 17. und 18. die Depression V* im westlichen Deutschland, am 20. und 21. die Depression VIII in Süddeutschland elektrische Erscheinungen. Vereinzelte Gewitter fanden am 19. im Königreich Sachsen statt.

Nach dem Verschwinden des Minimums VIII und bei dem nördlichen Zuge seines Ausläufers VIII° tritt über Deutschland am 22. eine Periode meist heiteren, trockenen Wetters ein, die bis zum 28. anhält. Die Depression XI* macht am 25. nur über Ostpreussen vorübergehend ihren Einfluss durch Trübung des Himmels und Regenfälle geltend.

Im Laufe des 28. veranlasst Minimum XII erneute Bedeckung des Himmels und an diesem und dem folgenden Tage vielfach Niederschläge unter elektrischen Entladungen, gleichzeitig tritt, wie oben bemerkt, starke Abkühlung ein, so dass im Osten Deutschlands Schneefälle zu verzeichnen sind. Inzwischen hat auch das Minimum IX Einfluss auf die Witterung in Süddeutschland gewonnen und hält das trübe, regnerische Wetter dort am 30. an, während aus dem Norden für diesen Tag keine Niederschläge mehr gemeldet werden.

II. Vorläufige Mittheilungen über das Wetter auf dem Nordatlantischen Ozean.

Die hier gegebenen Mittheilungen sind den Journalen der nachstehenden Schiffe entnommen worden.

Dampfschiffe: Gellert, Eider, Albingia, Rugia, Werra, Weser, Lessing, Elbe, Ems, Rhätia, Westphalia, Main, Suevia, Rhein, Amerika, Teutonia, Fulda, Moravia, Hermann, Leipzig, Valparaiso, Ceará, Kambyses, Thuringia, Holsatia, Frankfurt, Hamburg, Uruguay, Borussia, Berlin, Strassburg, Rosario, Anna Woermann, Corona, Ohio, Rio, Kronprinz Friedrich Wilhelm, Saxonia, Wieland, Habsburg, Hammonia, Salier, Rhenania, Bohemia, Aller, Polaria, Hohenstaufen, California.

Segelschiffe: Anna, Deutschland, Port Royal, Doris, Marie Louise, Spica, Magdalene, Andromeda, Niagara, Adolph, Astraea.

Die Herrschaft hohen Luftdrucks auf dem grössten Theile der Mittelzone, welche nach lange anhaltendem, allgemein niedrigem Barometerstande gegen Ende März eingetreten war, erhielt sich bis etwa zum 17. April. Inzwischen traten jedoch mehrmals Veränderungen in der Lage der Maxima ein, so dass sich aus der Betrachtung der Letzteren für jene Zeit drei verschiedene Epochen ergeben.

I. Während der ersten Epoche, die als eine Fortsetzung der letzten Epoche des März vom April noch den 1. und 2. umfasst, nahm das Gebiet hohen Luftdrucks vornehmlich die westliche Hälfte der Mittelzone ein. Das südlich von der Neufundland-Bank liegende Maximum hatte eine Höhe von etwa 775 mm. Auch im Südosten war der Luftdruck ziemlich hoch und war in Folge dessen die polare Passatgrenze quer über den Ozean verhältnissmässig nördlich, in 30° bis 35° n.'Br. gelegen. Der nordöstliche Theil der Mittelzone wurde dagegen um diese Zeit von einer sehr tiefen Depression eingenommen. Dieselbe war, wie bereits in den Mittheilungen für März berichtet wurde, von Nordwest herab gekommen und lag am Morgen des 1. April, mit einer Minimaltiefe von 721 mm, westlich vom Ausgange des Kanals in etwa 20° w. Lg., in weiter Umgebung schweren, zeitweise zu vollem Orkan sich steigernden Sturm aus Süd durch West bis Nord hervorrufend. Von deutschen Schiffen wurden unter anderen die Dampfer «Westphalia», «Hermann» und «Moravia» und die Segler «Anna» und «Deutschland» von diesem Sturm betroffen. Den Journalen derselben entnehmen wir die folgenden Berichte:

Dampfer «Westphalia», Kapitän Kopff, von New-York nach Hamburg; am Morgen des 1. April in 47° n. Br. und 27.8° w. Lg.:

«Am 31. März böiges Wetter und unruhige See, bei sehr rasch fallendem Barometer. Abends gegen 10 Uhr wurde der Wind, der zuletzt als Sturm aus Südwest geweht hatte, flau und still. Gegen 11 Uhr kam der Wind aus West durch und nahm aus dieser Richtung bei steigendem Barometer rasch an Stärke zu. Am Morgen des 1. April wehte ein orkanartiger Sturm aus Nordwest, der

sich später nach Nord veränderte und den Tag über anhielt. Der niedrigste
Barometerstand wurde am 31. März um 10 Uhr abends zu 725 mm beobachtet,
nach einem Fall von 29 mm seit 8 Uhr morgens desselben Tages. In der Nacht
vom 1. zum 2. April allmählich bis zu mässiger Briese abnehmender Wind.›

Dampfer ‹Hermann›, Kapitän H. Baur, auf der Reise von Bremen nach
Baltimore, am Morgen des 1. April in 47.8° n. Br. und 26° w. Lg.:

‹Am Abend des 31. März rasch zunehmender Sturm aus Süd bis Südsüdwest; bedeckte, trübe Luft mit Regen und Hagelschauern; zeitweilig Gewitter.
Von Mitternacht bis 3 Uhr morgens des 1. April wehte der Sturm mit der Stärke 11
aus Südsüdwest, flaute dann plötzlich ab und sprang nach West, mit voller Wucht
wieder einsetzend. Gegen 4 Uhr morgens drehte sich der Wind nach Nord und
steigerte sich zu vollem Orkan. Die See erreichte schnell eine ungeheuere Höhe,
ohne indessen zu köpfen; vielmehr war ihre Oberfläche ganz von weissem Gischt
bedeckt, der so dicht die Luft erfüllte, dass nicht über 100 Meter weit zu sehen
war. Den ganzen Tag hindurch anhaltend schwerer Nordsturm. Nach 6 Uhr
abends begann der Wind abzuflauen, während er zugleich westlicher holte; die
See nahm rasch ab und es blieb nur noch eine hohe nördliche Dünung. Minimum
des Luftdrucks um 3 Uhr morgens etwa 722 mm.›

Segelschiff ‹Deutschland›, Kapitän R. Krippner; auf der Reise von New-
York nach Bremen am Morgen des 1. April in etwa 48.8° n. Br. und 20° w. Lg.:

‹Am 31. März nach 8 Uhr abends rasch zu schwerem Sturme zunehmender
Wind aus Südwest bis Süd, bei stark fallendem Barometer, drohender Luft und
Regen. Um 11½ Uhr sehr schwere Böe aus Süd, Luft dick von Regen; lagen
beigedreht vor Untermarssegeln und Vorstagsegel. Nach Mitternacht, am 1. April,
fortwährend zunehmender Sturm, furchtbar hohe See, deren Richtung bedeutend
westlicher war als der Wind. Zwischen 2 und 3 Uhr morgens wieder eine furcht-
bare Böe, die das fast neue Vorstengenstagsegel zerriss. Nahmen mehrere schwere
Sturzseen über, durch welche gegen 6 Uhr morgens zwei Mann vom Ruder ge-
schlagen wurden. Zwischen 9 und 10 Uhr vormittags nahm der Wind nach einer
überaus schweren Böe plötzlich ab; das Barometer blieb aber noch beim Fallen
bis gegen 11½ Uhr, wo es mit 721 mm seinen niedrigsten Stand erreichte. Um
dieselbe Zeit begann der Wind durch Südwest nach Westnordwest umzulaufen.
Am Mittag flaue Briese, aber furchtbar hohe See. Das Schiff lag mit dem Kopfe
recht auf der See und stampfte so heftig, dass Bugspriet, Klüverbaum und Back
ganz unter Wasser waren. Um 1 Uhr halsten. Nachmittags begann das Barometer schnell zu steigen und der Wind nahm rasch wieder zu. Um 4 Uhr orkanartiger Sturm aus NWzW mit schweren Hagelboen; Luft so dick von Gischt
und Schaum, dass keine Schiffslänge weit zu sehen war. Lenzten vor gereffter
Fock und den beiden Untermarssegeln. Nach 8 Uhr abends Sturm etwas abnehmend, See aber noch sehr hoch und wild. Um 10 Uhr brach eine furchtbar
hohe Sturzsee über das Hinterdeck, schlug die Kappe vom Hinterluk fort und
zertrümmerte die hinteren Kajütsthüren und Bote. Nach Mitternacht, am 2. April,
Nordwestwind noch mehr abnehmend, aber noch schwere Böen. Mittags mässige,
unbeständige Briese bei bezogener Luft.›

Die in Rede stehende Depression verzog sich vom 1. zum 2. April nach
Nordost. Derselben folgend erschien am letzteren Tage ausserhalb des Kanals
eine zweite Depression, doch war diese nur von wenig stürmischen Winden begleitet und von unerheblicher Tiefe. Das Steigen des Barometers, welches mit
dem Einsetzen der nordwestlichen und nördlichen Winde an der Rückseite der
Depression I begonnen hatte, wurde dadurch nur wenig unterbrochen. Bis zum

Morgen des 3. April hatte der Luftdruck vor dem Kanal und der Bucht von Biscaya um etwa 20 mm zugenommen und das von der Isobare von 765 mm umschlossene Gebiet hatte sich nahezu an die europäische Küste ausgedehnt. Auf diese Weise war der Zustand eingetreten, der während der zweiten Epoche des Monats herrschend war.

2. In der zweiten Epoche, die vom 3. bis zum 11. April zu rechnen ist, lag das Maximum, das zeitweilig eine Höhe von 776 bis 778 mm erreichte, in der Nähe der Azoren und das Gebiet beständig hohen Luftdrucks nahm ausser der Mitte den östlichen Theil der Mittelzone ein. Am West- und Nordrande des letzteren entlang bewegten sich mehrere Depressionen in nordöstlicher bis östlicher Richtung gegen die Küste von Nordeuropa, die indessen, soweit sie das Gebiet südlich von 50° n. Br. berührten, nur eine geringe Tiefe zeigten und in Folge dessen auch keine erhebliche Störung des während dieser Epoche herrschenden ruhigen Wetters hervorriefen. Eine Ausnahme bildeten nur der 8. und 9. April, an welchen Tagen der Wind in der Nähe der Kanalmündung, bei einer zeitweiligen Vertiefung der hier befindlichen Depression bis zu 745 mm, stellenweise zur Stärke 9 bis 10 anwuchs. Die während der zweiten Epoche herrschenden Winde traten auf dem grössten, östlich von 50° w. L. gelegenen Theile des Ozeans sehr beständig auf: im Norden von 40° n. Br. war der Wind westlich, zwischen der Küste von Portugal und der Länge der Azoren wehte anhaltend Nordwind, das Gebiet südlich von 35° n. Br. wurde vom Passat eingenommen; im Westen von 50° w. L. kam der Wind dagegen abwechselnd aus allen vier Quadranten.

3. Während der dritten Epoche, vom 12. bis zum 17. April, konzentrirte sich der hohe Luftdruck um zwei Maxima, eines auf dem westlichen, eines auf dem östlichen Theile der Mittelzone. In beiden stieg der Druck zeitweilig über 775 mm. In dem Gebiete niedrigeren Luftdrucks, welches die mittlere Länge des Ozeans einnahm, war der Barometerstand meistens nicht unter 760 mm; indessen trat hier, verursacht durch die Grösse des Druckunterschiedes gegen die hohen Maxima, der Wind vorwiegend steif und an mehreren Tagen selbst stürmisch auf. Besonders war dies mit dem nördlichen Winde im westlichen Theile des Depressionsgebietes der Fall. Am 13. April, bei einer zeitweiligen Vertiefung der Depression bis 755 mm, wehte in der Umgebung von 42° n. Br. und 40° w. L. ein schwerer Sturm aus Nordost bis Nordwest mit Gewitter und Hagelschauern. Auf dem grössten Theile der Mittelzone blieb das Wetter jedoch anhaltend ruhig und der Wind mässig bis leicht. Die Richtung des Windes war anfänglich, der südlichen Lage des Maxima entsprechend, im Norden von 40° n. Br. vorherrschend westlich, während das Passatgebiet bis nach etwa 35° n. Br. hinaufreichte. Vom 15. April an lagen dagegen die beiden Maxima so weit nordwarts verschoben, dass, ausgenommen auf dem Striche zwischen 30° und 50° w. L., auf der ganzen Mittelzone östlicher Wind herrschend war.

4. Mit der Verschiebung der Maxima nach Norden trat auf dem südlich von 50 n. Br. gelegenen Gebiete am 18. April wieder bis zum Ende des Monats anhaltende Herrschaft niedrigen Luftdrucks ein, welche die vierte Epoche kennzeichnete. Barometerstände über 760 mm wurden zu dieser Zeit auf der Mittelzone nur noch im äussersten Westen, westlich von 60° w. L., und auch nur während der ersten Tage der Epoche, vom 18. bis zum 23. April gefunden; später zeigten sie sich auch hier nur noch abwechselnd mit niedrigen Ständen. Die Minima des Depressionsgebietes hatten eine Tiefe von 750 bis 735 mm. Gewöhnlich waren zwei Minima vorhanden, eines in etwa 40° w. L., das andere unweit der europäischen Küste; beide lagen so südlich, dass zwischen 40° und 50° n. Br. der

Wind vorwiegend aus dem östlichen Halbkreise kam, während das Gebiet der vorherrschenden Westwinde in der südlichen Hälfte der Depression sich jetzt bis nach etwa 20° n. Br. erstreckte. Im Allgemeinen blieb das Wetter auch während dieser Epoche, entgegen dem niedrigen Stande des Barometers, ziemlich ruhig; nur in der Umgebung des westlichen Minimums, südlich und südöstlich von der Neufundland-Bank, trat der Wind, besonders aus der Ost- und Nordrichtung, bis zum 27. fast täglich mit der Stärke 8 bis 9 auf.

Ueber heftige Gewitter-Erscheinungen in der Nähe des Minimums findet sich im Journal des Dampfers «Leipzig», welcher auf der Reise von Baltimore nach Bremen begriffen war, der folgende Bericht: «Am 27. April (in etwa 41° n. Br. und 47° w. L.) nahm der schon seit Mitternacht schwach wehende Südwind allmählich an Stärke zu, bis zur Stärke 9, ohne in den 16 Stunden (bis 7 Uhr abends) auch nur im Geringsten seine Richtung zu verändern. Die Luft war anfänglich leicht bezogen, wurde jedoch schon um 8 Uhr morgens dick von Regen. Die See wurde allmählich mit der Zunahme der Windstärke höher und brach häufig über das Schiff. Zwischen 7 und 8 Uhr abends lief der Wind, sehr wenig an Stärke abnehmend, bis Südsüdost und zu Zeiten bis Südost, so dass alle Segel geborgen werden mussten. Der Regen wurde inzwischen stärker, und liess diese Veränderung auf ein Umlaufen des Windes schliessen. Das Barometer war mit der Zunahme des Windes gefallen und stand am Mittage des 27. schon auf 742 und um 8 Uhr abends auf 736.8 mm. Den tiefsten Stand von 735.4 mm erreichte es um 8¾ Uhr. Schon 10 Minuten vor 8 Uhr wurde am westlichen Horizont Wetterleuchten bemerkt. Mit zunehmender Finsterniss kam dieses schnell näher, und von 8¼ Uhr an folgte Blitz auf Blitz, bei ununterbrochen anhaltendem Regen und westlich laufendem schweren Winde. Während der halben Stunde von 8½ bis 9 Uhr zeigten sich auch mitunter Elmsfeuer auf den Mastspitzen und der Luvnock der Bramraa, die aber bei jedem in der Nähe herunterfahrenden Blitze vollständig verschwanden und erst nach etwa 5 Minuten wieder erschienen, bis ein neuer naher Blitz sie abermals zum Verlöschen brachte. Einige Blitzstrahlen fuhren in unmittelbarer Nähe des Schiffes hernieder, erst zur Seite, dann vor dem Schiffe, von gewaltigem Donner begleitet. Schon um 9 Uhr abends wurde bei schnell steigendem Barometer die Luft heller, und beim Wetterleuchten liess sich klare Luft im Nordhorizonte erkennen. Der Wind lief jedoch nur bis West, aus welcher Richtung er dann mit der Stärke 6 bis 7 noch einige Zeit anhielt. Später herrschten Südsüdwestwinde.»

Wie bereits bemerkt wurde, trat um den 23. April auch auf dem westlichsten Theile der Mittelzone durchschnittlich niedriger Barometerstand ein, indem hier nach einander mehrere Depressionen erschienen. Von diesen nahm die letzte eine nordöstliche Zugrichtung. Das Hauptminimum des Depressionsgebietes verlegte sich damit schon am 27. so weit nach Norden, dass westlich von 40° w. L. anstatt der östlichen westliche Winde herrschend wurden. Unter gleichzeitiger Zunahme des Drucks im Südosten, zwischen den Azoren und Madeira, pflanzte sich diese nördliche Verschiebung des Depressionsgebiets ostwärts fort, und bis zum Ende des Monats hatte sich die Region der Westwinde fast über die ganze Mittelzone bis nahe an die Küste von Europa ausgedehnt.

Die Direktion der Seewarte.

Dr. *Neumayer*.

III. Meteorologische Tabellen.

IIIᵃ· Abweichungen von der normalen Temperatur um (7) 8

Tag	Bodö	Skudesnäs *	Haparanda *	Stockholm *	Stornoway	Shields	Valencia	St. Mathieu	Paris *	Perpignan *	Borkum	Hamburg	Swinemünde	Neufahrwasser	Memel *
1	3.9	1.4	5.0	2.5	3.5	0.5	1.2	0.2	4.1	0.3	2.5	0.3	1.6	1.2	2.1
2	3.0	2.7	3.6	3.4	3.7	2.8	0.1	1.1	6.4	2.7	2.8	1.2	0.9	0.9	0.6
3	5.3	3.6	3.4	6.1	3.2	0.0	2.9	0.4	4.7	3.0	8.3	4.8	0.7	0.6	0.1
4	7.6	2.3	6.4	5.7	0.5	3.7	2.0	0.4	1.1	2.7	4.1	3.6	3.2	5.1	3.0
5	4.5	2.4	6.8	5.2	1.2	0.4	1.4	0.9	0.0	1.6	4.2	4.2	4.7	7.1	4.0
6	1.9	0.2	5.1	5.3	1.8	0.3	1.5	0.2	0.7	1.3	2.9	4.3	4.2	7.2	2.4
7	0.4	1.5	4.7	3.7	1.9	0.2	1.8	0.8	4.6	1.7	0.5	1.0	0.2	0.9	0.8
8	1.7	1.2	4.7	3.7	0.3	1.9	1.0	1.0	0.4	0.5	1.6	1.2	1.7	1.4	0.4
9	4.0	1.0	4.9	4.9	0.1	0.4	2.2	2.9	3.4	5.1	3.4	1.3	3.7	5.4	4.1
10	5.3	0.7	5.1	5.9	2.8	2.8	1.8	2.1	6.9	5.3	1.1	0.3	0.4	0.7	4.6
11	5.0	0.2	5.5	2.5	0.6	0.5	1.8	3.6	5.8	4.1	0.4	5.5	3.2	6.0	7.5
12	5.6	1.7	5.3	7.1	1.9	0.5	1.9	4.9	3.8	5.8	0.5	1.7	0.4	5.7	7.1
13	3.7	1.5	5.1	5.5	1.4	0.9	0.3	3.0	6.1	2.0	1.3	0.9	1.4	5.7	6.3
14	5.4	0.8	5.3	4.1	0.7	0.8	1.4	1.6	2.9	0.9	0.7	3.0	1.0	2.4	6.4
15	4.6	1.0	3.7	6.1	0.1	0.2	1.8	2.6	2.6	2.4	1.1	2.8	1.0	0.5	2.0
16	4.3	0.9	2.1	3.0	0.5	0.5	0.5	4.2	5.4	3.4	1.6	4.1	0.9	0.4	4.9
17	2.4	3.8	0.5	0.2	0.7	0.6	2.2	6.1	5.2	5.3	0.5	2.9	1.0	3.8	9.9
18	3.6	5.8	1.7	0.4	0.8	0.7	3.4	5.5	2.6	6.6	2.2	0.9	0.4	3.3	1.1
19	4.3	2.9	2.5	2.0	0.8	1.2	2.4	4.5	1.1	0.9	2.3	0.1	0.9	0.6	0.3
20	0.6	1.0	4.7	2.1	1.0	1.3	1.0	1.4	0.1	2.9	0.8	1.5	1.8	1.2	0.6
21	1.0	1.6	0.3	1.6	0.5	0.9	0.9	2.7	3.4	2.9	1.4	2.3	1.7	1.2	0.0
22	0.3	2.1	4.7	2.9	0.6	1.5	1.5	3.4	3.6	3.0	1.4	1.2	2.0	0.6	1.3
23	0.2	2.6	0.5	2.7	0.7	0.4	1.8	1.3	2.2	2.6	2.3	0.8	0.3	1.2	3.0
24	0.6	0.5	4.3	6.7	0.3	2.2	1.1	0.4	0.7	0.8	0.8	3.3	1.6	2.0	3.2
25	3.3	0.8	0.9	6.3	1.3	1.7	2.3	2.9	0.8	0.7	1.6	2.1	1.5	4.5	4.6
26	2.7	0.7	2.4	3.7	1.3	2.4	4.9	3.0	0.1	2.2	2.5	2.8	1.7	2.3	2.2
27	4.4	3.7	5.0	0.7	2.3	0.3	3.7	3.7	1.6	2.4	1.5	1.2	0.3	1.1	5.4
28	6.7	2.2	5.4	3.7	1.7	2.6	0.0	1.8	2.8	1.2	5.1	3.0	4.3	2.3	0.8
29	6.6	3.7	5.4	5.9	1.8	2.0	5.1	0.7	0.6	1.3	3.2	5.5	1.9	0.8	2.0
30	6.2	1.1	5.2	3.1	0.8	1.0	1.6	5.3	8.4	0.4	4.4	5.6	7.5	7.0	7.0
Mittel	1.6	1.1	2.4	2.7	0.5	0.4	0.4	1.3	1.8	1.6	0.9	0.4	0.3	1.8	2.1

Die Werthe der Temperaturabweichungen beziehen sich für die Norweg'schen, Schwedischen, Eng
Deutschen und Italienischen Orte auf 8 Uhr morgens, für die Französischen, Oesterreich-Ungarischen, Ru
und Türkischen auf 7 Uhr morgens.

ens im Monat April 1888 (fette Zahlen +, magero —).

Breslau	Karlsruhe	München	Wien*	Hermannstadt*	Rom*	Archangelsk*	St. Petersburg**	Moskau*	Astrachan*	Constantinopel*	Katharinenburg*	Barnaul*	Irkutsk*	Taschkent*	Tag
5.0	1.5	1.1	0.0	1.5	2.4	7.0	8.3	5.1	0.3	0.4	4.4	6.5	1.0	5.8	1
1.8	2.0	0.1	1.0	0.8	3.2	1.4	4.5	4.1	0.1	1.6	6.3	0.5	4.2	5.4	2
2.8	2.8	2.3	3.3	3.8	2.5	1.2	2.8	2.1	1.8	1.0	4.5	6.1	5.6	4.3	3
6.9	5.5	5.2	3.3	1.7	3.3	8.0	7.9	0.9	1.8	3.5	4.6	6.9	0.4	2.5	4
8.7	7.1	6.5	6.3	1.0	1.7	8.4	7.9	0.8	0.3	2.1	2.8	6.9	2.8	1.4	5
8.2	5.5	6.1	4.0	0.6	0.3	8.0	5.0	2.0	0.9	2.0	3.0	5.8	4.0	0.3	6
1.1	1.0	2.2	5.7	1.1	2.3	6.4	5.3	0.4	2.7	0.5	3.2	0.4	5.2	0.5	7
1.4	0.4	0.7	2.4	0.4	3.5	5.4	4.6	1.6	0.9	1.2	2.4	5.4	7.0	0.9	8
5.5	0.8	2.6	1.6	1.4	0.1	5.6	3.8	0.3	1.4	0.3	3.0	0.5	0.4	0.9	9
1.5	3.0	5.3	3.3	1.7	0.5	7.7	6.8	2.4	0.1	1.7	4.4	5.2	3.8	0.9	10
3.8	2.5	4.3	0.6	4.6	1.4	5.7	6.9	0.1	2.0	2.5	1.3	0.2	10.4	2.1	11
3.2	4.4	3.4	1.1	2.7	2.4	5.1	5.9	0.4	1.4	2.8	4.2	1.4	1.6	1.4	12
3.6	0.2	1.0	3.4	2.4	3.0	4.9	7.7	3.0	1.8	0.0	4.8	0.7	2.2	2.8	13
3.6	2.8	0.9	0.7	3.4	3.0	1.6	5.0	4.8	0.8	0.3	4.9	5.3	3.8	0.7	14
2.7	4.7	3.4	3.9	1.9	0.9	1.1	8.7	6.6	1.8	2.5	0.6	5.7	2.2	9.6	15
2.2	5.3	4.9	2.7	2.5	3.2	4.0	3.6	6.0	2.1	1.3	7.1	3.7	3.5	7.6	16
0.7	3.5	6.8	0.0	0.8	2.4	4.0	2.6	0.6	4.2	2.3	7.2	1.3	3.9	3.5	17
1.6	3.6	3.5	0.1	1.7	2.6	2.2	0.7	3.1	6.6	0.0	8.6	2.4	4.9	2.5	18
3.9	0.4	0.8	1.3	0.3	1.6	1.8	0.0	3.7	0.5	2.8	8.4	2.8	0.5	4.2	19
2.5	1.4	0.6	2.0	0.5	0.2	4.2	0.8	3.9	5.2	0.3	3.2	4.7	2.7	1.9	20
3.1	2.0	1.2	0.6	3.3	1.7	1.8	0.4	2.2	4.0	1.9	3.7	5.2	4.1	0.4	21
4.5	1.3	0.2	3.4	4.3	3.1	3.6	0.2	0.3	3.0	1.6	4.5	4.8	3.9	0.8	22
2.6	1.1	0.4	3.1	4.0	3.7	1.4	1.1	1.3	1.2	2.8	5.4	0.4	6.1	0.6	23
0.3	0.5	1.8	1.5	5.5	3.0	0.6	4.0	1.7	1.6	2.7	1.6	3.7	3.9	2.0	24
2.1	2.2	2.1	0.7	2.7	1.0	1.4	5.5	1.6	1.1	1.4	3.6	2.0	1.5	3.0	25
2.2	1.1	1.4	0.1	3.9	0.2	3.4	3.3	1.8	2.8	0.9	0.1	4.2	2.2	1.7	26
2.6	2.5	0.4	1.3	1.3	0.7	8.4	6.3	7.6	0.8	0.0	1.4	4.0	1.2	2.8	27
5.1	4.2	3.1	2.4	2.4	0.4	9.4	5.4	8.2	3.0	1.3	0.3	0.4	3.8	1.0	28
6.5	5.4	3.6	0.9	3.0	0.6	7.4	4.8	1.6	1.0	0.2	5.9	2.0	0.4	1.2	29
8.4	5.7	2.0	1.9	4.1	2.0	7.0	6.0	6.6	2.0	3.5	2.3	1.5	0.9	3.2	30
1.5	0.0	0.1	0.7	0.3	1.5	1.2	2.7	0.6	1.4	0.5	1.1	0.7	1.0	1.7	Mittel

Während bei den übrigen Beobachtungsorten die ┤on der Seewarte berechneten normalen Temperaturen zu gelegt wurden, sind in den mit * versehenen Reihen die Differenzen der Temperaturen und der aus dem von St. Petersburg entnommenen normalen Pentadenmitteln verzeichnet; für St. Petersburg ** sind die Abgen von der täglichen Normalen derselben Stunde nach demselben Bulletin gegeben.

IIIᵇ. Vergleichende Zusammenstellung der thatsächlichen Witteru…

	Hamburg											Prognose						Neufa…							
	Wirkliche Witterung																		Wirkliche Witte…							
	8ʰ a. m.					2ʰ p. m.					Niederschlag 8ᵃ a.m.–8ᵃ a.m.								8ʰ a. m.					2ʰ p.		
Tag	Temp.-Abw.	Temp.-Aend.	Windstärke	Windricht.	Bewölkung	Temp.-Abw.	Temp.-Aend.	Windstärke	Windricht.	Bewölkung		Temp.-Abw.	Temp.-Aend.	Windstärke	Windricht.	Bewölkung	Niederschlag	Temp.-Abw.	Temp.-Aend.	Windstärke	Windricht.	Bewölkung	Temp.-Abw.	Temp.-Aend.	Windstärke
1	n	a	f	s'	v	n	a	f	w	v	e	w	—	s	ss'	v	r	n	u	f	w	h	w	a	s
2	n	z	m	e'	h	w	z	f	s	h	t	w	—	m	s'w	h	t	n	u	l	w	h	w	z	l
3	w	z	m	s	v	w	z	f	s'	b	r	w	—	f	s	v	te	n	u	l	s	h	w	z	f
4	w	a	m	s'	v	w	a	m	s'	h	t	—	a	m	—	b	r	w	z	l	s	v	w	u	l
5	w	z	m	w	v	w	u	m	s'	b	t	w	—	m	s'	v	te	w	z	l	s'	v	w	z	m
6	w	u	f	s'	b	n	a	m	s'	b	r	w	—	f	s'w	v	r	w	u	l	s'	b	w	a	l
7	n	a	f	w	b	n	a	m	w	h	e	—	a	m	ws'	v	r	n	a	f	w	b	n	a	m
8	n	z	f	s	b	n	z	s	s'	b	r	—	z	f/s	s'	b	r	n	u	m	s'	h	w	z	f
9	n	u	s	s'	b	n	a	f	w	v	t	w	—	s	ss'	v	r	w	z	f	s	v	w	a	m
10	n	u	l	w	v	n	u	l	s'	b	r	k	—	f	s'w	v	o	n	a	l	n	b	w	z	l
11	k	a	l	w'	b	k	a	m	s'	b	e	—	z	l	—	v	te	w	z	l	e'	h	w	u	m
12	n	z	l	s	h	n	z	l	s'	v	t	k	—	m	—	b	r	w	u	l	e'	b	w	a	l
13	n	z	l	n	v	n	z	m	w	h	t	—	z	l	—	v	o	w	u	l	e'	v	w	a	m
14	k	a	m	w'	r	k	a	m	w'	v	t	w	—	l	—	h	t	w	a	l	n	b	w	z	l
15	k	u	m	w'	b	k	u	l	w'	b	t	k	—	l	—	v	te	n	a	l	n	b	k	a	m
16	k	a	l	n	b	k	z	l	n'	b	t	k	—	l	—	b	te	n	u	m	n'	b	k	u	m
17	k	z	l	e	d	n	z	l	n'	v	r	k	—		n	b	e	w	z	l	n	h	w	z	l
18	n	z	l	n'	d	w	z	m	n'	v	r	—	z	l	e	h	o	w	u	l	n'	v	n	a	m
19	n	u	m	n'	v	n	a	m	n'	h	t	w	—	l	e	h	t	n	a	m	e	v	n	a	f
20	n	a	m	e	d	k	a	f	e	b	r	w	—	m	e	v	e	n	u	f	e'	h	n	u	m
21	k	u	l	e	r	n	z	m	e'	b	r	—	u	mf	e	v	—	n	u	m	e'	h	w	z	l
22	n	z	l	x	v	k	a	l	n'	b	t	—	z	l	—	v	r	n	u	m	s	h	w	z	m
23	n	z	l	e'	h	w	z	m	e	h	t	—	z	l	—	v	te	n	z	l	s	h	w	z	l
24	w	z	l	e'	h	w	u	l	s'	v	t	w	—	l	e'	h	t	w	z	l	s	h	w	z	m
25	k	a	m	w'	h	n	a	m	w'	h	t	w	—	l	s	h	t	w	z	m	s'	r	n	a	f
26	k	u	l	s	h	n	u	l	e'	h	t	—		f	n	v	o	k	a	f	n	h	k	a	m
27	n	z	l	e'	h	w	z	l	e'	h	t	—	z	l	—	h	t	n	z	m	s	v	w	z	l
28	w	z	m	w	h	w	u	m	w	h	e	n	—	m	e	v	r	w	z	m	s	h	w	z	m
29	k	a	m	n	b	k	a	f	n	b	t	n	—	l	—	v	r	n	a	m	n	h	k	a	m
30	k	u	m	e	v	k	u	l	e	v	e	k	—	m	nn'	—	te	k	a	f	n'	b	k	a	m

In den Angaben der wirklichen Witterung zu den Beobachtungs-Terminen **8ʰ a. m.** und **2ʰ p. m.** bedeutet fl
Temperatur-Abweichung: k = kalt (negative Abw. > 2°), n = normal (Abw. 0—2°), w = warm (positive Abs
Temperatur-Aenderung: a = Abnahme, u = unveränderter Stand (Aenderung < 1°), s = Zunahme der Tes
Windstärke: l = leicht (0—2), m = mässig (3—4), f = frisch (5—6), s = stürmisch (> 6);
Windrichtung: n, e, s, w = N, E, S, W; n', e', s', w' = NE, SE, SW, NW; x = Stille; für die Z
striche werden die auf der Windrose bei Drehung von Süd über West nach Nord zunächst liegenden Hauptstriche
Bewölkung: h = heiter (0—1), v = wolkig (2—3), b = bedeckt (4), r = Niederschläge, d = Nebel, Dur

ältnisse im April 1886 und der gestellten Prognosen.

...ser						München																			
Prognose						Wirkliche Witterung											Prognose									
						8ʰ a. m.					2ʰ p. m.					Niederschlag 8ʰ a. m.–8ʰ a. m.										
Temp.-Abw.	Temp.-Aend.	Windstärke	Windricht.	Bewölkung	Niederschlag	Temp.-Abw.	Temp.-Aend.	Windstärke	Windricht.	Bewölkung	Temp.-Abw.	Temp.-Aend.	Windstärke	Windricht.	Bewölkung		Temp.-Abw.	Temp.-Aend.	Windstärke	Windricht.	Bewölkung	Niederschlag	Tag
---	---	---	---	---	---	---	---	---	---	---	---	---	---	---	---	---	---	---	---	---	---	---	---
w	—	s	ss'	v	r	n	z	m	w	b	n	a	l	w	w	t	w	—	s	ss'	v	r	1
w	—	m	s'w	h	t	n	u	m	e	h	w	z	l	n'	h	t	w	—	m	s'w	h	t	2
w	—	m	e's	h	t	w	z	m	e	h	w	z	l	e'	h	t	w	—	f	s	v	te	3
w	-/a	—	s	v	-'r	w	z	l	w	v	w	a	l	n'	b	t	—	a	m	—	b	r	4
w	—	m	s'	v	te	w	z	f	w	r	w	u	l	w	v	r	w	—	m	s'	v	te	5
w	—	s	s'	v	r	w	u	l	w	b	w	u	l	w'	b	r	w	—	f	s'w	v	r	6
—	a	m	ws'	v	r	k	a	f	w	v	k	a	f	w'	v	r	—	a	m	w's	v	r	7
—	-'z	-,f	—	h	te	n	z	m	e'	h	w	z	m	e	v	c	—	z	f	s'	b	r	8
w	—	s	ss'	v	r	w	z	f	w	b	k	a	l	w'	b	r	w	—	s	ss'	v	r	9
k	—	f	s'w	v	o	k	a	l	w'	r	k	a	l	w'	r	r	k	—	f	s'w	v	o	10
k	—	l	—	b	r	k	z	m	w'	b	k	z	l	x	b	c	k	—	l	—	b	r	11
—	a	m	e'	v	c	k	u	m	e	v	n	z	m	n'	h	t	k	—	m	—	b	r	12
w	—	l	—	v	o	n	z	l	n	b	k	a	l	w'	r	r	—	z	l	—	v	o	13
—	a	l	—	b	c	n	u	m	w	b	k	u	l	w	v	t	k	—	l	—	v	c	14
k	—	l	—	v	te	k	a	m	n'	b	k	a	l	n'	r	c	k	—	l	—	v	te	15
k	—	l	—	b	te	k	a	l	w'	r	k	z	l	w'	r	r	k	—	l	—	b	te	16
k	—	l	—	b	r	k	a	m	n'	d	k	z	m	e	v	t	k	—	l	—	b	r	17
—	z	l	e	h	o	k	z	l	w	d	w	z	l	n'	h	t	—	z	l	e	h	o	18
w	—	l	e	h	r	n	z	m	n'	v	w	u	m	e'	v	t	—	z	l	—	h	o	19
w	—	m	e	v	c	n	u	m	n'	d	w	z	f	e	v	t	—	u	l	—	v	c	20
—	u	mf	e	v	—	n	z	m	w	b	n	a	m	e'	b	r	—	u	l	—	v	r	21
—	z	l	s	h	t	n	a	l	w'	r	n	u	f	e	b	c	—	u	l	—	v	t	22
w	—	l	—	h	t	n	u	l	w	v	n	z	l	n'	h	c	—	z	l	—	v	te	23
w	—	l	e'	h	t	n	z	m	s'	h	w	z	m	s'	v	c	w	—	l	e'	h	t	24
w	—	l	s	h	t	w	u	l	s'	h	w	u	l	n'	h	t	w	—	l	s	h	t	25
—	a	f	w'	v	te	n	u	l	e	h	w	u	m	n'	h	t	—	a	l	—	h	o	26
—	z	l	—	h	t	n	u	m	e	h	w	z	m	n'	h	t	—	z	l	—	h	t	27
u	—	m	e	v	r	w	z	f	w	v	w	z	m	w'	v	t	n	—	m	e	v	r	28
n	—	l	—	v	r	w	u	f	w'	h	w	a	l	w	v	c	n	—	l	—	v	r	29
k	—	m	nn'	—	te	w	a	l	x	b	k	a	l	w'	b	r	k	—	m	nn'	—	te	30

schlag: t = trocken, ℓ = etwas Regen (o—1.5 mm), r = Regen, Schnee etc. (> 1.5 mm), g = Gewitter.
Angaben des Niederschlages gelten für die Zeit von 8ʰ a. m. des angegebenen Tages bis 8ʰ a. m. des folgenden.
n der **Prognose** haben die Zeichen in den bezüglichen Stellen die gleiche Bedeutung, nur bei Bewölkung ist
ränderlich; es treten ferner hinzu die folgenden Zeichen, bei Temperatur-Abweichung: f = Frost, bei Niederschlag:
änderlich, o = ohne wesentliche Niederschläge. Die Prognose steht bei dem Datum, für welches sie gegeben ist.
rüche bedeuten: Zähler »zuerst«, Nenner »dann«. Ist für die der Stelle entsprechende Witterungs-Erscheinung
gnose nicht gestellt, so wird dies durch — angedeutet.

III°· Monatssumme des Niederschlags in Millimetern auf den Normal-Beobachtungs-Stationen und Signalstellen der Deutschen Seewarte.
1. Januar bis 30. April 1886.

Station	Januar	Februar	März	April	Station	Januar	Februar	März	April
	mm	mm	mm	mm		mm	mm	mm	mm
Memel	32	4	16	23	Friedrichsort	69	13	40	43
Brüsterort	21	2	13	18	Kiel	83	16	44	53
Pillau	22	8	12	7	Schleimünde	56	8	1	14
Hela	42	11	12	13	Hamburg	85	8	42	64
Neufahrwasser	40	11	10	17	Altona	—	—	—	—
Rixhöft	36	11	9	12	Aarosund	38	10	36	31
Leba	26	3	8	28	Flensburg	73	12	45	57
Stolpmünde	40	6	12	22	Brunshausen	39	4	14	30
Rügenwaldermünde	54	7	20	26	Glückstadt	74	15	33	32
Colbergermünde	68	9	24	32	Tönning	38	7	31	20
Swinemünde	44	7	15	26	Cuxhaven	54	5	12	32
Ahlbeck	25	—	26	8	Geestemünde	49	6	19	17
Greifswalder Oie	—	—	—	—	Bremerhaven	—	—	—	—
Thiessow	20	—	16	8	Neuwerk	—	—	—	—
Arkona	22	2	16	6	Keitum	84	16	58	28
Wittower Posthaus	24	7	24	5	Brake	77	7	38	21
Stralsund	—	—	—	—	Wilhelmshaven	69	9	32	32
Darsserort	37	4	26	19	Schillinghörn	—	—	—	—
Wustrow	41	5	25	15	Wangerooge	62	13	41	28
Warnemünde	34	4	27	29	Karolinensiel	80	7	28	40
Wismar	47	3	28	37	Nesserland	57	6	36	31
Marienleuchte	30	4	23	42	Norderney	100	19	64	49
Travemünde	42	2	28	35	Borkum	99	7	30	36

Bahnen der ...... V° .... d' bezeichnet die Kreise bezeichnen den Ort des Maximums der
VIIIᵇ eingeschriebene Zahl den Barometerstand in demselben
..... die neben stehende Zahl das Datum d' Be-
Morgens an ... einer anderen Tageszeit angegeben ... durch
die Verdoppelung des Kreises sind diejenigen Seiten des
Maximums angedeutet an ... unter dem Einfluss ...
stürmische Winde auftreten. Ihn nachfolgenden fortschreitenden
Sustände von Depressionen sind durch Kreuze bezeichnet ....
nach der Seite des Hauptstromraums ... und ... die den Kreuzen
hinzugefügten ... Striche deuten ... in Gegend des
zurückliegenden deutlich ausgeprägten Maximums
Ein V' macht ... auf das ... Maximum des Minimums ... ...

Zahl d. Tage mit Niederschlag	st. Wind	Stationen	Winde %	1. Dekade		2. Dekade		3. Dekade		Winde %	
				Ostsee	Nordsee	Ostsee	Nordsee	Ostsee	Nordsee		
3	0	Memel	N	5	0	15	18	15	34	N	
4	1	Neufahrwasser	NE	2	1	18	18	10	16	NE	
2	5	Swinemünde	E	0	2	26	22	7	10	E	
1	0	Wustrow	SE	14	10	14	2	28	8	SE	
4	2	Kiel	S	26	12	6	4	13	4	S	
			SW	30	47	1	7	9	4	SW	
4	0	Hamburg	W	18	26	4	6	5	3	W	
2	0	Keitum	NW	4	2	11	21	10	14	NW	
2	4	Wilhelmshaven	Stille	1	0	5	2	3	7	Stille	
3	1	Borkum									

Mittel- und Summenwerthe der Dekaden.

…d. in Procenten				Windgeschwindigkeit in Metern per Sekunde		Stationen
SW	W	NW	Stille	Mittel	Tage mit > 15 m	
12	10	4	1	5.38	1	Memel
8	9	6	1	4.87	0	Neufahrwasser
9	9	11	1	6.82	2	Swinemünde
20	7	9	3	6.36	3	Wustrow
16	13	13	8	6.73	7	Kiel
22	9	17	3	6.09	6	Hamburg
18	18	12	1	6.65	2	Keitum
16	9	10	9	7.08	7	Wilhelmshaven
21	10	9	0	9.96	13	Borkum

Monatliche Summen und Mittel für die Windverhältnisse.

23.	24.	25.	26.	27.	28.	29.	30.	31.	Datum	Stationen
2.26	3.59	7.45	8.72	3.63	6.08	4.34	4.79			Memel
3.52	3.67	6.45	4.97	4.37	4.26	5.95	5.70			Neufahrwasser
6.54	5.21	6.32	5.95	6.73	3.67	6.82	5.56			Swinemünde
5.35	3.75	7.02	4.61	4.25	3.02	6.06	3.74			Wustrow
3.52	3.57	7.11	2.88	2.90	5.05	8.55	3.23			Kiel
3.56	3.05	6.33	2.68	2.19	4.23	7.09	3.41			Hamburg
1.95	4.63	7.08	2.57	1.36	4.26	9.14	4.15			Keitum
4.04	6.05	7.01	4.11	3.52	4.55	13.02	6.04			Wilhelmshaven
3.96	7.42	8.00	6.50	5.08	7.12	14.33	8.17			Borkum

Tagesmittel der Windgeschwindigkeit nach dem Anemometer.

ese waren nach den Aufzeichnungen der Barographen in Memel 776.3mm, 4h p. m. am 2. und
v 772.1mm, 8—11h a. m. am 2. und 744.1mm, 1h a. m. am 9., in Hamburg 771.3mm, 11h p. m.
mittlere Temperatur wird auf dreierlei Weise berechnet, als 1/2 (8 a. + 8 p.), 1/3 (8 a. + 2 p. + 8 p.)
eines Temperaturmittel angenommen, was dem wahren Mittel sehr nahe entspricht. Für alle

ge mit blosser Thaubildung sind ausgeschlossen, auch wenn die Thaumenge eine messbare Grösse
Theil desselben Horizontal-Abschnitts enthält das Procentverhältnis der Windrichtungen in den
nat und die einzelnen Stationen ist, um die Lage der Luvseite anzudeuten, von je zwei entgegen-
auf die Windrichtung an, wie dieselbe sich aus den Aufzeichnungen der Registrir-Anemometer
möglichst frei aufgestellt.) Das Mittel dieser Werthe oder die mittlere Windgeschwindigkeit des
us einer Stunde 15 m per Sekunde erreichte oder überstieg.

Monatsbericht der Deutschen Seewarte.
Mai 1886.

Inhalt: I. Die atmosphärischen Vorgänge in Europa, insbesondere Zentral-Europa. II. Vorläufige Mittheilungen über das Wetter auf dem Nordatlantischen Ozean. III. Meteorologische Tabellen. Karte der Bahnen der barometrischen Minima im Mai 1886. Tabelle der Mittel, Summen und Extreme für den Mai 1886 aus den meteorologischen Aufzeichnungen der Normal-Beobachtungsstationen an der Deutschen Küste.

I. Die atmosphärischen Vorgänge in Europa, insbesondere Zentral-Europa.

1. Luftdruck und Wind.

Die allgemeine Zunahme des Luftdruckes, welche bereits in den letzten Tagen des vorangehenden Monats anfing, sich über dem nordwestlichen Europa geltend zu machen, erstreckt sich am 1. über den ganzen Erdtheil mit Ausnahme der östlichen Mittelmeerländer. An diesem Tage durchkreuzt eine flache Depression (No. I der Bahnenkarte, No. XIII des April) die westliche Ostsee, und wenn auch das Minimum derselben nicht unter 760 mm liegt und somit an der Thatsache des hohen Barometerstandes über dem Erdtheil, jene genannten Gebiete ausgeschlossen, nichts ändert, so beeinflusst dieselbe doch die Witterungsverhältnisse ihrer Umgebung. In Folge dessen stellt sich auch erst am 2. der antizyklonale Zustand mit einem ausgedehnten Maximalgebiet über den Nordsee- und Ostseeländern her, welcher während der ersten Epoche des Monats bis zum 7. anhält. Das Maximum des Luftdruckes über der westlichen Nordsee übersteigt am 2. nachmittags 774 mm, am 5. 776 mm, nimmt dann aber ab und hat am Schluss der Epoche nur noch die Höhe von 767 mm; in diese Epoche fallen auch die höchsten Barometerstände, welche an den Normalbeobachtungsstationen der deutschen Küste sowohl aus den Terminbeobachtungen als aus den Barographenaufzeichnungen für diesen Monat sich ergeben.

Während dieser Zeit befindet sich im Südosten Europas ein ausgedehntes Depressionsgebiet; das Minimum desselben bewegt sich in den Tagen vom 1. bis 5. von Tunis aus in nordöstlicher Richtung über Süditalien und die Balkanhalbinsel nach Südrussland zu.

Wird vom ersten Tage des Monats abgesehen, an dem unter dem Einflusse der Depression I über der norddeutschen Küste im Westen westliche, im Osten südliche Winde wehen, so ergiebt sich aus den Luftdruckverhältnissen der Epoche von selbst, dass über Zentraleuropa die nördliche und östliche Luftströmung herrschend ist. Während im Allgemeinen die Luftbewegung schwach ist, nimmt dieselbe am 2. an der deutschen Nordseeküste im Rücken des Minimums I einen lebhaften Grad an. Unruhige Witterung, welche besonders am 3. sich über ganz Italien erstreckt, herrscht jedoch im Depressionsgebiet; auch an der Grenze desselben bis zum Osten Deutschlands sind die Winde meist frisch, am 5. sogar stürmisch.

Für die zweite Epoche vom 8. bis 11. ist ein ausgedehntes Depressionsgebiet im Nordosten charakteristisch, dessen Zentrum über der nördlichen Ostsee liegt. Dasselbe wird gebildet durch zwei Minima, VI und VII, welche in südlicher und östlicher Richtung sich einander nähern und alsdann mehrere Tage eine kreisende Bewegung um einen gemeinsamen Mittelpunkt annehmen, um schliesslich vereinigt nordostwärts zu verschwinden. Während über der nördlichen Nordsee und Schottland ein Maximum lagert, entsendet ein anderes über dem Atlantischen Ozean liegendes Depressionsgebiet einen Ausläufer (V^b) über Frankreich bis nach Nordwestdeutschland, den Gürtel hohen Luftdrucks, der sich zunächst von Nordwesten bis Südosten über Zentraleuropa erstreckt, am 10. durchbrechend und daselbst durch niedrigen Luftdruck die Ausbildung der Erscheinungen der folgenden Epoche begünstigend. Schwache nördliche und westliche Winde sind während dieser Epoche über Deutschland vorherrschend.

Während der dritten Epoche vom 12. bis 15. durchziehen mehrere Minima West- und Zentraleuropa; daselbst in diesen Tagen vielfach stürmisches Wetter hervorrufend. Diese Stürme sind von elektrischen Erscheinungen begleitet und richten in ihrem Verlaufe starke Verwüstungen und Zerstörungen an menschlichem Eigenthum an, bei denen auch der Verlust von Menschenleben zu beklagen ist. Am verheerendsten in dieser Beziehung zeigen sich einige Erscheinungen, welche nur ein relativ geringeres Gebiet betreffen und deren grosse Intensität nur von kurzer Dauer ist, dahin gehören der Orkan in der Umgebung von Madrid am 13. und der Gewittersturm im westlichen Theile der Provinz Brandenburg am 14. nachmittags, der am heftigsten über der Stadt Crossen wüthete. *)

Die Minima dieser Epoche entspringen demselben atlantischen Depressionsgebiet, in dem das Minimum V^b der vorigen Epoche seine Entstehung fand. Das Minimum V^a erreicht am 12. die spanische Küste, passirt das nördliche Spanien, den genannten Orkan bei Madrid hervorrufend, und nimmt schliesslich seinen Weg über das nördliche Italien, auch dort vom 13. bis zum 15. schwere Stürme veranlassend, am 16. aber sich ausfüllend. Nachdem schon am 10. und 11. eine kleinere Depression im nördlichen Irland als Rest des ursprünglichen Hauptminimums V sich befand, nimmt dieselbe am Abend des letzteren Tages unter Vertiefung (Minimum V^c) eine südliche Bewegung an. Bei der über dem östlichen Theile des Kanals unter ihrem Einflusse stattfindenden Abnahme des Luftdruckes entwickelt sich daselbst am 13. ein neues Minimum V^d in einer erheblichen Tiefe von etwa 738 mm. An diesem Tage liegt das besprochene Minimum V^c über dem Golf von Lyon und aus einer in der Richtung der Verbindungslinie dieser beiden Minima sich zeigenden Vertiefung bildet sich die Erscheinung V^e hervor, welche in ihrem Verlaufe über Deutschland nach der Ostsee die Crossener Katastrophe herbeiführt. Das Minimum V^d nimmt seinen Weg nach Norden über die Nordsee mit stürmischen Winden über Grossbritannien und Südnorwegen, am 13. auch über der deutschen Nordseeküste. Die Depression V^a verläuft im Norden des zentraleuropäischen Festlandes in dem grossen Depressionsgebiete der Minima V^d und V^e zu keinem besonderen Einfluss gelangend. Es muss hervorgehoben werden, dass in dieser Epoche über Deutschland die Luftbewegung bei südlicher und westlicher Richtung an den Beobachtungsterminen fast durchweg eine schwache war, mit Ausnahme am Nachmittage des 13., an dem stärkere Winde durch Minimum V^d veranlasst auftreten; es entspricht diese Thatsache den schwachen Gradienten bei dem allgemeinen niedrigen Luftdruck, der am 14. über ganz Deutschland zwischen 744 und 748 mm beträgt; die Intensität des Crossener Sturmes wird demnach ganz besonderen Ursachen zuzuschreiben sein, die nicht allein in der allgemeinen europäischen Wetterlage zu finden sein würden. In diese Epoche fallen auch die niedrigsten in Deutschland beobachteten Barometerstände.

---

*) Eingehender Bericht über den letzteren von Herrn Prof. Köppen: «Annalen der Hydrographie und maritimen Meteorologie, 1886.» Heft 6, Seite 259.

In der folgenden vierten Epoche vom 16. bis 20. tritt Zentraleuropa wieder unter die Herrschaft hohen Luftdruckes. Das Maximum der Rossbreiten dehnt sich über den Südwesten aus, am 16. über Spanien einen Barometerstand von etwa 772 mm hervorrufend. Durch das Depressionsgebiet des Minimums VIII und seiner Ausläufer VIII^a und VIII^b wird ein selbstständiges Maximum abgetrennt, welches eine langsame östliche Bewegung annimmt, am Ende der Epoche schliesslich über Südrussland liegend. Die Depressionen nehmen sämmtlich eine nördliche Richtung und berühren nur in den ersten Tagen die nördlichen Küsten Zentraleuropas; sie veranlassen in den ersten Tagen über Westeuropa bis zur deutschen Nordseeküste lebhaftere, am 15. abends und am 16. in der südöstlichen Nordsee, am 17. im Süden Grossbritanniens und über dem Kanal stürmische westliche und südwestliche Winde, welche an den folgenden Tagen abnehmen und über Zentraleuropa mit dem Fortschreiten des Maximums nach Osten zu nach Süden zurückdrehen. Am 19. und 20. ist die Luftbewegung fast über dem ganzen Erdtheile äusserst schwach.

Sieht man von der Depression des Minimums VIII^b über Skandinavien und Finnland ab, welche auch nur von Einfluss auf die Witterungslage dieses begrenzten Gebietes ist, so ist in der fünften Epoche vom 21. bis 24. der Luftdruck sehr gleichmässig vertheilt und meist 760 mm übersteigend. Daher ist die Luftbewegung über Zentraleuropa fortgesetzt schwach. Ein sehr flaches Depressionsgebiet befindet sich am 21. über Spanien, an den folgenden Tagen über Frankreich, seinen Einfluss über Deutschland ausdehnend. In diesem Gebiete findet eine Reihe kleinerer Minima ihre Entstehung, welche zahlreiche Gewitter zur Folge haben. Einzelne dieser sind wiederum von verheerendem Orkan begleitet, so richtete am 23. in Wetzlar ein solches Unwetter erheblichen Schaden an.

Bereits im Laufe des 24. tritt im Nordwesten stärkeres Fallen des Barometers ein; der hohe Luftdruck im Südosten besonders über den Mittelmeerländern hält weiter an. Dieser sich auf diese Weise bildende Zustand des nach Norden und Westen hin abnehmenden Luftdruckes bleibt im wesentlichen während der sechsten Epoche vom 25. bis 29. bestehen.

Der Nordwesten des Erdtheils und der nördliche und westliche Theil Zentraleuropas stehen unter der Herrschaft der intensiveren, einen nördlicheren Verlauf nehmenden Depressionen IX und X^a; es wehen in Folge dessen auch im Nordwesten Deutschlands meist südliche bis westliche Winde, die am 25., 26. und 28. an der deutschen Nordseeküste eine stürmische Stärke annehmen.

Die bemerkenswertheste Erscheinung dieser Epoche bilden die am 27. im Westen Europas auftretenden Depressionen IX^a, IX^b, X, X^a, von denen auch die letzteren aus dem gleichen Depressionsgebiet wie IX^b sich zu entwickeln scheinen. Und zwar ist an diesem Tage die Lage der drei Minima X, X^a, IX^b fast die gleiche, wie die der Minima V^a, V^d und V^e am 13. des Monats, auch bewegen sich IX^b und X^a in Bahnen, die denen von V^e und V^d parallel, aber etwas nach Westen verschoben sind. Die ganz gleiche Bahn wie Minimum V^e schlägt dagegen die Depression IX^a ein in Begleitung von zahlreichen Gewittern auf ihrem Zuge durch Deutschland am 26. und 27. In einer Furche niedrigen Luftdruckes, die sich am 28. abends im Süden der Depression X^a als Ausläufer derselben über das westliche Frankreich und östliche Spanien erstreckt, kommen die Minima X^c und X^d zur Entwickelung, von denen das letztere seinen Weg ebenfalls, jedoch nur eine sehr flache Depression des Luftdrucks hervorrufend, über Deutschland nimmt. In seinem Rücken stellt sich am 30., dem Beginn der letzten Epoche, die in den folgenden Monat hineinreicht, eine Zone hohen Luftdruckes über Grossbritannien,

Frankreich, Westdeutschland und Italien her. Dieselbe verschiebt sich sehr langsam östlich und trennt zwei Depressionsgebiete, von denen das eine als der Rest der Depressionen X^a und X^d zu betrachten ist. Das andere gehört einem Minimum X^b an, welches bereits am 28. im Rücken des Minimum X sich zeigte und zunächst seine Lage über dem Ozean nordwestlich und westlich der pyrenäischen Halbinsel beibehält. Bei der sehr gleichmässigen Luftdruckvertheilung ist das Wetter über Zentraleuropa mit Ausnahme von Gewittererscheinungen meist ruhig.

Die folgende Zusammenstellung ist den meteorologischen Bulletins von Hamburg, Skandinavien und Dänemark, London, Paris, Wien und St. Petersburg entnommen und enthält alle Beobachtungen stürmischer Winde (8 Beaufort und darüber), soweit es sich um europäische Stationen handelt. Da in Frankreich, Spanien, Portugal, Italien und Russland die Schätzung der Windstärke nicht nach genau derselben Skala, wie in den übrigen Ländern, zu geschehen scheint, so sind in Kursiv-Schrift aus Frankreich, Spanien und Portugal noch alle Windstärken 7, aus Russland und Italien alle Stärken 6 und 7 hinzugefügt.

1. Morg.: *Seermaxa NW 7.*
   Ab.: *Malta E 7.*
2. Morg.: *Cagliari NW 6.*
   Ab.: *Pesaro NE 7.*
3. Morg.: *Puy-de-Dôme ENE 7. — Florenz NE 7, Pesaro NE 7, Livorno ENE 7, Cagliari NW 6; — St. Gotthard N 8; — Orenburg NE 7.*
   Ab.: *Livorno ENE 6, Rom NNE 6, Brindisi NW 6, Malta W 7.*
4. Morg.: *Puy-de-Dôme NE 7.*
   Nm.: Skudesnäs S 8; — Stornoway SSW 8; — *Brindisi NW 6.*
5. Morg.: *Brindisi NW 6; — Pernau NNE 6, Seermaxa NE 7.*
   Nm.: Neufahrwasser N 8, Dreslau NNW 8.
6. Ab.: *Livorno WSW 6, Cagliari WNW 6.*
7. Morg.: St. Gotthard NW 8.
   Ab.: *Brindisi NW 6.*
8. Morg.: Skudesnäs NW 8; — *Puy-de-Dôme E 7; — Brindisi WSW 6.*
   Nm.: Skudesnäs NW 8.
   Ab.: *Neapel W 6, Brindisi NW 6.*
9. Nm.: Skudesnäs NW 8.
10. Nm.: Jersey NW 8.
    Ab.: *Servance SW 7,* Puy-de-Dôme WSW 8.
11. Morg.: Säntis W 8; — *Servance SW 7,* Puy-de-Dôme W 9.
    Nm.: Skudesnäs NW 8.
    Ab.: Skudesnäs NW 8; — *Cagliari NE 6.*
12. Morg.: Mullaghmore ENE 8, Belmullet ENE 8.
    Nm.: Mullaghmore ENE 9.
    Ab.: Mullaghmore NE 8, Donaghadee ESE 8; — *Servance SW 7,* Puy-de-Dôme S 7.
13. Morg.: Säntis S 8; — Mullaghmore ENE 8, Belmullet NE 8, Yarmouth ENE 8; — *Nancy S 7. Marseille SE 7, Croisette E 7, Sicié E 7, Servance SW 8,* Puy-de-Dôme SW 8; — *Cagliari SE 6.*
    Nm.: Borkum E 8; — Belmullet ENE 8; — Rochefort SW 9.
    Ab.: Samsö E 8; — Belmullet ENE 8; — *Livorno S 6, Cagliari SW 6, Palermo SSW 6.*
14. Morg.: Oxö ENE 8, Faerder ENE 8; — Scilly N 8; — Barcelona W 8; — *Livorno SSE 6, Rom SE 6, Brindisi SE 6; — Obirgipfel SW 8.*
    Nm.: Scilly N 8; — Rochefort WNW 8.
    Ab.: Puy-de-Dôme WSW 7; — *Brindisi SE 6.*
15. Morg.: Nairn NNW 8, Aberdeen NNW 8; — *Servance SW 7; — Brindisi SE 6; — Hangö E 6, Seermaxa E 7.*
    Nm.: Aberdeen NNW 8; — Rochefort WNW 8.
    Ab.: Borkum SW 8; — *Sicié NW 7; — Livorno SW 6.*

16. Morg.: Borkum W 8; — Samsö W 8, Bogö SW 8; — *Pinsk SSW 6, Ssermaxa SE 7.*
Ab.: *Turin W 6, Cagliari WNW 6, Palermo NW 6.*
17. Morg.: *Brindisi NW 6;* — *Ssermaxa ESE 6.*
Nm.: Valencia SW 9, Scilly SSW 8.
Ab.: Holyhead SSW 8, Parsonstown WSW 8, Pembroke SSW 8, Hurst-Castle SW 9; — *Cher-bourg SSW 7, La Hague SSW 7, Ouessant SSW 7.*
18. Morg.: *Ouessant SSW 7.*
19. Morg.: Dovre SSE 8; — *Puy-de-Dôme S 7;* — *Cagliari SE 6.*
Ab.: *Puy-de-Dôme S 7, Pic-du-Midi SW 7.*
20. Morg.: Puy-de-Dôme S 8.
21. Morg.: *Puy-de-Dôme S 7.*
Ab.: Skudesnäs SSW 8; — *Puy-de-Dôme SSE 7.*
22. Morg.: Christiansund WSW 9.
Ab.: Haparanda N 8, Hernösand NNW 8.
23. Morg.: *Bilbao SE 7, Coruña NE 7;* — *Uleaborg N 7, Kuopio NW 6,* Sardowala NNW 9, Ssermaxa WNW 9, *Powenetz WNW 6.*
24. Morg.: *Wjatka NW 7.*
Ab.: Bamberg W 8; — *Puy-de-Dôme WSW 7.*
25. Morg.: Bamberg SW 8; — Servance SW 8.
Ab.: Er-Hastellie SW 9.
26. Morg.: *Hangö WSW 6, Pernau WSW 7.*
Ab.: Brüssel S 8.
27. Morg.: Puy-de-Dôme SW 8.
Nm.: Säntis SSW 8; — Rochefort W 8.
Ab.: Scilly WNW 9; — *Saint-Mathieu W 7, Le Grognon W 7, Er-Hastellie SW 7,* Puy-de-Dôme WSW 8.
28. Morg.: *Le Mans SW 7.*
Nm.: Skudesnäs SSE 8.
Ab.: Skudesnäs SSE 8, Haparanda SE 8.
29. Morg.: Skudesnäs SSE 8.
Nm.: Skudesnäs S 8.
30. Morg.: Nikolaistadt S 6.
Ab.: *Cagliari SE 6.*

2. Temperatur.

Das kühlere Wetter, welches in den letzten Tagen des vorangehenden Monats über Europa zur Herrschaft gelangte, dauert bis etwa zum 7. dieses Monats fort. Die stattfindende Luftdruckvertheilung ist dabei diejenige, welche in der ersten Hälfte des Mai sich häufig einstellt und jene bekannten Kälterückfälle mit sich bringt: ein Depressionsgebiet im Süden und hoher Luftdruck im Norden begünstigt den Transport der kühleren Luft von den nördlichen Meeren her über Europa. Heiteres Wetter hat zudem in diesen Tagen zahlreiche Nachtfröste in unserm Vaterlande zur Folge, am 1. in Ostdeutschland, vom 2. bis 7. in Süddeutschland, während Nordwestdeutschland ziemlich davon verschont blieb und besonders an der Küste überhaupt eine etwas höhere Temperatur als das übrige Deutschland bewahrte. Mit der Aenderung der Luftdruckverhältnisse am 8. tritt wieder Erwärmung über Zentraleuropa ein, über Deutschland besonders im Süden begünstigt durch die schwachen westlichen Winde und heiteres Wetter, so dass bereits am 9. in Karlsruhe und Wiesbaden das Thermometer im Lauf des Tages 22° überstieg. Wenn auch die Morgentemperatur sich wenig ändert, so sinkt doch in Folge von eintretender Bewölkung und von Gewittern in Deutschland die Tagestemperatur am 11. etwas herab und herrscht auch an folgenden Tage daselbst kühleres Wetter. Am 13. tritt auf's Neue höhere Temperatur ein, welche in Folge der ausgedehnten Gewitter am 13. und 14. über Deutschland an weiterem Bestehen gehindert und von kühlerem Wetter bis etwa zum 17. gefolgt wird. Von da an

bis zum Schluss des Monats ist das Wetter in Deutschland andauernd warm; die
Temperatur erreicht daselbst besonders in den Tagen vom 20. bis 27. eine im
Monat Mai aussergewöhnliche Höhe. Das Maximumthermometer steigt in Süd-
deutschland vom 21. bis 24. vielfach erheblich über 30°, z. B. in Kassel am 22.
bis auf 35°. Die Gewittertage am Schluss des Monats bringen nur eine geringe
Abkühlung mit sich.

Die Temperaturverhältnisse des östlichen europäischen Festlandes und des
östlichen und nördlichen Skandinaviens haben im allgemeinen einen ähnlichen
Verlauf wie in Deutschland, nur ist in den ersten Tagen des Monats die Temperatur absolut genommen niedriger, während am Schluss dieselbe über dem
mittleren und südlichen Russland einen höheren Stand erreicht, entsprechend der
normalen geographischen Temperaturvertheilung der Jahreszeit.

In Frankreich ist die Temperatur meist erheblich niedriger als in Deutschland, die Morgentemperatur liegt im grössten Theil des Monats unter der Normalen; doch machen sich ebenfalls zwei wärmere Perioden vom 8. bis 12. und
vom 18. bis 23. bemerkbar, von denen die letztere die Temperaturmaxima enthält, welche am 22. nur in Nancy und Clermont 30° übersteigen. Der Nordwesten Europas zeigt meist nur geringe Wärmeschwankungen ohne bestimmt
ausgesprochene Epochen.

3. Bewölkung, Niederschlag, Gewitter.

Während der Kälteepoche des Monats bis zum 7. herrscht über Deutschland im wesentlichen heiteres, trockenes Wetter, im Binnenlande mit Reifbildung;
nur im Osten veranlasst an den beiden ersten Tagen die Depression I vereinzelte,
meist geringe Niederschläge, theilweise in Form von Schnee und Hagel. Am 8.
tritt Bewölkung ein, doch sind zunächst erhebliche Niederschläge nicht zu verzeichnen.

Erst am 10., an welchem Tage der hohe Luftdruck über Deutschland verschwunden ist, leiten zunächst in Süddeutschland stärkere Regenfälle, vereinzelt
von elektrischen Erscheinungen begleitet, die über ganz Deutschland gewitter-
und niederschlagsreiche Epoche vom 13. bis 15. ein. In diesen Tagen fallen
stellenweise sehr starke Regenmengen, so meldet am 14. morgens München 22 mm,
Altkirch 39 mm, Karlsruhe 25 mm, am 16. auch Friedrichshafen 25 mm. Diese
Erscheinungen sind meist die Folge des Durchzuges der Depression V°. Während
nunmehr in Süddeutschland die Niederschläge abnehmen, treten dieselben am 16.
und 17. in Norddeutschland und besonders an der Küste noch ziemlich heftig auf,
veranlasst durch die Ausbildung des Theilminimums V über der Nordsee. Vom 18.
an bis zum 22. dauernd herrscht über ganz Deutschland heiteres, trockenes Wetter.

Die darauf folgende Zeit bis zum vorletzten Tage des Monats steht nun
Deutschland bei meist gleichmässiger Luftdruckvertheilung unter dem Einflusse
flacher Depressionsgebiete, welche ihrerseits wieder kleinere Minima enthalten.
Demzufolge treten in diesen Tagen bei der herrschenden hohen Temperatur
wiederum zahlreiche Gewitter vorzugsweise im Binnenland auf, die besonders am
23. und 24. und dann wiederum am 29. sehr stark und heftig sind, am 29. erreichte in Karlsruhe der Niederschlag eine Höhe von 50 mm.

Am letzten Tage des Monats liegt Deutschland in einem Gürtel hohen Luftdruckes und sind für diesen Tag Niederschläge nicht gemeldet, wenn auch die
Bewölkung den veränderlichen Charakter der letzten Epoche noch beibehält.

II. Vorläufige Mittheilungen über das Wetter auf dem Nordatlantischen Ozean.

Für die synoptischen Karten, welche den hier gegebenen Mittheilungen zu Grunde liegen, sind die Journale nachstehender Schiffe verwendet worden:

Dampfschiffe: Leipzig, Corona, Ohio, Rio, Kronprinz Friedrich Wilhelm, Saxonia, General Werder, Argentina, Lissabon, Pernambuco, Paranagua, Hannover, Leipzig, Baltimore, Corrientes, Holsatia, Lessing, Habsburg, Eider, Hammonia, Main, Salier, Rhenania, Bohemia, Werra, Aller, Weser, Rhätia, Westphalia, Polaria, Hohenstaufen, Fulda, Albingia, Elbe, America, California, Suevia, Ems, Wieland, Rhein, Moravia, Hohenzollern, Donau, Rugia, Hungaria, Australia, Allemannia, Hermann, Bavaria, Teutonia, Polynesia, Gellert.

Segelschiffe: Magdalena, Andromeda, Niagara, Adolph, Johanne, Else, Valparaiso, Argo, Suaheli, Savannah, Bernhard Carl, Oberon, Dora, Der Nordpol, Cleopatra, Ellen Rickmers, Rohilla, Dakota, Caroline, Richard Rickmers, Patagonia, Madeleine Rickmers, Alice Rickmers.

1. Wie in den Mittheilungen für April berichtet wurde, ging in der Luftdruckvertheilung, welche die Wetterlage auf dem Nordatlantischen Ozean fast die ganze zweite Hälfte jenes Monats hindurch beherrschte, gegen Ende April in so fern eine Veränderung vor sich, als das Depressionsgebiet, das vorher die Mittelzone einnahm, sich jetzt weiter nordwärts verschob und somit auch auf dem nördlichen Meeresstriche niedriger Luftdruck eintrat, während gleichzeitig auf dem südöstlichen Meerestheile das Barometer zu steigen begann. Die so entstandene neue Wetterlage erhielt sich, die erste Epoche des Mai charakterisirend, bis zum 4. dieses Monats. Das von der Isobare von 765 mm umschlossene Maximum erstreckte sich während dieser Zeit von der Küste Südeuropas, in deren Nähe es eine Höhe von etwa 770 mm erreichte, in südwestlicher Richtung über Madeira hinaus nach etwa 25° n. Br. und 40° w. Lg. Der übrige, weitaus grösste Theil der Mittelzone war von einem Gebiet niedrigen Luftdrucks eingenommen, das sich in nordöstlicher Richtung bis über 50° n. Br. hinaus erstreckte. Dasselbe gliederte sich in zwei Depressionen; das Minimum der einen, von etwa 740 mm Tiefe, lag am 1. Mai in etwa 50° n. Br. und 30° w. Lg., das der andern, welches nur eine Tiefe von 750 mm erreichte, etwa 300 Sm. östlich von Kap Hatteras. Beide zogen langsam ost- bis nordostwärts. Am 4. Mai war die westliche Depression in etwa 40° n. Br. und 50° w. Lg. angelangt, während die östliche bereits am Tage vorher nach den nordeuropäischen Gewässern verzogen war. Der Druckvertheilung entsprechend hatte das Passatgebiet auf der Ostseite des Meeres eine ziemlich grosse nördliche Ausdehnung, der Art dass seine polare Grenze sich bis zur Breite von Kap St. Vincent hinaufzog. Zwischen der Küste Mitteleuropas und etwa 30° w. Lg. herrschte ein beständiger Süd- bis Südwestwind, dessen Bereich sich rückwärts bis in niedere Breiten erstreckte. Auf der Westhälfte des Ozeans war die Luftströmung aus Nordwest, Nordost und Ost. Das Wetter war im Ganzen ziemlich unruhig. Im Bereiche der Depressionen trat der Wind meistens mit grosser Stärke auf, oftmals die Stärke 8 bis 9 erreichend; auch kamen hier vielfach Gewitter vor. Insbesondere wurden am 2. Mai in der südöstlichen Umgebung des Minimums, welches sich damals in etwa 50° n. Br. und 30° w. Lg. befand, auf einem weit ausgedehnten Gebiet überall elektrische Erscheinungen beobachtet.

2. Auf der Rückseite der westlichen Depression erschien, nachdem dieselbe ihren Ort weiter ostwärts verlegt hatte, am 4. an der amerikanischen Küste ein

zweites Gebiet hohen Luftdrucks. Dasselbe bewegte sich, zugleich mit der Depression und indem das Maximum im Osten sich mehr und mehr auf den Kontinent zurückzog, im Laufe der nächsten Tage langsam in östlicher Richtung bis zu der Mitte des Ozeans, wo es, die Wetterlage beherrschend, längere Zeit verweilte. Die Uebergangszeit, vom 5. bis zum 7. Mai, kann als die zweite Epoche dieses Monats gerechnet werden. Während derselben waren dem Vorstehenden nach also zwei Gebiete hohen Luftdrucks auf dem Ozean vorhanden; das eine, östliche, erstreckte sich von der Küste Europas in südwestlicher Richtung und erreichte nach den Schiffsbeobachtungen in der Kanalmündung eine Höhe von 770 bis 772 mm; das andere nahm um die Mitte der Epoche den grössten Theil der westlichen Hälfte der Mittelzone ein und hatte seine grösste Höhe von gleichfalls etwa 770 mm zwischen 30° und 40° n. Br. und 50° und 60° w. Lg. Zwischen beiden lag eine Depression, deren Minimum von ungefähr 755 mm Tiefe sich am 6. nordwestlich von den Azoren befand; ausserdem zeigte sich ein Gebiet niedrigeren Luftdrucks, in welchem die Abnahme des Drucks jedoch kaum bis 760 mm hinunterging, an der amerikanischen Küste zwischen Kap Hatteras und Neufundland. Die durch die Druckvertheilung hervorgerufenen Winde waren: im Osten von etwa 35° w. Lg., ebenso wie vorher, Süd und Südwest, mit Ausnahme der Küstengewässer südlich von Kap St. Vincent, wo nordöstliche Passatwinde herrschend blieben; zwischen 35° und etwa 55° w. Lg. Nordwest und Nord-, noch näher der amerikanischen Küste wieder südwestliche Winde. Auf dem Meeresstriche nördlich von 45° n. Br. und zwischen 25° und 45° w. Lg., der im Bereiche der Depression und an deren Nordseite lag, waren östliche Winde herrschend. Das Wetter blieb auch jetzt noch ziemlich unruhig, trotz der geringen Tiefe der Depressionen. Wenn auch nur vereinzelt, wurde doch täglich, sowohl in der Nähe des Hauptminimums als auch unter der amerikanischen Küste, stürmischer Wind, am 6. selbst Sturm aus Nordwest von der Stärke 10 notirt; auch kamen im westlichen Depressionsgebiet wieder sehr häufig Gewitter vor.

3. Der ganze übrige Theil des Monats, vom 8. bis zum 31. Mai, ergiebt sich durch die Beständigkeit der Hauptzüge der Wetterlage als eine einzige, die dritte Epoche, die sich dadurch kennzeichnete, dass beständig die Mitte des Ozeans von einem Gebiet hohen Luftdrucks eingenommen wurde, während auf der Ost- und auf der Westseite je ein Gebiet niedrigeren Drucks lagerte.

Das Minimum der Depression im Osten lag stets nahe dem Lande oder über demselben. Der Wind kam hier in Folge dessen, ausgenommen auf dem Striche in nächster Nähe der Küste, wo ab und zu auch südliche Winde auftraten, beständig aus dem nördlichen Halbkreise und zwar gewöhnlich aus Nord bis Nordwest, entsprechend der nördlichen Lage des Minimums. Mitunter zweigte sich jedoch ein südlicher liegendes Theilminimum ab, oder auch verschob sich die Hauptdepression bis zur Breite von Kap Finisterre südwärts, so dass in Kanalbreite nordöstliche Winde herrschend wurden. Letzteres war insbesondere während der letzten Tage des Monats der Fall. Die beobachteten niedrigsten Barometerstände gingen meistens nicht unter 755 mm, oft nicht unter 760 mm hinunter und der Wind war dementsprechend durchschnittlich von nur mässiger Stärke; am 12. und 13., 17. und 18., 27. und 31. Mai steigerte er sich jedoch bei tieferem, zeitweilig 745 mm erreichendem Fallen des Barometers zur Stärke 8 bis 9.

Das Gebiet hohen Luftdrucks auf der Mitte des Ozeans nahm in seiner Umgrenzung durch die Isobare von 765 mm den grössten Theil der Mittelzone ein und erstreckte sich meistens auch noch über 50° N. hinaus in höhere Breiten. Das Maximum, welches 770 bis 775 mm Höhe erreichte, befand sich gewöhnlich zwischen 30° und 40° n. Br. Der Wind war in Folge dessen nördlich von 35° n. Br. vorherrschend westlich. An mehreren Tagen, nämlich vom 10. bis zum 12. und am 24. und 25. Mai, zeigte sich jedoch nördlich von 50° n. Br. ein zweites Maximum, was bewirkte, dass am Nordrande der Mittelzone östliche Winde auftraten. Vom 26. bis zum Ende des Monats erstreckte sich in Folge der Anhäufung des Luftdrucks im Norden das Gebiet der östlichen Winde auf der Mitte des Ozeans fast über die ganze Breite der Mittelzone. Das Wetter war ruhig; nur an wenigen Tagen erreichte der Wind eine grössere Stärke als 5.

In dem Depressionsgebiet, welches den westlichen Theil der Mittelzone einnahm, waren die Druckverhältnisse weniger beständig wie im Osten und auf der Mitte des Ozeans. Es traten hier nacheinander mehrere Depressionen auf, die meistens längs der Küste bis Neufundland und dann anscheinend nordwärts zogen, während die unterbrechenden Gebiete höheren Drucks eine östliche Zugrichtung verfolgten und auf der Mitte des Ozeans mit dem dort befindlichen Maximum verschmolzen. Nur eine Depression, die am 12. Mai an der amerikanischen Küste erschien, schlug eine östlichere Richtung ein und überschritt in den folgenden Tagen, bis zum 16. Mai, den Ozean. Sie bewirkte zugleich die einzige erhebliche Veränderung in den beiden anderen Druckgebieten, nämlich in so fern, als sie im Osten fortan die Stelle der bisher vorhandenen Depression einnahm und gleichzeitig auf der Mitte des Ozeans an die Stelle des früheren, jetzt ostwärts zurückgedrängten Maximums das der Depression folgende trat. Der Veränderlichkeit der Druckverhältnisse im Westen entsprechend war auch der Wind hier ziemlich veränderlich, aus der vorherrschenden Südwestrichtung oft nach Nordwest und selbst bis Nordost holend. Winde aus dem letzteren Quadranten wehten am 14. und 15. und vom 18. bis zum 20. Mai, an welchen Tagen zugleich der Barometerstand verhältnissmässig hoch war. Beständige Südwestwinde herrschten vom 23. bis zum 31. Mai. Wirklich stürmisches Wetter kam auch hier nicht vor, wie denn auch die beobachteten Druckminima selten tiefer als 755 mm waren; indessen erreichte die Windstärke nicht selten 6 bis 7. Vom 22. bis zum 26. und besonders am 24. wurden mehrfach Gewitter beobachtet. Im Ganzen genommen waren dieselben jedoch nicht häufig. Ebenso wurden Nebel trotz des vorherrschenden südwestlichen Windes nur selten angetroffen; letzteres aber wohl hauptsächlich aus dem Grunde, dass die zwischen Europa und Nordamerika verkehrenden Schiffe, um dem auf der Neufundland-Bank und in deren Umgebung auftretenden Treibeise aus dem Wege zu gehen, zumeist eine südliche Route einschlugen und auf diese Weise die eigentliche Nebelregion, das kalte Küstenwasser innerhalb des Golfstromes, vermieden.

Die Direktion der Seewarte.

Dr. *Neumayer.*

III.ª Abweichungen von der normalen Temperatur um (7) 8

Tag	Bodö	Skudesnäs*	Haparanda*	Stockholm*	Stornoway	Shields*	Valencia	St. Mathieu	Paris*	Perpignan*	Borkum	Hamburg	Swinemünde	Neufahrwasser	Memel
1	5.9	4.5	4.3	2.1	1.4	0.6	2.7	6.4	6.1	3.9	3.0	4.8	6.1	4.7	6.5
2	4.2	1.6	2.0	3.5	1.5	2.3	1.1	2.9	7.8	2.8	3.5	6.6	4.0	2.7	3.3
3	1.7	1.7	0.4	1.5	0.0	0.2	1.1	1.6	5.9	1.3	3.5	4.5	4.5	4.3	4.4
4	2.9	0.7	1.2	2.1	2.2	5.8	0.4	2.5	5.4	3.3	0.0	4.1	2.9	1.5	5.2
5	0.3	0.5	0.6	0.3	0.9	3.5	0.2	1.5	4.6	4.2	1.7	3.2	4.7	4.1	3.1
6	2.7	0.5	0.3	2.8	0.3	7.8	2.4	0.1	3.4	1.0	4.9	0.3	2.5	4.4	2.7
7	2.3	0.7	2.9	4.8	1.9	7.7	0.7	0.5	2.6	1.6	0.4	0.8	3.5	3.9	1.9
8	1.6	0.7	1.9	5.6	0.1	1.3	0.7	0.0	3.5	0.7	3.1	0.2	0.7	1.4	0.8
9	2.4	0.7	3.3	1.2	0.6	1.9	0.0	0.2	1.0	0.7	3.0	1.7	1.4	1.4	1.2
10	2.9	1.7	1.1	1.0	2.3	3.1	0.5	0.7	2.3	0.2	3.3	3.4	0.6	0.2	3.6
11	1.3	0.7	2.1	1.9	1.2	3.2	0.5	1.0	0.7	1.8	3.2	4.5	2.5	1.5	2.1
12	1.4	0.5	3.5	4.3	5.2	2.8	5.2	0.1	0.6	0.2	3.8	3.8	0.9	0.6	3.3
13	0.2	0.1	3.7	1.1	0.9	3.0	6.4	2.3	0.4	0.8	0.8	1.0	1.1	0.9	0.5
14	0.4	1.7	1.9	4.3	4.3	3.0	3.2	4.6	3.4	4.0	0.0	0.0	4.2	6.6	2.4
15	3.2	1.1	6.4	1.1	1.6	1.5	1.0	4.3	4.6	4.6	1.5	3.1	0.0	1.1	5.4
16	6.1	1.9	1.7	2.7	3.4	2.2	1.1	1.8	6.3	4.3	3.0	4.2	3.0	0.1	0.4
17	4.7	2.3	3.2	0.1	1.3	1.1	0.5	1.1	2.5	2.6	0.4	0.7	0.3	2.3	1.9
18	2.2	0.6	1.9	1.3	1.4	3.2	0.1	0.9	0.9	1.5	1.4	3.0	1.6	1.4	1.6
19	4.0	0.4	2.3	4.7	0.9	1.9	0.3	1.6	0.0	2.3	1.6	8.0	5.6	6.6	3.9
20	4.9	1.0	4.5	2.7	0.5	2.0	0.2	1.6	1.1	0.4	6.9	7.9	6.4	7.0	7.7
21	3.1	2.2	6.9	8.1	1.1	0.6	0.7	3.0	1.2	2.4	1.9	8.0	8.2	8.6	8.9
22	1.1	0.0	1.5	6.3	1.8	0.7	0.0	2.6	3.2	2.4	2.9	3.4	4.1	10.9	9.6
23	0.2	1.0	3.3	1.7	1.5	1.3	2.2	2.0	1.5	0.1	3.3	3.5	3.1	2.8	2.2
24	0.6	3.4	3.9	5.9	0.3	2.0	1.7	2.7	2.3	1.6	1.3	4.6	4.6	2.1	0.8
25	0.1	0.0	2.1	3.5	1.0	0.6	1.3	0.7	3.2	1.9	0.3	2.3	2.1	9.7	7.9
26	4.0	0.8	0.7	3.2	1.6	1.6	6.3	3.4	3.3	0.1	0.5	1.5	2.4	5.2	1.7
27	2.0	0.4	3.3	3.2	2.3	3.5	3.1	5.4	2.3	1.3	0.4	3.8	4.0	5.0	2.4
28	1.0	0.2	1.9	8.4	4.0	3.6	2.0	3.4	5.4	5.8	1.2	1.2	0.4	7.4	9.8
29	0.7	0.2	0.1	4.6	2.5	0.8	2.1	3.3	4.4	3.6	1.3	0.0	0.8	1.8	3.5
30	0.9	1.2	0.3	2.8	2.0	3.2	0.0	3.6	1.3	2.2	0.6	1.1	4.7	1.3	6.6
31	3.5	2.9	1.1	2.3	3.2	3.9	1.2	1.3	0.1	1.8	1.1	0.8	0.2	0.6	2.0
Mittel	1.0	0.3	0.9	1.8	1.3	0.5	1.1	2.1	2.3	1.8	0.0	0.2	0.5	1.5	11

Die Werthe der Temperaturabweichungen beziehen sich für die Norwegischen, Schwedischen, En Deutschen und Italienischen Orte auf 8 Uhr morgens, für die Französischen, Oesterreich-Ungarischen, K. und Türkischen auf 7 Uhr morgens.

ens im Monat Mai 1886 (fette Zahlen +, magere —).

Breslau	Karlsruhe	München	Wien*	Hermannstadt*	Rom*	Archangelsk*	St. Petersburg**	Moskau*	Astrachan*	Constantinopel*	Katharinenburg*	Hamaul*	Irkutsk*	Taschkent*	Tag
6.9	7.4	4.2	6.8	0.1	1.5	5.6	5.9	10.7	0.4	5.9	7.1	4.9	1.1	0.6	1
5.6	6.8	5.8	3.4	4.0	0.5	8.0	4.2	6.5	0.6	3.9	6.2	5.8	3.5	3.8	2
7.1	7.9	8.6	5.9	0.6	0.3	5.0	2.3	7.1	3.7	7.4	5.6	0.9	0.3	1.6	3
7.3	6.6	7.7	6.9	5.9	5.9	4.9	3.0	5.7	1.0	8.0	5.6	3.3	1.2	1.6	4
8.2	5.2	5.7	7.0	8.6	4.2	4.4	2.7	2.3	3.5	1.5	0.9	5.2	7.0	1.8	5
9.8	3.4	6.1	8.6	9.6	6.0	1.2	0.3	5.1	0.6	7.8	2.7	6.8	2.3	3.8	6
9.6	4.3	4.9	7.7	10.5	8.7	1.2	1.2	4.1	2.3	4.6	5.7	8.2	4.2	3.8	7
6.0	—	2.0	7.4	9.9	6.0	4.7	1.8	1.2	1.9	3.8	5.9	6.0	7.1	3.2	8
1.7	0.2	1.9	2.7	7.5	5.7	8.1	5.6	0.7	0.6	1.9	4.0	4.2	5.6	0.6	9
2.3	0.2	1.8	0.7	4.9	4.0	3.7	2.2	0.0	2.5	0.3	1.8	5.1	3.5	1.4	10
0.8	0.5	1.0	1.8	5.6	2.0	0.1	0.1	0.5	1.6	1.4	5.2	1.1	1.1	1.5	11
1.6	1.0	0.4	1.0	1.9	1.2	0.5	1.2	1.7	2.4	4.8	4.0	2.6	7.2	0.1	12
1.8	0.8	2.8	3.4	1.7	0.6	2.4	1.3	0.5	1.9	3.7	3.3	5.2	0.4	0.3	13
4.3	4.0	1.5	2.0	3.9	1.1	0.3	1.4	2.8	2.3	4.7	4.6	1.8	1.4	4.5	14
0.1	3.5	4.3	1.4	1.8	0.0	1.7	5.8	1.0	3.4	5.0	2.6	0.4	0.8	4.1	15
2.6	5.8	7.1	3.6	1.0	3.4	0.0	2.1	2.1	2.1	3.4	5.3	9.0	3.0	4.3	16
2.3	1.0	1.9	3.8	1.2	3.9	4.2	2.0	6.2	3.9	0.9	6.1	2.9	3.0	2.5	17
0.7	0.4	1.8	2.2	2.6	3.8	5.0	1.4	1.7	7.2	1.5	4.9	1.0	0.2	1.5	18
3.2	3.5	3.7	0.6	0.7	0.7	6.6	1.4	0.5	7.5	1.8	1.5	5.4	0.1	4.9	19
5.3	5.2	5.8	4.3	1.1	0.6	4.6	4.9	1.2	4.1	2.6	2.6	1.2	0.1	9.1	20
6.2	6.0	5.9	2.6	1.3	0.5	3.2	2.6	6.0	2.6	4.2	2.2	0.5	2.4	0.9	21
8.2	5.9	5.9	3.4	0.8	1.9	2.2	7.1	1.5	4.9	4.8	2.5	2.0	3.0	0.9	22
9.7	7.4	6.5	3.6	1.4	2.0	3.4	1.1	6.2	0.5	3.2	5.4	1.1	2.9	1.9	23
7.5	3.2	5.0	3.9	2.4	0.5	8.2	1.1	3.4	2.0	1.1	1.6	8.3	6.1	0.1	24
0.5	1.3	1.1	0.5	2.6	0.4	3.2	1.2	0.7	2.3	1.3	6.9	1.4	2.9	2.8	25
3.8	2.0	1.6	1.6	2.1	1.8	5.0	3.1	1.4	1.5	1.4	9.2	3.8	3.3	0.2	26
4.0	3.5	4.7	2.1	0.6	1.2	5.4	4.2	2.8	1.1	1.3	8.9	0.3	4.1	5.0	27
4.8	2.8	1.0	4.0	1.4	0.9	3.2	0.9	0.8	1.9	0.4	5.9	7.7	4.2	8.2	28
0.3	2.2	3.1	1.9	2.4	1.2	0.3	2.5	6.1	2.3	0.3	3.5	5.0	2.0	3.6	29
5.3	0.5	1.6	4.6	3.1	0.7	5.7	3.1	4.9	3.8	2.2	3.4	2.3	5.5	3.8	30
1.2	0.1	1.9	4.8	3.0	3.7	4.2	4.0	6.2	3.3	0.2	0.1	3.0	3.2	12.3	31
0.3	(0.8)	0.3	1.0	1.4	1.5	0.2	1.4	0.3	1.6	0.7	2.6	1.9	0.7	2.5	Mittel

Während bei den übrigen Beobachtungsorten die von der Seewarte berechneten normalen Temperaturen zu gelegt wurden, sind in den mit * versehenen Reihen die Differenzen der Temperaturen und der aus dem von St. Petersburg entnommenen normalen Pentadenmitteln verzeichnet; für St. Petersburg ** sind die Abgen von der täglichen Normalen derselben Stunde nach demselben Bulletin gegeben.

IIIb. Vergleichende Zusammenstellung der thatsächlichen Witteru[ng]

	Hamburg											Prognose						Neufa[hrwasser]							
	Wirkliche Witterung																	Wirkliche Witte[rung]							
	8h a. m.					2h p. m.					Niederschlag 8h a.m.–8h a.m.							8h a. m.					2h p.		
Tag	Temp.-Abw.	Temp.-Aend.	Windstärke	Windricht.	Bewölkung	Temp.-Abw.	Temp.-Aend.	Windstärke	Windricht.	Bewölkung		Temp.-Abw.	Temp.-Aend.	Windstärke	Windricht.	Bewölkung	Niederschlag	Temp.-Abw	Temp.-Aend.	Windstärke	Windricht.	Bewölkung	Temp.-Abw	Temp.-Aend.	Windstärke
1	k	z	m	s'	v	k	z	f	w'	v	e	—	z	m	e	v	o	k	z	l	e'	h	k	z	m
2	k	a	m	n	b	k	a	s	n	b	t	—	u	m	w'n	v	t	k	z	l	e	h	k	z	m
3	k	z	l	n	b	k	z	m	n	v	t	—	z	l	—	h	t	k	a	f	n'	h	k	a	m
4	k	u	l	n	h	k	z	m	n	h	t	—	z	l	—	h		n	z	m	n	h	k	u	f
5	k	z	l	x	v	n	z	l	n	h	t	—	z	l	—	h		k	a	f	n	v	k	z	s
6	n	z	l	n	h	n	z	l	n'	h	t	—	u	m	n	h	t	k	u	f	n	h	k	u	f
7	n	z	l	n	h	w	z	l	e	v	t	—	z	l	—	h	t	k	u	l	n'	r	k	z	l
8	n	u	l	x	b	w	u	l	w	b	e	w	—	l	—	h	t(g)	k	u	m	n	b	k	u	l
9	n	a	m	w'	h	n	a	m	w'	h	t	—	ua	l	—	v	g	n	z	l	w	v	k	u	m
10	k	a	l	w'	h	n	u	l	w'	v	t	—	—	m	w'n	v	r	n	a	l	n	h	k	z	l
11	k	a	l	n	v	k	a	m	w'	h	t	—	u	l	—	v	v	n	z	l	w	h	k	u	m
12	k	u	l	s'	b	k	z	l	s'	b	e	—	u	m	w'n	h	t	n	u	l	w'	h	n	z	l
13	n	z	m	e'	v	n	z	m	e'	r	r	—	u	l	—	b	r	n	a	l	n	v	k	a	m
14	n	u	l	x	r	k	u	l	e'	b	r(g)	—	u	m	—	v	r	w	z	l	s'	v	w	z	l
15	k	a	l	s'	b	k	a	l	w	v	t	—	u	l	—	b	r(g)	n	a	m	s'	b	w	a	l
16	k	a	f	w	v	k	a	f	w	b	r	—	z	m	w	h	g	n	a	m	w'	b	n	a	l
17	n	z	l	w	b	n	z	m	w	b	r	—	z	s	s'w	v	r	k	a	m	s	b	n	z	m
18	w	z	m	s'	v	w	z	m	s'	v	t	—	uz	f	s'	b	r	n	z	l	n	b	w	z	l
19	w	z	l	s'	v	w	z	l	x	h	t	w	—	l	ss'	v	g	w	z	l	s'	h	w	z	l
20	w	u	l	x	h	w	z	m	e'	h	t	w	—	l	—	h	g	w	u	l	s	h	w	z	l
21	w	u	l	w	h	w	a	l	n	h	t	—	a	l	—	v	g	w	z	l	s	h	w	u	l
22	w	a	m	n	h	w	a	m	n'	h	t	w	—	l	—	h	t(g)	w	z	l	s	h	w	a	l
23	w	a	l	e	v	w	z	m	e	h	e(g)	—	a	l	—	h	t(g)	w	a	l	n	h	n	a	l
24	w	z	m	e	h	w	a	m	w	v	e(g)	—	a	l	—	h	g	w	u	l	e	v	w	z	m
25	w	a	f	s'	v	k	a	f	s'	r	r	—	a	l	—	v	g	w	z	m	s'	v	n	a	f
26	n	u	f	s'	b	n	z	f	s'	v	t	k	—	f	ws'	v	r	w	a	m	s'	h	w	z	f
27	w	z	l	e'	v	w	z	m	s	b	e	—	uz	f	ws'	v	v	w	u	l	s	v	w	a	l
28	n	a	m	s'	v	n	a	m	s'	v	t	w	—	m	ss'	v	r(g)	w	z	l	w	v	w	a	l
29	n	a	m	e'	v	n	u	l	s	b	r	—	uz	f	w	v	o	n	a	l	e	v	n	a	l
30	n	z	m	n	b	n	a	l	n	b	t	—	u	l	—	v	v	n	u	l	n	v	n	z	l
31	n	u	l	w'	h	n	z	l	n	v	t	w	—	l	—	v	g	n	u	l	w'	b	n	a	m

In den Angaben der wirklichen Witterung zu den Beobachtungs-Terminen 8h a. m. und 2h p. m. bedeutet für
Temperatur-Abweichung: k = kalt (negative Abw. > 2°), n = normal (Abw. 0 — 2°), w = warm (positive Abw.
Temperatur-Aenderung: a = Abnahme, u = unveränderter Stand (Aenderung < 1°), s = Zunahme der Tem
Windstärke: 1 = leicht (0—2), m = mässig (3—4), f = frisch (5—6), s = stürmisch (> 6);
Windrichtung: n, e, s, w = N, E, S, W; n', e', s', w' = NE, SE, SW, NW; x = Stille; für die Zw
striche werden die auf der Windrose bei Drehung von Süd über West nach Nord zunächst liegenden Hauptstriche
Bewölkung: h = heiter (0—1), v = wolkig (2—3), b = bedeckt (4), r = Niederschläge, d = Nebel, Dun

⌐	z	m	e	v	o	k	a	m	n' r	k a m n' b	e	—	z	m	e	v	o	1

⌐	z	m	e	v	o	k a m n' r	k a m n' b	e	— z m e v	o	1
—	z	m	e'	h	t	k a m w' v	k u s n' v	t	— z l — v	t	2
k	—	m	n	v	o	k a m w' r	k a f n' b	e	— z l — h	t	3
k	—	m	n	v	te	k z m n' h	k z l w' v	t	— z l — h	t	4
—	z	l	—	h	t	k z m n' h	k z m w' v	t	— z l — h	t	5
k	—	f	n	v	o	k u f w' h	k a l n b	t	— u m n h	t	6
—	z	m	n	v	o	k z l w h	k z m w' b	t	— z l — h	t	7
—	z	l	—	v	t	k z l s' b	n z m w' h	t	w — l — h	t (g)	8
—	z	l	—	v	e	n z m w v	w z f w' v	t	— u l — v	g	9
—	—	m	w'n	v	r	n u l s' h	w z l n v	r	— a m — v	g	10
—	u	l	—	v	v	n a m s' b	n a f w b	r	— u l — v	v	11
—	u	m	w'n	h	t	n u m s' b	n z m w' v	t	— u m ww' v	t (g)	12
—	u	l	—	b	r	w z l c' b	w z f s' v	t	— u l — b	r	13
n	—	-'f	ss'	b	r	n a m w' b	k a m w r	r	— u f s' v	r	14
—	u	l	—	b	r (g)	k a m e' b	k z f w v	e	— u l — b	r (g)	15
—	z	m	w	h	g	k a s w v	k a f w b	t	— z m s'w h	t	16
—	z	s	s'w	v	r	n z f s' b	n z m w v	t	— z s s'w v	r	17
—	uz	f	s'	b	r	n z l s' v	w z m n' h	t	— uz f 's' b	r	18
w	—	l	ss'	v	g	w z l w h	w z f n' h	t	w — l ss' v	g	19
w	—	l	—	h	g	w z m s' h	w u l n' h	t	w — l — h	g	20
w	—	l	—	h	g	w u m s' h	w u m n' h	t	w — l — h	g	21
w	—	l	—	h	t (g)	w u l s' h	w z m n' h	t	w — l — h	t (g)	22
—	a	l	—	h	t (g)	w u m w' h	w u l x h	r	— a l — h	t (g)	23
w	—	l	—	h	g	w a m s' h	w a m w' v	r (g)	w — l — h	g	24
—	a	l	—	v	g	n a f s' h	n a l s' r	t	— a l — v	g	25
k	—	f	ws'	v	r	n z l w' v	w z m n' v	t	— ua m w v	e	26
—	uz	f	ws'	v	v	w z f e' v	w u f s' v	t	— uz m s' v	te	27
w	—	m	ss'	v	r (g)	n a m e b	n a m n' v	t	w — m ss' v	r (g)	28
w	—	-'f	s'	v	o	w z l e v	w z m e' b	t	— uz m s' h	t	29
—	u	l	—	v	v	n a l w'b	n a l w' b	r	— u l — v	v	30
w	—	l	—	v	g	n u m n' v	n z l n' b	—	w — l — v	g	31

sohlag: t = trocken, e = etwas Regen (0—1.1 mm), r = Regen, Schnee etc. (> 1.1 mm), g = Gewitter.

Angaben des Niederschlages gelten für die Zeit von 8h a. m. des angegebenen Tages bis 8h a. m. des folgenden.

n der Prognose haben die Zeichen in den bezüglichen Stellen die gleiche Bedeutung, nur bei Bewölkung ist ränderlich; es treten ferner hinzu die folgenden Zeichen, bei Temperatur-Abweichung: f = Frost, bei Niederschlag: änderlich, o = ohne wesentliche Niederschläge. Die Prognose steht bei dem Datum, für welches sie gegeben ist. Brüche bedeuten: Zähler »zuerst«, Nenner »dann«. Ist für die der Stelle entsprechende Witterungs-Erscheinung gnose nicht gestellt, so wird dies durch — angedeutet.

III^a· Monatssumme des Niederschlags in Millimetern auf den Normal-Beobachtungs-Stationen und Signalstellen der Deutschen Seewarte.
Mal 1886.

Station	mm	Station	mm	Station	mm
Memel	17	Stralsund	—	Tönning	36
Brusterort	24	Darsserort	40	Cuxhaven	64
Pillau	30	Wustrow	33	Geestemünde	32
Hela	60	Warnemünde	31	Bremerhaven	—
Neufahrwasser	47	Wismar	30	Neuwerk	—
Rixhöft	33	Marienleuchte	26	Keitum	50
Leba	42	Travemünde	37	Brake	73
Stolpmünde	37	Friedrichsort	40	Wilhelmshaven	57
Rügenwaldermünde	28	Kiel	55	Schillinghörn	—
Colbergermünde	30	Schleimünde	52	Wangerooge	52
Swinemünde	52	Hamburg	44	Karolinensiel	60
Ahlbeck	14	Altona	—	Nesserland	53
Greifswalder Oie	—	Aarösund	42	Norderney	56
Thiessow	48	Flensburg	63	Borkum	50
Arkona	20	Brunshausen	45		
Wittower Posthaus	47	Glückstadt	49		

barome
M

acht

igkei

d.
mit
der-
ag

Ph

d. Tage mit erst. ag Wind	Stationen	Winde %	1. Dekade		2. Dekade		3. Dekade		Winde %
			Ostsee	Nordsee	Ostsee	Nordsee	Ostsee	Nordsee	
1	Memel	N	38	33	7	11	18	14	N
1	Neufahrwasser	NE	18	23	4	7	13	18	NE
3	Swinemünde	E	3	3	6	7	8	7	E
0	Wustrow	SE	1	3	14	5	10	5	SE
0	Kiel	S	1	1	17	6	14	10	S
		SW	3	1	20	31	15	25	SW
5	Hamburg	W	12	5	17	18	8	12	W
3	Keitum	NW	19	22	11	4	8	4	NW
6	Wilhelmshaven	Stille	5	9	4	8	4	5	Stille
3	Borkum								

Mittel- und Summenwerthe der Dekaden.

Procenten			Windgeschwindigkeit in Metern per Sekunde		Stationen
W	NW	Stille	Mittel	Tage mit > 15 m	
13	15	3	4.26	0	Memel
6	13	3	3.76	0	Neufahrwasser
7	10	2	5.22	0	Swinemünde
15	16	3	5.01	0	Wustrow
17	10	9	—		Kiel
15	13	4	5.40	25. 26	Hamburg
15	17	3	4.95	0	Keitum
10	5	16	5.54	2. 13. 15. 16. 22. 25	Wilhelmshaven
5	6	3	7.92	2. 13. 15. 16. 22. 25. 26. 28	Borkum

Monatliche Summen und Mittel für die Windverhältnisse.

24.	25.	26.	27.	28.	29.	30.	31.	Datum	Stationen
2.71	6.75	6.97	2.38	4.63	1.98	2.75	3.89		Memel
2.69	3.25	4.51	2.06	2.79	1.77	2.80	3.09		Neufahrwasser
4.91	6.90	8.15	4.58	4.08	3.74	3.40	3.72		Swinemünde
4.58	8.24	7.05	4.49	3.90	3.63	2.92	2.06		Wustrow
—	—	—	—	—	—	—	—		Kiel
5.36	8.64	8.68	6.46	7.57	2.20	2.76	3.02		Hamburg
3.56	7.76	6.17	4.26	8.60	3.33	1.35	4.20		Keitum
2.70	9.21	6.70	6.20	7.86	1.45	2.63	7.25		Wilhelmshaven
5.25	12.03	8.41	6.62	13.25	5.21	2.88	9.78		Borkum

Tagesmittel der Windgeschwindigkeit nach dem Anemometer.

waren nach den Aufzeichnungen der Barographen in Memel 769,9 mm, 6ʰ p. m., am 2. und 75.2 mm, 8ʰ a. m. am 5. und 744.3 mm, 12ʰ p. m. am 13., in Hamburg 775.3 mm, 8ʰ a. m. e Temperatur wird auf dreierlei Weise berechnet, als ¹/₂ (8 a. + 8 p.), ¹/₃ (8 a. + 2 p. + 8 p.) Temperaturmittel angenommen, was dem wahren Mittel sehr nahe entspricht. Für alle

t blofser Thaubildung sind ausgeschlossen, auch wenn die Thaumenge eine mefsbare Gröfse l desselben Horizontal-Abschnitts enthält das Procentverhältnifs der Windrichtungen in den und die einzelnen Stationen ist, um die Lage der Luvseite anzudeuten, von je zwei entgegen- lie Windrichtung an, wie dieselbe sich aus den Aufzeichnungen der Registrir-Anemometer last frei aufgestellt.) Das Mittel dieser Werthe oder die mittlere Windgeschwindigkeit des ner Stunde 15 m per Sekunde erreichte oder überstieg.

Die Direktion der Seewarte
Dr. Neumayer.

Monatsbericht der Deutschen Seewarte.

Juni 1886.

Inhalt: I. Die atmosphärischen Vorgänge in Europa, insbesondere Zentral-Europa. II. Vorläufige Mittheilungen über das Wetter auf dem Nordatlantischen Ozean. III. Meteorologische Tabellen. Karte der Bahnen der barometrischen Minima im Juni 1886. Tabelle der Mittel, Summen und Extreme für den Juni 1886 aus den meteorologischen Aufzeichnungen der Normal-Beobachtungsstationen an der Deutschen Küste.

I. Die atmosphärischen Vorgänge in Europa, insbesondere Zentral-Europa.

1. Luftdruck und Wind.

Am Beginn des Monats beherrscht hoher 760 mm übersteigender Luftdruck, mit einem Maximum über 766 mm auf der westlichen Ostsee, den grössten Theil des Erdtheiles; nur die Küsten des Atlantischen Ozeans und des nördlichen Eismeeres stehen unter dem Einflusse zweier Depressionsgebiete. Während das Letztere keine allgemeine Einwirkung auf die Witterung des Erdtheils gewinnt, entwickeln sich am östlichen Rande der Depression I mehrere sekundäre Erscheinungen, die während der ersten Epoche des Monats bis zum 6. in östlicher ziemlich paralleler Richtung Zentraleuropa durchziehen.

Das Hauptminimum behält noch bis zum 4. seine Lage über dem Ozean bei, die es bereits seit dem 28. des vorangegangenen Monats eingenommen hat und erhält erst an jenem Tage eine entschiedene Ostwärtsbewegung, über Spanien nach dem Mittelmeere und Tunis hinführend.

Die ursprünglich über Zentraleuropa liegende Zone hohen Luftdruckes wird durch das Minimum I^b am 2. durchbrochen, so dass an diesem Tage zwei Maximalgebiete entstehen; das über der Ostsee liegende verschwindet bald, während das andere im Nordwesten befindliche sich allmählich südlich nach dem Süden Grossbritanniens verschiebt und an Ausdehnung gewinnend höheren Luftdruck über dem Westen und Nordwesten Europas veranlasst.

Am 2. entwickelt sich im Bereich des Schwarzen Meeres ein Depressionsgebiet zu grösserer Bedeutung. Infolge dessen ist die östliche Bewegung der Minima der Epoche von jenem Tage an insofern eine auffallende, als bei derselben der hohe Luftdruck zur Linken bleibt. Es dürfte diese Erscheinung durch den Einfluss der hohen Temperatur im Süden ihre Erklärung finden, welche umsomehr in geringerer Höhe der Atmosphäre eine Umkehr der Richtung der Gradienten zur Folge haben wird, als diese an der Erdoberfläche sehr schwache sind.

Bei diesen meist geringen Gradienten ist naturgemäss die Luftbewegung eine sehr schwache und in Norddeutschland mit Ausnahme des Vorübergangs des Minimums I^b eine nördliche und östliche, in Süddeutschland jedoch vielfach die Richtung wechselnd unter dem jeweiligen Einfluss der passirenden kleinen Depressionen. An den beiden letzten Tagen dieser Epoche finden wir eine Zone mit 760 mm übersteigendem Barometerstande, von Grossbritannien über die Nordsee und Ostsee bis zum nördlichen Russland sich erstreckend. Der Luftdruck über Zentraleuropa beginnt abzunehmen und bereits am 6. abends ist auch jene Zone hohen Luftdrucks in ein westliches Maximum über dem Atlantischen Ozean und ein östliches über Russland getrennt, während relativ niedriger Luftdruck den Erdtheil von Skandinavien über Zentraleuropa bis zum Mittelmeere beherrscht.

Während der zweiten Epoche vom 7. bis zum 15. bleibt diese Druckvertheilung im wesentlichen bestehen.

Die beiden Maxima nehmen eine langsame Bewegung, das westliche nach Süden, das östliche nach Norden an und dehnen sich wohl auch zeitweise in der Richtung ihrer Verbindungslinie aus, so dass am 11. über Norddeutschland die beiderseitigen Gebiete 760 mm übersteigenden Luftdruckes in einander übergehen.

Bestimmend auf den Witterungscharakter Zentraleuropas wirken jedoch fast ausschliesslich ein Depressionsgebiet im Nordwesten (Minimum VI, VIII, X, XIII), ein Depressionsgebiet im Südosten und als drittes jenes so häufig in Erscheinung tretende über dem Busen von Genua, welches in dieser Epoche meistens mit dem weiter ostwärts gelegenen in Verbindung steht.

Unter dem beziehungsweisen Einflusse der beiden letzteren entwickeln sich bereits am Schlusse der vorigen Epoche das Minimum III, welches Oesterreich und Ostdeutschland und das Minimum IV, welches Westdeutschland und Frankreich berührt. Bei dem sehr gleichmässig vertheilten Luftdrucke entstehen über Zentraleuropa noch eine Anzahl kleinerer, lokaler Depressionen, denen die Ausdehnung der Maxima am 11. ein Ende bereitet. Von diesem Tage an gelangt nun auch das nordwestliche Depressionsgebiet durch das Minimum X zu einflussreicherer Wirkung in Bezug auf Zentraleuropa und es tritt vor Allem der Nordwesten Deutschlands unter die Herrschaft desselben, der Osten dagegen gehört zunächst noch ausschliesslich dem südöstlichen Depressionsgebiet an.

Während am 14. ganz Zentraleuropa unter dem Einflusse des westlichen Maximums und des Minimums XI des südöstlichen Depressionsgebietes steht, tritt am 15. bei dem östlichen Vorwärtsschreiten des Minimums XIII über die nördliche Nordsee ein Umschwung ein; Deutschland gelangt gänzlich unter den Einfluss desselben und vielfach frische, südliche bis westliche Winde in Nordwestdeutschland leiten den Uebergang in die folgende Epoche ein.

Sonst sind während dieser Epoche über Europa die Winde meist schwach und über Deutschland von wechselnder Richtung. Nur über Italien ist die Luftbewegung vom 9. an vielfach lebhafter. An dem vorangehenden Tage durchkreuzt auch ein intensiveres Minimum (VII) Italien. Dasselbe erhält auf seiner weiteren Bahn nördlich vom Balkan bis zum Schwarzen Meere vom 9. bis 16. das besprochene südöstliche Depressionsgebiet.

Mit dem Beginn der dritten Epoche vom 16. bis 23. verschwindet das östliche Maximum, welches ohnehin schon in den letzten Tagen der vorangegangenen Epoche sehr an Höhe verloren hat, gänzlich. Das westliche Maximum dagegen gewinnt eine grössere Intensität bei etwas sich verändernder Lage — zu Anfang etwas nördlicher, später etwas südlicher — über den Ozean. Jedoch bleibt der Einfluss dieses Maximums durch Erhaltung hohen Luftdruckes meist nur auf die westeuropäischen Länder beschränkt.

Im übrigen Europa ist der Luftdruck ein niedriger. Besonders hervortreten sowohl in Bezug auf Dauer als auf Tiefe des Minimums zwei grössere Erscheinungen in den Depressionen XII und XV, welche beide ihre Entstehung in dem auch während dieser Epoche andauernd bestehenden Gebiete niedrigen Luftdrucks des Ligurischen Meeres finden. Die erstere nimmt zunächst ihren Weg über die Balkanhalbinsel nach Westrussland um am 17. sich westwärts zu wenden über die Ostsee bis nach Jütland, und schliesslich unter einiger Vertiefung südwärts über die Niederlande bis zur Rheinpfalz, wo sie am 20. verschwindet, nachdem sie am 19. frische bis starke umlaufende Winde im nordwestlichen Deutschland, den Niederlanden und im nordöstlichen Frankreich verursacht hat. Die andere Depression (No. XV) schlägt bereits im Beginn ihrer Bewegung, von der Adria an, eine rein nördlichere Bahn über Ungarn, Polen, Westpreussen und Schweden ein, mit einer Tiefe von etwa 746 mm in ihrem Verlaufe bis zur Ostsee, am 21. starke nördliche Winde besonders im westlichen Deutschland veranlassend; über Schweden vertieft sich das Minimum noch weiter bis auf 740 mm am 23.

Ausser diesen beiden Depressionen finden sich noch einige weniger ausgedehnte Phänomene, die jedoch insofern ein Interesse bieten, als bei der Betrachtung der Bahnen aller Minima dieser Epoche sich sehr deutlich die schon wiederholt besprochene Erscheinung des Kreisens zweier Minima um einen gemeinschaftlichen Mittelpunkt im entgegengesetzten Sinne des Uhrzeigers zeigt, so der Minima XIII[b] und XII am 16. und 17., XII und XV. am 19. und 20., XV und XVI vom 20. bis 22.; ebenso nimmt Minimum XVII am 23. unter dem Einfluss des Minimums XV eine südlichere Bahn auf. Diese für die Epoche ziemlich charakteristische Erscheinung findet ihre Erklärung in der eigenthümlichen Luftdruck- und Temperaturvertheilung, während wie bemerkt der hohe Luftdruck im Westen Europas herrscht, liegt hohe Temperatur im Nordosten. Zentraleuropa ist jedoch sowohl verhältnissmässig für die Jahreszeit, als auch absolut im Vergleich zum Nordosten kühl; es sind also jene Bedingungen gegeben, welche im diesjährigen Januarheft p. 16 besprochen worden sind.

In Bezug auf die Luftbewegnng ist diese Epoche die am wenigsten ruhige des Monats; an der deutschen Küste veranlasst im Beginn der Epoche am 16. und 17. das Minimum XIII[b], besonders im Westen, lebhaftere westliche und nordwestliche, am 19. Minimum XII, wie oben bemerkt, umlaufende Winde und am Schluss das Minimum XVII wiederum westliche Winde. Im allgemeinen sind in Deutschland die nördlichen und westlichen Winde, der Luftdruckvertheilung entsprechend, während der Epoche vorherrschend.

Wie aus dem Verzeichniss der stürmischen Winde ersichtlich, veranlassen auch im Mittelmeere die Depressionen, besonders am 20. Minimum XV, vielfach stürmische Winde.

Am Beginn der letzten Epoche vom 24. bis 30. nimmt über Zentral- und Südeuropa der Luftdruck überall zu und übersteigt in diesen Gebieten bis zum Schlusse des Monats durchweg 760 mm.

Die wenigen ausgesprocheneren Depressionen berühren Zentraleuropa nicht; sie nehmen entweder einen sehr nördlichen Verlauf, im Norden niedrigen Luftdruck erhaltend, oder verschwinden wie das vom Ozean kommende Minimum XIX und der Ausläufer (No. XXI) einer vom 26. bis 30. im Osten Russlands liegenden Depression, ehe sie West- resp. Zentraleuropa erreichen. Jedoch entwickeln sich in dem Gebiete gleichmässig vertheilten Luftdruckes mancherlei, kleinere lokale Gewitter bildende Luftdruckminima.

Während in den ersten Tagen der Epoche, in Folge des Minimums XIX, das Luftdruckmaximum des Erdtheiles über Südeuropa liegt und die Isobaren also einen west-östlichen Verlauf nehmen, überwiegt mit dem Verschwinden dieser Depression am 27. das westliche über dem Ozean liegende Maximum, über Westeuropa den höchsten, 766 mm übersteigenden Luftdruck veranlassend. Die gleichzeitige Erniedrigung des Luftdruckes im Osten giebt demzufolge den Isobaren allmählich eine nord-südliche Richtung. Das Maximum nimmt bis zum Schlusse des Monats an Intensität zu, indem es sich nach Grossbritannien verschiebt, am 29. und 30. über Irland 770 mm übersteigend.

Die Zunahme des Luftdruckes vollzieht sich am 24. über Deutschland unter stärkeren westlichen Winden, die in Ostdeutschland stellenweise bis zu stürmischem Grade, in Süddeutschland sogar bis zum Sturm (Karlsruhe SW 9) anschwellen. An den folgenden Tagen nimmt die Windstärke schnell ab und tritt sehr ruhiges Wetter ein. Im Binnenlande ist die Windrichtung unter dem Einfluss der kleinen Minima wechselnd, an der Küste bis zum 26. westlich, alsdann meist nordwestlich und nördlich in Folge der Lage des Maximums über Grossbritannien und der Nordsee.

Die folgende Zusammenstellung ist den meteorologischen Bulletins von Hamburg, Skandinavien und Dänemark, London, Paris, Wien und St. Petersburg entnommen und enthält alle Beobachtungen stürmischer Winde (8 Beaufort und darüber), soweit es sich um europäische Stationen handelt. Da in Frankreich, Spanien, Portugal, Italien und Russland die Schätzung der Windstärke nicht nach genau derselben Skala, wie in den übrigen Ländern, zu geschehen scheint, so sind in Kursiv-Schrift aus Frankreich, Spanien und Portugal noch alle Windstärken 7, aus Russland und Italien alle Stärken 6 und 7 hinzugefügt.

2. Ab.: Christiansund ENE 8.
4. Ab.: *Cagliari NW 6.*
6. Ab.: Christiansund W 8.
7. Morg.: Haparanda N 8; — *Seermara SW 6.*
9. Morg.: *Griz-Nez ENE 7; — Pesaro W 6; — Pernau NE 6.*
   Ab.: *Livorno WSW 7.*
10. Morg.: *Florenz SW 6, Livorno SSW 6.*
    Nm.: Rochefort W 8.
    Ab.: Puy-de-Dôme W 8; — *Livorno WSW 6.*
11. Morg.: *Croisette WNW 7, Puy-de-Dôme WNW 7; — Livorno SW 6; — Ssewastopol SW 6.*
    Ab.: *Croisette NW 7; — Cagliari W 6.*
12. Ab.: *Florenz SW 6, Rom SW 6, Cagliari W 6.*
13. Ab.: *Cagliari W 6.*
14. Morg.: Nancy NW 8, *Croisette NW 7.*
    Ab.: Skudesnäs SSE 8; — *Cagliari WNW 7.*
15. Morg.: Belmullet W 8; — *Pesaro NNE 6.*
    Nm.: Stornoway W 8, Ardrossan W 8.
    Ab.: Stornoway WNW 8, Wick WNW 9; — *Marseille NW 7.*
16. Nm.: Skudesnäs NNW 8.
    Ab.: Skudesnäs NW 8; — Wick NW 9; — *Marseille NW 7, Croisette NW 7; — San Fernando E 7; — Cagliari WNW 7.*
17. Morg.: Bamberg W 8; — *Marseille NW 7, Croisette NW 7.*
    Ab.: Hernösand NE 8; — *Pesaro W 7, Cagliari WNW 6.*
18. Morg.: *Pesaro NW 6, Cagliari NNE 6.*
19. Morg.: Spurnhead N 8.
    Ab.: *Dunkerque N 7, Griz-Nez NNE 7,* Servance SW 8; — *Livorno SE 6.*
20. Morg.: Servance SW 8, *Puy-de-Dôme NW 7; — Livorno NW 6, Brindisi SE 6, Cagliari WNW 6; — Lesina SE 8.*
    Nm.: Skudesnäs NNW 8.
    Ab.: Skudesnäs NW 8; — *Servance W 7; — Turin W 6, Pesaro WNW 6, Livorno S 6, Neapel N 6, Cagliari WNW 6.*
21. Morg.: Skudesnäs NW 8; — *Celle NW 7; — Cagliari NW 6.*
    Nm.: Skudesnäs NW 8.
    Ab.: Bamberg NW 8; — *Marseille NW 7; — Florenz W 6, Neapel NW 7.*
22. Morg.: *Neapel WNW 6.*
    Ab.: Hernösand NE 8; — *Cagliari NW 6.*
23. Morg.: *Cagliari NW 7; — Uleaborg E 7, Ssewastopol S 6.*
    Nm.: Säntis W 8; — Mullaghmore WNW 8.

23. Ab.: Samsö W 8; — Mullaghmore WNW 8; — *Griz-Nez WSW 7*, *Celle SW 7*, *Serrance SW 7*,
   Puy-de-Dôme W 7; — *Cagliari WNW 6.*
24. Morg.: Karlsruhe SW 9; — Säntis W 8; — Samsö W 8; — *Serrance SW 7*; — *Haagö SSW 6.*
   Nm.: Breslau WNW 8.
   Ab.: Samsö WNW 8.
25. Morg.: *Kuopio SW 6.*
26. Morg.: *Ssermaxa NW 6.*
28. Ab.: *Cagliari NW 6.*
29. Ab.: Skudesnäs NW 8, Falun NE 8.
30. Morg.: Upsala N 8.
   Nm.: Skudesnäs NNW 8.
   Ab.: Skudesnäs NW 8.

2. Temperatur.

In Zentral-Europa und besonders in Deutschland sind die Temperatur-
schwankungen im Laufe dieses Monats keine erheblichen. In den beiden ersten
Tagen bestand über Deutschland noch das warme Wetter fort, welches am Schluss
des vorangehenden Monats herrschte, und finden sich auch in dieser Zeit die
höchsten am Extremthermometer beobachteten Temperaturen, welche jedoch nur
vereinzelt und zwar im Binnenlande (z. B. Bamberg am 1.) 30° erreichen.

Mit dem Erscheinen des Maximums über Gross-Britannien und dem Eintritt
nördlicher Winde am 3. findet bereits Abkühlung statt und hält das kühle Wetter
über Zentral-Europa bis zum Schlusse des Monats an.

Nur der äusserste Osten Deutschlands behält bis etwa zum 15. eine etwas
die Normale übersteigende Temperatur bei, wird alsdann jedoch ebenfalls in das
kühle, das ganze europäische Festland, mit Ausnahme des Ostens, einschliessende
Gebiet hineingezogen.

Es stellt sich dies dar durch die eigenthümliche Verlagerung der Isothermen
über Europa; während dieselben zunächst eine den Breitenkreisen ziemlich
parallele Richtung haben, verschieben sie sich allmählich in eine von Südwesten
nach Nordosten gehende, indem auch das Temperatur-Maximum nach dem Südosten Europas sich hinbewegt. Während im Norden Europas die Temperatur
zunimmt, gestalten sich die Isothermen sehr unregelmässig, bis schliesslich etwa
vom 13. an zwei Temperatur-Maxima sich zeigen; ausser dem südlichen im
Mittelmeergebiete ein zweites über Finnland. Zwischen beiden liegt ein kälteres
Gebiet über Zentraleuropa, das besonders in den Tagen vom 17. bis 22. über
dem inneren Deutschland ein Temperatur-Minimum einschliesst. Auf den Höhen-
stationen Deutschlands sank in diesen Tagen das Thermometer unter den Ge-
frierpunkt, und sowohl der Brocken als die Schneekoppe waren am Morgen des
17. mit Schnee bedeckt. Am 25. beginnt über West- und Zentraleuropa die
Temperatur wieder ein wenig zu steigen und stellt sich eine ziemlich gleichmässige Wärmelage vom 26. an über dem Erdtheil her, ohne jedoch ein Ueberschreiten der Normalen in Zentraleuropa zur Folge zu haben.

3. Bewölkung, Niederschlag, Gewitter.

Während an den ersten beiden Tagen des Monats über ganz Deutschland
das Wetter meist heiter ist, veranlassen sehr bald die dasselbe durchziehenden
Minima dauernde Trübung des Himmels, die erst in der letzten Epoche vom 24.
an, also von dem Tage, an welchem Deutschland wieder unter die Herrschaft
höheren Luftdruckes tritt, einem zeitweisen Aufklaren Platz macht.

Besonders ist das Binnenland in diesem Monat von trübem und regnerischem Wetter betroffen, während die Küste mehr veränderliches Wetter zeigt und auch nicht so reich an Niederschlägen ist. Besonders zeichnet sich die deutsche östliche Ostseeküste durch eine längere vergleichsweise heitere und ziemlich trockene Epoche bis etwa zum 15. aus, denn bis dahin wurde Ostdeutschland nur wenig von den erscheinenden Minima berührt.

Die stärkste Bewölkung während des Monats zeigt insbesondere Süddeutschland, unter dem Einflusse theils der verschiedenen ausgedehnteren, theils kleineren lokalen Depressionen (wie in der letzten Epoche) befindlich.

Zahlreiche Gewitter treten in diesem Monat auf, die zum Theil wiederum in ihren begleitenden Erscheinungen, als Sturm, Hagel oder überaus starke Regengüsse von verheerendster Wirkung sind, so am 1. in der Gegend von Wetzlar und am Harz; diese letzteren dürften auf den Vorübergang der Minima I⁴ und I⁵ zurückzuführen sein. Den ganzen Monat hindurch, nur mit Ausnahme sehr weniger Tage, wurden Gewitter gemeldet.

Die Niederschlagsmengen waren im Binnenlande und besonders in Süddeutschland vielfach ganz ausserordentliche. Von den an die Seewarte berichtenden Beobachtungsstationen wurden mehrere Male 20 mm übersteigende Niederschlagshöhen gemeldet, am 4. Breslau 28 mm, Bamberg 21 mm, am 5. Altkirch 33 mm, am 6. Friedrichshafen 39 mm, München 40 mm, am 7. Karlsruhe 29 mm, am 10. Friedrichshafen 45 mm, am 12. Kassel 27 mm, Friedrichshafen 32 mm, am 21. Wiesbaden 25 mm, am 22. Breslau 36 mm, Friedrichshafen 22 mm, am 28. München 27 mm. Noch grössere Mengen wurden jedoch berichtet aus Sachsen: am 14. Dresden 70 mm; aus Baden: am 5. Hartheim 59 mm, am 11. Meersburg 61 mm, am 27. Obermünsterthal 70 mm; aus Württemberg: am 5. Zeil 60 mm, am 6. Munderkingen 64 mm, am 8. Heilbronn 74 mm. Auch das schlesische Hochgebirge war vom 20. bis 22. von gewaltigen Regengüssen heimgesucht, die in den Niederungen verheerende Ueberschwemmungen zur Folge hatten. Diese letzteren Erscheinungen sind die Folge des Vorübergangs des Minimum XV, welches von der Adria kommend, bereits über Oesterreich am 20. ungeheure Regengüsse veranlasst hatte; am 21. vormittags ergab die Messung der Regenmenge der letzten 24 Stunden in Wien die Höhe von 110 mm.

II. Vorläufige Mittheilungen über das Wetter auf dem Nordatlantischen Ozean.

Zu den synoptischen Wetterkarten, auf welche sich diese Mittheilungen gründen, konnten die Meteorologischen Journale nachstehender Schiffe benutzt werden:

Dampfschiffe: Lissabon, Pernambuco, Paranagua, Hannover, Leipzig, Baltimore, Corrientes, Petropolis, Holsatia, Massalia, Köln, Valparaiso, Thuringia, Ems, Main, Rhätia, Trave, Eider, Gellert, Suevia, Silesia, Lessing, Amerika, Werra, California, Polaria, Hammonia, Elbe, Hermann, Australia, Frankfurt, Berlin, Hamburg, Rio, Polynesia.

Segelschiffe: Suaheli, Dora, Cleopatra, Ellen Rickmers, Rohilla, Dakota, Caroline, Richard Rickmers, Madeleine Rickmers, Alice Rickmers, Baldur, Regulus, Undine, J. H. Lübken, Mozart, Agustina, J. W. Gildemeister, Shakspere, Louise, Oberbürgermeister von Winter, Martha, Industrie, Kale, Heinrich & Tonio, Amor, Speculant, Olbers, Okeia, Fortuna, Victoria, Godeffroy.

Nach den Hauptzügen der Druckvertheilung lassen sich in Bezug auf die Witterung auf dem Nordatlantischen Ozean im Juni 1886 fünf verschiedene Epochen unterscheiden.

1. Die erste Epoche, welche bis zum 6. Juni zu rechnen ist, bildet eine Fortsetzung der dritten, bereits am 8. Mai begonnenen Epoche des vorigen Monats. Es herrschte noch dieselbe Wetterlage: ein Gebiet hohen Luftdrucks auf der Mitte des Ozeans, das sich über 50° n. Br. hinaus in höhere Breiten erstreckte, im Osten und im Westen davon ein Gebiet niedrigen Drucks; nördliche Winde zwischen 20° und 40°, südliche zwischen 40° und 60° w. L..' veränderliche Winde in der Nähe der Küsten. Das Maximum, welches eine Höhe von 772 bis 775 mm hatte, befand sich in der Umgebung von 40° bis 45° n. Br. und 40° w. L. In Folge dessen war am Nordrande der Mittelzone zwischen 30° und 50° w. L. die Luftströmung aus dem westlichen Halbkreise, während südlich von 40° n. Br. auf der Mitte des Ozeans der Passat herrschte. Auf der Ostseite des Meeres erstreckte sich das Passatgebiet dagegen nur bis etwa 28° n. Br. Von den Depressionen erreichte nur die im Osten und diese auch nur am 1. und 2. Juni eine grössere Tiefe als 755 mm, und in deren Bereich trat der Wind aus Nordost bis Nordwest auch verschiedentlich steif und im einzelnen Falle selbst stürmisch auf. Im Ganzen war das Wetter jedoch ruhig und schön.

2. Mit Zunahme des Drucks im Osten und Südosten und Abnahme desselben im Norden und Nordwesten richtete sich am 6. und 7. Juni die Wetterlage ein, welche während der zweiten Witterungsepoche vom 7. bis zum 14. des Monats herrschend war. Das Maximum von etwa 775 mm Höhe lag jetzt meistens südlich von den Azoren, und das umschliessende Gebiet von mehr als 765 mm Druck erstreckte sich von der Küste Südeuropas westsüdwestwärts nach etwa 30° n. Br. und 55° w. L. Am Nordwest- und Nordrande des Maximums entlang bewegten sich in ununterbrochener Folge mehrere, anscheinend vier Depressionen, in der Weise, dass die Bahnen der Minima nördlich von 50° n. Br. lagen. Auf der Mittelzone fiel das Barometer nur in wenigen Fällen unter 755 mm. In Folge dieser Druckvertheilung waren auf dem grössten Theile der Zone jetzt westliche, zwischen Südwest und Westnordwest schwankende Winde herrschend, die besonders in grösserer Entfernung vom Maximum durchweg steif wehten und vielfach von Regen und trübem Wetter begleitet waren. Die polare Grenze des Passatgebiets lag auf der Mitte des Ozeans in 30° bis 35° n. Br. An der Küste Südeuropas ging die herrschende nördliche Luftströmung jetzt schon in etwa 40° n. Br. in den Passat über.

3. Indem die zuletzt im Westen erschienene Depression eine mehr östliche Bahn einschlug und in 40° bis 50° n. Br. bis zur Mitte des Ozeans vordrängte, verschob sich das südlich der Azoren lagernde Maximum nordostwärts nach der Gegend westlich von der Bai von Biskaya und der Umgebung der Britischen Inseln; zugleich nahm ein von Nordwesten kommendes zweites Maximum die südliche Mitte und den südwestlichen Theil der Mittelzone ein, während Gebiete niedrigen Druckes ausser der erwähnten Depression, welche nordwestlich von den Azoren lagerte, an der amerikanischen Küste und in der Umgebung der Strasse von Gibraltar entstanden. Diese Wetterlage erhielt sich vom 15. bis 20. Juni, der dritten Epoche des Monats. Hinsichtlich der herrschenden Luftströmungen zeigte sich dieselbe von der vorhergehenden hauptsächlich im östlichen Theile des Ozeens verschieden und zwar in so fern, als jetzt nördliche — nordöstliche bis nordwestliche — Winde nur in unmittelbarer Nähe der Küste,

weiter landabwärts, zwischen 15° und 30° w. L. aber südliche Winde wehten. Auf der Westhälfte blieb der Wind vorherrschend aus Südwest bis West. Die Passatgrenze lag im Ganzen südlicher, besonders aber auf der Ostseite, wo das Gebiet sich kaum über 25° n. Br. hinaus erstreckte. Es wehte vielfach steif; stürmisches Wetter kam jedoch nicht vor, entsprechend der geringen Tiefe der Minima, welche in keinem Falle 750 mm erreichte. Im Ganzen war der Luftdruck indessen weniger hoch als vorher.

4. Die vierte Epoche, vom 21. bis zum 24. Juni, charakterisirte sich durch eine für die Mitte des Sommers ungewöhnliche Wetterlage. Das nordöstliche Maximum hatte sich noch weiter nordwärts verschoben und zugleich westwärts ausgedehnt und lag jetzt westlich von Irland, ausserhalb der Kanalmündung eine Barometerhöhe von 770 bis 774 mm bedingend und in seiner Umgrenzung durch die Isobare von 765 mm sich über die ganze, östlich von 35° w. L. gelegene Hälfte der Mittelzone erstreckend. Die westliche Hälfte wurde dagegen von einem Gebiet niedrigen Luftdruckes eingenommen, in welchem zwei Depressionszentren angedeutet waren, das eine südlich von Neufundland, das andere weiter südöstlich, bei 35° n. Br. und 45° w. L. Das vorher im Südwesten befindliche Maximum war bis über 30° n. Br. südwärts verschoben. In Folge dieser Druckverschiebung war der Passat auf dem grössten Theile seines vorher eingenommenen Gebietes aufgehoben und durch Windstillen und leichte westliche Winde ersetzt; im Osten erreichte seine polare Grenze jetzt kaum den Parallel von 20° n. Br. und auf dem übrig bleibenden schmalen Striche wehte er nur mit geringer Stärke. Dagegen herrschten jetzt zwischen 40° und 50° n. Br. östliche Winde quer über dem Ozean von 10° bis 60° w. L. Nahe der europäischen Küste blieb der Wind nördlich. Unter der amerikanischen Küste war er veränderlich, anfangs ebenfalls nördlich, später südwestlich. Stürmisches Wetter kam auch jetzt nicht vor; indessen steigerte sich am 21. Juni im Bereiche der Depression südlich von Neufundland, welche an diesem Tage eine Tiefe von 750 mm erreichte, der Wind aus Nord zur Stärke 8.

5. Die aussergewöhnliche Druckvertheilung der vierten Epoche war nur von kurzem Bestand. Schon am 24. Juni hatte sich das Maximum in dem Gebiete hohen Luftdruckes so weit südwärts verschoben, dass vor dem Kanal der Wind eine westliche Richtung annahm, während gleichzeitig im Süden, zwischen 20° und 30° n. Br. der Passat wieder durchkam. Mit weiterer Zunahme des Druckes im Süden, auch auf der westlichen Hälfte des Meeres, stellte sich die Wetterlage her, welche die Zeit vom 25. bis zum 30. Juni, die letzte Epoche des Monats, charakterisirte. Das Gebiet höchsten Luftdruckes erstreckte sich nun längs dem Parallel von 30° n. Br. in Ost-West-Richtung nahezu quer über dem Ozean. Die Passatgrenze lag in etwa 28° n. Br. Auf der Mittelzone herrschten westliche Winde, schwankend zwischen Süd und Nordwest. Die ost- bis nordostwärts wandernden Depressionen, welche hier auftraten, hatten eine Tiefe von nur wenig unter 760 mm. Der Wind war dementsprechend im Ganzen nur von mässiger Stärke und das Wetter auf dem grössten Theile der Mittelzone schön, doch kamen im Golfstromgebiete südlich und südöstlich von Neufundland sehr häufig Gewitter vor. Zeitweilig lag ein zweites Maximum von geringer Ausdehnung über dem Britischen Inseln, das im Ausgange des Kanals flaue östliche Winde hervorrief.

In dem Gebiete hohen Luftdrucks im Süden war das Maximum bei den Azoren während der fünften Epoche nur wenig ausgeprägt, vielmehr zeigten sich Anhäufungen des Druckes auf verschiedenen und von Tag zu Tag sich verlegenden Stellen. Erst gegen Ende des Monats begann das Azoren-Maximum sich mehr herauszubilden und damit die normale Druckvertheilung des Sommers sich einzustellen, die im Juni nur während der Zeit vom 7. bis zum 14. vorhanden war, im folgenden Juli aber fast den ganzen Monat hindurch die Wetterlage beherrschte.

Die Direktion der Seewarte.
Dr. *Neumayer.*

1	4.2	1.4	1.1	0.5	2.2	4.0	1.8	1.2	1.4	0.3	2.6	0.9	1.1	0.0	0.
2	3.2	1.7	0.7	2.5	2.2	4.1	1.4	1.4	1.0	2.1	3.6	3.7	4.4	3.4	2
3	4.4	1.8	2.1	5.1	1.8	2.5	0.3	0.9	1.0	6.3	3.5	0.8	1.4	5.2	4
4	2.8	1.3	1.1	0.9	1.3	1.8	1.3	4.0	2.0	4.0	2.9	2.8	1.4	1.4	1.
5	0.5	0.4	1.7	1.8	0.3	3.9	0.3	3.8	4.6	2.7	2.2	1.7	1.6	1.9	0.
6	0.7	0.7	1.9	1.6	2.1	1.5	0.1	3.8	4.2	3.2	1.1	0.3	3.0	3.1	2
7	1.5	0.8	6.9	1.8	2.2	3.1	0.0	3.3	0.1	4.0	2.6	1.9	1.7	4.3	3.
8	1.1	0.0	3.3	2.0	1.6	3.1	0.5	2.5	3.5	4.2	1.3	1.4	2.0	0.1	3
9	0.5	2.7	2.1	3.4	0.6	1.0	1.2	2.2	3.4	5.2	1.5	0.4	2.8	0.5	1.
10	1.5	4.0	0.7	3.3	0.1	3.9	0.7	2.8	2.1	6.8	0.4	0.7	2.3	1.8	0.
11	0.5	3.6	1.5	2.9	0.2	1.8	0.2	2.0	3.1	6.9	2.2	1.8	2.8	0.5	1
12	4.0	2.3	0.7	6.3	0.2	1.9	0.8	2.3	2.8	4.8	1.9	0.0	0.7	1.3	4
13	6.6	4.2	3.1	8.3	0.4	0.9	0.9	2.9	5.0	5.2	0.4	0.9	2.8	0.7	5
14	8.5	1.0	2.3	2.7	2.2	1.1	0.2	1.8	5.2	3.8	0.6	2.7	1.2	1.9	6
15	8.9	0.6	6.0	8.1	1.7	0.1	1.6	2.8	0.9	4.2	2.4	3.2	1.3	2.7	4
16	8.6	1.9	6.4	0.7	3.0	2.4	0.1	2.9	5.4	4.3	3.2	4.4	3.8	2.6	1.
17	9.3	2.8	9.7	1.3	2.4	2.0	1.8	2.4	5.3	5.6	4.3	5.2	5.0	4.4	
18	7.9	7.7	10.0	6.3	3.6	4.3	0.7	5.5	6.6	3.3	2.4	3.4	3.1	3.8	4
19	5.2	8.6	8.2	4.3	0.4	3.9	2.1	4.0	6.2	10.1	2.0	4.9	1.7	0.7	0
20	1.8	0.9	5.6	6.5	0.9	4.4	4.2	2.6	5.0	7.0	0.8	2.0	1.1	0.8	0.
21	0.5	1.0	1.6	3.3	2.1	2.8	1.3	1.7	6.9	5.6	4.3	4.2	1.2	0.6	1.
22	4.8	1.3	0.6	0.1	0.0	0.2	0.9	2.9	5.7	5.9	5.7	5.9	4.4	0.9	3.
23	3.8	0.9	0.6	0.9	3.4	1.9	1.4	2.5	4.7	5.5	1.1	5.2	4.7	3.4	1.
24	4.5	2.8	8.1	0.9	2.9	1.5	1.3	3.2	5.1	3.5	3.6	6.3	5.6	5.5	2.
25	4.7	0.5	3.6	0.8	1.9	0.5	0.1	3.7	1.8	3.4	0.4	1.7	5.3	4.4	2.
26	0.1	1.0	7.2	0.0	3.0	1.7	0.6	3.9	3.1	5.6	1.4	1.2	1.2	0.1	0.
27	3.2	0.7	1.1	1.8	1.4	0.1	0.6	2.4	2.3	2.3	2.0	2.8	1.3	1.0	1.
28	0.7	1.2	2.8	0.6	1.5	2.0	0.5	0.8	1.8	0.0	0.1	1.6	2.4	1.3	0.
29	1.1	1.0	1.6	0.2	2.6	5.3	2.7	0.2	1.4	1.3	0.7	1.8	0.9	0.4	0.
30	2.6	1.3	2.2	4.6	2.7	0.3	4.3	0.2	2.8	1.2	3.6	4.0	3.0	1.7	2.
Mittel	1.9	0.5	1.3	1.8	1.7	0.9	0.3	2.6	3.3	4.3	1.2	2.1	1.8	0.2	0.

Die Werthe der Temperaturabweichungen beziehen sich für die Norwegischen, Schwedischen, F. Deutschen und Italienischen Orte auf 8 Uhr morgens, für die Französischen, Oesterreich-Ungarischen, I und Türkischen auf 7 Uhr morgens.

ens im Monat Juni 1886 (fette Zahlen +, magere —).

Breslau	Karlsruhe	München	Wien*	Hermannstadt*	Rom*	Archangelsk*	St. Petersburg**	Moskau*	Astrachan*	Constantinopel*	Katharinenburg*	Barnaul*	Irkutsk*	Taschkent*	Tag
2.4	3.6	3.2	3.0	4.6	0.5	2.2	0.2	2.5	—	1.1	7.1	3.2	1.0	7.5	1
3.0	5.3	4.8	2.1	3.0	0.6	1.2	0.3	2.5	—	3.4	4.2	1.3	0.2	8.1	2
5.0	1.3	5.9	5.6	3.4	0.8	2.6	0.6	0.0	—	2.2	2.4	3.1	1.7	4.6	3
2.7	1.8	1.7	2.4	3.2	1.1	5.5	1.4	5.8	—	0.4	0.1	0.9	0.3	2.0	4
3.6	2.3	0.9	1.7	2.6	0.5	5.8	3.6	3.8	—	3.7	3.5	6.3	1.3	9.3	5
0.6	4.3	2.8	1.2	2.4	1.3	0.7	0.7	4.5	—	8.0	4.0	1.1	2.8	0.4	6
0.8	2.4	2.2	0.5	0.0	0.7	1.8	2.8	4.5	—	6.6	5.8	1.9	3.5	1.2	7
2.2	2.1	2.7	1.4	1.1	0.8	2.6	3.1	1.1	—	6.5	6.4	1.4	3.8	2.2	8
2.3	3.0	3.1	0.8	0.0	2.5	11.0	8.2	1.2	—	7.7	6.2	4.0	5.6	0.8	9
2.1	1.5	3.0	1.0	1.3	1.1	6.6	3.0	5.0	—	7.1	8.2	5.9	2.9	0.4	10
2.0	1.8	2.8	1.0	0.5	0.9	?	0.1	6.7	—	5.1	5.8	3.5	1.1	2.8	11
2.7	0.7	3.6	0.6	0.5	4.7	2.5	3.3	4.1	—	1.5	7.6	10.1	1.9	4.2	12
0.3	3.3	2.6	0.1	2.2	1.0	0.9	2.3	1.7	—	1.5	2.4	9.1	1.2	2.2	13
1.7	4.2	4.9	0.3	1.7	1.5	4.7	4.2	1.9	—	3.8	4.7	5.2	6.8	1.2	14
0.4	2.6	2.1	2.5	1.6	4.3	0.6	5.7	2.0	—	5.5	6.4	2.5	5.8	1.8	15
4.9	2.4	5.9	3.9	0.3	0.8	2.4	5.0	3.1	—	3.7	7.9	0.0	5.0	1.6	16
6.9	6.3	7.8	6.7	3.0	4.8	2.4	3.6	0.4	—	6.6	4.8	6.2	2.3	0.2	17
4.5	7.4	9.6	5.6	4.2	1.9	5.4	4.9	0.9	—	3.9	4.6	3.1	5.3	1.4	18
4.0	6.6	5.0	6.7	2.2	2.2	5.2	3.7	0.1	—	2.9	2.0	7.3	4.2	4.0	19
4.9	7.8	3.3	5.5	3.4	3.1	6.8	3.7	1.0	—	0.7	2.6	7.9	3.3	0.6	20
3.8	5.7	7.2	6.0	0.7	3.1	1.2	3.3	6.7	—	4.8	3.3	4.3	4.0	1.4	21
6.9	6.4	8.5	6.7	0.0	0.9	5.6	4.2	2.1	—	9.3	0.0	1.9	3.8	0.6	22
5.6	5.5	7.1	5.7	3.5	3.5	0.0	5.0	2.8	—	3.3	1.8	2.1	3.9	1.4	23
6.0	4.1	4.2	2.3	4.0	1.7	2.8	0.2	0.4	—	3.0	0.7	0.6	7.2	0.0	24
4.3	4.0	1.0	2.4	4.5	4.0	0.1	0.6	1.9	—	3.8	3.7	3.1	6.2	3.1	25
1.1	0.8	2.0	1.6	4.2	4.2	0.3	1.0	0.9	—	1.6	10.7	2.4	3.8	2.1	26
1.5	0.8	1.9	1.7	2.5	3.2	2.6	0.8	3.3	—	0.6	8.1	8.2	3.1	0.8	27
1.1	2.7	0.0	0.8	0.1	4.0	0.3	0.5	1.2	—	0.8	4.2	7.2	0.6	1.8	28
2.2	3.0	1.4	0.2	0.2	2.2	6.5	0.8	3.1	—	0.3	5.3	0.0	6.2	0.8	29
3.1	1.7	4.0	1.0	0.6	1.7	10.2	0.6	2.7	—	0.8	5.0	2.6	5.7	1.5	30
1.8	2.8	2.7	1.6	0.4	1.8	(1.1)	1.1	1.5	—	3.5	3.6	2.0	2.6	0.3	Mittel

Während bei den übrigen Beobachtungsorten die von der Seewarte berechneten normalen Temperaturen zu gelegt wurden, sind in den mit * versehenen Reihen die Differenzen der Temperaturen und der aus dem von St. Petersburg entnommenen normalen Pentadenmitteln verzeichnet; für St. Petersburg ** sind die Abweichungen von der täglichen Normalen derselben Stunde nach demselben Bulletin gegeben.

IIIᵇ· Vergleichende Zusammenstellung der thatsächlichen Witteru

	Hamburg												Prognose						Neuf...						
	Wirkliche Witterung																		Wirkliche Witt						
	8ʰ a. m.					2ʰ p. m.					Niederschlag 8ʰ a.m.								8ʰ a. m.					2ʰ p	
Tag	Temp.-Abw.	Temp.-Aend.	Windstärke	Windricht.	Bewölkung	Temp.-Abw.	Temp.-Aend.	Windstärke	Windricht.	Bewölkung	8ʰ a.m.−8ʰ a.m.	Temp.-Abw.	Temp.-Aend.	Windstärke	Windricht.	Bewölkung	Niederschlag	Temp.-Abw.	Temp.-Aend.	Windstärke	Windricht.	Bewölkung	Temp.-Abw.	Temp.-Aend.
1	n	u	m	e'	v	w	z	f	e'	v	r(g)	w	—	m	n'	h	t	n	u	l	n	h	n	u
2	w	z	l	w	v	w	z	l	s'	v	t	n	—	l	—	v	g	w	z	l	s	h	w	z
3	n	a	l	w'	b	k	a	m	w'	b	t	w	—	l	—	v	g	w	z	l	n	v	w	a
4	k	a	l	n	v	k	z	m	n	v	t	—	u	l	—	h	g	n	a	m	n'	b	k	a
5	n	z	m	e	h	n	z	l	n	v	t	k	—	l	n'	h	t	n	u	f	n'	h	k	u
6	n	z	l	e	h	n	z	l	e	h	t	k	—	l	n'	h	t	w	z	l	s	v	w	z
7	n	z	l	n'	h	w	u	l	n'	v	t	—	z	l	—	v	g	w	z	l	s	v	w	z
8	n	a	l	n	h	n	a	l	n	h	t	—	u	l	—	v	g	n	a	m	n	b	n	a
9	n	z	l	e'	h	n	z	m	n'	h	t	—	u	l	—	v	g	n	u	l	n'	b	k	a
10	n	a	m	e'	h	w	z	m	e'	v	e(g)	—	uz	l	—	h	o	n	a	m	n'	h	k	u
11	n	a	l	e'	h	n	u	l	e	h	t	w	—	l	—	v	t	n	z	m	e	v	n	z
12	n	z	l	w'	v	n	u	l	s'	v	r(g)	—	uz	l	—	v	g	n	z	l	e	v	n	z
13	n	z	m	s'	v	n	a	m	w	v	r	—	u	l	—	v	g	n	u	l	n	b	n	u
14	k	a	m	n	r	k	a	m	n	b	r	—	u	l	—	v	r	n	z	l	n'	v	w	z
15	k	u	f	s	r	k	a	s	w'	v	r	—	z	l	—	h	o	w	u	l	e	v	n	u
16	k	a	f	s'	b	k	u	f	w	b	r	k	—	f	ww'	v	v	k	a	m	w'	v	n	a
17	k	u	m	s'	v	k	u	l	w	b	r	k	—	f	ww'	v	v	n	z	l	s'	v	n	z
18	k	z	l	e	h	k	z	l	n	v	r	k	—	m	n	v	r	k	a	l	w	b	k	a
19	k	a	m	e'	b	k	a	m	e'	v	e	—	z	l	—	v	r	n	z	l	x	v	n	z
20	k	z	l	n'	v	k	z	m	n'	v	e	—	z	m	cc'	v	te	n	z	l	e	v	n	u
21	k	a	m	w'	b	k	a	f	w'	b	t	—	uz	l	n	v	v	n	a	m	n	b	n	a
22	k	a	f	w	b	k	u	m	w	b	e	k	—	f	n	v	v	n	u	l	w'	b	n	u
23	k	u	m	s'	b	k	z	f	w	b	r(g)	—	z	m	w	v	te	k	a	m	w	v	n	u
24	k	a	f	s'	v	k	a	s	w'	v	r	—	uz	f	w	v	r	k	z	l	w'	b	k	a
25	n	z	m	s'	v	n	z	m	s'	b	t	—	z	m	w	h	o	k	z	m	w'	v	k	z
26	n	u	l	s'	h	n	z	m	w	v	t	w	—	l	w	h	g	n	z	l	n	v	k	z
27	k	a	l	n	b	n	a	m	n'	h	t	w	—	l	—	h	g	n	z	l	w	b	n	z
28	n	z	l	e	h	n	u	l	w	v	t	w	—	l	—	h	t(g)	n	a	l	w'	h	k	a
29	n	u	l	n	h	n	u	m	w'	h	t	n	—	l	—	h	g	n	z	l	w'	h	k	z
30	k	a	m	w'	b	k	a	m	w'	v	t	—	u	l	—	b	g	n	a	l	w'	v	k	a

In den Angaben der wirklichen Witterung zu den Beobachtungs-Terminen 8ʰ a. m. und 2ʰ p. m. bedeutet ...
Temperatur-Abweichung: k = kalt (negative Abw. ≻ 2'), n = normal (Abw. 0—2'), w = warm (positive Ab...
Temperatur-Aenderung: a = Abnahme, u = unveränderter Stand (Aenderung ≺ 1'), s = Zunahme der Te...
Windstärke: l = leicht (0—2), m = mässig (3—4), f = frisch (5—6), s = stürmisch (≻ 6).
Windrichtung: n, e, s, w = N, E, S, W; n', e', s', w' = NE, SE, SW, NW; x = Stille; für die ...
   striche werden die auf der Windrose bei Drehung von Süd über West nach Nord zunächst liegenden Hauptstriche ...
Bewölkung: h = heiter (0—1), v = wolkig (2—3), b = bedeckt (4), r = Niederschläge, d = Nebel, D...

ältnisso im Juni 1886 und der gestellten **Prognosen**.

: s e r					München																	Tag
Prognose					Wirkliche Witterung										Niederschlag 8ʰ a. m.–8ʰ a. m.	Prognose						
					8ʰ a. m.					2ʰ p. m.												
Temp.-Aend.	Windstärke	Windricht.	Bewölkung	Niederschlag	Temp.-Abw.	Temp.-Aend.	Windstärke	Windricht.	Bewölkung	Temp.-Abw.	Temp.-Aend.	Windstärke	Windricht.	Bewölkung		Temp.-Abw.	Temp.-Aend.	Windstärke	Windricht.	Bewölkung	Niederschlag	
v	—	m	n'	h	t	w	u	l	e'	h	w	z	l	n'	h	t	w	—	m	n'	h	t	1
x	—	l	—	h	g	w	u	m	w	h	w	z	l	x	v	r(g)	w	—	l	—	h	g	2
x	—	l	—	v	g	w	z	l	e'	v	w	a	l	n'	v	r	w	—	l	—	v	g	3
—	u	l	—	h	g	n	a	l	w'	b	n	a	l	w'	v	e	—	u	l	—	h	g	4
ι	—	l	n'	v	o	n	a	f	e	b	k	a	m	n'	r	r	n	—	l	n'	v	o	5
ι	—	l	n'	h	t	k	a	f	s'	r	k	a	m	w	r	r	k	—	l	n'	v	v	6
—	z	l	—	v	g	k	u	f	s'	b	k	z	s	w	v	r	—	z	l	—	v	g	7
—	u	l	—	v	g	k	u	f	s'	b	k	z	m	n'	v	r	—	u	l	—	v	g	8
—	u	l	—	v	g	k	u	l	w'	b	k	a	m	n'	r	r	—	u	l	—	v	g	9
ι	—	l	—	b	r	k	u	m	s'	b	n	u	m	w'	b	e	—	uz	l	—	h	o	10
x	—	l	—	v	g	k	u	m	w'	b	k	a	m	s'	r	r	w	—	l	—	v	g	11
—	uz	l	—	v	g	k	u	m	w'	b	k	z	l	w'	v	e	—	uz	l	—	v	g	12
—	u	l	—	v	g	k	z	m	s'	r	k	a	m	w	r	r	—	u	l	—	v	g	13
—	u	l	—	v	g	k	a	m	w'	r	k	u	m	w'	b	e	—	u	l	—	v	r	14
—	z	l	—	h	o	k	z	f	s'	h	n	z	f	w	v	r	—	z	l	—	h	o	15
ι	—	f	ww'	v	r	k	a	m	w	v	k	a	l	w'	r	r	k	—	f	ww'	v	v	16
ι	—	f	ww'	v	v	k	a	m	w	b	k	a	m	s'	b	r	k	—	f	ww'	v	v	17
ι	—	l	—	b	r	k	a	m	s'	r	k	z	s	w	v	r	k	—	m	n	v	r	18
—	z	l	—	v	r	k	z	l	s'	b	k	z	m	n'	v	r	—	z	l	—	v	r	19
—	z	m	e	v	v	k	z	l	w'	b	k	z	l	w'	v	r	—	z	m	—	v	v	20
—	u	l	—	v	g	k	a	f	w	b	k	a	m	w	r	r	—	z	l	—	v	e	21
x	—	m	—	v	r	k	a	f	w	b	k	u	f	w'	b	e	k	—	m	—	v	r	22
—	z	m	w	v	te	k	z	f	s'	r	k	z	f	w	b	e	—	z	m	w	v	te	23
—	uz	f	w	v	r	k	z	f	w'	b	k	z	f	w	v	t	—	uz	f	w	v	r	24
—	z	m	w	h	o	n	z	m	e'	h	n	z	l	n'	v	t	—	z	m	w	h	o	25
—	z	l	w	h	g	w	z	m	w	h	w	u	l	n'	v	e	w	—	l	w	h	g	26
x	—	l	—	h	g	n	a	l	s	r	n	a	l	e	v	r	w	—	l	—	h	g	27
x	—	l	—	h	t(g)	n	z	l	w'	b	k	a	l	x	v	e	n	—	l	—	v	g	28
n	—	l	—	h	g	n	a	m	s'	b	k	z	l	w'	v	e	—	u	l	—	b	r	29
—	u	l	—	b	g	k	a	l	w'	r	k	a	l	w'	b	e	—	u	l	—	b	g	30

ichlag: t = trocken, e = etwas Regen (o—1.5 mm), r = Regen, Schnee etc. (> 1.5 mm), g = Gewitter.
Angaben des Niederschlages gelten für die Zeit von 8ʰ a. m. des angegebenen Tages bis 8ʰ a. m. des folgenden.
: der **Prognose** haben die Zeichen in den bezüglichen Stellen die gleiche Bedeutung, nur bei Bewölkung ist
änderlich; es treten ferner hinzu die folgenden Zeichen, bei Temperatur-Abweichung: f = Frost, bei Niederschlag:
änderlich, o = ohne wesentliche Niederschläge. Die Prognose steht bei dem Datum, für welches sie gegeben ist.
riche bedeuten: Zähler zuerst, Nenner sdann. Ist für die der Stelle entsprechende Witterungs-Erscheinung
gnme nicht gestellt, so wird dies durch — angedeutet.

III⁰· Monatssumme des Niederschlags in Millimetern auf den Normal-Beobachtungs-Stationen und Signalstellen der Deutschen Seewarte.
Juni 1886.

Station	mm	Station	mm	Station	mm
Memel	56	Stralsund	—	Tönning	20
Brüsterort	66	Darsserort	28	Cuxhaven	52
Pillau	26	Wustrow	32	Geestemünde	38
Hela	35	Warnemünde	31	Bremerhaven	—
Neufahrwasser	59	Wismar	50	Neuwerk	—
Rixhöft	31	Marienleuchte	31	Keitum	36
Leba	42	Travemünde	24	Brake	86
Stolpmünde	29	Friedrichsort	35	Weserleuchtthurm	—
Rügenwaldermünde	24	Kiel	39	Wilhelmshaven	65
Colbergermünde	22	Schleimünde	41	Schillinghörn	—
Swinemünde	34	Hamburg	74	Wangerooge	21
Ahlbeck	29	Altona	—	Karolinensiel	85
Greifswalder Oie	—	Aarösund	49	Nesserland	41
Thiessow	18	Flensburg	38	Norderney	51
Arkona	23	Brunshausen	39	Borkum	46
Wittower Posthaus	23	Glückstadt	49		

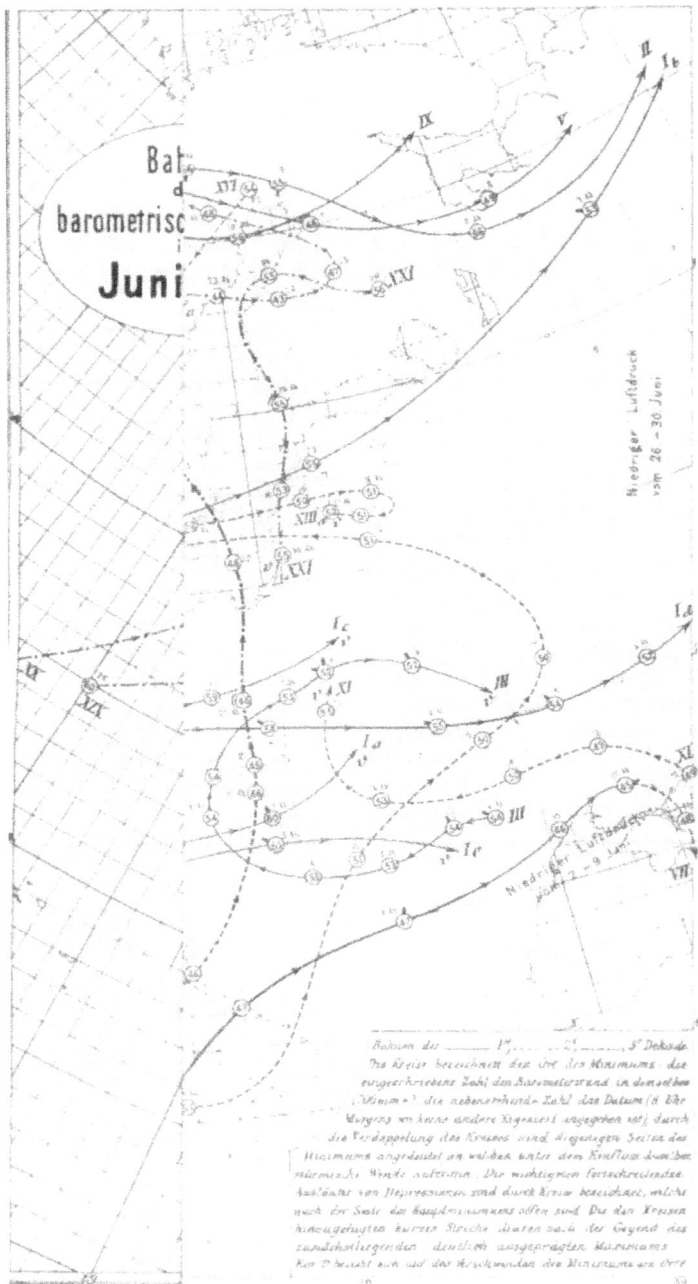

Bar...
d...
barometrisc...

Juni

Niedriger Luftdruck
vom 26.–30. Juni

Niedriger Luftdruck
vom 2–9 Juni

Left vertical label: *Monats-Mittel, Summen u. Extreme für Luftdruck, Temperatur und Hydrometeore.*

	Bewölkung				Niederschlag			Stationen
	8ʰ	2ʰ	8ʰ	Mittel	8ʰ a. m.	8ʰ p. m.	Summa	
	6.7	5.4	4.9	5.2	24	31	55	Memel
	6.7	5.6	5.6	6.0	6	43	49	Neufahrwasser
	5.2	5.6	5.0	5.3	8	25	34	Swinemünde
	4.9	4.8	4.8	4.8	11	22	33	Wustrow
	6.0	5.4	4.6	5.3	7	6	13	Kiel
	5.5	6.4	4.9	5.6	45	29	74	Hamburg
	7.1	4.7	3.9	5.3	18	18	36	Keitum
	4.9	4.9	4.3	4.7	28	37	65	Wilhelmshaven
	5.5	5.9	5.8	5.7	38	9	47	Borkum

Left vertical label: *Mittel- und Summenwerthe der Dekaden.*

Stationen	Winde °/₀	1. Dekade		2. Dekade		3. Dekade		Winde °/₀
		Ostsee	Nord- see	Ostsee	Nord- see	Ostsee	Nord- see	
Memel	N	30	32	13	15	17	17	N
Neufahrwasser	NE	33	27	20	11	3	10	NE
Swinemünde	E	12	15	20	8	4	2	E
Wustrow	SE	4	9	12	7	1	0	SE
Kiel	S	5	0	5	5	3	1	S
	SW	3	4	8	12	13	12	SW
Hamburg	W	5	4	10	17	34	26	W
Keitum	NW	6	7	10	17	24	32	NW
Wilhelmshaven	Stille	2	2	2	8	1	0	Stille
Borkum								

Left vertical label: *Monatliche Summen und Mittel für die Windverhältnisse.*

...en	NW	Stille	Mittel	Windgeschwindigkeit in Metern per Sekunde Tage mit > 15 m	Stationen
	13	1	3.72	0	Memel
	16	2	2.61	0	Neufahrwasser
	15	—	5.10	0	Swinemünde
	13	1	4.97	24.	Wustrow
	8	5	5.03	15. 23. 24.	Kiel
	17	1	5.45	0	Hamburg
	22	0	4.76	0	Keitum
	16	12	6.29	24.	Wilhelmshaven
	20	1	8.97	15. 16. 17. 19. 23. 24.	Borkum

Left vertical label: *Tagesmittel der Windgeschwindigkeit nach dem Anemometer.*

25.	26.	27.	28.	29.	30.	Da- tum	Stationen
5.35	3.47	4.31	4.20	5.17	5.06		Memel
3.95	2.35	1.61	3.38	2.59	5.47		Neufahrwasser
5.82	2.84	3.91	3.91	3.66	6.91		Swinemünde
5.56	3.22	2.71	2.58	6.00	8.53		Wustrow
7.12	5.92	3.28	3.44	6.35	3.78		Kiel
7.10	4.15	4.48	3.02	5.51	5.87		Hamburg
5.92	4.37	3.13	1.56	4.84	6.29		Keitum
6.70	4.92	8.02	5.77	4.33	6.52		Wilhelmshaven
8.67	6.58	7.63	6.42	5.29	12.54		Borkum

Right vertical labels: *Monats-Mittel, Summen u. Extreme für Luftdruck, Temperatur und Hydrometeore.* — *Mittel- und Summenwerthe der Dekaden.* — *Monatliche Summen und Mittel für die Windverhältnisse.* — *Tagesmittel der Windgeschwindigkeit nach dem Anemometer.*

...ch den Aufzeichnungen der Barographen in Memel 766.9 mm, 1—2ʰ p. m. am 1. und 747.7 mm, 767.8 mm, 4ʰ p. m. am 28. und 747.2 mm, 2ʰ a. m. am 24., in Hamburg 767.6 mm, 11ʰ a. m... — Die mittlere Temperatur wird auf dreierlei Weise berechnet, als ¹/₂ (8 a. + 8 p.), ¹/₂ (8 a. ... als allgemeines Temperaturmittel angenommen, was dem wahren Mittel sehr nahe entspricht...

...Thaubildung sind ausgeschlossen, auch wenn die Thaumenge eine mefsbare Größe erreichte... den Horizontal-Abschnitts enthält das Procentverhältnifs der Windrichtungen in den drei Dek... einzelnen Stationen ist, um die Lage der Luvseite anzudeuten, von je zwei entgegengesetzten... richtung an, wie dieselbe sich aus den Aufzeichnungen der Registrir-Anemometer ergiebt, ... aufgestellt.) Das Mittel dieser Werthe oder die mittlere Windgeschwindigkeit des ganzen ... wie 15 m per Sekunde erreichte oder überstieg.

Die Direktion der Seewarte

Monatsbericht der Deutschen Seewarte.
Juli 1886.

Inhalt: I. Die atmosphärischen Vorgänge in Europa, insbesondere Zentral-Europa. II. Vorläufige Mittheilungen über das Wetter auf dem Nordatlantischen Ozean. III. Meteorologische Tabellen. Karte der Bahnen der barometrischen Minima im Juli 1886.
Tabelle der Mittel, Summen und Extreme für den Juli 1886 aus den meteorologischen Aufzeichnungen der Normal-Beobachtungsstationen an der Deutschen Küste.

I. Die atmosphärischen Vorgänge in Europa, insbesondere Zentral-Europa.

1. Luftdruck und Wind.

Der Zustand hohen Luftdruckes über Zentraleuropa und eines Maximums über Grossbritannien, wie er sich in den letzten Tagen des vorangehenden Monats herausgebildet hatte, hält im wesentlichen während der ersten Epoche des Juli vom 1. bis zum 7. an.

Im Laufe des 1. gewinnt der hohe Luftdruck an Ausdehnung nach Süden hin und mit Ausnahme des kleinen Gebietes der über der Balkanhalbinsel und dem Schwarzen Meere verlaufenden Depression I und der östlichen Grenze des europäischen Russlands übersteigt am 2. in ganz Europa das Barometer 760 mm; ein Maximum von 770 mm liegt über der südwestlichen Nordsee. An diesem Tage sind an der deutschen Küste auch die höchsten Barometerstände des Monats verzeichnet, welche von Osten nach Westen zunehmend, auf das Meeresniveau reduzirt, zwischen 765 mm und 770 mm betragen.

Während der Luftdruck sehr schnell über dem Süden Europas zunimmt und seine Herrschaft auch über den Südosten erstreckt, treten im Norden verschiedene Depressionen auf, welche zwar auch im Norden Skandinaviens verlaufen, aber doch durch Randbildungen die Witterung Norddeutschlands beeinflussen. Das Maximum des Luftdruckes behält im wesentlichen seine Lage über dem südlichen Grossbritannien und dem nördlichen Frankreich bei. Unter der so bedingten Luftdruckvertheilung sind in Norddeutschland die westlichen bis nördlichen Winde die herrschenden und zwar nur mit geringer Stärke; der meist sehr gleichmässige Luftdruck im übrigen Zentraleuropa hat natürlich daselbst ebenfalls nur sehr schwache Luftbewegung zur Folge.

Bei dem Herannahen der über den Ozean ziehenden Depression IV beginnt in den letzten Tagen der Epoche das Barometer von Nordwesten her zu fallen, gleichzeitig bewirkt auch eine Depression (V der Bahnenkarte), welche zuerst im Südwesten der Iberischen Halbinsel auftritt, dass das Maximum des Luftdruckes sich zunächst nach dem Ozean westlich von Spanien zurückzieht.

Mit dem Beginn der zweiten Epoche vom 8. bis 16. herrscht über Zentraleuropa niedrigerer, ziemlich gleichmässiger Luftdruck. Das Minimum V ist in nordöstlicher Richtung über Spanien und Frankreich nach Westphalen fortgeschritten; ein zweites Minimum (VI), welches sich über Spanien gebildet hat, liegt im Golf von Lyon und eine dritte Depression (VII) über dem Nordmeere beherrscht den nördlichen Theil Europas.

Die beiden ersteren Depressionen nehmen eine ziemlich parallele nordöstliche Bewegungsrichtung an und die ganze breite Zone niedrigen Luftdruckes, welcher dieselben angehören, verschiebt sich somit östlich bis nach Russland hin, noch einige kleinere Luftdruck-Minima einschliessend.

Nun nimmt zwar der hohe Luftdruck im Westen des Erdtheils an dieser östlichen Bewegung stark Antheil und am 11. liegt wiederum Zentral- und Südeuropa unter hohem Luftdruck, doch währt dieser Zustand nur kurze Zeit. Das Minimum VIII ruft wohl ein Fallen des Barometers im Norden und an den nordfranzösischen und deutschen Küsten hervor und beeinflusst am 12. daselbst stark die Witterung, eine tiefergehende Einwirkung auf das übrige Zentraleuropa vermag dasselbe jedoch bei seiner nördlichen Bahn nicht auszuüben. Das erheblich intensivere und auch zunächst einen südlicheren Verlauf nehmende Minimum IX bricht, am 14. mit 739 mm über dem östlichen Schottland liegend, wieder die Macht des hohen Luftdruckes über Zentraleuropa und schon am 14. abends steht der weitaus grösste Theil Europas mit niedrigem Luftdruck unter seinem Einfluss; nur im Südwesten und im Nordosten übersteigt das Barometer 760 mm. Gleichzeitig bildet sich im Gebiet des Schwarzen Meeres eine Depression (X) und indem die beiden Depressionen eine nördliche Bewegungsrichtung einschlagen, beginnt sowohl im Westen als im Süden der Luftdruck wiederum zu steigen.

Während des Vorüberganges des Minimums V am 8. sind in Zentraleuropa die Winde umlaufend, an den beiden folgenden Tagen nehmen dieselben über Deutschland als an der westlichen Seite der Zone niedrigen Luftdrucks eine nördliche Richtung an; das Minimum VI veranlasst am 10. in Breslau Nordweststurm; (das Barometer stieg daselbst von 6ᵃ bis 8ᵃ um 4.2 mm). Alsdann sind jedoch südliche bis westliche Winde besonders an der deutschen Küste vorherrschend, die unter dem Einfluss der Depression IX am 14. im Kanal und über der Nordsee einen stärkeren Grad annehmen.

Am 17. bildet sich hoher Luftdruck über Zentraleuropa heraus, der während der dritten Epoche vom 17. bis 21. bestehen bleibt. Vom Westen des Ozeans jedoch naht eine neue Depression (XII) heran, ihren Einfluss weit nach Süden erstreckend und daher im Westen des Erdtheils niedrigen Luftdruck hervorrufend; nach der nördlichen Wendung der Bahn des Hauptminimums erhält die Randbildung XIIᵃ noch den niedrigen Luftdruck. Ebenso findet sich ein Depressionsgebiet im Osten Europas, anfänglich durch das Minimum X, alsdann aber durch Minimum IXᵃ gebildet. Dadurch entsteht ein Rücken hohen Luftdruckes über Zentraleuropa mit meist schwachen, jedoch veränderlichen Winden. Nur am 20. veranlasst die Depression XIIᵃ stärkere Winde im Nordwesten Deutschlands; Münster meldet an diesem Tage stürmischen West.

Die Minima der folgenden vierten Epoche vom 22. bis 27. erstrecken wiederum ihren Einfluss über Zentraleuropa bis tief nach dem Süden hinein. Das Minimum XIII, welches noch am Ende der vorigen Epoche im Westen den niedrigen Luftdruck erhält und am 21. über Irland und vor dem Kanal stürmische südliche Winde veranlasst, ruft bereits am 22. ein Fallen des Barometers über Mittel- und Nordwesteuropa hervor, gleichzeitig einen flachen Ausläufer von der Nordsee über Norddeutschland entsendend. Im Osten hält ebenfalls der niedrige Luftdruck an und im Norden bildet das sich in diesen Tagen sehr langsam fortbewegende Minimum XIIᵃ ein Depressionsgebiet.

Am folgenden Tage verschwindet der hohe Luftdruck über Europa, mit Ausnahme des südwestlichsten Theiles, gänzlich. Das Minimum XV nimmt eine südliche Bahn über England, die deutsche Nordseeküste und Schweden, alsbald gefolgt vom Minimum XVII, welches jedoch bereits über der Nordsee sich nach Norden wendet und der norwegischen Küste entlang verläuft; nicht ohne vorher

am 25. westlich von Frankreich und am 27. über der nördlichen Nordsee Theilminima gebildet zu haben. Das erstere XVII*, sowie ein ebenfalls am 25. über
Portugal in Erscheinung tretendes Minimum XVIII bilden den niedrigen Luftdruck
im Süden Europas. Die südliche bis westliche Windrichtung ist, bei der Lage
des niedrigsten Luftdruckes im Nordwesten und Norden, über Norddeutschland
die vorherrschende; meist sind die Winde daselbst schwach, am 24. und 25. im
Nordwesten jedoch lebhafter. Minimum XVIII ruft am 26. im nordöstlichen
Spanien stürmisches Wetter hervor.

Abermals tritt im Laufe des 27. der westliche Theil Europas und am 28.
auch Mitteleuropa unter hohen Luftdruck, aber diese fünfte Epoche ist nur
von kurzer Dauer, vom 28. bis 30. Osteuropa bleibt während derselben unter
niedrigem Luftdrucke stehen. Die westlichen Winde an der deutschen Küste sind
am 28. während des Herandrängens des hohen Luftdruckes, bei der Lage des
Minimums XVII[b] über dem Skagerrack, an der Nordsee stürmisch, drehen jedoch
allmählich nach Süden zurück. Schon am 29. zeigt sich im Westen des Erdtheils
über dem Ozean ein sich weit nach Süden erstreckendes Depressionsgebiet, das
Hauptminimum XIX und die Randbildung XIX* enthaltend; diese Zone niedrigen
Druckes rückt nach Westen hin vor und nach Bildung der Theilminima XIX[b] über
Südirland und XIX° am südöstlichen Fusse der Pyrenäen wird am 31. wieder
ganz Mittel- und Südeuropa in dieses Gebiet niedrigen Luftdruckes aufgenommen.

Die folgende Zusammenstellung ist den meteorologischen Bulletins von
Hamburg, Skandinavien und Dänemark, London, Paris, Wien und St. Petersburg
entnommen und enthält alle Beobachtungen stürmischer Winde (8 Beaufort und
darüber), soweit es sich um europäische Stationen handelt. Da in Frankreich,
Spanien, Portugal, Italien und Russland die Schätzung der Windstärke nicht nach
genau derselben Skala, wie in den übrigen Ländern, zu geschehen scheint, so
sind in Kursiv-Schrift aus Frankreich, Spanien und Portugal noch alle Windstärken 7, aus Russland und Italien alle Stärken 6 und 7 hinzugefügt.

1. Nm.: Skudesnäs NNW 8.
   Ab.: *Nantes E 7*, Ile d'Aix ENE 8.
3. Morg.: *Odessa NW 7, Sserastopol WNW 6*.
   Ab.: Christiansund W 8.
4. Morg.: Vesterrig NW 8
   Ab.: Wick WNW 8.
6. Ab.: Göteborg W 8.
7. Morg.: Faerder WSW 8, Göteborg WNW 8.
8. Ab.: *Cagliari WNW 6*.
9. Morg.: Serrance SW 7, *Puy-de-Dôme WNW 7*.
   Nm.: Säntis W 8.
   Ab.: *Livorno WSW 6*.
10. Morg.: Breslau NW 9; — *Livorno W 6*; — Ulenborg SSW 7, Nicolaistadt SSW 7.
11. Morg.: *Riga NW 6*, Ssermara NE 6.
    Ab.: Skudesnäs SSE 8.
12. Morg.: *Gris-Nez SW 7*.
    Ab.: *Lissabon NSW 7*.
13. Morg.: *Brindisi NNW 6*; — Säntis W 8.
    Nm.: Valencia S 8.
14. Morg.: Haparanda S 8; — Barrow-in-Furness WNW 8, Liverpool W 8; — *Gris-Nez SW 8,
    La Hève SW 7, Puy-de-Dôme WSW 7*.
    Nm.: Rochefort WSW 8.
    Ab.: Skudesnäs SSE 8, Oxö ESE 8; — *Gris-Nez W 7, Puy-de-Dôme WSW 7*.

15. Nm.: Skudesnäs SE 8.
     Ab.: Skudesnäs WSW 8, OзÖ WSW 8.
16. Morg.: Puy-de-Dôme WSW 7.
     Ab.: Gris-Nez W 7, Puy-de-Dôme WSW 7.
17. Ab.: Cagliari NW 6.
18. Morg.: Brindisi NNW 6.
19. Ab.: Puy-de-Dôme S 7.
20. Morg.: Münster W 8; — Skudesnäs SSE 8.
     Ab.: Christiansund W 8; — Mullaghmore SE 8.
21. Morg.: Belmullet SSE 8, Roche's Point SSE 8, Scilly SSE 9.
     Ab.: Roche's Point SSW 8.
22. Morg.: Barrow-inFurness SE 8; — Livorno S 7.
23. Ab.: Lorient WSW 7, Er-Hastellic W 7.
24. Morg.: Altkirch S 8; — Puy-de-Dôme WSW 7.
     Ab.: Altkirch SW 8; — Charleville W 8.
25. Morg.: Bogö WSW 8.
26. Morg.: Barcelona SSW 7.
     Ab.: Christiansund ENE 8; — Madrid NW 7.
27. Nm.: Rochefort WNW 8.
     Ab.: Cette NW 7, Sicié NW 7.
28. Morg.: Borkum NW 8, München W 8; — Skudesnäs NW 8; — Sicié NW 7.
     Nm.: Skudesnäs NW 8.
     Ab.: Cagliari NW 6.
29. Morg.: Samsö W 8; — San Fernando ESE 7; — Brindisi NW 6.
     Ab.: San Fernando E 7; — Brindisi NW 6.
30. Ab.: Madrid WSW 7.
31. Morg.: Nikolaew NNE 7, Ssewastopol NW 7.
     Nm.: Rochefort W 8.

2. Temperatur.

Der Monat Juli war wie der vorangehende in diesem Jahre für Deutschland kühl, das Monatsmittel lag daselbst allenthalben unter der Normalen.

Am 1. liegt die Temperatur besonders im Binnenlande sehr niedrig, während über der Nord- und Ostsee etwas höhere Wärmegrade sich zeigen, doch trat in den folgenden Tagen Erwärmung ein. Im Osten und Norden fand am 5. und 6. im Rücken des Minimums II[a] leichte Abkühlung statt. Nur während zweier Tage erreichte alsdann das Thermometer höhere Temperatur, am höchsten in Mittel- und Süddeutschland, wo das Maximum-Thermometer am 8. 30° überstieg. Der Vorübergang der Minima V und VI brachte am 9. wieder eine starke Temperatur-Abnahme mit sich; der 10. und 11. zeigt ganz besonders niedrige Temperaturen; in Breslau lag die Morgen-Temperatur am 10. um 9°, in Berlin um 7° unter der Normalen. Der starke Temperaturfall am ersteren Orte steht mit der Bahn des Minimum VI in Beziehung.

Das Wetter bleibt in Deutschland nun andauernd kühl bis etwa zum 18., während im nördlichen Europa, besonders über Finnland sehr viel höhere Temperaturen herrschen.

Am 19. tritt starke Erwärmung ein, und an diesem und den folgenden Tagen wurden die höchsten Temperaturen des Monats in Deutschland beobachtet; in Bamberg am 20. 36°. Dies wärmere Wetter hält an bis zum 27. mit Ausnahme des 24. und 25. in Norddeutschland, wo die Depression XIV geringere Abkühlung hervorruft. Der Schluss des Monats ist dagegen wieder kühl, wenn auch das heitere Wetter am 30. eine etwas höhere Tagestemperatur auftreten lässt.

8. Bewölkung, Niederschlag, Gewitter.

Unter dem Einflusse des hohen Luftdruckes war in den ersten Tagen des Monats das Wetter ziemlich heiter und im allgemeinen trocken, nur vereinzelte Gewitter im Osten Deutschlands (Breslau am 1.) brachten Niederschläge mit sich. Obgleich das Minimum II* nicht Deutschland direkt passirt und auch nicht von erheblicher Tiefe ist, erstreckt sich am 4. und 5. doch sein Einfluss bis in den Westen hinein mit trübem Wetter und mit Gewittern, jedoch ohne ausgedehntere Regenfälle.

Bis zum 8. ist alsdann wieder die Bewölkung meistens gering; doch macht sich bereits in der Nacht zum 8. das Herannahen des Minimums V in Süddeutschland durch Gewitter, in Karlsruhe mit heftigem Regen und Hagel (23 mm), bemerkbar. Im Laufe dieses Tages treten überall in Deutschland Gewitter auf. Sehr starke Regenfälle hat der Vorübergang der Depression VI über Süd- und Ostdeutschland zur Folge; am 10. morgens werden für die letzten 24 Stunden gemeldet von Chemnitz 48 mm, Grünberg 35 mm, Breslau 37 mm, Karlsruhe 34 mm, Bamberg 48 mm (am 9. abends Wolkenbruch), München 37 mm Niederschlagshöhe. Im Laufe des 10. klarte es im Westen auf, doch bringen die Minima, welche die nördliche Nordsee passiren, besonders an der deutschen Küste, Regenfälle und veränderliches Wetter bis etwa zum 17. mit sich, die vielfach auch von elektrischen Entladungen begleitet sind. Mit dem Vorrücken des hohen Barometerstandes von Westen her tritt am 18. in Deutschland heiteres und trockenes Wetter ein, das bis zum 21. anhält.

Am 22. treten im Binnenlande wieder vielfach Gewitter auf, und das Minimum XIII* verursacht an diesem Tage starke Regenfälle: Chemnitz 30 mm, Magdeburg 20 mm. Das veränderliche Wetter mit zahlreichen Gewittern dauert dann fort bis zum 28., besonders vom 27. werden grosse Niederschlagshöhen gemeldet, Chemnitz und Friedrichshafen 32 mm. Der 29. und 30. sind wieder heiter und meist trocken; aber schon am 31. ruft das Erscheinen der Depressionen XIX* und XIX^b aufs Neue Gewitter und Regenfälle hervor.

II. Vorläufige Mittheilungen über das Wetter auf dem Nordatlantischen Ozean.

Für die Herstellung der synoptischen Karten, welche den hier gegebenen Mittheilungen zu Grunde liegen, sind die Journale nachstehender Schiffe verwendet worden:

Dampfschiffe: Massalia, Valparaiso, Thuringia, Frankfurt, Berlin, Desterro, Hamburg, Rio, Hesperia, Strassburg, Kronprinz Friedrich Wilhelm, Saxonia, Rosario, Ohio, Argentina, Pernambuco, Gellert, Suevia, Silesia, Lessing, Amerika, Werra, California, Polaria, Hammonia, Elbe, Ems, Fulda, Hermann, Trave, Rugia, Australia, Rhenania, Rhätia, Polynesia, Eider, Weser, Wieland, Main, Aller, Leipzig, Rhein, Allemannia, Hungaria.

Segelschiffe: Triton, Mozart, J. W. Gildemeister, Shakespere, Louise, Martha, Industrie, Kale, Heinrich & Tonio, Amor, Speculant, Olbers, Fortuna, Ariadne, Victoria, Godeffroy, Esmeralda, Mimi, Andromeda, J. W. Wendt, Doris, Irene, Indra, Humboldt, Wilhelm, Hedwig, George, Bremen, Maria Rickmers, C. R. Bishop, Columbus, Gustav Adolph, Henry, Plus.

Die Wetterlage auf dem Nordatlantischen Ozean erhielt sich im Juli während des ganzen Monats ziemlich gleichförmig. Das Maximum der Rossbreiten zeigte eine grosse Beständigkeit; der höchste Luftdruck lag zwischen 30° und 40° n. Br. auf der Mitte des Ozeans, mitunter etwas westlich, meistens aber östlich von 35° w. Lg. Die auftretenden Depressionen erreichten, soweit sie die Mittelzone berührten, nur in wenigen Fällen eine grössere Tiefe als 755 mm. Das Wetter war dem entsprechend sommermässig ruhig; stürmische Winde wurden nur vereinzelt beobachtet, und eigentliche Stürme kamen überhaupt nicht vor. Die Veränderungen in der Wetterlage, welche vorkamen, bestanden der Hauptsache nach darin, dass ausser dem erwähnten beständigen Gebiet hohen Luftdrucks zeitweilig noch ein zweites Maximum auf dem Ozean vorhanden war, wodurch die herrschende Luftströmung, besonders auf dem westlichen und nördlichen Theile der Mittelzone, für einige Zeit eine von der normalen abweichende Richtung erhielt. Auf diese Weise entstanden in der Witterung des Juli fünf verschiedene Epochen, zwei von längerer, drei von kürzerer Dauer.

1. Die erste Epoche umfasst die Zeit vom 1. bis zum 3. Juli. Der höchste Luftdruck von 770 bis 772 mm befand sich während derselben südwestlich von den Azoren. Ein zweites Maximum, das am 3. ebenfalls eine Höhe von 770 mm erreichte, lag über den britischen Inseln. Der Westen und Nordwesten wurde von nordöstlich ziehenden Depressionen eingenommen, die die Mittelzone jedoch nur mit ihrer südlichen Hälfte berührten und hier das Barometer nur wenig unter 760 mm fallen liessen. Die polare Passatgrenze verlief von etwa 40° n. Br. an der europäischen nach etwa 30° n. Br. an der amerikanischen Seite. An der Küste von Portugal wehten nördliche, vor dem Kanal östliche Winde; im Uebrigen waren auf der Mittelzone südwestliche, d. h. zwischen Süd und West schwankende Winde herrschend, die meistens frisch und nicht selten steif auftraten.

2. Während der zweiten Epoche, vom 4. bis zum 7. Juli, lag das Maximum der Rossbreiten nordöstlich von den Azoren. Das Maximum über Grossbritannien war nicht mehr vorhanden; statt dessen zeigte sich aber ein zweites Gebiet hohen Luftdrucks im Nordwesten über Neufundland. Indem dieses sich mit dem bei den Azoren in Verbindung stellte, wurde das Depressionsgebiet in zwei getheilt, von denen eines den Südwesten, das andere den hohen Norden einnahm. Der Barometerstand auf der Mittelzone war noch höher als vorher, auf keiner Stelle unter 760 mm, auf dem grössten Theile über 765 mm. An der Westküste von Südeuropa blieb der Wind nördlich. Dagegen nahm er vor dem Kanal eine westliche Richtung an, während östliche Winde jetzt in den amerikanischen Küstengewässern vorherrschten. Zugleich traten westliche Winde, den Passat zeitweilig unterbrechend, im äussersten Südwesten auf. Die Windstärke ging nur in wenigen Fällen über 5 hinaus. In der Umgebung der Azoren herrschte anhaltende Windstille.

3. Indem die südwestliche Depression nordwärts fortschreitend das Maximum im Osten von Neufundland verdrängte, stellte sich vom 7. zum 8. die Wetterlage der dritten, vom 8. bis zum 15. Juli zu rechnenden Epoche her. Es war jetzt nur ein Gebiet hohen Luftdruckes vorhanden, dessen Maximum von etwa 775 mm Höhe bei den Azoren lag und welches sich von der Küste Süd- und Mitteleuropas in Westsüdwestrichtung bis etwa 65° w. Lg. erstreckte. Die Druckvertheilung bedingte auf dem nördlichen und westlichen Theile der Mittelzone das Vorherrschen südwestlicher Winde, das jedoch vor dem Kanal, sowie unter der amerikanischen Küste vielfach durch das Auftreten solcher aus Nordwest unterbrochen wurde. Es wehte oft steif, aber nicht stürmisch. Hiermit in Ueber-

einstimmung stand die geringe Tiefe der durch das Vorüberziehen der Depressionen verursachten Barometerschwankungen, welche nach den Schiffsbeobachtungen in keinem Falle 755 mm, an mehreren Tagen nicht einmal 760 mm
erreichten. Dagegen war das Auftreten der Depressionen oft von elektrischen
Entladungen begleitet; insbesondere am 8., 9. und 10. Juli, an welchen Tagen
unweit der amerikanischen Küste auf weitem Umkreise überall Gewitter beobachtet wurden. An der Küste von Portugal herrschte, wie früher, nördlicher
Wind. Der Passat wehte frisch; sein Gebiet hatte auf der östlichen Meereshälfte
wieder eine grosse Ausdehnung nach Norden, und auch im Westen war seine
polare Grenze jetzt bedeutend nördlicher als während der zweiten Epoche gelegen.

4. Die vierte Epoche, vom 16. bis zum 18. Juli, ist bei ihrer kurzen
Dauer nur als ein Uebergangsstadium anzusehen. Ebenso wie in der zweiten
Epoche war während dieser Zeit östlich von Neufundland ein von Westen ge-
kommenes zweites Maximum vorhanden. Das Maximum der Rossbreiten lag
jedoch westlicher als vorher, zwischen 40° und 50° w. Lg., und das beide umfassende Gebiet hohen Luftdrucks erstreckte sich demnach jetzt in nord-südlicher
Richtung. Der Meeresstrich zwischen den Azoren und der europäischen Küste
wurde von einem Gebiet niedrigen Luftdruckes eingenommen, dessen Minimum
westlich von Irland lag. Eine zweite Depression, die aber nur mit ihrem Südost-
rande den Ozean berührte, zeigte sich an der amerikanischen Küste in der Gegend von Kap Cod. Die herrschenden Luftströmungen auf der Mittelzone waren:
im Westen von 50° w. Lg. aus Süd bis Südwest, zwischen 40° und 15° w. Lg.
aus Nord bis Nordwest. Nahe der Küste Süd- und Mitteleuropas traten jetzt,
anstatt der früher herrschenden nördlichen, südliche Winde auf. Die Windstärke
blieb mässig, entsprechend den geringen Gradienten und dem durchschnittlich
hohen Stande des Barometers. Erst gegen Ende der Epoche sank der Luftdruck
vor dem Kanal bis auf 750 mm.

5. Fünfte Epoche, vom 19. bis zum 31. Juli. Das Maximum im Osten
von Neufundland hatte schon am 19. Juli wieder niedrigerem Luftdruck Platz gemacht. Von jetzt an bis zum Ende des Monats wurde die Wetterlage, ebenso
wie in der dritten Epoche, nur von einem, dem Maximum der Rossbreiten beherrscht; doch bestand im Vergleiche mit den damaligen Verhältnissen in so fern
ein Unterschied, als das Maximum jetzt westlicher gelegen blieb und das um-
gebende Gebiet hohen Luftdruckes nicht bis an die Küste von Europa hinan-
reichte. Auch war der Luftdruck im Ganzen während der fünften Epoche ziemlich
viel niedriger als während der übrigen Zeit des Monats. Das Maximum, welches
sich in etwa 35° n. Br. und 40° w. Lg. befand, erreichte freilich meistens noch eine
Höhe von 770 bis 772 mm, an mehreren Tagen jedoch auch kaum noch 767 mm
Höhe, und in den Depressionen auf der nördlichen Hälfte der Mittelzone waren
die beobachteten niedrigsten Barometerstände fast immer unter 755 mm. Am
20. und 21. Juli fiel das Barometer vor dem Kanal selbst unter 745 mm.

Die durch die Luftdruckvertheilung hervorgerufenen Winde waren bis zum
21. ziemlich beständig und ähnlich wie während der vorhergehenden Epoche.
Nordöstlich und nordwestlich vom Maximum lag je eine stationäre Depression,
die erstere westlich von Irland in etwa 20° w. Lg., die letztere über dem nordöstlichen Theile des amerikanischen Kontinents. Dementsprechend waren unweit der
europäischen Küste südwestliche, weiter landabwärts, zwischen 15° und 40° w. Lg.
aber nordwestliche Winde herrschend, welch' letztere durchweg steif wehten und
am 20. und 21. bei dem tiefen Fallen des Barometers stellenweise zum Sturme
anwuchsen. Westlich von 50° w. Lg. war die herrschende Windrichtung Süd bis

Südwest. Während der Zeit vom 22. bis zum Ende des Monats waren die Verhältnisse auf der nördlichen Hälfte der Mittelzone veränderlicher, indem jetzt eine Reihe von Depressionen einander folgend am Nordrande des Maximums entlang zog, wodurch nicht nur auf der Mitte des Ozeans, sondern auch in der Nähe der Küsten ein Schwanken der Windrichtung zwischen Südwest und Nordwest bewirkt wurde. An der portugisischen Küste südlich von 40° n. Br. wehte der Wind jedoch wieder ziemlich beständig aus Nord. Die Passatgrenze lag in 30° bis 35° n. Br. Die Stärke des Windes angehend, trat derselbe, ausgenommen in der Nahe des Maximums, wo vielfach Stillen und leichte Winde herrschten, meistens frisch bis steif auf, begleitet von veränderlichem Wetter und häufigen Regenschauern. Am 22. Juli steigerte sich der Wind vor dem Kanal aus Westsüdwest noch wieder zum vollen Sturm.

Die Direktion der Seewarte.

Dr. Neumayer.

III. Meteorologische Tabellen.

III⁺ Abweichungen von der normalen Temperatur um (7) 8

Tag	Bodö	Skudesnäs*	Haparanda*	Stockholm*	Stornoway	Shields	Valencia	St. Mathieu	Paris*	Perpignan*	Borkum	Hamburg	Swinemünde	Neufahrwasser	Memel
1	1.6	0.2	2.4	0.4	0.5	1.8	4.8	1.6	6.0	0.1	2.1	1.7	1.9	3.2	0.1
2	0.7	3.0	3.6	0.4	1.7	7.3	3.6	3.2	2.8	2.5	3.0	3.8	0.8	2.5	0.1
3	1.5	0.5	3.5	4.8	1.2	5.6	5.3	0.2	1.0	2.9	0.2	4.3	0.4	0.2	0.8
4	0.2	1.1	2.2	2.4	0.5	3.8	1.4	0.7	0.5	1.0	2.5	4.4	3.7	1.7	0.0
5	3.1	1.4	0.7	1.9	0.2	1.1	1.9	0.6	0.7	2.3	2.5	1.2	3.6	3.4	0.8
6	3.0	1.0	0.0	2.3	0.7	3.2	3.0	2.3	1.0	0.8	0.6	4.2	3.7	1.9	0.1
7	2.2	0.7	0.1	0.7	3.5	1.3	1.3	1.9	0.2	0.8	3.2	1.0	1.2	1.2	0.5
8	4.4	1.3	2.1	0.3	4.7	1.9	2.1	3.7	1.1	2.3	2.0	0.9	1.7	1.4	0.3
9	2.3	4.2	0.9	2.1	1.9	2.5	1.6	3.0	5.5	5.4	2.8	2.9	1.6	1.4	0.8
10	3.4	2.8	2.9	1.3	1.4	1.4	1.0	4.9	4.7	6.2	2.4	4.6	5.6	4.9	1.5
11	3.4	2.3	1.9	0.1	0.3	2.6	2.8	2.6	5.0	4.2	2.2	5.2	4.3	4.6	3.7
12	0.7	1.7	0.9	0.1	0.8	0.2	0.0	1.5	3.1	3.4	1.1	4.2	2.7	2.9	1.2
13	1.7	0.7	0.1	0.5	3.0	1.5	0.0	1.8	2.0	4.3	1.5	4.0	1.2	2.3	0.7
14	1.6	1.6	2.7	0.1	2.0	1.0	1.8	1.1	4.4	0.4	1.2	0.9	0.8	2.1	0.7
15	6.0	1.0	1.4	0.5	1.5	3.2	0.7	2.4	3.2	3.3	3.4	3.6	2.2	1.7	2.1
16	7.0	2.2	6.9	1.7	2.0	3.8	1.8	2.2	1.3	1.4	2.4	3.5	3.9	2.6	2.3
17	5.4	2.3	6.2	1.5	1.5	2.2	1.0	1.6	4.5	0.8	2.8	3.2	5.2	2.7	1.1
18	0.4	1.5	7.8	0.3	1.5	2.2	0.1	1.9	1.2	2.4	2.6	3.3	3.3	3.5	1.2
19	1.4	0.7	5.0	0.7	1.9	3.3	1.8	1.5	1.6	2.9	2.6	0.2	1.6	2.4	0.4
20	3.1	1.2	6.9	3.0	0.4	1.1	0.2	1.8	3.6	3.3	1.7	6.6	2.7	0.5	0.4
21	1.5	0.8	8.3	3.4	3.5	0.6	0.4	0.8	3.0	1.7	1.1	0.1	1.7	0.4	1.2
22	0.3	1.8	8.1	3.2	1.3	2.2	0.2	1.6	1.0	0.9	5.3	2.2	0.6	0.6	0.8
23	0.1	2.4	5.6	5.0	0.9	0.6	0.9	2.0	2.9	0.5	1.6	0.6	0.4	0.3	0.8
24	0.7	1.8	5.9	1.8	0.2	0.0	0.9	1.2	2.1	0.7	2.1	0.8	0.8	1.5	0.4
25	0.5	2.2	7.6	1.4	1.5	0.6	2.5	1.2	3.3	0.4	0.1	1.3	1.7	1.3	2.2
26	0.7	0.9	6.7	1.6	3.0	0.0	1.4	2.0	3.7	0.0	1.2	0.4	1.3	1.0	0.2
27	0.5	1.5	6.2	2.0	5.3	5.0	2.5	2.6	4.7	4.7	0.3	0.7	0.1	3.7	1.2
28	1.5	2.9	5.4	0.0	3.6	2.2	2.5	3.3	4.7	5.0	5.3	4.6	2.4	3.4	2.0
29	1.8	3.3	2.6	0.8	1.9	1.6	0.7	1.4	7.8	6.4	3.3	5.3	5.3	4.2	0.6
30	0.8	0.9	2.4	1.7	3.0	1.0	1.5	1.7	1.6	3.7	0.2	3.7	2.6	3.4	1.1
31	1.0	0.5	0.8	1.3	3.6	3.2	1.0	3.0	2.6	3.9	1.8	1.6	0.2	1.9	1.1
Mittel	0.1	0.6	3.1	0.7	1.3	0.0	0.1	2.0	2.6	2.3	1.0	2.0	1.8	1.6	0.2

Die Werthe der Temperaturabweichungen beziehen sich für die Norwegischen, Schwedischen, Eng
Deutschen und Italienischen Orte auf 8 Uhr morgens, für die Französischen, Oesterreich-Ungarischen, Ru
und Türkischen auf 7 Uhr morgens.

ens im Monat Juli 1886 (fette Zahlen +, magere —).

Breslau	Karlsruhe	München	Wien•	Hermannstadt•	Rom•	Archangelsk•	St. Petersburg••	Moskau•	Baku•	Constantinopel•	Katharinenburg•	Barnaul•	Irkutsk•	Taschkent•	Tag
7.8	5.9	4.0	4.4	1.3	1.0	11.0	4.1	4.2	0.7	2.1	10.1	0.7	5.9	1.0	1
3.9	1.8	1.8	2.5	2.7	2.6	8.9	2.5	9.0	2.5	1.7	10.2	0.2	1.3	0.4	2
0.1	0.6	1.0	1.6	1.9	1.2	7.7	1.2	5.7	2.3	—	10.2	0.3	0.9	2.0	3
0.0	0.5	3.3	0.0	4.4	0.4	7.3	0.3	3.9	1.1	1.6	8.0	2.9	1.4	1.8	4
5.6	0.8	0.9	1.2	3.9	1.5	3.3	2.3	3.5	0.0	0.7	4.6	3.9	2.7	1.3	5
4.5	1.0	0.9	0.0	4.0	0.5	4.3	1.5	3.7	3.9	0.5	2.5	3.6	1.3	3.1	6
1.1	1.4	2.4	1.9	3.3	0.9	1.7	1.4	0.4	1.8	6.1	2.2	4.1	3.9	0.1	7
2.1	1.0	0.4	0.6	1.2	0.9	1.5	1.6	2.4	0.2	0.8	2.5	0.3	1.7	3.4	8
1.5	2.9	1.1	0.3	1.6	0.3	0.1	2.5	2.5	0.2	1.2	0.6	0.3	2.4	1.9	9
9.2	4.3	7.7	3.2	1.3	0.6	1.0	0.1	2.4	1.5	1.0	2.3	0.2	2.2	0.1	10
5.7	3.5	4.3	6.0	0.8	4.4	3.3	3.6	2.3	0.9	0.9	2.5	0.5	2.8	3.1	11
5.2	2.1	2.8	5.4	5.0	3.5	1.3	4.5	5.0	0.5	0.9	0.3	0.3	—	2.5	12
3.0	1.7	0.9	4.0	5.8	4.6	0.1	1.3	2.4	0.9	2.0	0.3	0.6	2.8	3.7	13
2.7	2.0	1.7	0.6	3.9	3.0	1.3	0.7	0.3	0.5	3.2	2.0	0.7	2.0	1.6	14
0.3	4.5	5.3	0.6	3.5	4.0	5.3	0.8	1.2	0.8	1.9	2.5	2.7	1.0	3.1	15
5.6	4.6	2.6	3.0	0.8	0.3	4.5	4.0	4.0	2.4	2.6	0.7	3.1	4.6	1.5	16
5.0	2.4	1.8	1.0	3.2	2.4	8.4	3.6	1.2	1.3	0.4	2.3	3.6	0.0	0.5	17
4.7	1.3	0.3	1.4	2.9	1.2	3.9	1.3	0.3	2.6	0.1	0.5	2.1	3.9	0.3	18
2.8	2.1	2.0	0.7	3.7	0.1	0.7	2.2	4.1	2.1	0.7	2.1	1.7	2.8	3.1	19
0.7	4.5	4.6	0.8	4.2	0.6	5.1	1.8	5.2	3.1	0.1	2.5	2.8	5.5	1.5	20
1.2	4.3	4.2	3.6	1.3	2.0	3.8	0.5	2.5	1.5	0.8	1.7	1.8	3.5	0.3	21
2.4	5.4	7.4	4.3	1.8	1.6	5.2	1.1	1.6	0.4	0.5	2.7	0.5	3.9	1.3	22
1.6	2.0	1.3	4.0	1.3	0.2	3.0	1.6	1.1	1.0	3.0	1.9	1.3	3.7	1.3	23
2.2	0.2	2.3	0.5	1.7	1.0	6.5	1.3	0.4	1.2	1.5	0.1	1.0	4.5	2.5	24
0.4	0.8	3.0	1.8	3.3	0.2	6.4	3.7	2.3	1.0	3.3	1.8	2.8	0.0	3.9	25
1.1	0.0	4.0	0.2	1.8	1.0	7.2	3.4	2.3	0.8	7.4	1.9	3.3	0.2	2.6	26
2.2	4.1	0.6	3.5	5.1	1.3	7.1	1.5	1.4	1.1	3.9	1.8	3.8	2.6	1.1	27
1.9	4.7	4.7	4.4	7.0	2.2	6.9	1.0	1.3	2.8	4.1	0.2	0.9	2.4	0.4	28
5.5	4.7	3.2	5.0	0.0	1.2	8.9	3.8	1.6	2.2	3.1	1.4	0.6	7.9	2.5	29
3.9	2.9	1.7	6.6	2.9	1.6	9.0	0.8	4.4	1.9	1.0	2.4	1.1	5.0	4.0	30
2.6	0.7	0.6	2.1	5.7	1.5	3.1	0.2	2.1	2.1	1.2	0.0	2.8	4.0	0.8	31
2.1	1.0	0.0	1.1	1.4	1.0	2.2	0.4	1.0	0.7	(0.7)	0.9	0.6	(1.4)	0.0	Mittel

Während bei den übrigen Beobachtungsorten die von der Seewarte berechneten normalen Temperaturen zu gelegt wurden, sind in den mit • versehenen Reihen die Differenzen der Temperaturen und der aus dem von St. Petersburg entnommenen normalen Pentadenmitteln verzeichnet; für St. Petersburg •• sind die Abgen von der täglichen Normalen derselben Stunde nach demselben Bulletin gegeben.

III^b. Vergleichende Zusammenstellung der thatsächlichen Witteru[ng]

	Hamburg											Prognose						Neufa[...]							
	Wirkliche Witterung																	Wirkliche Witt[erung]							
	8ᵇ a. m.					2ᵇ p. m.					Niederschlag 8ᵇ a. m.—8ᵇ a. m.							8ᵇ a. m.					2ᵇ p.		
Tag	Temp.-Abw.	Temp.-Aend.	Windstärke	Windricht.	Bewölkung	Temp.-Abw.	Temp.-Aend.	Windstärke	Windricht.	Bewölkung		Temp.-Abw.	Temp.-Aend.	Windstärke	Windricht.	Bewölkung	Niederschlag	Temp.-Abw.	Temp.-Aend.	Windstärke	Windricht.	Bewölkung	Temp.-Abw.	Temp.-Aend.	Windstärke
1	n	z	m	n	h	n	z	m	w'	v	t	k	—	m	w'	v	v	k	a	f	n	b	k	u	m
2	k	a	m	w'	b	k	a	l	w'	h	t	—	z	l	—	h	o	k	u	l	n	v	n	z	l
3	k	u	m	w	b	n	z	m	w	v	t	—	z	l	—	h	o	n	z	l	w'	v	n	u	l
4	k	u	m	w'	b	k	a	m	w'	v	t	w	—	l	—	h	t (g)	n	z	l	w'	v	k	u	m
5	n	z	m	w	b	k	z	m	w'	v	t	k	—	m	n	v	t e	k	a	l	w'	b	k	u	l
6	k	a	m	w	b	n	z	m	w	v	t	k	—	m	w'n	v	t e	n	z	m	w	h	n	z	m
7	n	z	l	s'	b	w	z	l	w'	b	r	—	z	f	w	h	t	n	u	m	w'	b	n	u	m
8	n	u	l	n	v	n	a	l	n'	b	r (g)	—	u	l	—	v	v	n	u	l	s	b	w	z	m
9	k	a	l	w'	b	k	a	m	w'	v	t	—	u	l	—	v	r (g)	n	z	l	w'	h	n	a	m
10	k	a	m	w'	h	k	a	f	w'	v	e	k	—	l	n	v	v	k	a	m	n	b	k	a	m
11	k	u	l	w	v	k	u	m	w	v	r	—	z	l	—	h	o	k	u	m	w'	v	k	z	m
12	k	z	m	s'	b	k	u	m	s'	b	r	—	z	f	w	h	o	k	z	l	w'	h	k	u	m
13	k	u	m	w'	v	k	z	m	w	v	t	k	—	m	w	b	r	k	u	m	s'	b	k	u	m
14	n	z	f	e'	h	k	u	f	s	b	r	—	u	m	w	v	r	k	u	l	w	h	k	u	l
15	k	a	f	s'	h	k	a	f	w'	b	e	k	—	mf	—	v	r	n	u	l	s	b	k	u	l
16	k	u	m	s	h	k	z	l	s'	v	e	k	—	m	w	v	r	k	u	l	w'	h	k	a	m
17	k	u	m	w	v	k	a	s	w	b	t	k	—	l	—	v	v	k	u	l	w'	h	k	z	l
18	k	u	l	w	h	n	z	l	s'	h	t	—	z	l	—	v	t e	k	u	m	w'	v	k	z	m
19	n	z	l	e'	h	w	z	f	e'	h	t	k	—	l	s'	b	r	k	z	m	w'	h	n	z	l
20	w	z	m	s'	v	n	a	f	w'	v	t	w	—	l	— /v		r (g)	n	z	l	w'	h	n	u	l
21	n	a	l	e'	v	n	u	l	e'	h	t	w	—	l	—	h	t	n	u	l	w'	v	n	a	m
22	w	z	l	e'	h	w	z	l	w'	v	e	w	—	m	e'	v	g	n	u	l	n	h	n	u	m
23	n	a	l	w	v	n	a	l	w	b	r (g)	w	—	l	—	v	g	n	u	l	n'	v	n	u	l
24	n	a	l	c'	b	k	a	m	s'	b	r (g)	—	u	l	—	v	g	n	a	l	x	b	w	z	l
25	n	u	f	w	b	n	z	m	w	v	t	k	—	—	s'w	v	r	n	u	m	w	b	n	a	f
26	n	z	l	c'	b	n	z	m	s	v	e	—	z	l	s	v	r	n	z	l	w	h	w	z	l
27	n	a	l	e'	b	n	a	m	s'	b	e	—	a	m	—	h	r (g)	w	z	l	s	v	n	z	l
28	k	a	m	s'	b	k	a	m	s'	b	r	k	—	m	w'	v	o	k	a	l	w	b	k	a	l
29	k	u	m	s'	v	k	z	l	w'	b	t	—	z	l	—	v	o	k	u	m	w'	v	k	a	m
30	k	z	l	c'	v	n	z	m	s	v	e	—	z	l	—	v	-,r	k	u	l	w	h	n	z	m
31	n	z	m	e'	v	n	u	m	s'	b	t(g)	—	u	l	—	b	r	n	z	l	s	v	w	z	m

In den Angaben der wirklichen Witterung zu den Beobachtungs-Terminen 8ᵇ a. m. und 2ᵇ p. m., bedeutet für
Temperatur-Abweichung: k = kalt (negative Abw. ≫ 2'), **n** = normal (Abw. o – 2'), **w** = warm (positive Abw.
Temperatur-Aenderung: a = Abnahme, **u** = unveränderter Stand (Aenderung ≪ 1'), **s** = Zunahme der Temp
Windstärke: l = leicht (o–2), **m** = mässig (3–4), **f** = frisch (5–6), **s** = stürmisch (> 6).
Windrichtung: n, o, s, w = N, E, S, W; **n', o', s', w'** = NE, SE, SW, NW, **z** = Stille; für die Z[...]
striche werden die auf der Windrose bei Drehung von Süd über West nach Nord zunächst liegenden Hauptstriche
Bewölkung: h = heiter (o–1), **v** = wolkig (2–3), **b** = bedeckt (4), **r** = Niederschlage, **d** = Nebel, Dun[st]

:nisse im Juli 1886 und der gestellten Prognosen.

e r					München													Prognose						
Prognose					Wirkliche Witterung																			
					8h a. m.					2h p. m.														
Temp.-Aend.	Windstärke	Windricht.	Bewölkung	Niederschlag	Temp.-Abw.	Temp.-Aend.	Windstärke	Windricht.	Bewölkung	Temp.-Abw.	Temp.-Aend.	Windstärke	Windricht.	Bewölkung	Niederschlag 8h a.m.—8h a.m.	Temp.-Abw.	Temp.-Aend.	Windstärke	Windricht.	Bewölkung	Niederschlag	Tag
—	m	w'	v	v	k	u	l	x	h	k	z	l	n'	v	t	k	—	m	w'	v	v	1
z	l	—	h	o	n	z	f	e	h	k	z	f	e	v	t	—	z	l	—	h	o	2
z	l	—	h	o	n	u	l	n'	h	k	z	m	n'	h	t	—	z	l	—	h	o	3
—	l	—	h	t(g)	w	z	l	w	v	n	z	m	w	b	e	w	—	l	—	h	t(g)	4
—	m	—	v	e	n	u	m	w	v	n	u	f	w'	h	r	k	—	l	ww'	v	te	5
—	m	w'	b	r	n	u	l	w	b	w	z	m	w	v	t	k	—	m	wn'	v	te	6
z	f	w	h	t	w	z	m	n'	h	w	z	l	n'	h	r	w	--	l	—	h	g	7
u	l	—	v	v	n	a	m	s'	r	w	a	m	w	v	r	w	—	l	—	h	g	8
a	l	—	v	r(g)	n	z	l	s'	b	k	a	m	w'	b	r	—	u	l	—	v	r(g)	9
—	l	n	v	v	k	a	l	w'	r	k	a	l	n'	v	e	k	—	l	n	v	v	10
z	l	—	v	o	k	z	l	n'	h	k	z	m	n'	v	t	—	z	l	—	h	o	11
z	l	—	h	o	k	z	m	w'	h	k	z	l	w	b	t	--	z	l	--	h	t	12
—	m	w	b	r	n	z	f	s'	v	n	z	l	w	b	e	k	—	l	w	v	v	13
u	m	w	v	r	n	u	m	s'	b	w	z	l	w	v	r	—	u	m	w	v	r	14
—	m	ss'	b	r	k	a	m	w'	r	k	a	f	w	v	e	—	a	f	s'w	v	r	15
—	f	w	b	r	k	z	l	w	v	k	a	m	w	r	r(g)	k	—	m	w	v	r	16
—	l	—	v	v	n	u	m	w'	b	k	z	m	w'	v	t	k	—	l	—	v	v	17
z	l	—	v	te	n	z	l	e'	h	n	z	l	n'	h	t	—	z	l	—	v	te	18
—	l	—	b	te	w	z	l	e'	h	w	z	m	e	h	t	k	—	l	—	-/v	o	19
—	l	—	-,v	r(g)	w	z	f	s'	h	w	u	l	w'	h	t	w	—	l	—	-,v	r(g)	20
—	l	-	h	t	w	u	l	w'	v	w	z	m	w'	h	t	w	—	l	—	h	t	21
—	l		h	t(g)	w	z	m	s'	h	w	u	l	w'	h	r(g)	w	—	m	e'	v	g	22
—	l	--	v	g	n	a	l	e'	r	n	a	l	w	v	r	w	—	l	—	v	g	23
u	l	—	v	g	w	z	m	s'	v	n	a	m	w	v	t	—	u	l	—	v	g	24
—	—	s'w	v	r	w	u	l	s'	v	w	z	l	e	v	t	k	—	—	s'w	v	r	25
u	m	w	v	e	w	z	m	e	v	w	z	l	x	v	t	w	—	l	s'	v	e	26
a	m	—	v	r(g)	n	a	m	w'	b	k	a	m	w	r	r	—	a	m	—	b	r(g)	27
a	l	—	v	g	k	a	f	w'	b	k	u	m	w	r	e	k	—	m	w'	v	o	28
—	l	ww'	v	v	k	z	m	e'	v	k	z	l	n'	h	t	—	z	l	--	v	o	29
z	l	—	h	o	n	z	m	e'	h	n	z	l	e	h	t	—	z	l	—	h	o	30
u	l	—	b	r	n	z	m	s'	v	n	a	m	w'	b	r	—	u	l	—	b	r	31

III°· **Monatssumme des Niederschlags in Millimetern auf den Normal-Beobachtungs-Stationen und Signalstellen der Deutschen Seewarte.**

Juli 1886.

Station	mm	Station	mm	Station	mm
Memel	51	Stralsund	—	Tönning	37
Brüsterort	46	Darsserort	56	Cuxhaven	87
Pillau	37	Wustrow	55	Geestemünde	57
Hela	49	Warnemünde	57	Bremerhaven	—
Neufahrwasser	45	Wismar	53	Neuwerk	—
Rixhöft	51	Marienleuchte	61	Keitum	43
Leba	68	Travemünde	42	Brake	62
Stolpmünde	36	Friedrichsort	75	Weserleuchtthurm	—
Rügenwaldermünde	44	Kiel	90	Wilhelmshaven	57
Colbergermünde	44	Schleimünde	42	Schillinghörn	—
Swinemünde	67	Hamburg	59	Wangerooge	82
Ahlbeck	36	Altona	—	Karolinensiel	69
Greifswalder Oie	—	Aarösund	38	Nesserland	60
Thiessow	39	Flensburg	63	Norderney	65
Arkona	32	Brunshausen	57	Borkum	83
Wittower Posthaus	35	Glückstadt	54		

Bahnen
der
barometrischen Mini
im
Juli 1886.

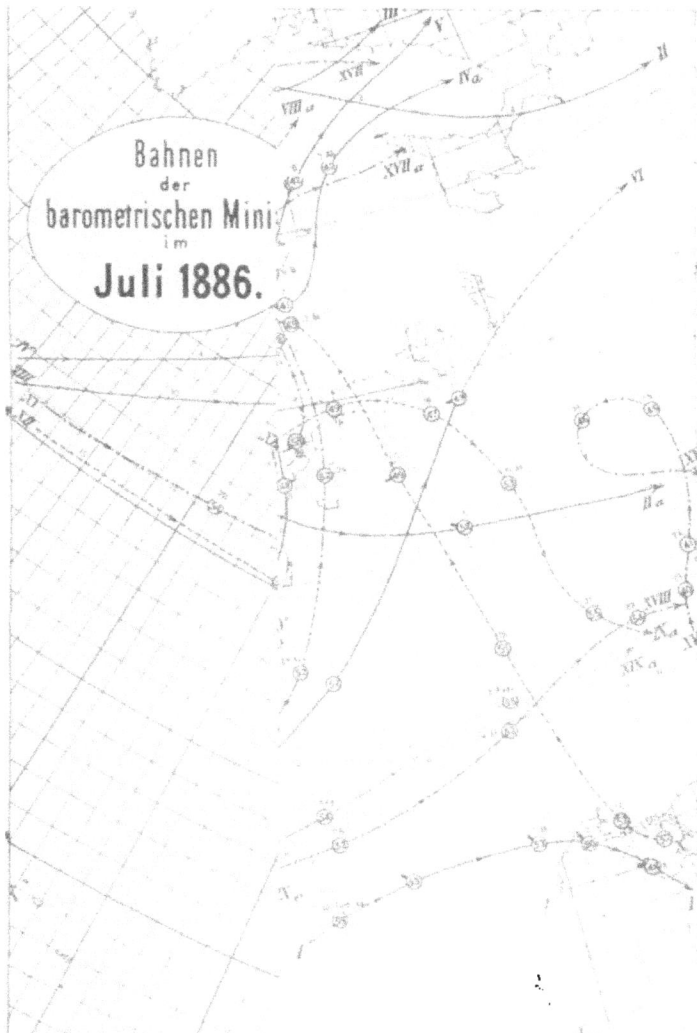

Juli 1886.

d. Tage mit r- st. z Wind	Stationen	Winde %	1. Dekade Ostsee	1. Dekade Nord-see	2 Dekade Ostsee	2 Dekade Nord-see	3. Dekade Ostsee	3. Dekade Nord-see	Winde %
3	Memel	N	14	21	6	3	7	1	N
0	Neufahrwasser	NE	5	5	3	0	6	2	NE
3	Swinemünde	E	1	0	4	2	3	6	E
5	Wustrow	SE	2	0	10	9	13	17	SE
6	Kiel	S	4	0	14	10	14	14	S
		SW	5	8	15	27	16	28	SW
5	Hamburg	W	34	18	26	28	28	22	W
0	Keitum	NW	34	45	21	14	9	7	NW
4	Wilhelmshaven	Stille	0	3	1	7	4	3	Stille
11	Borkum								

Mittel- und Summenwerthe der Dekaden.

Procenten W	NW	Stille	Windgeschwindigkeit in Metern per Secunde Mittel	Tage mit = oder > 15 m	Stationen
34	23	2	5.22	25.	Memel
24	25	2	3.46	—	Neufahrwasser
23	25	0	4.95	—	Swinemünde
33	15	0	6.33	24.	Wustrow
34	17	3	6.19	20.	Kiel
18	26	2	5.86	24.	Hamburg
31	20	2	4.79	—	Keitum
21	19	9	5.21	—	Wilhelmshaven
22	24	2	8.13	14. 15. 20. 24. 26. 28.	Borkum

Monatliche Summen und Mittel für die Windverhältnisse.

24.	25.	26.	27.	28.	29.	30.	31.	Datum Stationen
1.10	8.73	6.12	3.62	4.73	8.62	7.68	2.95	Memel
1.58	5.17	2.70	2.25	3.35	4.25	2.54	4.22	Neufahrwasser
4.55	7.25	4.80	2.68	5.95	6.20	5.90	7.25	Swinemünde
4.46	9.27	5.62	4.48	10.20	8.15	3.80	6.65	Wustrow
5.41	8.95	6.21	6.31	9.09	7.25	4.13	6.78	Kiel
9.26	7.87	5.92	5.46	9.48	6.20	4.04	6.72	Hamburg
3.04	6.07	5.41	6.86	8.53	5.60	2.94	4.67	Keitum
8.66	4.63	5.92	5.36	6.89	3.45	2.54	5.90	Wilhelmshaven
12.96	8.33	11.58	10.00	14.30	6.88	7.15	7.75	Borkum

Tagesmittel der Windgeschwindigkeit nach dem Anemometer.

ren nach den Aufzeichnungen der Barographen in Memel 764.0mm, 11ʰ a. m. am 2. und
strow 765.0mm, 11ʰ a. m.—1ʰ p. m. am 2. und 748.0mm, 10ʰ p. m. am 24., in Hamburg
i 14. — Die mittlere Temperatur wird auf dreierlei Weise berechnet, als 1/2 (8 a. + 8 p.),
ation als allgemeines Temperaturmittel angenommen, was dem wahren Mittel sehr nahe

bofser Thaubildung sind ausgeschlossen, auch wenn die Thaumenge eine mefsbare Größe
desselben Horizontal-Abschnitts enthält das Procentverhältnifs der Windrichtungen in den
d die einzelnen Stationen ist, um die Lage der Luvseite anzudeuten, von je zwei entgegen-
· Windrichtung an, wie dieselbe sich aus den Aufzeichnungen der Registrir-Anemometer
t frei aufgestellt.) Das Mittel dieser Werthe oder die mittlere Windgeschwindigkeit der
r Stunde 15 m per Secunde erreichte oder überstieg.

Monatsbericht der Deutschen Seewarte.
August 1886.

Inhalt: I. Die atmosphärischen Vorgänge in Europa, insbesondere Zentral-Europa. II. Vorläufige Mittheilungen über das Wetter auf dem Nordatlantischen Ozean. III. Meteorologische Tabellen. Karte der Bahnen der barometrischen Minima im August 1886. Tabelle der Mittel, Summen und Extreme für den August 1886 aus den meteorologischen Aufzeichnungen der Normal-Beobachtungsstationen an der Deutschen Küste.

I. Die atmosphärischen Vorgänge in Europa, insbesondere Zentral-Europa.

1. Luftdruck und Wind.

Ein ausgedehntes Gebiet niedrigen Luftdruckes beherrscht am ersten Tage des Monats den bei weitem grössten Theil des Erdtheils; es wird dasselbe gebildet durch die schon in dem vorangegangenen Monat bestehenden Minima I, II, II^a und der an der westpreussischen Küste hervortretenden Randbildung II^b. Das Depressionsgebiet erstreckt sich im Süden bis über Italien und die Balkan-Halbinsel, so dass nur über Süddeutschland, Frankreich und Spanien, sowie dem westlichen Mittelmeer der Luftdruck 760 mm übersteigt. In den folgenden Tagen verschiebt sich nun zwar jene Zone niedrigen Luftdruckes ostwärts, während gleichzeitig die Minima II und II^a nordwärts verschwinden; doch lässt ein neues Depressions-Phänomen am 2. und 3. den hohen Luftdruck über Zentraleuropa noch nicht zur Herrschaft gelangen. Dieses Minimum (Nr. III) zeigt sich bereits am 1. südlich von Irland und nimmt seinen Verlauf entlang der südenglischen und norddeutschen Küste nach Russland zu, am 3. lebhaftere westliche Winde über Norddeutschland veranlassend. Im Rücken desselben dehnt sich der hohe Luftdruck nunmehr erheblich aus, am 3. bereits über Grossbritannien und am 4. auch über ganz Deutschland und Oesterreich-Ungarn. Dieser Zustand bleibt mit schwachen, meist westlichen Winden über Zentraleuropa bis etwa zum 9. bestehen; im Südosten erhält sich bis zum 6. ein Depressionsgebiet über den östlichen Mittelmeerländern, alsdann gelangt auch dieser Theil Europas unter die Herrschaft höheren Luftdruckes. Im Nordwesten jedoch tritt schon am 5. eine neue Depression (V) auf, ein Sinken des Barometers unter 760 mm über Grossbritannien hervorrufend; ein Ausläufer derselben V^a erhält nach dem Abzug des Minimums III den niedrigen Luftdruck über Skandinavien und den nördlichen Russland; Minimum VI lässt über dem nördlichen Theil der britischen Inseln ebenfalls den hohen Luftdruck nicht zur Geltung kommen.

Während am 8. im südöstlichen Russland eine an den folgenden Tagen sich nordwärts bewegende Depression (Nr. VII) erscheint, bildet sich im Laufe des 9. am Eingang des Kanals ein zunächst sehr flaches Minimum in dem Gebiete des sehr gleichmässigen hohen Luftdruckes aus. Indem die dasselbe umgebenden Isobaren eine nierenförmige Gestalt annehmen, vertieft sich und dehnt sich diese Depression sehr schnell aus, so dass am 10. morgens bereits in ganz Frankreich, Westdeutschland und Grossbritannien — bei dem Letzteren allerdings theilweise durch den Einfluss des nördlichen Minimums VIII — das Barometer unter 760 mm gesunken ist. Das Minimum selbst liegt an diesem Tage mit etwa 754 mm über dem Kanal. Auf seiner weiteren Bahn entlang der südlichen Nordseeküste über Jütland, das Skagerrak und Südnorwegen bis zum norwegischen Meere nimmt dies Minimum stetig an Tiefe zu; das Nachdrangen des hohen Luftdruckes vom Südwesten her hat steilere Gradienten und stärkere bis stürmische südwestliche und westliche Winde am 11. über der deutschen Nordsee und den dänischen Inseln, am 12. über Südskandinavien zur Folge. Während am 10. abends und am 11. niedriger Luftdruck über Zentraleuropa herrschte, übersteigt derselbe am 12. daselbst bereits wieder allenthalben 760 mm.

Im Südosten stellt sich vom 10. an ebenfalls ein Depressionsgebiet her, welches über der Balkanhalbinsel bis zum 21. sich stationär erhält. Noch während jenes Minimum IX die Witterungslage Zentraleuropas beherrscht, naht bereits vom Ozean eine neue Depression heran; das Minimum derselben liegt am 13. über Südirland und erstreckt an diesem Tage seinen Einfluss bis zum westlichen Deutschland, wo unter Zurückdrehen der meist schwachen Winde nach Süden, das Barometer unter 760 mm gesunken ist. In ihrem Fortschreiten über die südliche Nordsee, Südschweden und die nördliche Ostsee nach Russland nimmt die Depression zwar an Tiefe ab, beeinflusst jedoch in den Tagen bis zum 15. die Witterung Deutschlands.

Die nunmehr bis zum Schlusse des Monats im Westen erscheinenden Depressionen nehmen ihren Verlauf ausschliesslich über den Ozean, höchstens im nördlichen Skandinavien das Festland überschreitend. Nur einige Ausläufer erstrecken ihren Einfluss südlicher bis nach dem nördlichen Mitteleuropa. So veranlasst im Laufe des 16. das Theilminimum XI* über dem nördlichen Deutschland wieder ein Sinken des Barometers unter 760 mm, nachdem dasselbe am 15. über dem ganzen Erdtheil, mit Ausnahme Grossbritanniens und Skandinaviens, diese Höhe überschritten hatte.

Aber schon am Abend des 17. ist diese Einwirkung verschwunden und vom 18. an bis zum 21. steht ganz Europa, nur mit Ausnahme zweier kleiner Gebiete im Norden und im Süden, unter der Herrschaft hohen Luftdruckes.

Diese Ausnahmen bilden im Süden jenes bereits genannte stationäre Depressionsgebiet über der Balkanhalbinsel, sowie zwei ausgeprägtere Minima (XII und XIV), die über Italien ihre Entstehung finden, im Norden der endliche Verlauf des Minimums XI und des Minimums XIII. Dieses letztere veranlasst am 21. und 22. westliche Stürme an der nördlichen norwegischen Küste und im nördlichen Finnland.

Der gleichmässig hohe Luftdruck bringt über Mitteleuropa naturgemäss ruhiges Wetter mit sich.

Während dieser Tage liegt das Maximum des Luftdruckes, am 19. und 20. 770 mm übersteigend, über dem Meere an der westfranzösischen Küste. Ueber Deutschland erreicht am 20. das Barometer einen höheren Stand als 765 mm und bildet sich an diesem Tage ein geschlossenes Maximum von 770 mm über Holstein aus. Aber schon am folgenden Tage fängt der Luftdruck an von Süden her abzunehmen. Seit dem 18. lagert nämlich südwestlich von der iberischen Halbinsel ein Depressionsgebiet, welches am Abend des 21. mit dem des Minimums XIV in Verbindung tritt, wodurch eine Zone niedrigen Luftdruckes über dem Mittelmeer entsteht. Diese gewinnt an Ausdehnung, indem am 22. einerseits sich nördlich von den Alpen die flache Depression XVII entwickelt, andererseits das Minimum XVIII über Spanien sich fortpflanzt. Der Luftdruck nimmt allgemein ab und ist am 23. morgens über ganz Europa ausserordentlich gleichmässig vertheilt: die Isobare für 760 mm umspannt fast den ganzen Erdtheil und nirgends erreicht das Barometer einen Stand von 765 mm. Dabei erscheint ein zunächst ausserordentlich flaches Depressionsgebiet über dem östlichen Frankreich und westlichen Deutschland; dasselbe nimmt an Tiefe zu und indem auch im Nordwesten über dem isländischen Meere ein Depressionsgebiet auftritt, entsteht eine Zone niedrigen Luftdruckes am 24. von der Nordsee über Deutschland und Frankreich bis zum Mittelmeer sich erstreckend. Diese breite Zone, welche kleine, bei der grossen Gleichmässigkeit des Luftdruckes, nur sehr flache Minima in sich einschliesst, verschiebt sich besonders in ihrem südlicheren Theile langsam ostwärts, am 26. abends über Russland und der Balkanhalbinsel liegend.

Der hohe Luftdruck rückt von Westen her nach, überzieht am 27. West- und Mitteleuropa und behauptet von nun an bis zum Schlusse des Monats seine Herrschaft über diesen Landstrichen. Es bildet sich dabei ein Maximum heraus, welches in einer Höhe von etwa 767 bis 768 mm sich langsam vom nördlichen Frankreich nach dem nördlichen Deutschland und dann südostwärts nach dem südlichen Russland verschiebt, am 30. sich jedoch aufs Neue nach Westen hin ausdehnt. Ruhiges Wetter über Zentraleuropa ist die Folge des meist gleichmässigen, hohen Luftdruckes. Ueber Skandinavien, dem Norden Russlands und im Nordwesten der britischen Inseln ist der Luftdruck andauernd ein niedriger in Folge des Lappland passirenden Minimums XX und der Randbildung XXIᵃ einerseits, des Minimums XXI und XXII andererseits. Am 28. ruft sowohl Minimum XX über Finnland, als auch Minimum XXI an der westlichen irischen Küste stürmische Winde hervor.

Wie aus dem Verzeichnisse der stürmischen Winde hervorgeht, war der Monat in Bezug auf die Luftbewegung im ganzen ein sehr ruhiger. Ueber Deutschland und besonders an der deutschen Küste war dieselbe mit Ausnahme der schon besprochenen wenigen Tage meist schwach; die westlichen Winde waren dabei überaus vorherrschend, entsprechend der Druckvertheilung — höherer Barometerstand im Süden, andauernd niedriger im Norden. Die Gradienten haben über dem nördlichen Zentraleuropa fast während des ganzen Monats eine nördliche Richtung, nur die Tage vom 22. bis 26. sind davon auszuschliessen.

Die folgende Zusammenstellung ist den meteorologischen Bulletins von Hamburg, Skandinavien und Dänemark, London, Paris, Wien und St. Petersburg entnommen und enthält alle Beobachtungen stürmischer Winde (8 Beaufort und darüber), soweit es sich um europäische Stationen handelt. Da in Frankreich, Spanien, Portugal, Italien und Russland die Schätzung der Windstärke nicht nach genau derselben Skala, wie in den übrigen Ländern, zu geschehen scheint, so sind in Kursiv-Schrift aus Frankreich, Spanien und Portugal noch alle Windstärken 7, aus Russland und Italien alle Stärken 6 und 7 hinzugefügt.

1. Morg.: Skudesnäs S 8; — *Puy-de-Dôme W 7*; — *Cagliari NW 6*.
   Nm.: Skudesnäs S 8.
   Ab.: Skudesnäs SSW 8.
2. Morg.: Säntis W 8; — Skudesnäs S 8; — *Puy-de-Dôme WSW 7*.
   Nm.: Rochefort W 8.
   Ab.: *Puy-de-Dôme WSW 7*.
5. Ab.: *Pesaro NW 6*.
6. Nm.: Trogen NW 8.
10. Ab.: *Puy-de-Dôme WSW 7*.
11. Morg.: Samsö WSW 8.
    Ab.: Faerder WSW 8, Vesterrig WSW 8, Fanö W 8, Samsö SW 8, Bogö WSW 8.
12. Morg.: Oxö WSW 8, Faerder WSW 8, Samsö SW 8, Carlstadt SW 8; — St. Gotthard N 8.
    Nm.: Scilly S 8.
    Ab.: Faerder SW 8, Hernösand S 8, Carlstadt SW 8; — Scilly S 8.

13. Morg.: Faerder WSW 8.
   Nm.: Rochefort W 8.
   Ab.: *Er-Hastellie WSW 7*; — Lissabon NNW 9.
14. Morg.: *Er-Hastellie WNW 7, Puy-de-Dôme W 7.*
   Ab.: Pic-du-Midi W 9.
16. Morg.: Belmullet W 8.
   Nm.: Skudesnäs SSE 8.
   Ab.: Skudesnäs SSE 8; — Mullaghmore WNW 8; — *Lissabon NW 7*
17. Ab.: *Sicié NW 7; — Cagliari NW 6.*
18. Morg.: *Croisette NW 7.*
19. Morg.: *Cap Béarn NW 7.*
20. Ab.: Faerder WSW 8.
21. Morg.: Bodö SW 8, Christiansund WSW 10; — *Le Mans N 7.*
   Ab.: Bodö WSW 10, Christiansund W 8.
22. Morg.: Lleaborg WNW 9.
   Ab.: Christiansund WSW 8; — *Palermo SW 6.*
23. Morg.: Christiansund WSW 8; — *Lleaborg W 6,*
24. Ab.: La Hague NE 8.
25. Ab.: Cagliari *WNW 6.*
27. Ab.: Christiansund W 9, Faerder WNW 8, *Göteborg W 8.*
28. Morg.: Hernösand NNW 8; — Belmullet *SSW 9, Valencia SSE 8; — Nikolaistadt WNW 6.*
   Kuopio W 8, *Hangö NW 6,* Ssermaxa *W 8, St. Petersburg WNW 6.*
29. Morg.: Ssermaxa WNW 8, *Totma WNW 6.*
30. Morg.: *Pernau WSW 6.*
31. Morg.: Totma NE 9.
   Nm.: Skudesnäs SSE 8.
   Ab.: Skudesnäs SSW 8.

2. Temperatur.

Die geringe Erwärmung, welche am Schluss des Monats Juli über Zentral-
europa und insbesondere über Deutschland eingetreten war, ist nicht von grösserer
Dauer, denn schon am 1. August findet über Westdeutschland und dem nordöstlichen Frankreich aufs Neue Abkühlung statt und liegt an diesem Tage die Temperatur über Zentraleuropa allenthalben unter der Normalen. Im Osten Europas
ist die Temperatur zunächst noch eine höhere, doch dehnt sich das kältere Gebiet bis zum 5. auch über das mittlere Russland aus, während wärmeres Wetter
seine Herrschaft im Gebiete des Bottnischen Busens, vorzugsweise über Finnland
behält.

An diesem Tage ist die Temperatur des Morgens über dem nordwestdeutschen Binnenlande eine ausserordentlich niedrige, so dass am Südrande der
Lüneburger Heide bis in die Magdeburger Böhrde und die Gegend von Genthin,
sowie auch vereinzelt im Thüringer Walde, die Feldfrüchte erheblich durch Frost
beschädigt wurden.

Vom 6. an rücken jedoch etwas steigende Temperaturen von Westen allmählich ostwärts vor, die Morgen-Temperaturen nähern sich in Deutschland den
normalen und überschreiten dieselben meist am 10.; besonders ist die Temperatur
in Süddeutschland hoch, das Maximum erreicht im Binnenlande 30° und darüber.
Nach diesem gewitterreichen Tage sinkt jedoch die Temperatur über Mittel-
Europa wiederum stark und kühles Wetter herrscht über Deutschland bis zum 13.
Die das Wetter Deutschlands beeinflussenden Depressionen bringen in den
nächsten Tagen geringere Erwärmung und nach ihrem Vorübergang wieder Abkühlung mit sich. Mit dem 18., an welchem der hohe Luftdruck Zentraleuropa
überzieht, tritt nunmehr dauernd warmes Wetter über Deutschland ein und auch

die Tage vom 22. bis 26., des Bestehens des grossen Depressionsgebietes, machen keine Ausnahme. Der Schluss des Monats weist besonders hohe Temperaturen auf, in Magdeburg ist am 30. das Tagesmaximum 32°, in Kassel am 29. und 31. 33°. Seit der Periode der zweiten Hälfte des Mai und ersten Tage des Juni gelangt zum ersten Mal mit der dritten Dekade dieses Monats wiederum warmes Wetter für längere Zeit über Deutschland zur Herrschaft; die zweite Hälfte des Monats steht in Bezug auf die Wärmeerscheinungen im schroffen Gegensatz zu der ersten und die Differenz der Extreme des Monats ist demnach eine sehr grosse, vielfach 25—27° in Deutschland erreichend. Aehnliche Temperatur-Verhältnisse sind über Frankreich herrschend, während nach Osten zu die Temperatur vielfach zunehmend war. Der Norden Europas ist auch in diesem Monat meist warm, vom 20. an tritt jedoch hier im Gegensatz zur Erwärmung Mitteleuropas Abkühlung ein.

8. Bewölkung, Niederschlag, Gewitter.

Das veränderliche Wetter der beiden vorangehenden Monate hält während der ersten Hälfte des Monats August über Deutschland an. Nur die Gewittererscheinungen treten nicht mehr so zahlreich auf, wie es besonders im Juli der Fall war; von den an die Seewarte berichtenden deutschen Beobachtungs-Stationen werden bis zum 9. fast keine Gewitter gemeldet. Nichtsdestoweniger finden auch in diesen Tagen heftige Regengüsse statt, wie überhaupt die Niederschläge dieses Sommers nicht in dem sogenannten Landregen in Erscheinung treten, sondern die Wolken sich meist in plötzlichen, starken Regengüssen entladen.

Unter dem Einfluss der Depression III regnet es an den ersten beiden Tagen meist in ganz Deutschland, im Nordwesten an einzelnen Orten besonders heftig: so meldet für den 1. Cuxhaven 24 mm, für den 2. Keitum 28 mm und Münster 35 mm Regenhöhe. Die Niederschläge nehmen alsdann überall ab, nur am 3. ist die ostdeutsche Küste noch allgemein von Regenfällen betroffen. In den folgenden Tagen treten die Regenfälle nur vereinzelt auf; unter der Herrschaft des höheren Luftdruckes ist am 9. und auch noch am Morgen des 10. das Wetter über Deutschland meist heiter. Der Vorübergang des Minimums IX ruft aber an dem letzteren Tage wiederum ausgedehnte Gewittererscheinungen mit schweren Regengüssen hervor (Altkirch 70 mm Niederschlagshöhe), die in Strassburg noch von einem Orkan begleitet sind und im Grossherzogthum Baden durch heftigen Sturm und Hagelschlag, namentlich auch in der Umgebung von Karlsruhe, vielfach Schaden anrichten; auch für den 11. meldet noch München 36 mm und Friedrichshafen 20 mm Regenmenge. Nach diesen Tagen dauert das veränderliche Wetter mit einzelnen Regenfällen fort und wenn auch für den 16. ein zeitweises Aufklaren eintritt, so ist eine Besserung des Wetters erst vom 20. an zu bemerken. Von diesem Tage ist das Wetter im Norden Deutschland dauernd bis zum Schluss des Monats heiter, in Süddeutschland tritt am 23. wieder stärkere Himmelsbedeckung ein, die bis zum 27. anhält. Diese Tage, an welchen die Zone niedrigeren Luftdruckes über Deutschland liegt, sind gleichzeitig die zweite Gewitterepoche des Monats. Die kleineren in diesem Depressionsgebiet auftretenden Minima veranlassen im deutschen Binnenlande vom 23. bis 26. zahlreiche und heftige derartige Erscheinungen. In der Gegend zwischen Halle und Leipzig fiel in diesen Tagen ein Wolkenbruch und überaus grosse tägliche Regenmengen werden gemeldet: für den 23. Breslau 43 mm und Friedrichshafen 36 mm, für den 24. Münster 23 mm und München 26 mm, für den 25. Friedrichshafen 31 mm, für den 26. München 69 mm. Vom 27. an ist das Wetter über ganz Deutschland, welches alsdann meist im Maximalgebiet des Luftdruckes liegt, allgemein heiter, vielfach sogar wolkenlos, und trocken.

Es ist noch hervorzuheben, dass trotz der einzelnen starken Regenfälle die Niederschlagsmenge des gesammten Monats, besonders in Norddeutschland, erheblich gegen das vieljährige Mittel zurückblieb; in Süddeutschland wurde dagegen dasselbe stellenweise überschritten.

II. Vorläufige Mittheilungen über das Wetter auf dem Nordatlantischen Ozean.

Für die Herstellung der synoptischen Karten, welche den hier gegebenen Mittheilungen zu Grunde liegen, sind die Journale nachstehender Schiffe verwendet worden:

Dampfschiffe: Rio, Kronprinz Friedrich Wilhelm, Saxonia, Rosario, Ohio, Uruguay, Argentina, Pernambuco, Braunschweig, Santos, Baltimore, Erna Woermann, Corrientes, Petropolis, Rhätia, Polynesia, Eider, Weser, Main, Gellert, Aller, Leipzig, Lessing, Suevia, Rhein, Amerika, Fulda, Allemannia, Hungaria, Hammonia, Trave, Ems, California, Rugia, Hermann, Donau, India, Bavaria, Francia, Saale, Polaria, Elbe, Donar, Wieland, Westphalia, Gothia, Albingia, Teutonia, Australia, Polynesia.

Segelschiffe: Godeffroy, Esmeralda, Mimi, Andromeda, Doris, Irene, Wilhelm, Bremen, Maria Rickmers, Columbus, Henry, Plus, Marie Louise, Willy Rickmers, Ervin Rickmers, Minerva, Carl, Niagara, Deutschland, Margaretha Gaiser, Levuka, Wega, Urania, Border Chief, Amelia, Republic, Emanuel, Anna, Bertha, Paul Rickmers, Rose, Magdalene.

Nach den Hauptzügen der Luftdruck-Vertheilung lassen sich im Verlauf der Witterung auf dem Nordatlantischen Ozean im Monat August drei Epochen unterscheiden:

1. Während der ersten Epoche, die bis zum 18. August zu rechnen ist, zeigte sich auf dem Ozean noch dieselbe, den normalen Verhältnissen der Sommermonate entsprechende Wetterlage, die fast den ganzen Monat Juli hindurch vorhanden gewesen war. Ein Gebiet beständig hohen Luftdrucks, dessen Maximum von durchschnittlich 770 mm Höhe bei den Azoren lag, erstreckte sich von den mittel- und südeuropäischen Küstengewässern in Westsüdwest-Richtung bis nach etwa 60° w. L., während die westlichen und nördlichen Meeresstriche von Depressionen eingenommen wurden, die, anscheinend sechs an der Zahl, von der amerikanischen Küste, am Rande des Gebietes hohen Drucks entlang, gegen die Küste von Nordeuropa zogen. Die Längsachse des Hochdruck-Gebietes verlief von etwa 40° n. Br. an der europäischen, nach 25 bis 30° n. Br. an der amerikanischen Seite. Nördlich von dieser Linie war der Wind westlich, schwankend zwischen Süd und Nordwest. Nur am 7. und 8. kam er unter dem Einflusse eines zweiten Maximums, das die Reihe der Depressionen unterbrechend im Westen erschien, aber nur von kurzem Bestande und geringer Höhe war, in den amerikanischen Gewässern vorübergehend aus dem östlichen Halbkreise. An der Küste von Portugal wehte fast ununterbrochen Nordwind; südlich von der angegebenen Linie herrschte der Passat.

Das Barometer fiel auf dem nördlichen Theile des Gebietes bis zum 10. August nur selten unter 750 mm, und das Wetter war dementsprechend, wenn auch häufig windig und meistens trübe und regnerisch, doch im Ganzen ziemlich ruhig. Während der folgenden Zeit wuchs der Wind dagegen, bei grösserer Tiefe der Depressionen, mehrmals zum heftigen Sturme an. Der erste, der am 11. und 12. August auftrat, betraf das Gebiet zwischen 40° und 20° w. L.. Der Dampfer ›Suevia‹, auf der Reise von New-York nach Hamburg, hatte am 11. in etwa 49° n. Br. und zwischen 40° und 30° w. L. den ganzen Tag anhaltenden Sturm aus Nordwest (10) mit schweren Böen bei steigendem Barometer, während Tags vorher, bei abnehmendem Luftdruck, der Wind aus West nur mit mässiger Stärke geweht hatte. Auch weiter östlich war der die vordere Depressionshälfte begleitende Wind nicht besonders heftig. Nach dem Bericht des westwärts fahrenden Dampfers ›Ems‹ setzte in 49.3° n. Br. und 26° w. L.. der Sturm gegen Mittag des 11. August aus West ein und behielt, bis zur Stärke 10 anwachsend und mit schweren Regenböen wehend, diese Richtung bis gegen 8 Uhr abends. Dann drehte er sich, nachdem das Barometer schon gegen 6 Uhr abends mit 740.2 mm seinen tiefsten Stand erreicht hatte, erst nach Nordwest und nach Mitternacht, bei abnehmender Stärke, nach Nordnordwest. Das Segelschiff ›Amelia‹, welches sich in etwa 47° n. Br. und 25° w. L. befand, hatte am 11. August in der vorderen Hälfte der Depression lang anhaltende heftige Gewitter, Elmsfeuer und starken Regen. Der Sturm aus West bis Westnordwest, welcher mit dem Steigen des Barometers um 8 Uhr abends einsetzte und bis gegen 4 Uhr nachmittags des folgenden Tages anhielt, war von orkanartigen Böen und einer furchtbar hohen See begleitet. Die folgenden, ähnlich verlaufenden Stürme der Epoche traten am 15. und am 17. August auf. Am ersteren Tage waren gleichzeitig zwei Sturmfelder auf der Mittelzone vorhanden, eines im Osten und anderes im Westen; von dem zweiten Sturme wurde nur der Westen und zwar die Umgebung von Neufundland betroffen.

Um dieselbe Zeit, als im Norden sich die Depressionen vertieften, trat auch im Süden, im Passatgebiet des Nordatlantischen Ozeans, unruhiges Wetter ein, indem am 15., 16. und 17. August mehrere Westindische Inseln von Orkanen heimgesucht wurden. Schon am 13. wurde an Bord des Schiffes ›Urania‹ südwestlich, unweit der Kapverden, in dem Kalmengürtel zwischen Südwestmonsun- und Nordostpassat-Gebiet ein für diese Gegend sehr erhebliches Fallen des Barometers auf 754.8 mm beobachtet, begleitet von einem raschen Umlaufen des stürmisch werdenden Windes von West und Nord nach Süd und Ost, Regengüssen und drohendem Aussehen der Luft, welches Kapitän Früchtenicht auf die Vermuthung brachte, mit einem entstehenden Orkan zu thun zu haben. Am 15. August wurde Zeitungsberichten zufolge das Schiff ›Linnet‹, von Iquique nach New-York bestimmt, in 13° n. Br. und 54° w. L. von einem schweren Sturm überfallen, wodurch es solche Beschädigungen erlitt, dass es auf Barbadoes einen Nothhafen aufsuchen musste. Wahrscheinlich derselbe Orkan ging am nächsten Tage, beträchtlichen Schaden und Verlust mehrerer Menschenleben verursachend, über die 400 Sm. westlicher liegende Insel St. Vincent hinweg. Ein zweites Orkanfeld lag am 15. August über Hayti. Im Bereiche dieses hatten die unweit der Nordküste der Insel stehenden Dampfschiffe ›Bavaria‹ und ›Teutonia‹ Sturm aus Ostnordost bis Südost, Stärke 9, und dasselbe war anscheinend identisch mit der von einem heftigen Sturm aus Nordost bis Ostsüdost begleiteten Depression, die nach den Beobachtungen des Schiffes ›Rose‹ am 17. August in etwa Westnordwest-Richtung die Strasse von Florida passirte. Das Barometer an Bord von ›Rose‹ fiel nicht unter 754 mm, aber der Sturm hielt mit strömendem Regen, Gewitter und hoher, wilder See, 18 Stunden an und erreichte zur Zeit des Umlaufens, gegen 2 Uhr nachmittags, eine orkanartige Stärke.

2. Ein Maximum, welches am 18. August an der amerikanischen Küste, an der Rückseite der bei Neufundland befindlichen Depression erschien, setzte sich am nächsten Tage, nachdem es etwas nach Nordosten fortgeschritten, mit dem bei den Azoren lagernden in Verbindung, so dass jetzt mit Ausnahme des südwestlichsten Theiles die ganze Mittelzone des Nordatlantischen Ozeans, von der amerikanischen bis an die europäische Küste von hohem Luftdruck eingenommen wurde. Diese Wetterlage erhielt sich, die z w e i t e E p o c h e charakterisirend, vom 19. bis zum 22. August. Es waren zwei Maxima vorhanden, eines in der Umgebung von Neufundland, das andere zwischen 20° und 30° w. L., welche beide eine Höhe von 770 bis 772 mm erreichten. In Folge der nördlichen Lage derselben herrschten westliche Winde jetzt nur noch am Nordrande der Mittelzone, während südlich von 45° n. Br. östliche Winde wehten. Auf dem grössten Theile des Ozeans stand das Gebiet der letzteren in ununterbrochener Verbindung mit der Passatregion, welche demnach an diesen Tagen eine grosse Ausdehnung nach Norden hatte. Das Wetter war meistens ruhig und der Wind vorwiegend von mässiger Stärke. Unruhiges Wetter herrschte indessen im Südwesten, wo in der Umgebung der Bermudas- und der Bahama-Inseln, an der polaren Grenze des hier weit zurückgedrängten Passats ein Gebiet niedrigen Luftdrucks lagerte. Unter dem Einflusse des letzteren und des Maximums im Norden wehte auf der Höhe von Kap Hatteras anhaltend stürmischer Nordostwind, der sich am 22. August, nachdem die Depression längs der amerikanischen Küste bis etwa 40° n. Br. vorgedrungen war, zum orkanartigen Sturme steigerte. Nach dem Berichte des Dampfers »Polaria«, der sich auf der Reise von Hamburg nach New-York in etwa 41° n. Br. und 66° w. L. befand, begann der Sturm gegen Mittag des genannten Tages aus Ost, mit rasch zunehmender Stärke von Wind und See und bei rasch fallendem Barometer. Nachmittags wehte orkanartiger Sturm mit strömendem Regen. Gegen 4 Uhr nachmittags sprang der Wind auf Südost, gegen 5 Uhr mit dem Eintritt des zu 735 mm beobachteten Minimums auf West und später auf Westnordwest. An Bord von Dampfer »Ems«, der ostwärts fuhr und sich in Folge dessen von der nördlich ziehenden Depression rascher entfernte, fiel das Barometer nicht unter 746 mm und der Sturm, der aus Ostnordost einsetzte, war weniger heftig und drehte sich nicht weiter als bis Süd.

3. Indem die vorerwähnte, von Südwesten gekommene Depression im weiteren Fortschreiten das Maximum bei Neufundland verdrängte, stellte sich am 23. August die den Rest des Monats beherrschende Wetterlage der d r i t t e n E p o c h e her. Es war jetzt wieder nur das eine Maximum auf der Mitte des Ozeans vorhanden, ähnlich wie während der ersten Epoche, doch lag dasselbe jetzt südlicher und westlicher als früher, meistens zwischen 30° bis 35° n. Br. und in etwa 40° w. L. Fast auf der ganzen Mittelzone herrschten in Folge dessen westliche Winde, schwankend zwischen Süd und Nordwest, und das Passatgebiet erstreckte sich nur selten und auch nur auf der östlichen Hälfte des Meeres nordwärts über 30° n. Br. hinaus. An der Küste von Portugal blieb der Wind indessen vorwiegend nördlich.

Bis zum 25. August war der Luftdruck im Durchschnitt ziemlich hoch; im Maximum stand das Barometer auf 770 bis 772 mm und fiel beim Vorübergang der Depressionen nicht unter 755 mm. Das Wetter war dementsprechend zwar veränderlich und oft windig, doch nicht stürmisch. An den folgenden Tagen herrschte jedoch bei allgemein tieferem Stande des Barometers unruhiges, regnerisches Wetter bei heftigen Winden, die sich sehr oft bis zur Stärke 8 und darüber steigerten, insbesondere am 26. und 27. August, an welchen Tagen die Minima der beiden auf dem Ozean vorhandenen Depressionen eine Tiefe unter 745 mm erreichten und in ihrer Umgebung schwere, von Süd durch West nach Nord umlaufende Stürme, begleitet von anhaltendem Regen und starken Gewittern, auftraten. Auf dem westlichen Theile der Mittelzone wurden Gewitter während der ganzen Epoche fast täglich beobachtet.

Die Direktion der Seewarte.

Dr. *Neumayer.*

III.- Abweichungen von der normalen Temperatur um (7) 8

Tag	Bodö	Skudesnäs*	Haparanda*	Stockholm*	Stornoway	Shields	Valencia	St. Mathieu	Paris*	Perpignan*	Borkum	Hamburg	Swinemünde	Neufahrwasser	Memel
1	0.2	0.5	1.1	4.1	3.6	4.2	2.1	3.2	4.9	5.6	2.8	2.9	0.6	0.8	0.8
2	4.3	2.9	5.6	0.9	3.6	6.5	1.0	1.5	1.2	2.7	2.4	2.4	3.1	1.7	1.6
3	4.3	1.3	5.4	0.3	3.6	4.2	2.6	2.4	6.6	1.5	4.8	5.1	3.2	3.7	0.8
4	1.1	0.7	5.7	1.5	2.5	3.1	1.0	3.1	5.1	3.8	6.2	4.7	4.9	3.5	2.1
5	0.2	1.9	5.9	1.7	0.7	3.0	0.4	3.5	6.6	5.2	5.5	5.0	5.8	4.0	1.3
6	1.3	2.1	2.1	0.7	2.9	0.3	1.3	1.9	4.8	3.1	4.0	4.4	5.7	3.8	1.5
7	6.2	0.3	2.5	1.7	0.4	1.4	0.7	2.0	1.6	0.0	1.1	3.1	3.2	2.5	1.2
8	0.3	0.1	2.7	2.7	0.1	1.0	1.3	1.2	2.6	1.2	0.9	0.4	0.5	0.1	0.0
9	0.7	0.3	4.3	0.8	2.3	1.0	0.2	2.0	0.8	2.5	0.3	0.7	1.5	0.7	0.1
10	0.1	0.3	4.4	1.2	1.2	1.3	2.1	3.2	2.0	3.5	0.9	0.3	0.2	1.6	1.2
11	1.7	2.4	2.2	1.0	1.6	1.7	1.0	2.1	4.6	1.4	2.1	1.6	1.6	2.0	0.3
12	5.9	0.8	1.0	0.2	2.7	1.2	0.2	2.2	6.8	3.8	3.3	3.9	3.5	2.6	0.8
13	4.8	0.8	1.2	0.4	1.6	1.1	0.4	0.8	6.3	4.5	3.4	3.8	2.0	2.3	0.5
14	3.2	0.3	3.3	2.7	2.1	1.6	1.5	1.1	3.5	1.8	0.9	0.6	0.3	3.2	0.1
15	5.1	1.7	5.3	2.7	1.5	0.0	1.3	1.9	5.2	2.1	3.7	2.6	2.1	0.4	0.8
16	1.6	1.1	0.7	0.9	0.3	1.8	1.0	1.0	2.7	1.9	1.2	4.8	2.5	0.5	0.8
17	7.3	1.0	3.7	2.7	2.0	0.4	1.4	3.0	6.5	4.3	1.5	1.3	0.9	0.9	0.6
18	0.1	0.4	4.7	2.7	0.8	3.1	0.3	3.8	2.3	4.1	0.7	4.7	1.5	0.7	2.0
19	0.8	0.4	2.3	4.3	0.7	2.0	0.3	1.5	6.0	2.7	2.9	3.2	0.4	0.1	1.2
20	0.3	0.1	2.3	1.9	1.5	1.5	0.2	1.7	3.1	2.2	0.3	0.4	0.7	3.1	0.9
21	0.2	0.1	1.6	2.7	0.0	0.4	1.9	2.8	4.3	2.5	2.1	0.6	0.6	0.5	2.0
22	1.5	0.4	0.6	4.3	0.1	1.7	1.9	2.9	0.9	4.6	2.0	2.6	0.9	1.4	0.1
23	1.8	0.6	0.3	4.9	1.0	0.6	0.7	1.8	2.2	1.7	0.7	2.7	1.8	1.3	0.6
24	0.5	2.3	2.9	5.2	1.3	3.2	1.2	1.7	1.9	1.1	2.4	3.3	0.7	2.5	2.5
25	0.2	1.2	2.3	3.2	0.3	0.2	0.0	0.8	1.1	1.1	3.0	2.7	1.1	4.0	4.4
26	1.0	1.0	3.7	4.0	1.9	3.0	1.1	0.2	1.1	1.1	1.7	0.2	2.4	3.7	6.0
27	0.3	0.3	2.3	3.2	0.7	2.5	0.7	0.3	4.9	0.1	2.3	0.5	1.7	2.3	5.0
28	1.4	0.2	2.1	0.6	0.6	3.7	1.3	0.6	4.9	1.8	0.9	2.6	0.8	0.3	2.5
29	2.1	1.8	1.2	1.4	1.0	3.7	0.4	0.4	1.5	2.2	1.7	1.2	1.0	1.4	1.4
30	0.5	2.1	2.3	4.6	2.8	3.3	2.0	2.1	0.0	1.8	1.0	3.6	3.0	3.7	4.5
31	1.1	3.1	0.9	2.4	0.7	3.4	0.3	0.6	1.6	1.7	3.5	2.0	2.1	1.8	0.2
Mittel	1.3	0.0	2.3	2.0	1.0	0.3	0.4	1.8	3.2	2.5	0.8	1.3	0.8	0.4	1.1

Die Werthe der Temperaturabweichungen beziehen sich für die Norwegischen, Schwedischen, Eng. Deutschen und Italienischen Orte auf 8 Uhr morgens, für die Französischen, Oesterreich-Ungarischen, Ru. und Türkischen auf 7 Uhr morgens.

ens im Monat August 1886 (fette Zahlen +, magere —).

Breslau	Karlsruhe	München	Wien*	Hermannstadt*	Rom*	Archangelsk*	St. Petersburg**	Moskau*	Baku*	Constantinopel*	Katharinenburg*	Barnaul*	Irkutsk*	Taschkent*	Tag
2.4	3.4	4.7	1.1	2.3	2.1	3.9	0.7	2.6	1.2	0.0	1.4	0.8	7.3	1.8	1
2.3	1.8	3.9	1.7	0.7	2.3	1.4	0.3	1.7	0.9	0.5	0.7	1.6	4.9	1.2	2
0.7	4.2	0.4	0.7	3.9	1.9	1.7	4.3	2.8	3.2	2.4	1.4	1.3	0.7	2.3	3
4.3	5.5	3.2	3.9	1.4	1.2	0.5	1.8	0.2	2.4	2.2	3.1	1.5	0.6	0.8	4
4.7	4.8	6.1	4.7	0.7	0.0	0.3	2.6	1.5	2.9	1.8	2.1	3.6	3.9	0.8	5
4.2	4.4	5.2	3.9	0.3	4.0	0.0	0.1	2.9	1.5	2.7	4.2	3.5	2.6	0.8	6
3.6	1.2	3.4	4.0	4.0	2.9	0.7	0.1	1.5	3.6	2.0	4.6	2.8	0.6	0.5	7
0.2	1.5	1.6	0.4	7.4	4.1	4.1	0.3	0.9	3.3	1.0	1.4	3.2	0.6	3.2	8
0.1	1.3	2.8	0.3	2.4	2.8	2.5	0.8	1.0	0.8	0.4	1.8	1.3	0.7	0.2	9
0.2	4.4	0.3	0.3	0.3	2.3	5.3	0.0	1.0	1.3	1.8	3.0	3.6	0.3	1.1	10
4.8	0.3	1.1	6.7	0.8	1.2	3.7	1.6	0.5	2.0	4.2	0.7	3.9	1.0	4.1	11
3.2	3.4	4.4	3.3	2.5	2.9	0.3	1.9	0.7	0.6	4.6	1.6	0.4	4.2	4.7	12
3.7	3.6	3.9	3.4	1.0	1.3	0.1	0.3	0.7	0.6	3.4	0.4	0.8	0.8	3.5	13
0.8	2.0	0.2	4.6	0.6	2.5	0.4	0.1	2.4	2.3	2.0	2.1	1.1	0.6	2.5	14
0.2	0.4	0.1	0.5	2.0	2.2	0.9	1.3	1.7	3.1	2.6	1.7	4.9	4.5	1.5	15
1.5	2.8	1.7	0.2	0.4	1.2	0.8	0.7	2.7	5.5	2.7	1.9	1.8	1.4	1.6	16
1.0	2.2	0.3	1.2	1.1	1.2	2.2	0.8	0.7	3.5	4.2	4.5	1.5	1.5	0.5	17
0.1	3.5	4.1	1.8	1.0	0.4	1.0	0.7	0.8	6.1	2.2	4.6	1.5	2.8	0.6	18
0.8	1.8	2.3	0.2	0.1	3.3	2.4	1.8	0.9	4.2	4.0	1.2	3.0	0.7	1.9	19
0.3	2.9	2.2	1.0	1.1	2.9	1.4	3.7	3.4	3.8	4.3	0.7	2.5	1.1	0.1	20
1.0	0.4	0.5	1.8	0.8	1.1	0.4	3.5	1.0	3.4	4.8	1.8	3.8	1.8	2.3	21
2.0	0.3	1.5	0.4	1.8	0.9	1.2	1.1	1.3	1.7	3.2	2.3	3.3	2.9	1.5	22
2.3	2.4	3.2	1.8	0.2	1.9	0.6	1.3	0.2	2.0	7.6	2.4	1.9	7.9	1.4	23
2.3	1.8	2.0	0.6	1.1	3.2	2.7	1.2	3.2	0.8	3.0	1.1	1.0	5.2	1.1	24
4.3	1.4	0.8	2.6	1.1	1.0	1.3	0.3	1.0	1.4	3.2	0.8	2.0	4.7	2.1	25
0.9	1.3	0.7	2.8	1.8	3.0	0.3	2.5	0.1	1.8	2.8	3.1	1.5	1.5	1.3	26
3.7	0.2	1.1	3.6	0.6	0.2	0.5	4.1	2.1	1.7	4.3	4.9	3.5	0.1	0.4	27
1.1	2.1	1.6	3.2	0.1	0.6	1.5	1.2	4.2	1.0	0.8	4.2	1.4	3.3	0.7	28
0.5	2.0	1.6	2.5	0.5	0.5	2.0	0.7	2.4	3.5	1.5	5.6	5.6	1.1	1.2	29
0.6	3.8	4.4	0.6	2.5	1.1	3.6	1.4	3.5	3.3	4.4	0.4	0.9	1.3	2.2	30
4.8	3.5	5.1	3.0	0.9	0.4	3.4	4.8	2.3	1.2	2.5	3.0	0.5	1.9	1.4	31
0.0	0.8	0.7	0.2	0.4	1.4	0.5	0.8	0.8	2.2	2.7	0.4	0.4	1.2	0.9	Mittel

Während bei den übrigen Beobachtungsorten die von der Seewarte berechneten normalen Temperaturen zu gelegt wurden, sind in den mit * versehenen Reihen die Differenzen der Temperaturen und der aus dem von St. Petersburg entnommenen normalen Pentadenmitteln verzeichnet; für St. Petersburg ** sind die Abweichungen von den täglichen Normalen derselben Stunde nach demselben Bulletin gegeben.

III^b. Vergleichende Zusammenstellung der thatsächlichen Witterur

	Hamburg																						Neufa							
	Wirkliche Witterung											Prognose						Wirkliche Witte													
	8^h a. m.					2^h p. m.					Niederschlag 8^h a.m.–8^h a.m.	Temp.-Abw.							8^h a. m.						2^h p.						
Tag	Temp.-Abw.	Temp.-Aend.	Windstärke	Windricht.	Bewölkung	Temp.-Abw.	Temp.-Aend.	Windstärke	Windricht.	Bewölkung			Temp.-Aend.	Windstärke	Windricht.	Bewölkung	Niederschlag		Temp.-Abw.	Temp.-Aend.	Windstärke	Windricht.	Bewölkung	Temp.-Abw.	Temp.-Aend.	Windstärke					
1	k	a	l	w	v	n	a	m	s'	v	e	k	—	l	w	v	r		n	z	l	s	b	n	a	l					
2	k	u	l	e'	b	k	u	m	e'	b	r	—	z	l	ws'	h	o		n	a	l	w'	b	k	a	l					
3	k	a	m	w'	r	k	a	f	w'	v	r	—	u	l	—	b	r		k	a	l	s	d	n	z	m					
4	k	u	m	s'	d	k	a	m	w'	r	e	—	z	m	w'	v	v		k	u	m	w'	b	k	a	m					
5	k	u	m	w	b	k	u	m	w	b	t	k	—	l	w'	v	v		k	u	m	w	v	k	a	l					
6	k	u	m	s'	h	k	z	m	s'	v	r	k	—	m	ws'	v	r		k	u	l	w'	v	k	z	l					
7	k	z	l	s'	r	k	u	l	w	b	t	k	—	l	s'	v	v		k	z	l	w'	h	n	z	l					
8	n	z	m	w	v	k	u	m	w	v	t	—	z	m	s'w	v	r		n	z	l	w	h	n	u	l					
9	n	u	l	w	v	n	z	m	w	b	t	w	—	l	w	v	t(g)		n	u	l	w	b	n	u	m					
10	n	z	l	e'	v	w	z	l	e	d	t	w	—	l	—	v	t(g)		n	a	l	w'	h	n	u	l					
11	n	a	f	w	b	k	a	m	w	b	e	—	a	l	—	b	r		k	u	m	s	b	w	z	m					
12	k	a	m	s'	h	k	a	m	w	r	r	n	—	l	w	v	t(g)		k	u	l	w	h	n	a	l					
13	k	u	m	e'	d	n	z	m	s	b	e	k	—	m	s'w	v	v		k	u	l	w	v	w	z	l					
14	n	z	m	s	r	k	a	m	w	r	r(g)	—	u	m	s	b	r		k	a	l	e'	b	w	z	m					
15	k	a	m	w'	b	k	u	m	w	v	t	—	u	m	n	h	g		n	z	l	w	v	n	a	l					
16	k	a	l	e'	h	n	z	l	s	h	r	k	—	f	s	v	-r		n	u	l	w'	v	n	a	m					
17	n	z	l	s	r	k	a	l	w	b	r	k	—	m	s'	v/b	r		n	u	l	x	b	k	u	l					
18	k	a	l	w'	d	k	z	l	n'	v	r	k	—	l	ww'	v	t e		n	u	l	n	v	n	z	l					
19	k	z	l	n	d	n	u	m	w'	v	t	w	—	l	n'	h	t(g)		n	u	l	n	h	n	z	l					
20	n	z	l	n'	h	n	z	l	n	h	t	w	—	l	—	v	t(g)		w	z	l	s'	h	n	u	l					
21	n	u	l	e'	d	w	z	l	e'	h	t	w	—	l	—	h	t		n	a	l	w	v	n	u	l					
22	w	z	m	e'	h	w	z	l	e'	h	t	n	—	l	—	v	r		n	u	l	w'	v	n	a	l					
23	w	u	m	e	v	w	z	m	e'	h	t	w	—	l	—	h	t(g)		n	u	l	n	v	n	u	l					
24	w	u	m	e	h	w	a	m	e	h	t(g)	w	—	l	—	h	g		w	z	l	n'	v	n	z	l					
25	w	u	l	e	d	w	u	m	n	h	t(g)	—	a	l	—	v	g		w	z	l	e	b	n	u	l					
26	n	a	l	w'	d	n	a	m	w	b	t	w	—	l	n	v	g		w	u	l	n	h	n	u	l					
27	n	u	m	s'	d	n	a	m	w	b	t	n	—	m	s'w	v	t e		w	a	l	w'	h	w	z	l					
28	k	a	l	w'	v	n	u	l	s'	d	t	n	—	m	ww'	vd	r		n	a	l	w	h	n	a	m					
29	n	z	l	e'	h	w	z	m	s	h	t	—	z	l	s	v	t		n	a	l	s	h	n	z	l					
30	w	z	l	x	d	w	z	l	w	h	t	w	—	lm	ss'	h	t(g)		w	z	m	w	h	w	z	m					
31	w	a	l	e'	h	w	u	l	x	h	t	w	—	l	—	dh	t(g)		n	a	l	w	b	w	z	l					

In den Angaben der wirklichen Witterung zu den Beobachtungs-Terminen 8^h a. m. und 2^h p. m. bedeutet für
Temperatur-Abweichung: k = kalt (negative Abw. > 2'), n = normal (Abw. 0 – 2'), w = warm (positive Abw.
Temperatur-Aenderung: a = Abnahme, u = unveränderter Stand (Aenderung < 1'), s = Zunahme der Temp
Windstärke: l = leicht (0–2), m = mässig (3–4), f = frisch (5–6), s = stürmisch (> 6);
Windrichtung: n, e, s, w = N, E, S, W; n', o', s', w' = NE, SE, SW, NW; x = Stille; für die Zw
  striche werden die auf der Windrose bei Drehung von Süd über West nach Nord zunächst liegenden Hauptstriche
Bewölkung: h = heiter (0–1), v = wolkig (2–3), b = bedeckt (4), r = Niederschläge, d = Nebel, Duns

sser — Prognose						München — Wirkliche Witterung 8ʰ a. m.					2ʰ p. m.					Niederschlag 8ʰ a.m.–8ʰ a.m.	München — Prognose						Tag
Temp. Abw.	Temp. Aendt.	Windstärke	Windricht.	Bewölkung	Niederschlag	Temp. Abw.	Temp. Aend.	Windstärke	Windricht.	Bewölkung	Temp. Abw.	Temp. Aend.	Windstärke	Windricht.	Bewölkung		Temp. Abw.	Temp. Aend.	Windstärke	Windricht.	Bewölkung	Niederschlag	
—	a	l		b	r	k	a	f	w	b	k	a	m	w	r	e	k	—	l	w	v	r	1
k	—	m	ww'	v	r	k	u	m	s'	r	n	z	f	s'	v	e	—	z	l	—	h	t	2
—	u	l	—	v	t e	n	z	m	w	v	k	a	m	w'	b	r	—	u	l	w	b	r	3
k	—	m	ww'	v	v	k	a	m	e	b	k	z	l	n'	v	t	—	z	m	w'	v	v	4
k	—	l	w'	v	v	k	a	l	x	b	k	a	m	w'	b	t	—	u	l	—	v	v	5
k	—	m	ws'	v	r	k	u	l	e	b	k	u	l	x	v	r	—	z	l	ww'	v	t e	6
k	—	l	ws'	v	r	k	z	m	w	r	k	z	l	s'	b	r	—	u	l	—	v	t e	7
—	z	m	s'w	v	r	n	z	m	w	b	w	z	m	w'	h	t	—	uz	l	—	v	r	8
w	—	l	w	v	t (g)	w	z	m	s'	v	w	z	l	w'	v	e	w	—	l	—	h	g	9
w	—	l	w'	v	t (g)	w	z	l	w	h	w	z	l	s'	h	r	w	—	l	—	v	t (g)	10
—	a	l	—	b	r	n	a	m	s'	v	k	a	l	x	b	r	—	a	l	w	b	r	11
n	—	f	w	v	g	k	a	m	s'	b	k	a	l	n'	b	r	—	z	l	—	v	g	12
k	—	m	s'w	v	v	k	u	m	e	h	n	z	l	s'	h	t	k	—	l	—	v	v	13
—	u	m	—	b	r	n	z	l	w'	h	k	a	m	w'	b	r	—	ua	l	s'	b	r (g)	14
—	a	m	s'w	v	r (g)	n	u	m	w	b	k	z	l	x	v	t	w	—	m	w'	h	g	15
—	z	l	w	v	g	n	a	l	e	d	n	z	l	n'	v	t	—	z	l	—	v	g	16
—	u	l	—	v	v (g)	n	z	m	w	v	k	a	m	e'	b	r	—	z	l	—	v	g	17
n	—	l	—	v	g	k	a	m	s'	r	k	a	l	x	b	e	k	—	l	ww'	v	t e	18
w	—	l	n'	h	t (g)	k	z	f	w'	r	n	z	l	e'	v	e	—	z	l	n	v	r	19
w	—	l	—	v	t (g)	k	u	l	x	d	n	z	l	n'	v	e	w	—	l	—	v	r (g)	20
w	—	l	—	h	t	n	z	m	n'	v	w	z	f	e	v	t	w	—	l	—	h	t (g)	21
n	—	l	—	v	r	n	a	l	e	h	w	a	f	e	v	t	n	—	l	—	v	r	22
w	—	l	—	h	t (g)	w	z	m	w	h	w	u	l	w'	v	e	w	—	l	—	v	g	23
w	—	l	—	h	g	n	a	l	s'	b	w	u	l	n'	v	r (g)	w	—	l	—	h	g	24
—	a	l	—	v	g	n	a	m	w	r	k	a	l	w	b	r	—	a	l	—	v	g	25
w	—	l	n	v	g	n	u	m	w'	d	n	z	l	w'	v	r (g)	n	—	l	—	v	g	26
n	—	m	nw'	v	v	n	u	l	w'	v	w	z	l	n'	h	t	n	—	l	—	v	v	27
—	a	nf	—	b	r	n	u	l	n	d	w	z	f	n'	h	t	—	a	m	—	v	r	28
n	—	m	nw'	h	t	n	u	m	e'	h	w	u	m	n'	h	t	w	—	l	ee'	v	t (g)	29
—	z	l	—	h	t	w	z	m	s'	h	w	z	l	w'	h	t	—	z	l	—	h	t	30
w	—	lm	ww'	h	t	w	u	l	s'	h	w	u	l	n'	h	t	w	—	l	—	h	t (g)	31

rschlag: t = trocken, e = etwas Regen (o—1.5 mm), r = Regen, Schnee etc. (> 1.5 mm), g = Gewitter.
ie Angaben des Niederschlages gelten für die Zeit von 8ʰ a. m. des angegebenen Tages bis 8ʰ a. m. des folgenden. In der **Prognose** haben die Zeichen in den bezüglichen Stellen die gleiche Bedeutung, nur bei Bewölkung ist veränderlich; es treten ferner hinzu die folgenden Zeichen, bei Temperatur-Abweichung: f = Frost, bei Niederschlag veränderlich, o = ohne wesentliche Niederschläge. Die Prognose steht bei dem Datum, für welches sie gegeben ist. Brüche bedeuten: Zähler ›zuerst‹, Nenner ›dann‹. Ist für die der Stelle entsprechende Witterungs-Erscheinung Prognose nicht gestellt, so wird dies durch — angedeutet.

III°· Monatssumme des Niederschlags in Millimetern auf den Normal-Beobachtungs-Stationen und Signalstellen der Deutschen Seewarte.

August 1886.

Station	mm	Station	mm	Station	mm
Memel	13	Stralsund	—	Tönning	26
Brüsterort	16	Darsserort	23	Cuxhaven	54
Pillau	15	Wustrow	32	Geestemünde	47
Hela	41	Warnemünde	22	Bremerhaven	—
Neufahrwasser	33	Wismar	37	Neuwerk	—
Rixhöft	18	Marienleuchte	5	Keitum	65
Leba	53	Travemünde	30	Brake	33
Stolpmünde	28	Friedrichsort	25	Weserleuchtthurm	—
Rügenwaldermünde	30	Kiel	19	Wilhelmshaven	44
Colbergermünde	25	Schleimünde	31	Schillinghörn	—
Swinemünde	16	Hamburg	44	Wangerooge	39
Ahlbeck	14	Altona	—	Karolinensiel	37
Greifswalder Oie	—	Aarösund	62	Nesserland	65
Thiessow	23	Flensburg	56	Norderney	71
Arkona	46	Brunshausen	42	Borkum	35?
Wittower Posthaus	34	Glückstadt	56		

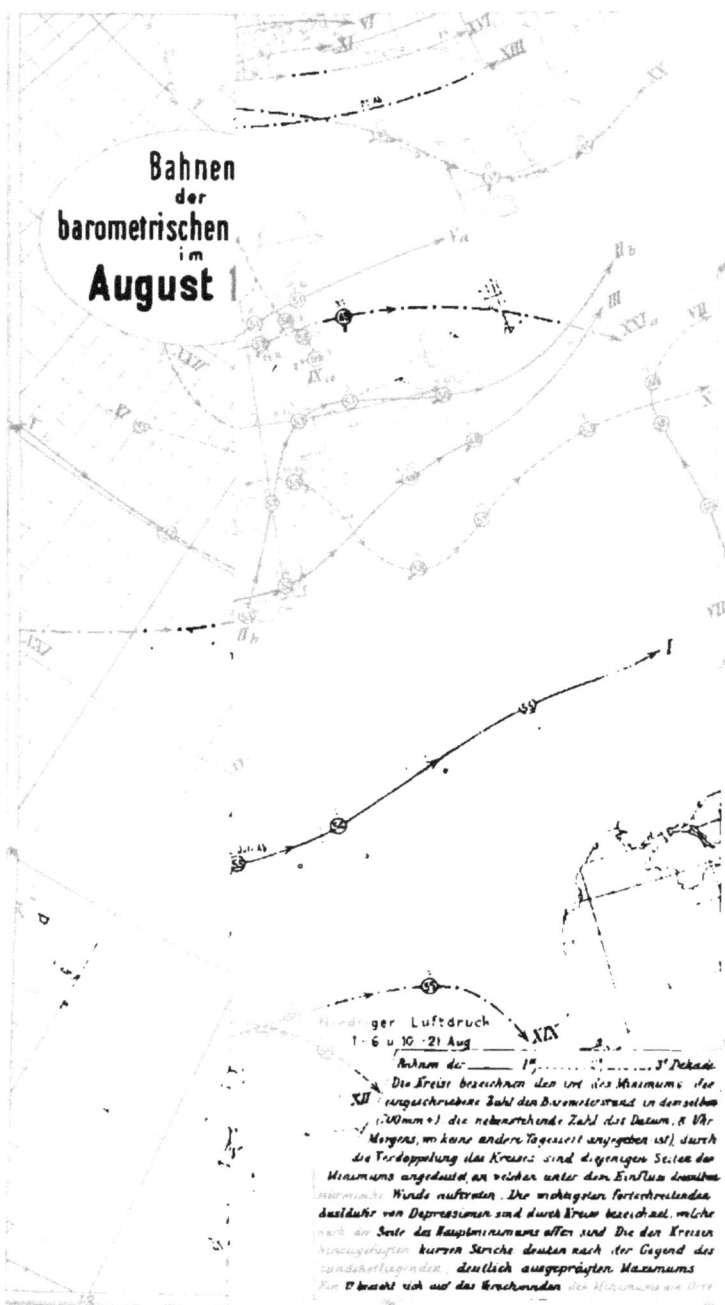

Bahnen
der
barometrischen
im
August 1

Niedriger Luftdruck
1 - 6 u 10 - 21 Aug

Bahnen der _____ 1ᵉ, ... 3ᵉ Dekade
Die Kreise bezeichnen den ort des Maximums der
eingeschriebene Zahl den Barometerstand in demselben
(700mm+) die nebenstehende Zahl das Datum, 8 Uhr
Morgens, wo keine andere Tageszeit angegeben ist), durch
die Verdoppelung des Kreises sind diejenigen Seiten des
Minimums angedeutet, an welchen unter dem Einfluß desselben
stürmische Winde auftreten. Die wichtigsten fortschreitenden
Ausläufer von Depressionen sind durch Kreuz bezeichnet, welche
nach der Seite des Hauptminimums offen sind. Die den Kreisen
hinzugefügten kurzen Striche deuten nach der Gegend des
zunächstliegenden deutlich ausgeprägten Maximums
Ein V bezieht sich auf das Verschwinden des Minimums an Orte

·tigkeit	Bewölkung			Niederschlag				Stationen	Monats-Mittel, Summen u. Extreme für Luftdruck, Temperatur und Hydrometeore.
Mittel	8ʰ	2ʰ	8ʰ	Mittel	8ʰ a. m.	8ʰ p. m.	Summa		
80	6.0	5.6	4.2	5.3	6	8	13	Memel	
74	5.6	5.2	4.7	5.1	23	5	28	Neufahrwasser	
74	4.6	4.8	4.8	4.7	9	7	16	Swinemünde	
79	5.4	4.9	4.8	5.0	32	1	33	Wustrow	
84	6.2	5.7	3.6	5.2	6	13	19	Kiel	
75	6.3	6.1	5.0	5.8	26	18	44	Hamburg	
80	5.4	4.1	5.3	5.2	53	11	65	Keitum	
78	5.3	5.6	5.1	5.3	27	17	44	Wilhelmshaven	
85	6.4	5.6	5.8	5.9	24	11?	35?	Borkum	

d. Tage mit ...ler st. ag Wind	Stationen	Winde %	1. Dekade		2 Dekade		3. Dekade		Winde %	Mittel- und Summenwerthe der Dekaden.
			Ostsee	Nordsee	Ostsee	Nordsee	Ostsee	Nordsee		
2	Memel	N	3	2	17	9	17	11	N	
0	Neufahrwasser	NE	1	2	8	10	19	13	NE	
0	Swinemünde	E	5	3	4	2	15	18	E	
0	Wustrow	SE	7	6	10	5	6	11	SE	
1	Kiel	S	6	8	8	13	4	5	S	
		SW	12	23	14	15	9	8	SW	
1	Hamburg	W	46	24	19	26	17	10	W	
0	Keitum	NW	18	25	12	12	7	8	NW	
0	Wilhelmshaven	Stille	1	7	7	7	6	16	Stille	
2	Borkum									

Procenten				Windgeschwindigkeit in Metern per Sekunde		Stationen	Monatliche Summen und Mittel für die Windverhältnisse.
W	NW	Stille	Mittel	Tage mit = oder > 15 m			
29	20	5	4.89	—		Memel	
36	12	2	?	?		Neufahrwasser	
20	12	4	4.60	3.		Swinemünde	
21	14	1	4.85	—		Wustrow	
30	3	11	4.78	11.		Kiel	
21	13	8	4.78	11. 12.		Hamburg	
25	16	6	3.99	—		Keitum	
17	12	24	3.59	?		Wilhelmshaven	
16	19	3	6.93	3. 10. 11. 12.		Borkum	

24.	25.	26.	27.	28.	29.	30.	31.	Datum	Stationen	Tagesmittel der Windgeschwindigkeit nach dem Anemometer.
2.50	2.43	2.24	7.12	8.06	4.70	6.25	2.43		Memel	
3.06	1.84	2.97	3.31	4.24	1.54	3.16	1.71		Neufahrwasser	
5.21	4.75	2.95	5.76	4.23	2.93	3.50	2.98		Swinemünde	
4.54	3.81	2.21	6.55	4.48	3.06	2.50	2.00		Wustrow	
3.04	2.85	4.72	6.93	2.84	4.35	2.28	2.89		Kiel	
5.35	3.82	3.85	6.52	1.93	3.92	2.49	2.09		Hamburg	
4.90	1.58	4.24	5.89	1.10	2.75	1.89	2.08		Keitum	
3.26	1.75	3.18	4.45	0.80	1.93	1.01	0.69		Wilhelmshaven	
6.52	3.25	7.92	7.40	4.90	5.10	2.80	4.75		Borkum	

...ren nach den Aufzeichnungen der Barographen in Memel 763.5 mm, 12ʰ p. m. am 31. ...m 11., in Wustrow 1) —mm, —ʰ am — und 749.1 mm, 3ʰ—5ʰ a. m. am 3., in Hamburg am 10. — Die mittlere Temperatur wird auf dreierlei Weise berechnet, als ½ (8 a. + 8 p.), ...nation als allgemeines Temperaturmittel angenommen, was den wahren Mittel sehr nahe

blofser Thaubildung sind ausgeschlossen, auch wenn die Thaumenge eine mefsbare Gröfse desselben Horizontal-Abschnitts enthält das Procentverhältnifs der Windrichtungen in den ...d die einzelnen Stationen ist, um die Lage der Luvseite anzudeuten, von je zwei entgegen- ...e Windrichtung an, wie dieselbe sich aus den Aufzeichnungen der Registrir-Anemometer ...st frei aufgestellt.) Das Mittel dieser Werthe oder die mittlere Windgeschwindigkeit des ...er Stunde 15 m per Sekunde erreichte oder überstieg.

Monatsbericht der Deutschen Seewarte.

September 1886.

Inhalt: I. Die atmosphärischen Vorgänge in Europa, insbesondere Zentral-Europa. II. Vorläufige Mittheilungen über das Wetter auf dem Nordatlantischen Ozean. III. Meteorologische Tabellen. Karte der Bahnen der barometrischen Minima im September 1886. Tabelle der Mittel, Summen und Extreme für den September 1886 aus den meteorologischen Aufzeichnungen der Normal-Beobachtungsstationen an der Deutschen Küste.

I. Die atmosphärischen Vorgänge in Europa, insbesondere Zentral-Europa.

1. Luftdruck und Wind.

Nachdem der Sommer dieses Jahres bisher sich meist sehr unfreundlich und veränderlich gestaltet hatte, war gegen Schluss des Monats August endlich beständigeres Wetter eingetreten: ziemlich gleichmässiger, hoher Luftdruck hatte sich über Süd- und Zentraleuropa gelagert. Dieser Zustand hielt im wesentlichen auch während der ersten Epoche des September vom 1. bis 13. an. Einige kleinere flache Minima durchzogen zwar in den ersten Tagen des Monats Mitteleuropa, doch sind sie nur von räumlich beschränktem Einfluss auf die Witterungslage; es haben daher auch nur die beiden am meisten unter ihnen hervortretenden, No. I und Iª, in die Bahnenkarte Aufnahme gefunden. Das erstere, eine Randbildung eines am Schlusse des vorigen Monates nach dem Nordmeere zu verlaufenden Minimums, durchzieht am 2. und 3. Norddeutschland.

Im Nordosten Europas passiren die Depressionen II und III den nördlichen Theil der skandinavischen Halbinsel, am 3. und 4. an der norwegischen Küste und am Nordbotten stürmisches Wetter veranlassend, jedoch sonst von keiner Zentraleuropa betreffenden Wirkung auf die Witterungsverhältnisse.

Zu gleicher Zeit befindet sich ein Luftdruckminimum (IV) in der Biscayasee und bewegt sich nördlich nach dem irischen Kanal zu, wo es am 5. in dem grösseren Depressionsgebiet des in den Tagen vom 3. bis 5. über dem Ozean herannahenden Minimums V verschwindet. Während in den ersten Tagen des Monats zwei Maximalgebiete des Luftdruckes sich über Europa finden, das eine über Südrussland (am 1. und 2. über 771 mm), das andere über den westlichen Küsten des Erdtheils und zwischen ihnen eine Zone relativ niedrigeren, absolut jedoch 760 mm übersteigenden Luftdruckes, jene kleineren besprochenen Minima einschliessend, verschiebt sich alsdann das westliche Maximum nach Norden und löst sich unter dem Einfluss der Depressionen allmählich auf. Vom 3.—5. ist der Luftdruck über Europa ein sehr gleichmässiger, meist zwischen 760 und 767 mm liegend; zu dieser Zeit treten auch einige kleinere geschlossene Maxima auf.

Im Laufe des 5. bildet sich ein Maximum im Gebiet des Nordbottens aus, tritt jedoch am 7. wieder zurück und ist ebensowenig wie das Maximum im Süden, welches auch verschiedene mehr oder weniger westliche Lagen annimmt, von erheblicher Intensität. Die im Nordwesten vorüberziehenden Minima sind zwar von erheblicher Tiefe, ändern jedoch bei ihren nördlichen Bahnen an dem Bestehen des gleichmässigen und hohen Luftdruckes über dem eigentlichen Kontinent während des weiteren Verlaufes der Epoche mit Ausnahme des 10. nichts. Die Isobaren haben vom 7. bis zum 12. eine Richtung fast ausschliesslich von

Südwest nach Nordost. Das am 8. in der Helgoländer Bucht auftretende Minimum VII, sowie das am 10. am Nordwestabhange des Jura liegende Minimum IX sind nur von sehr beschränkter Bedeutung.

Augenscheinlich ist es ein grosses Depressionsgebiet im Nordmeere zwischen Island und Grönland, dem die im Nordwesten aufeinanderfolgenden Depressionen dieser Epoche entstammen, und da keine derselben bei dem zur Zeit zur Verfügung stehenden Beobachtungsmaterial sich wirklich als ein geschlossenes Minimum darstellt, so wird die Auffassung Berechtigung haben, dass diese Erscheinungen nur als Randbildungen eines grossen Minimums zu betrachten sind. Die Zunahme der Tiefe, welche sie in ihrer Aufeinanderfolge zeigen, dient nur zur Stütze dieser Ansicht, indem sie ein langsames östliches Fortschreiten des Hauptminimums andeutet. So sind die beiden letzten ganz in diese Epoche fallenden Depressionen VIII und X auch die intensivsten; durch sie werden in den Tagen vom 9. bis 11. an den westlichen Küsten Grossbritanniens und vom 10. bis 13. an den norwegischen Küsten stürmische südliche und südwestliche Winde hervorgerufen. Am 10. erstreckt sich der Einfluss des nördlichen Depressionsgebietes durch eine tiefe Ausbuchtung der Isobaren bis Nordfrankreich und Norddeutschland, der Luftdruck sinkt an diesem Tage daselbst vorübergehend unter 760 mm herab (jene oben schon angedeutete Ausnahme der sonstigen Luftdruckverhältnisse dieser Epoche über Zentraleuropa). Von der nordfranzösischen, sowie der deutschen Nordseeküste werden an diesem Tage auch vereinzelt stürmische Süd- und Südwestwinde gemeldet.

Sonst ist bei der herrschenden Luftdruckvertheilung die Luftbewegung über Deutschland während dieser Epoche eine sehr schwache und die Windrichtung meist wenig regelmässig, nur vom 8. bis 12. tritt die südliche und westliche Richtung an den deutschen Küsten stärker hervor.

Am 13. findet eine Aenderung in der Luftdruckvertheilung über Europa statt. Zwei Randbildungen des Minimums X haben sich vom atlantischen Ozean her dem Festlande genähert, und während die eine (No. Xª) zunächst ihren Verlauf über Irland, Schottland und die nördliche Nordsee nimmt, bewegt sich die andere (No. Xᵇ) während der zweiten Epoche vom 14. bis 19. in zurücklaufender Bahn über dem Ozean westlich von der iberischen Halbinsel und erhält so bis zum 18. ein Gebiet niedrigen Luftdruckes im Westen des Erdtheils; nach dem Verschwinden desselben am 18. tritt das Depressionsgebiet des heranrückenden Minimums XIII an seine Stelle.

Das Minimum Xª nimmt bei seinem weiteren Fortschreiten über Skandinavien nach dem Nordbotten erheblich an Tiefe zu; in Folge dieser Depression und alsdann des Minimums XII und seines Ausläufers XIIª besteht während dieser Epoche eine zweite Zone niedrigen Luftdruckes im Nordosten des Erdtheils.

Ueber dem übrigen Europa, insbesondere Zentraleuropa erhält sich der hohe Luftdruck, wie in der vorigen Epoche, nur ist in dieser die Axe der Zone hohen Luftdruckes von Nordwesten nach Südosten gerichtet, während sie in der ersten meist eine Lage von Südwesten nach Nordosten hatte.

Im Rücken der Depression Xª tritt am 14. im Nordwesten Grossbritanniens ein Maximum auf, welches am 15. 776 mm übersteigt; dasselbe dehnt sich schnell, bei südöstlicher Bewegung seines Kernes, seinen Einfluss nach Süden und Osten zu aus. Am 16. liegt das Maximum über der Nordsee; über ganz Deutschland, Südskandinavien, Grossbritannien und dem nordöstlichen Frankreich übersteigt der Luftdruck 770 mm und überhaupt steht an diesem Tage ganz Europa unter dem Einflusse dieser Antizyklone. Das Maximum nimmt im Laufe des 17. an

Höhe ab, ändert seine Lage jedoch nur sehr wenig, so dass es am Schlusse der Epoche am 19. mit etwa 772 mm über Südskandinavien liegt, bis zu welchem Tage wenigstens über Zentraleuropa der antizyklonale Zustand bestehen bleibt. Ueber Deutschland ist die Luftbewegung sowohl in Bezug auf Zeit als Ort sehr wechselnd und meist schwach, nur am 17. ist dieselbe an der östlichen Ostsee stärker (Königsberg meldet abends W 8). Diese grössere Windstärke ist eine Folge des Ausläufers XII[a], wie überhaupt die nördlichen Depressionen dieser Epoche in ihrem beschränkten Gebiete von stärkeren bis stürmischen Winden begleitet werden. Auch an der nordfranzösischen Küste treten am 15. und 16. unter der Wechselwirkung des Maximums und der Depression X[b] stellenweise stürmische östliche Winde auf.

Am Beginn der dritten Epoche vom 20. bis 23. nimmt das Depressionsgebiet, welches seit dem 18., kleinere, sehr flache Minima einschliessend, über Frankreich lagert, an Ausdehnung rasch zu, und indem gleichzeitig vom norwegischen Meere her in zunächst südlicher Bahn ein Minimum vorwärtsschreitet, verschwindet der hohe Luftdruck bereits bis zum Abend des 20. fast über dem ganzen Erdtheil, nur im äussersten Nordwesten und Südosten sich über 760 mm erhaltend. Unter dem sich im Osten weit nach Süden erstreckenden Einfluss des Minimums XIV[a] tritt auch das letztere Maximalgebiet zurück, während das nordwestliche die Epoche hindurch bestehen bleibt.

Die beiden vom Ozean her das europäische Festland erreichenden Depressionen XIII und XV verfolgen ziemlich gleiche Bahnen über dem Meere und über dem nördlichen Frankreich; während aber die erstere noch bis Ostpreussen hin zu verfolgen ist, ehe sie sich in dem Bereich des den ganzen Osten Europa's beherrschenden Minimums XIV[a] verliert, verflacht sich die Depression XV bereits über Süddeutschland, nachdem sich am 22. ein Ausläufer über der Biscayasee gebildet hat. Dieser nimmt in den folgenden Tagen seine Bahn am Südabhange der Pyrenäen entlang nach dem ligurischen Meere zu.

Diese Epoche zeichnet sich fast allenthalben durch sehr ruhiges Wetter aus, ohne irgendwie vorherrschende Windrichtung über Deutschland.

Während der nächsten vierten Epoche vom 24. bis 26. gewinnt das nordwestliche Maximum sowohl an Intensität als an Ausdehnung, dabei bewegt es sich langsam südwärts, und am Schluss der Epoche übersteigt der Luftdruck über dem grössten Theile des Erdtheils 760 mm, über dem west- und mitteleuropäischen Festlande sogar 765 mm.

Die Minima XIV[a] und XV[a] nehmen in dieser Epoche ihren weiteren Verlauf, das erstere im Norden Russlands, das letztere an der Westküste der appeninischen Halbinsel, beide jedoch nur von Einfluss auf ihre nächste Umgebung. Auch die über dem Ozean sich bewegende Depression XVI ist in ihrer Einwirkung auf die Witterungslage im wesentlichen auf die britischen Inseln beschränkt. Sehr schwache, meist westliche bis nördliche Winde wehen während dieser Tage an der deutschen Küste.

Indem sich während dieser Epoche der hohe Luftdruck nach Zentraleuropa hin verlegt, bildet sie gewissermaassen den Uebergang zwischen der zweiten und dritten Epoche mit hohem Luftdruck im Nordwesten und der fünften Epoche vom 27. bis Schluss des Monats.

Am 27. erstreckt sich ein ausgedehntes Maximum des Luftdruckes über 770 mm über Spanien, Südfrankreich, Süddeutschland und die Schweiz und Oesterreich-Ungarn bis zum Schwarzen Meere hin. Gleichzeitig berührt ein tiefes Minimum No. XVII von etwa 738 mm die Küsten Nordschottlands und bei steilen

Gradienten tritt in Folge dessen unruhiges und stürmisches Wetter im nördlichen Theile Europa's ein. Die am 27. von der Seewarte gegebene und am 28. verlängerte Sturmwarnung erfolgte rechtzeitig und ist als gelungen zu betrachten, denn stürmische südliche bis westliche Winde traten an der deutschen Nordseeküste noch am ersteren Tage, an der Ostsee am folgenden Tage ein, wo sie dann bis zum 29. anhielten.

Das Minimum XVII bewegte sich bis zum 29. ziemlich langsam über das norwegische Meer und bildete am 28. einen Ausläufer XVII^a ebenfalls von erheblicher Tiefe (etwa 738 mm) über Schweden.

Das Luftdruckmaximum verlegte sich etwas südwärts nach dem Mittelmeere zu, bis zum 29. seine Höhe über 770 mm erhaltend; am 30. jedoch fand eine Abnahme unter diesen Barometerstand statt.

Am 29. trat über dem Ozean ziemlich weit südlich eine neue Depression auf, gelangte jedoch zunächst zu keinem Einfluss auf die Witterungslage Europa's mit Ausnahme der britischen Inseln. So dauerten denn auch an der deutschen Küste vom 28. an die rein westlichen Winde fort, im Laufe des 29. schnell an Stärke abnehmend.

Die folgende Zusammenstellung ist den meteorologischen Bulletins von Hamburg, Skandinavien und Dänemark, London, Paris, Wien und St. Petersburg entnommen und enthält alle Beobachtungen stürmischer Winde (8 Beaufort und darüber), soweit es sich um europäische Stationen handelt. Da in Frankreich, Spanien, Portugal, Italien und Russland die Schätzung der Windstärke nicht nach genau derselben Skala, wie in den übrigen Ländern, zu geschehen scheint, so sind in Kursiv-Schrift aus Frankreich, Spanien und Portugal noch alle Windstärken 7, aus Russland und Italien alle Stärken 6 und 7 hinzugefügt.

1. Morg.: Skudesnäs SSE 8.
   Nm.: Skudesnäs SSW 8.
3. Morg.: Bodö SW 10, Christiansund WSW 8; — Constantinopel NE 8; — *Uleaborg NW 6.*
   Ab.: Bodö WSW 8, Christiansund W 10.
4. Morg.: Bodö WSW 8, Christiansund WSW 8; — Uleaborg WNW 8.
5. Morg.: *Kertsch W 6.*
6. Morg.: *Wjalka NW 6.*
   Ab.: Mullaghmore W 8.
7. Morg.: Skudesnäs SSE 8; — Mullaghmore S 8.
8. Morg.: Skudesnäs SSE 8; — *Puy-de-Dôme WSW 7.*
   Ab.: Skudesnäs SSE 8.
9. Morg.: Faerder SW 8; — Belmullet S 11, Valencia S 9.
   Nm.: Skudesnäs S 8; — Ardrossan S 8, Malin Head SW 8, Mullaghmore SW 8, Belmullet SW 10, Holy Head SSW 8.
   Ab.: Skudesnäs S 8, Faerder WSW 8; — Stornoway SSW 10, Belmullet WSW 8, Holy Head SSW 8, Pembroke S 8.
10. Morg.: Skudesnäs S 9, Faerder SSE 8, Dovre E 8; — Hurst Castle SW 9; — *Brest SW 7, Ouessant S 7;* — *Kuopio W 6.*
    Nm.: Borkum S 8.
    Ab.: Christiansund WSW 8, Faerder SSW 8, Hernösand S 10.
11. Morg.: Bodö SW 8; — Mullaghmore S 8, Belmullet SW 9, Valencia S 8; — *Puy-de-Dôme W 7.*
    Nm.: Stornoway SSW 9, Ardrossan S 8, Holy Head SSW 8, Valencia S 9.
    Ab.: Bodö SW 8, Skudesnäs S 8; — Holy Head SSW 8.
12. Morg.: Florö S 8, Skudesnäs SSW 8, Oxö SSW 8, Faerder SSW 8.
    Ab.: Bodö SW 8, Christiansund W 10, Faerder SW 8, Haparanda S 8, Falun W 8.
13. Morg.: Christiansund W 8; — Uleaborg W 8, *Hangö WSW 6.*
14. Morg.: *Puy-de-Dôme S 7;* — *Uleaborg NW 6.*
    Ab.: Skudesnäs NW 8, Hernösand NE 8.

15. Morg.: Wisby NW 8; — *Swermaxa SSW* 7.
   Ab.: Hernösand NW 8; — *Cherbourg E* 7, *La Hogue E* 7.
16. Morg.: *Cherbourg E* 7, *La Hogue E* 7; — *Windau NNW* 7.
   Ab.: Bodö WSW 8, Christiansund WSW 9; — *Cherbourg E* 7, *La Hogue E* 7.
17. Morg.: Bodö WSW 8, Christiansund W 10; — *Clenburg W* 7, *Nikolaew N* 6.
   Ab.: Königsberg W 8.
18. Morg.: *Windau NW* 6, *Kertsch N* 6.
19. Morg.: *Tammerfors N* 6.
21. Ab.: Faerder N 8.
22. Morg.: Faerder N 8; — *Cherbourg ESE* 7, *La Hogue E* 7.
   Nm.: *St. Petersburg ESE* 6.
   Ab.: *Cherbourg ESE* 7.
23. Morg.: Charleville ENE 8, *Ouessant NE* 7.
   Ab.: Friedrichshafen W 8.
27. Morg.: Belmullet W 8, Barrow-in-Furness SSW 8, Holy Head SSW 8.
   Nm.: Borkum SW 8; — Skudesnäs SSE 9; — Belmullet W 9.
   Ab.: Cuxhaven SW 8, Borkum SW 9; — Oxö WSW 8, Faerder SSE 8, Bogö SSW 8, Göteborg S 8; — Mullaghmore WSW 8, Hurst Castle SW 8; — Helder SW 9; — *Ouessant SW* 7.
28. Morg.: Rügenwaldermünde SW 8, Borkum W 8, Königsberg S 8, Karlsruhe SW 9; — Bodö ENE 8, Skudesnäs WSW 8, Faerder WSW 8, Vestervig W 8; — Stornoway WSW 8; — *Serrance WSW* 7; — *Hangö SSE* 6.
   Nm.: Skudesnäs SW 8; — Sumburgh Head W 8, Stornoway WSW 8.
   Ab.: Memel WNW 8, Rügenwaldermünde WNW 9; — Skudesnäs W 8, Oxö WSW 9, Faerder WSW 8, Skagen WNW 8, Vestervig W 8, Samsö WNW 8, Bogö W 8, Hammershus W 8, Göteborg W 10; — Sumburgh Head W 8, Wick W 8.
29. Morg.: Memel WNW 8, Rügenwaldermünde W 8; — Florö WSW 9, Faerder WSW 8, Wisby W 8; — Belmullet SW 9, Valencia SSW 8; — Windau W 8, *Swermaxa ESE* 6.
   Nm.: Valencia S 9.
   Ab.: Christiansund WSW 9; — Valencia SSW 9.
30. Morg.: Valencia SSE 9.
   Nm.: Mullaghmore SSE 8, Belmullet SSW 8, Valencia S 8.
   Ab.: Mullaghmore SSW 8, Belmullet SSW 11.

2. Temperatur.

Nach dem lang andauernd kühlen Wetter des grössten Theiles des Juni, des Juli und der ersten zwei Dekaden des August halten nunmehr die höheren Temperaturen, welche sich am Schluss des letzteren Monats über Mitteleuropa einstellten, für längere Zeit an bis zur Mitte des September. Besonders die ersten drei Tage sind für Deutschland die heissesten während des ganzen Sommers; die Morgen-Temperaturen lagen im Binnenlande bis zu 7° über der Normalen, und das Maximum-Thermometer überstieg vielfach 30°, stellenweise um mehrere Grade, so u. A. am 2. zu Aachen und Darmstadt mit 32°, Aschaffenburg und Magdeburg mit 33°, Cassel mit 34°, am 3. Torgau mit 33°.

Die sehr stabile Temperatur-Vertheilung, welche im grossen und ganzen eine regelmässige Temperatur-Abnahme in der Richtung von Süden nach Norden zu zeigte, blieb ungestört bis zum 11. bestehen, an diesem Tage jedoch trat über dem Kanal ein kühleres Gebiet auf, welches sich langsam südostwärts fortpflanzte und am 12. für einen Theil des westlichen Deutschlands und das mittlere Frankreich etwas Abkühlung brachte; doch blieb in Deutschland die Temperatur fast allenthalben über der Normalen, am 14. wieder-zunehmend. Im Laufe des 15. mit der weiteren Ausdehnung des hohen Luftdruckes von Nordwesten her fand eine überaus starke und plötzliche allgemeine Abkühlung statt; ganz ausserordentlich war der Temperaturwechsel im ostdeutschen Binnenlande, so stand das Thermometer in Breslau am Mittag 2 Uhr auf 28°, des Abends 8 Uhr auf nur 15°, und die Differenz der Extrem-Thermometer betrug 21°. Trotz des meist heiteren Himmels tritt über Deutschland bis zum 25. keine allgemeine Erwärmung ein, sondern sind nur an der östlichen Ostsee am 17. und 18. unter dem Einflusse des Minimums XII[a] und in Süddeutschland am 21. und 22., als an der Südseite der Depression XIII gelegen, die Temperaturen höhere und die Normale übersteigend. Sonst ist das Wetter bis zum genannten Tage sehr kühl, die Morgen-Temperatur liegt vielfach 6°—7° unter der Normalen; es findet stellenweise Nachtfrost statt und zwar nicht nur an höher gelegenen Stationen, sondern auch in der norddeutschen Tiefebene.

Mit dem Herannahen des Minimums XVII und seines Vorläufers tritt im Nordwesten Erwärmung ein, welche sich westwärts ausdehnt und am 27. über Norddeutschland, am 28. auch über Süddeutschland die Temperaturen über die Normale erhebt, so dass am Schluss des Monats für Deutschland wieder eine Epoche wärmeren Wetters ihren Anfang nimmt. Da sich der kühlere Zeitabschnitt nur etwa über ein Drittel des Monats erstreckt, so ist die mittlere Temperatur des Monats für Deutschland höher als die Normale.

8. Bewölkung, Niederschlag, Gewitter.

Meist wolkenloses, trockenes Wetter herrschte in den ersten Tagen dieses Monats über Deutschland, und die ausserordentlich geringe Bewölkung hielt im allgemeinen bis zum 19. an. Stellenweise und vorübergehende Bewölkung brachten der Zug der Minima VII und IX am 8. und 9., resp. 10. und 11. über Deutschland mit sich. Bei den hohen Temperaturen stellten sich in der ersten Hälfte des Monats vielfach Gewitter ein und die während dieser Zeit aufgezeichneten Regenmengen sind nur auf diese Erscheinungen zurückzuführen. Besonders starke Regengüsse brachten die Gewitter am Nachmittage des 8. und während der Nacht zum 9. über einen Theil von Sachsen mit sich: in Glauchau wurden am Mittag des letzteren Tages 94 mm, in Oelsnitz 62 mm, in Altchemnitz 52 mm Regen gemessen. Auch die Depression X[a] streifte in Bezug auf ihren Witterungseinfluss am 14. und 15. nur leicht die deutsche Küste.

An den kühlen, aber noch heiteren Tagen vom 17. bis 19. fiel in Nord- und Mitteldeutschland der erste Reif in diesem Herbst. Mit dem 20. trat nun über ganz Deutschland Trübung des Himmels ein, im Norden zunächst unter dem Einflusse der Depression XIV[a], im Süden des über Ostfrankreich liegenden Depressionsgebietes. Bei den am 20. und 21. über Süddeutschland liegenden höheren Temperaturen erschienen daselbst an diesen Tagen zahlreiche Gewitter.

Das Wetter blieb nunmehr bis zum Schlusse des Monats über Deutschland veränderlich und trübe und stellenweise regnerisch. In Süddeutschland waren der 21. und 22. in Folge der Minima XIII und XV reich an Niederschlägen (Karlsruhe meldet für den 22. 40 mm Regenhöhe), während die Tage vom 24. bis 27. als trocken gemeldet werden. In Norddeutschland sind die Regenfälle, mit Ausnahme des 26., während der letzten Dekade allgemeiner, besonders vom 27.—29. unter der Einwirkung des Minimums XVII und seines Ausläufers XVII[a].

Die deutsche Ostseeküste hatte noch am Nachmittage und Abend des 28. zahlreiche Gewitter zum Theil mit Hagelschlag.

Die Monatssummen des Niederschlages blieben meist und zwar erheblich hinter dem langjährigen Mittel zurück.

II. Vorläufige Mittheilungen über das Wetter auf dem Nordatlantischen Ozean.

Zu den Synoptischen Wetterkarten, auf welche die nachstehenden Mittheilungen sich gründen, wurden die Journale folgender Schiffe verwendet:

Dampfschiffe: Pernambuco, Santos, Baltimore, Erna Woermann, Lissabon, Hannover, Corrientes, Petropolis, Paranagua, Koeln, Sakkarah, Oder, Thuringia, Berlin, Ceará, Kambyses, Holsatia, Desterro, Borussia, California, Eider, Rugia, Hermann, Donau, Bavaria, Francia, Saale, Polaria, Elbe, Wieland, Fulda, Main, Westphalia, Gothia, Albingia, Rhätia, Trave, Teutonia, Australia, Gellert, Ems, Rhein, Lydia, Polynesia, Suevia, Amerika, General Werder, Hammonia, Slavonia, Aller, Rhenania, Bohemia.

Segelschiffe: Minerva, Niagara, Urania, Emanuel, Anna, Bertha, Paul Rickmers, Rose, Magdalene, Elisabeth, Arcturus, J. F. Pust, Hercules, Anna, Savannah, Matthias, Marie, Roland.

1. Die ersten Tage des Monats, vom 1. bis zum 3. September, welche die erste der sechs Witterungs-Epochen desselben bilden, zeichneten sich durch allgemein hohen Luftdruck auf der Mittelzone des Nordatlantischen Ozeans aus. Es waren zwei Maxima vorhanden; das eine lag nördlich von den Azoren, das andere, das jedoch erst am 2. an der Rückseite einer nordost- bis nordwärts längs der amerikanischen Küste ziehenden Depression auf den Ozean hinaustrat, in der Umgebung von Neufundland. Beide erreichten eine Höhe von etwa 772 mm. An Depressionsgebieten war ausser dem bereits erwähnten, das schon am 2. September aus dem Bereich der Schiffsbeobachtungen entschwunden war, nur eines von geringer Tiefe an der Küste von Südeuropa angedeutet. Am 2. und 3. war der beobachtete Barometerstand südlich von 50° n. Br. nur an wenigen Stellen unter 765 mm, an keiner unter 760 mm. Unter dem Einflusse der Druckvertheilung traten westliche Winde nur am Nordrande der Mittelzone auf, während südlich von 45° n. Br. Winde aus dem östlichen Halbkreise herrschend waren. An der europäischen Küste erstreckte sich das Gebiet der Winde aus Nordost und Nord bis nach 50° n. Br. hinauf. Das Wetter war vielfach trübe, aber meistens trocken und die Windstärke mässig oder leicht; nur am 1. September traten sowohl an der europäischen Seite aus Nordost, als auch im Bereiche der Depression an der amerikanischen Küste aus Süd vereinzelt stürmische, an letzterer Stelle von Regenfällen und Gewittern begleitete Winde auf.

2. Die Wetterlage der zweiten Epoche, vom 4. bis zum 7. September, unterschied sich von der vorhergehenden nur insofern, als das östliche Maximum jetzt südlich von den Azoren lag, während seine frühere Stelle von einem Depressionsgebiet eingenommen wurde, dessen Minimum sich in höheren Breiten befand. In Folge dessen waren auf der Osthälfte der Mittelzone nördlich von 40° n. Br. westliche Winde herrschend, und die Passatgrenze hatte sich südwärts bis nach etwa 30° n. Br. verschoben. Im Westen blieb der Wind vorherrschend östlich. Im Ganzen war der Barometerstand auf der Mittelzone auch jetzt noch hoch, wenn auch weniger so als vorher; die tiefsten Stände vor dem Kanal erreichten nicht 755 mm, und das Wetter blieb vorwiegend ruhig und schön. Nur die westlichen, bis Nordwest und Nord holenden Winde, welche im Nordosten auftraten, wehten vielfach steif bis stürmisch und mit Regenschauern.

3. Dritte Epoche, vom 8. bis zum 12. September. Die Druckvertheilung auf der östlichen Hälfte der Mittelzone blieb ziemlich unverändert: ein Maximum

von etwa 770 mm Höhe befand sich südlich bis südwestlich von den Azoren, während der Meeresstrich zwischen diesen Inseln und Island von einer stationären Depression eingenommen wurde, die in Kanalbreite eine Tiefe von etwa 750 mm, westlich von Schottland aber eine solche von 737 mm erreichte. Im Westen dagegen herrschte anstatt des anhaltend hohen, jetzt abwechselnd niedriger und höherer Luftdruck, wobei indessen die Schwankungen einerseits 757 mm, andererseits 767 mm nicht überschritten. Dieser Druckvertheilung entsprechend kam der Wind auf dem ganzen, östlich von 45° w. L. gelegenen Meerestheile, mit Ausnahme des Abschnittes südlich von 35° n. Br., der zum Theil dem Passatgebiet angehörte, beständig aus dem westlichen Halbkreise, und zwar im Osten von 25° w. L. vorwiegend aus Südwest, weiter landabwärts aus Nordwest, oftmals steif und stürmisch wehend und von Regenfällen begleitet. Am Abend des 8. September steigerte sich der Wind in der Umgebung von 50° n. Br. und 20° w. L. bei einem tiefsten Barometerstande von 745 mm und anhaltendem, starkem Regen und Blitzen, zum schweren, von Südsüdwest nach West umlaufenden und mit orkanartigen Böen auftretenden Sturme. Im Westen war das Wetter schön und der Wind leicht und veränderlich.

4. Durch Steigen des Barometers im Norden von dem früheren Maximum und gleichzeitiges Fallen auf dem östlich von demselben gelegenen Meeresstriche stellte sich die Druckvertheilung her, welche die Wetterlage der vierten Epoche, vom 13. bis zum 15. September, kennzeichnete. Ein Gebiet von 765 bis 770 mm Druck erstreckte sich auf der Mitte des Ozeans von etwa 30° n. Br. über 50° n. Br. hinaus in höhere Breiten, zuerst in recht nördlicher, später in nordöstlicher Richtung; zwischen den Azoren und der Küste von Portugal lag eine Depression von etwa 754 mm Tiefe, eine zweite, weniger tiefe südlich von Neuschottland. Mit dieser Umgestaltung hatte sich auch der Wind verändert und zwar besonders auf der europäischen Meereshälfte. Nördlich von 40° n. Br. kam er hier jetzt aus Ost, Nordost und Nord, südlich von diesem Parallel aus Nordwest bis West. An der amerikanischen Seite waren bis etwa 65° w. L. südliche und südwestliche, noch näher der Küste nordwestliche und nördliche Winde vorherrschend. Auf dem grössten Theile der Mittelzone war auch während dieser Epoche das Wetter schön und der Wind mässig oder leicht. Im Bereiche der östlichen Depression wehte jedoch auf der Route von den Azoren nach dem Kanal am 14. und 15., als sich das Minimum bis 750 mm vertiefte, der Nordostwind als Sturm, mit schweren Böen und begleitet von anhaltendem Staubregen und sehr hoher See.

5. Während der fünften Epoche, welche die Zeit vom 16. bis zum 23. September umfasst, waren wieder zwei Maxima vorhanden; das eine, beständige, südwestlich von den Azoren liegend, das andere, in Lage veränderlichere, an der amerikanischen Küste. Das eine wie das andere erreichte zeitweilig eine Höhe von 773 mm. Das beide umschliessende Gebiet von mehr als 765 mm Druck erstreckte sich, den grössten Theil der Mittelzone einnehmend, von der amerikanischen Küste ostsüdostwärts über die Azoren hinaus bis nach etwa 20° w. L. Näher der Küste von Europa blieb der Barometerstand niedrig. Das Minimum der hier vorhandenen Depression, welches eine durchschnittliche Tiefe von 750 mm hatte, lag jetzt nördlicher als vorher, immerhin aber noch so südlich, dass am Nordrande der Mittelzone, vom Kanal bis nach etwa 30° w. L., der Wind vorherrschend östlich blieb, und zwar war er bis zum 20. September, während das Minimum sich in etwa 25° w. L. befand, südöstlich, später, nachdem das letztere auf seiner über die Bucht von Biscaya führenden Bahn sich der

Küste mehr genähert hatte, nordöstlich. Südlich von 45° n. Br. kam der Wind anfänglich vorwiegend aus Südwest, später aus Nordwest. Die Grenze des Passats lag in ungefähr 30° n. Br. Im Westen herrschte unter dem Einflusse des über Labrador und Neufundland liegenden höchsten Luftdruckes in den ersten Tagen der Epoche auf der ganzen Breite der Mittelzone eine östliche Luftströmung. Vom 20. September an war das Maximum jedoch südlicher, in der Umgebung von Kap Hatteras gelegen, während der Meeresstrich östlich von Neufundland von einer zweiten Depression, ebenso wie die auf der europäischen Seite von etwa 750 mm Tiefe, eingenommen wurde. Dementsprechend kam der Wind im Norden von 35° bis 40° n. Br. jetzt aus West und Nordwest und die Herrschaft der östlichen Winde beschränkte sich auf die südlicheren Breiten. Das Wetter war bis zum 19. ruhig. Auf der westlichen Meereshälfte herrschten nur leichte bis mässige Winde, und auch im Osten, wo es durchschnittlich frischer wehte, erreichte der Wind nur in vereinzelten Fällen die Stärke 8. In den folgenden Tagen war das Wetter dagegen ziemlich unruhig und regnerisch, wobei die Depression im Osten sich zeitweilig bis 743 mm vertiefte. In der Umgebung dieses Minimums wehte der Wind am 21. und 22. September anhaltend stürmisch und mit heftigen Regenböen aus Nordost und Nordwest. Südlich von Neufundland fanden am 20. und 21. September auf einem ausgedehnten Striche bei steifem, von Südwest nach Nordwest umlaufenden Winde, wiederholt heftige Gewitter statt, begleitet von starken Regengüssen und schweren Böen. Ueber den stark elektrischen Zustand der Atmosphäre bemerkt Kapitän Fr. Berckmann vom Schiffe »Matthias«, welcher sich zur Zeit im Golfstrome, in etwa 38° n. Br. und 60° w. L. befand, dass die Luft einen schwefelähnlichen Geruch gehabt habe, und in der Nacht vom 20. zum 21., als wieder ein schweres Gewitter über das Schiff hinwegzog, das Elmsfeuer sich nicht nur auf allen Mastspitzen, sondern auch an den Spitzen seines Barthaares gezeigt habe.

6. Die sechste Epoche, vom 24. bis zum 30. September, zeichnete sich gegen die vorhergehenden durch eine grössere Veränderlichkeit in der Lage sowohl der Depressionen als auch der Maxima aus. Während eine Depression, die am 24. im Südwesten erschien, mit zunehmender Tiefe nordostwärts fortschritt, verlegte sich auch das südwestlich von den Azoren befindliche Maximum weiter nordostwärts, so dass es nun sich an die Küste von Südeuropa anlehnte und sich von dort aus in südwestlicher Richtung bis nach etwa 35° w. L. erstreckte. Durch ein Gebiet höheren Luftdrucks, das anscheinend südostwärts wanderte, von der ersten Depression getrennt, folgte am 27. September eine zweite. Diese schlug jedoch auf ihrem Zuge quer über den Ozean eine mehr ostwärts gerichtete Bahn ein. In Folge dessen wurde das Maximum an der europäischen Küste ganz auf das Land zurückgedrängt, und an seiner Statt wurde wieder die Mitte des Ozeans von einem Gebiet hohen Luftdrucks eingenommen. Dasselbe war an der Rückseite der zweiten Depression am 28. bei Neufundland erschienen und hatte am letzten Tage des Monats die Nähe der Azoren erreicht. Zu gleicher Zeit lag das Minimum der Depression, welches zuletzt rasch nach Norden gezogen war, mit einer Tiefe von 729 mm westlich von Schottland in ungefähr 57° n. Br. und 20° w. L. In Folge dieser Druck-Verschiebungen veränderte auch der Wind mehrmals seine Richtung. Meistens wechselte er zwischen Südwest und Nordwest; indessen traten, bedingt durch die südliche Lage der Depressionen, am Nordrande der Mittelzone an mehreren Tagen auch östliche Winde auf, so im Westen am 24. und 25., auf der Mitte des Ozeans am 28. und 29. September. Beständig war der Wind nur auf dem Meeresstriche zwischen den Azoren und dem Kanal, wo er während der

Epoche fast ununterbrochen aus Südwest wehte. Stürmisches Wetter in Begleitung der Depressionen herrschte vornehmlich am 26. und am 28., 29. und 30. September. In der Nacht vom 29. zum 30., als das Minimum der zweiten Depression, wie berichtet, sich nordwärts verschob, artete der Wind in der Umgebung von 45° bis 50° n. Br. und 25° w. L. zum orkanartigen Sturme aus.

Die Direktion der Seewarte.

Dr. *Neumayer*.

III. Meteorologische Tabellen.

III^a. Abweichungen von der normalen Temperatur um

Tag	Bodö	Skudenäs	Haparanda	Stockholm	Stornoway	Shields	Valencia	St. Mathieu	Paris	Perpignan	Borkum	Hamburg	Swinemünde	Neufahrwasser
1	2.0	2.1	2.7	5.8	0.2	3.5	0.4	0.6	1.0	2.2	6.0	4.4	0.2	1.3
2	0.9	2.1	3.5	7.6	2.0	0.1	0.7	1.2	1.3	2.4	5.6	4.9	4.3	4.7
3	1.5	0.6	0.3	4.5	0.8	2.0	0.6	3.7	1.7	1.5	2.5	3.9	5.5	3.8
4	0.2	2.1	2.5	5.1	0.7	1.4	3.3	2.0	1.7	0.2	2.4	1.6	2.6	3.6
5	0.7	1.1	0.1	1.5	1.1	1.0	1.1	2.4	0.6	0.6	1.4	2.0	0.8	0.6
6	1.6	3.6	2.1	2.5	1.7	1.1	0.7	0.2	3.1	1.9	4.5	3.5	2.1	1.8
7	4.9	2.5	2.5	3.7	0.9	1.0	0.8	3.0	0.3	1.3	2.1	2.8	3.0	3.4
8	1.0	2.0	4.4	3.6	1.9	0.1	0.9	0.1	0.6	2.6	2.9	3.1	4.3	0.8
9	2.1	1.1	4.0	5.2	0.4	0.4	2.1	1.1	3.8	0.8	2.2	1.5	2.4	4.4
10	0.7	3.8	3.6	4.6	1.2	3.1	1.7	1.2	3.5	0.1	2.4	1.3	2.8	3.2
11	0.5	1.9	1.6	7.2	0.0	2.3	2.2	1.2	0.7	1.8	0.1	3.0	4.2	5.8
12	0.1	2.4	2.8	3.0	0.4	5.0	0.1	1.0	3.1	1.7	0.6	0.5	3.8	2.3
13	1.0	1.3	3.6	5.9	0.2	0.1	1.6	0.4	3.2	2.0	2.8	2.9	4.1	4.7
14	3.4	4.0	0.4	6.7	0.7	4.7	0.2	2.4	1.9	0.9	3.7	4.1	6.0	3.5
15	2.3	2.9	3.6	3.1	1.7	0.8	1.4	1.1	0.9	0.9	0.1	0.2	2.2	6.7
16	1.8	2.8	1.0	3.3	0.1	5.1	0.4	0.6	2.8	0.5	1.7	2.8	0.9	2.0
17	2.0	0.7	1.8	1.1	2.6	0.6	1.0	1.3	7.0	0.2	2.2	4.5	3.9	2.1
18	3.9	2.0	2.1	1.5	2.5	1.7	2.3	1.0	6.2	0.6	1.5	2.6	2.1	0.4
19	2.7	1.1	3.9	2.7	0.2	0.2	2.9	1.6	4.6	0.4	2.3	2.5	2.4	0.6
20	1.7	0.6	1.5	1.3	0.7	0.3	2.5	0.4	2.8	0.1	3.8	3.3	2.6	2.2
21	2.1	2.3	3.7	1.7	1.7	0.7	3.1	0.6	2.4	1.3	0.4	2.4	0.1	5.4
22	1.7	0.4	3.9	4.9	1.6	0.6	2.3	1.1	2.1	0.7	1.9	4.2	4.5	2.6
23	3.6	2.4	3.6	4.7	0.2	2.8	3.4	1.7	4.6	2.3	2.4	5.6	3.2	4.2
24	2.2	1.5	2.4	4.5	1.9	1.6	2.1	3.6	7.4	0.3	1.4	5.2	6.4	3.6
25	1.4	2.4	2.8	4.3	0.2	0.9	1.3	0.7	9.7	2.0	1.2	2.3	3.3	3.6
26	0.2	1.2	4.5	3.7	1.1	0.9	0.8	1.1	5.5	4.8	0.8	1.8	3.4	0.9
27	0.4	2.1	1.3	0.3	1.2	1.0	2.0	1.8	3.8	3.1	0.8	0.0	1.7	1.0
28	1.4	1.8	0.8	2.9	0.7	1.6	1.0	0.5	1.6	5.4	1.9	0.9	1.5	0.2
29	1.5	0.8	3.0	1.1	0.2	0.7	3.8	1.1	2.4	4.7	0.2	0.6	0.2	0.2
30	1.7	0.7	1.2	0.7	1.6	5.8	3.9	2.3	3.2	0.2	2.7	3.3	4.3	0.1
Mittel	0.5	0.7	0.0	1.1	0.3	0.3	0.5	0.1	2.4	0.8	0.6	0.2	0.7	0.8

ens im **Monat September 1886** (fette Zahlen +, magere —).

Breslau	Karlsruhe	München	Wien*	Hermannstadt*	Kum*	Archangelsk*	St.Petersburg**	Moskau*	Baku*	Constantinopel*	Katharinenburg*	Barnaul*	Irkutsk*	Taschkent*	Tag
5	3.3	4.2	4.5	0.3	0.3	3.4	1.4	6.3	1.5	1.9	1.2	2.5	7.1	1.3	1
3	5.0	5.2	1.9	2.4	1.3	3.5	2.3	6.3	1.9	3.1	3.3	1.6	3.9	3.0	2
9	4.4	5.0	3.1	0.3	1.1	0.4	3.3	4.9	0.9	1.9	4.7	3.6	3.0	4.7	3
9	3.1	4.9	3.1	2.7	0.9	0.2	2.2	0.9	0.6	0.4	3.7	0.1	3.7	7.2	4
2	3.2	4.3	1.4	1.5	0.3	0.2	0.7	0.9	2.8	2.4	1.9	1.8	1.8	5.8	5
0	4.6	4.0	1.5	1.6	1.0	1.8	3.2	4.5	3.9	2.4	3.1	5.3	2.2	3.2	6
6	2.5	2.9	4.6	0.9	0.4	4.3	3.4	5.7	0.8	2.4	3.1	3.1	1.4	1.0	7
7	4.8	3.5	1.7	2.3	1.8	1.0	1.1	2.7	0.1	3.9	1.1	3.7	0.8	0.9	8
6	3.5	2.7	5.7	0.2	0.2	3.6	2.5	5.3	1.4	—	1.7	3.4	2.9	1.3	9
8	1.6	2.0	2.5	0.9	0.4	2.2	5.2	2.7	0.7	2.7	0.9	4.3	1.4	7.0	10
2	3.4	3.6	2.7	0.2	0.2	2.2	2.4	4.3	0.1	1.4	3.7	0.4	5.8	3.7	11
0	2.5	3.1	3.1	1.7	0.8	4.0	4.5	3.3	0.8	1.5	3.3	2.3	1.1	3.1	12
3	3.0	3.5	2.7	0.1	0.2	4.3	4.6	2.7	1.2	2.8	4.0	0.8	4.0	0.1	13
3	3.3	4.2	1.1	1.1	0.0	0.3	1.0	4.3	0.1	3.9	3.6	0.3	2.5	1.9	14
5	4.6	5.6	0.7	0.2	1.0	0.7	8.2	6.0	1.7	3.8	4.2	1.4	5.9	2.1	15
1	0.7	0.6	0.7	2.2	1.4	0.5	3.5	4.8	0.9	1.0	5.3	3.5	0.3	1.2	16
4	3.1	4.4	5.9	3.3	2.8	3.2	0.8	6.5	2.2	1.3	6.1	3.2	3.3	3.5	17
6	2.0	2.6	5.7	5.5	0.6	0.3	2.3	3.6	2.5	0.4	6.3	0.7	0.2	0.1	18
2	2.8	2.8	6.4	5.9	2.0	1.0	2.8	4.6	1.8	0.7	5.0	6.7	1.1	1.5	19
6	2.0	0.4	3.1	6.7	1.3	2.8	6.7	3.7	1.0	1.2	5.6	9.1	3.6	1.3	20
2	2.3	3.8	1.9	3.3	2.0	4.2	4.3	4.2	2.0	0.4	2.2	4.3	3.1	1.5	21
1	1.7	3.6	2.8	2.1	3.2	1.4	5.0	5.3	1.1	1.3	0.1	2.1	2.6	4.5	22
3	2.9	0.2	0.8	4.0	5.4	1.2	4.1	0.9	3.5	5.8	1.8	8.9	6.2	2.6	23
5	5.9	2.8	2.3	4.2	3.2	1.2	2.4	4.0	3.0	6.3	3.2	3.0	3.6	1.4	24
5	5.9	4.3	1.8	1.0	1.4	0.6	2.1	1.3	3.2	7.4	1.8	1.0	6.9	2.6	25
0	3.3	4.5	0.8	4.8	3.9	1.6	3.9	2.8	4.1	1.6	3.6	1.7	1.6	0.9	26
7	4.3	3.6	6.0	7.5	4.0	1.8	3.9	2.8	4.2	0.6	1.2	7.4	2.0	2.0	27
1	3.0	3.5	4.3	5.5	4.3	2.8	2.4	2.7	2.8	0.6	1.7	3.1	6.4	3.9	28
1	4.6	7.4	6.1	1.1	3.8	2.6	0.8	1.3	2.0	2.1	1.2	6.6	3.7	2.7	29
2	3.0	4.0	5.9	4.5	2.9	0.3	0.2	3.7	3.0	1.7	1.9	6.0	1.3	2.7	30
4	1.1	1.8	0.6	0.9	0.4	0.6	0.5	1.4	0.8	(1.9)	1.2	3.0	0.1	0.2	Mittel

ährend bei den übrigen Beobachtungsorten die von der Seewarte berechneten normalen Temperaturen zu
gelegt wurden, sind in den mit * versehenen Reihen die Differenzen der Temperaturen und der aus dem
on St. Petersburg entnommenen normalen Pentadenmitteln verzeichnet; für St. Petersburg ** sind die Ab-
n von der täglichen Normalen derselben Stunde nach demselben Bulletin gegeben.

IIIb. Vergleichende Zusammenstellung der thatsächlichen Witter...

	Hamburg											Prognose						Neuf...						
	Wirkliche Witterung										Niederschlag 8 a.m.—8 a.m.							Wirkliche Wit...						
	8h a. m.					2h p. m.												8h a. m.					2h...	
Tag	Temp.-Abw.	Temp.-Aend.	Windstärke	Windricht.	Bewölkung	Temp.-Abw.	Temp.-Aend.	Windstärke	Windricht.	Bewölkung		Temp.-Abw.	Temp.-Aend.	Windstärke	Windricht.	Bewölkung	Niederschlag	Temp.-Abw.	Temp.-Aend.	Windstärke	Windricht.	Bewölkung	Temp.-Abw.	Temp.-Aend.
1	w	z	l	c'	d	w	z	l	s'	h	t	w	—	l	—	h	g	n	u	l	s	v	w	z
2	w	u	l	s'	h	w	u	l	s	h	t(g)	w	—	l	—	v	g	w	z	l	s	b	n	z
3	w	a	l	w'	h	w	a	m	n	h	t	—	a	l	—	v	(g)	w	a	l	s'	d	w	a
4	n	a	l	n'	h	w	a	l	n'	h	t	—	a	l	—	h	g	w	u	l	n	h	n	u
5	w	u	l	n'	h	w	z	m	c	h	t(g)	—	u	l	—	h	t(g)	n	a	l	w	h	n	u
6	w	z	m	s'	v	w	a	m	w	v	t	—	a	m	ss'	h	g	n	z	l	w	h	w	z
7	w	u	l	c'	v	w	z	l	w'	v	r	—	u	l	—	h	g	w	z	l	w	v	w	u
8	w	u	l	c	b	w	a	m	s'	v	r	—	u	l	—	h	t(g)	n	a	l	s	d	w	z
9	n	a	m	s'	h	w	u	f	s'	v	t	—	a	m	sw	v	g	w	z	l	w	v	w	z
10	n	u	l	c'	h	w	z	f	s	v	t	n	—	s	s'	b	r	w	a	l	s	d	w	z
11	w	z	l	s'	h	n	a	m	w'	b	c	—	a	f	s'	b	r	w	z	l	s	d	w	a
12	n	a	l	c'	v	w	z	m	s'	v	t	—	u	ms	s'	v	v	w	a	l	w'	h	w	a
13	w	z	l	s	h	w	z	l	w	h	t	w	—	l	—	h	t	w	z	l	s	h	w	z
14	w	z	l	e'	d	w	z	m	s'	h	r	w	—	l	—	h	t(g)	w	a	l	s	h	w	z
15	n	a	m	n	h	k	a	f	n	h	t	w	—	l	w	h	t(g)	w	z	l	w	v	n	a
16	k	a	l	n'	h	k	u	l	c'	h	t	n	—	m	nn'	h	t	k	a	f	w'	v	k	a
17	k	a	l	e'	h	n	u	l	s'	h	t	—	z	l	ee'	h/v	t	k	u	m	w	v	n	z
18	k	z	l	n	h	k	a	l	n'	v	t	k	—	lm	ww'	v	t e	n	z	m	w'	h	n	a
19	k	u	l	c	h	n	z	m	e'	h	t	k	—	l	c	v	t e	n	a	m	n'	b	k	u
20	k	a	l	c	h	n	u	m	e'	h	t	k	—	l	cc'	v	o	k	a	l	s	b	k	u
21	k	u	l	w'	v	k	a	m	w	v	c	—	a	l	—	h	t	k	a	l	s	v	n	z
22	k	a	l	n	h	k	a	m	w'	h	t	k	—	m	—	v	r	k	z	l	w	h	k	a
23	k	a	l	n	v	k	u	m	w	h	c	k	—	l	—	v	v	k	a	l	w	r	k	a
24	k	u	l	w	h	k	u	l	w'	h	c	k	—	l	—	h	t	k	u	l	w	v	k	u
25	k	z	m	w	b	k	u	m	w'	b	c	k	—	l	—	v	t e	k	u	l	w	v	k	z
26	n	u	l	s'	b	n	z	l	w	b	t	k	—	l	ww'	v	—	n	z	m	w'	h	n	u
27	n	z	m	s'	v	n	z	f	s	b	r	—	uz	l	x	hd	o	n	u	l	w	b	n	z
28	n	u	f	w	v	n	a	s	w	b	r	—	z	fs	s'	b	r	n	z	f	s'	r	n	u
29	n	u	m	s'	b	n	z	m	w	r	r	—	a	—	w	v	v	n	u	m	w	v	n	u
30	w	z	f	w	b	n	z	f	s'	b	c	—	u	f	ws'	b	r	n	a	l	w	r	k	a

In den Angaben der wirklichen Witterung zu den Beobachtungs-Terminen 8h a. m. und 2h p. m. bedeutet I
Temperatur-Abweichung: k = kalt (negative Abw. > 2°), n = normal (Abw. 0—2°), w = warm (positive Ab
Temperatur-Aenderung: a = Abnahme, u = unveränderter Stand (Aenderung < 1°), s = Zunahme der Te
Windstärke: l = leicht (0—2), m = mässig (3—4), f = frisch (5—6), s = stürmisch (> 6);
Windrichtung: n, o, s, w = N, E, S, W; n', o', s', w' = NE, SE, SW, NW; x = Stille; für die
striche werden die auf der Windrose bei Drehung von Süd über West nach Nord zunächst liegenden Hauptstrich
Bewölkung: h = heiter (0—1), v = wolkig (2—3), b = bedeckt (4), r = Niederschläge, d = Nebel, Du

...ltnisse im September 1886 und der gestellten Prognosen.

ser – Prognose					München – Wirkliche Witterung 8ʰ a. m.					München – Wirkliche Witterung 2ʰ p. m.					München – Prognose						Tag
Temp.-Aend.	Windst.	Windr.	Bewölk.	Niederschl.	Temp.-Abw.	Temp.-Aend.	Windst.	Windr.	Bewölk.	Temp.-Aend.	Windst.	Windr.	Bewölk.	Niederschl.	Temp.-Abw.	Temp.-Aend.	Windst.	Windr.	Bewölk.	Niederschl.	
—	l	--	h	g	w	a	l	e	h	w	u	m	n'	h	t	w	—	l	— h	g	1
--	l	—	h	g	w	u	l	s'	h	w	a	l	x	h	t	w	—	l	— v	g	2
—	l	—	v	g	w	u	l	s'	h	w	a	l	n'	h	t	—	a	l	— v	(g)	3
-a	l	—	h	g	w	u	m	s'	v	w	a	l	x	h	t	—	a	l	— h	g	4
-a	l	—	h	t(g)	w	u	m	s'	h	w	u	l	w'	h	t	—	u	l	— h	t(g)	5
—	l	--	h	t(g)	w	u	f	w'	b	w	a	l	w	v	t	—	a	m	s' v	g	6
-u	l	—	h	g	w	a	m	e'	h	w	z	l	e'	h	t	—	u	l	— h	g	7
-u	l	--	h	t(g)	w	u	m	s'	v	w	u	l	x	h	r	—	u	l	— h	t(g)	8
-a	m	sw	v	g	w	a	m	w	b	n	a	l	n'	b	e	—	a	m	sw v	g	9
—	f	s'	h	o	w	u	l	s'	d	n	u	l	w'	h	e	w	—	f	s' h	o	10
a	m	s's	v	-'r	w	z	l	s'	v	w	z	l	?	h	t	—	a	f	s' b	r	11
-a	m	w	v	v	w	u	l	s'	h	w	z	m	n'	h	t	—	a	m	— v	v	12
—	lm	w'	h	t	w	u	l	w	h	w	z	m	n'	h	t	w	—	l	— h	t	13
—	l	—	h	t(g)	w	u	m	s'	h	w	u	l	w'	h	t	w	—	l	— h	t(g)	14
—	lm	w	h	t(g)	w	z	m	s'	h	w	a	m	s'	r	r(g)	w	—	l	— h	t(g)	15
—	f	n	h	t	n	a	m	n'	b	k	a	m	n'	b	r	n	—	m	nn' h	t	16
—	l	n	h	t	k	a	f	e	b	k	z	f	e	h	t	—	z	l	ee' h/v	t	17
—	f	ww'	b	r	k	z	l	x	d	k	z	l	e'	v	t	—	z	m	e' h	t	18
—	l	n	h	t	k	u	m	e'	d	n	z	l	n'	h	t	—	u	l	s v	te	19
—	l	ee'	v	o	n	z	l	w	d	w	z	l	w	v	t	—	z	l	— v	te	20
-z	l	—	v	v	w	z	l	s'	h	w	u	m	s'	h	r	—	u	l	— v	v	21
—	m	—	v	r	w	u	m	s'	v	k	a	m	w	b	r	k	—	m	— v	r	22
—	l	—	v	v	n	a	l	n	b	k	a	l	n	b	e	k	—	l	— v	v	23
—	l	—	v	o	k	a	l	n'	b	k	z	l	n'	v	t	k	—	l	— v	o	24
—	l	—	v	te	k	a	m	w'	h	k	u	m	w'	v	t	k	—	l	— v	te	25
—	l	w'w	v	—	k	u	m	s'	h	k	u	l	w'	v	t	k	—	l	ww' v	—	26
-zu	l	x	hd	o	k	u	m	s'	h	n	z	m	w'	h	t	—	uz	l	x hd	o	27
-z	fs	s'	b	r	w	z	f	s'	b	w	z	s	w	b	t	—	z	fs	s' b	r	28
-a	—	w	v	v	w	z	f	s'	b	w	z	s	w	h	t	—	a	—	w v	v	29
-u	f	ws'	b	r	w	a	m	s'	v	w	u	m	w	h	t	—	u	f	ws' b	r	30

...hlag: t = trocken. o = etwas Regen (0—1.5 mm). r = Regen, Schnee etc. (> 1.5 mm). g = Gewitter.
Angaben des Niederschlages gelten für die Zeit von 8ʰ a. m. des angegebenen Tages bis 8ʰ a. m. des folgenden.
der Prognose haben die Zeichen in den bezüglichen Stellen die gleiche Bedeutung, nur bei Bewölkung ist ...derlich; es treten ferner hinzu die folgenden Zeichen, bei Temperatur-Abweichung: f = Frost, bei Niederschlag: ...derlich, o = ohne wesentliche Niederschläge. Die Prognose steht bei dem Datum, für welches sie gegeben ist. ...che bedeuten: Zähler zuerst, Nenner sdann. Ist für die der Stelle entsprechende Witterungs-Erscheinung ...nose nicht gestellt, so wird dies durch — angedeutet.

III°. Monatssumme des Niederschlags in Millimetern auf den Normal-Beobachtungs-Stationen und Signalstellen der Deutschen Seewarte.

September 1886.

Station	mm	Station	mm	Station	mm
Memel	35	Stralsund	—	Tönning	31
Brüsterort	62	Darsserort	17	Cuxhaven	64
Pillau	58	Wustrow	33	Geestemünde	28
Hela	35	Warnemünde	8	Bremerhaven	—
Neufahrwasser	42	Wismar	48	Neuwerk	—
Rixhöft	42	Marienleuchte	39	Keitum	29
Leba	50	Travemünde	61	Brake	22
Stolpmünde	62	Friedrichsort	55	Weserleuchtthurm	—
Rügenwaldermünde	93	Kiel	55	Wilhelmshaven	52
Colbergermünde	95	Schleimünde	33	Schillinghörn	—
Swinemünde	56	Hamburg	43	Wangerooge	54
Ahlbeck	28	Altona	—	Karolinensiel	65
Greifswalder Oie	—	Aarosund	49	Nesserland	56
Thiessow	18	Flensburg	40	Norderney	49
Arkona	33	Brunshausen	32	Borkum	30
Wittower Posthaus	19	Glückstadt	29		

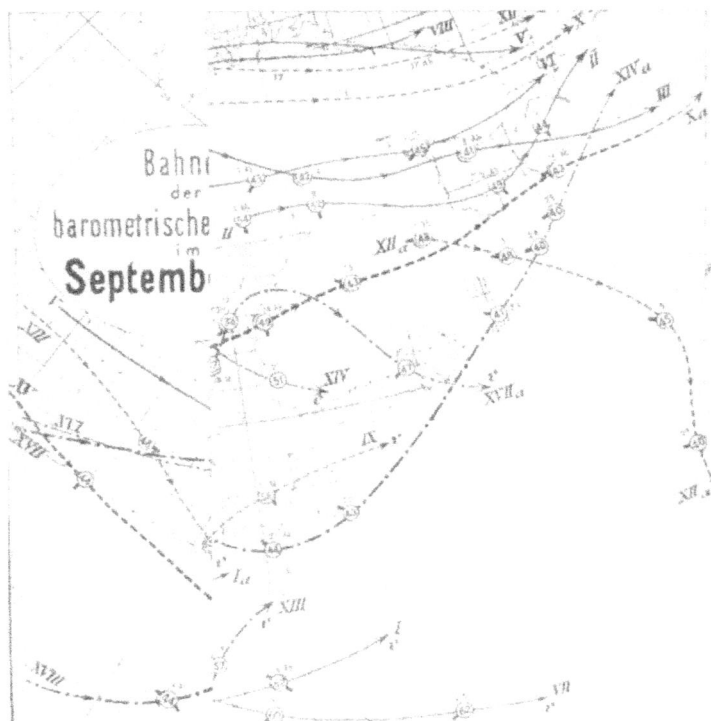
Bahnen der barometrischen Minima im September

Monats-Mittel, Summen u. Extreme für Luftdruck, Temperatur und Hydrometeore.

	Bewölkung			Niederschlag				Stationen
Mittel	8ʰ	2ʰ	8ʰ	Mittel	8ʰ a. m.	8ʰ p. m.	Summa	
89	5.4	5.4	3.2	4.7	24	11	35	Memel
72	5.7	5.5	5.2	5.5	12	30	42	Neufahrwasser
73	3.4	3.9	2.7	3.3	25	31	55	Swinemünde
74	5.5	4.4	4.4	4.7	9	24	33	Wustrow
82	4.7	4.7	4.5	4.6	22	32	55	Kiel
72	3.5	5.1	3.7	4.1	29	14	43	Hamburg
78	5.4	4.8	4.1	4.8	19	10	29	Keitum
74	3.3	4.4	3.0	3.6	33	19	52	Wilhelmshaven
—	4.9	4.8	3.1	4.3	27	2	30	Borkum

Mittel- und Summenwerthe der Dekaden.

d. Tage mit st. Wind	Stationen	Winde %	1. Dekade		2 Dekade		3. Dekade		Winde %
			Ostsee	Nord-see	Ostsee	Nord-see	Ostsee	Nord-see	
5	Memel	N	12	7	16	16	11	12	N
0	Neufahrwasser	NE	12	16	10	9	4	5	NE
3	Swinemünde	E	6	9	5	20	0	0	E
5	Wustrow	SE	17	5	14	14	2	0	SE
4	Kiel	S	18	9	10	5	9	4	S
		SW	9	27	9	12	17	29	SW
4	Hamburg	W	17	11	13	6	33	28	W
4	Keitum	NW	2	5	14	9	18	18	NW
3	Wilhelmshaven	Stille	7	11	8	9	5	4	Stille
8	Borkum								

Monatliche Summen und Mittel für die Windverhältnisse.

rocenten			Windgeschwindigkeit in Metern per Sekunde		Stationen
W	NW	Stille	Mittel	Tage mit ⚊ oder > 15 m	
29	17	5	5.12	17. 23. 29.	Memel
28	14	7	3.06		Neufahrwasser
17	11	10	4.52	28.	Swinemünde
11	11	1	4.85	28. 29.	Wustrow
20	7	10	4.30	28.	Kiel
14	14	7	4.87	27. 28.	Hamburg
17	9	7	4.37	27.	Keitum
14	8	15	4.13	?	Wilhelmshaven
13	11	5	7.98	10. 15. 27. 28. 29.	Borkum

Tagesmittel der Windgeschwindigkeit nach dem Anemometer.

24.	25.	26.	27.	28.	29.	30.	Datum	Stationen
3.42	3.53	4.21	7.63	18.40	15.45	6.93		Memel
3.81	2.19	2.23	3.26	7.33	5.29	0.91		Neufahrwasser
2.68	4.13	3.23	6.58	9.76	5.66	6.49		Swinemünde
2.81	4.68	3.70	8.02	13.16	9.33	10.60		Wustrow
2.60	3.23	3.77	8.93	9.28	6.31	8.19		Kiel
4.05	4.98	3.75	10.01	12.21	8.74	8.90		Hamburg
1.84	2.52	3.53	11.01	11.12	6.04	7.54		Keitum
3.48	3.60	2.08	11.60	10.19	6.49	—		Wilhelmshaven
0.05	8.83	7.53	16.35	16.95	12.89	10.99		Borkum

am 17. nach den Aufzeichnungen der Barographen in Memel 771.0 n.m., 10ʰ p. m. am 16. bis 3ʰ a. m.
776.2mm 21., in Wustrow 776.3mm, 1ʰ p. m. am 16. und 750.6mm, 2ʰ p. m. am 21., in Hamburg
1/3 (8 a. am 21. — Die mittlere Temperatur wird auf dreierlei Weise berechnet, als 1/2 (8 a. + 8 p.),
entspric... n als allgemeines Temperaturmittel angenommen, was dem wahren Mittel sehr nahe

erreich... ser Thaubildung sind ausgeschlossen, auch wenn die Thaumenge eine mefsbare Gröfse
... Desselben Horizontal-Abschnitts enthält das Procentverhältnifs der Windrichtungen in den
gesetzte die einzelnen Stationen ist, um die Lage der Luvseite anzudeuten, von je zwei entgegen-
... Windrichtung an, wie dieselbe sich aus den Aufzeichnungen der Registrir-Anemometer
... frei aufgestellt.) Das Mittel dieser Werthe oder die mittlere Windgeschwindigkeit des
Stunde 15 m per Sekunde erreichte oder überstieg.

Die Direktion der Seewarte

Monatsbericht der Deutschen Seewarte.

Oktober 1886.

Inhalt: I. Die atmosphärischen Vorgänge in Europa, insbesondere Zentral-Europa. II. Vorläufige Mittheilungen über das Wetter auf dem Nordatlantischen Ozean. III. Meteorologische Tabellen. Karte der Bahnen der barometrischen Minima im Oktober 1886. Tabelle der Mittel, Summen und Extreme für den Oktober 1886 aus den meteorologischen Aufzeichnungen der Normal-Beobachtungsstationen an der Deutschen Küste.

I. Die atmosphärischen Vorgänge in Europa, insbesondere Zentral-Europa.

1. Luftdruck und Wind.

Der erste Tag des Monats Oktober gehört in Bezug auf die Druckvertheilung noch der letzten Epoche des vorangehenden Monats an: das Maximum des Luftdruckes liegt über den Alpen und Oberitalien und hoher Luftdruck herrscht über Zentraleuropa, während sowohl im Osten wie im Westen sich Depressionsgebiete befinden. Das letztere enthält das Minimum I der Bahnenkarte, welches schon in den letzten Tagen des September über den Ozean sich bewegte; der direkte Einfluss erstreckt sich nur über die britischen Inseln. Ein Ausläufer desselben jedoch, der sich am 1. vor dem Kanal zeigt, streift am 1. und 2. Norddeutschland und indem er an Tiefe bei nördlichem Verlaufe über die Nordsee, alsdann über Skandinavien nach dem Nordbotten und dem Weissen Meere zunimmt, verursacht er am 2. und 3. starke bis stürmische südliche und westliche Winde über Skandinavien und Finnland.

Die erste Witterungsepoche dieses Monats unter besonderer Berücksichtigung des mitteleuropäischen Festlandes wird vom 2. bis zum 9. zu rechnen sein, denn bereits am Abend des erstgenannten Tages liegt jenes Theilminimum I^a etwa bei Christiansund ohne wesentlichen Einfluss auf Zentraleuropa. Am 2. morgens zeigt sich ein Maximum des Luftdruckes von über 770 mm auf einem schmalen Gebiet vom Weissen Meere bis zu den russischen Ostseeprovinzen und Ostpreussen hin. Bei schnell sich vollziehender Verlagerung nach dem Süden Russlands gewinnt dieses Maximum an Intensität bis auf etwa 774 mm am 4. Gleichzeitig nimmt der Luftdruck auch über Zentraleuropa zu und übersteigt am 3. daselbst allgemein 765 mm. Hoher, ziemlich gleichmässiger Luftdruck über Zentraleuropa ist das charakteristische dieser Epoche.

In diesem Gebiet hohen Luftdruckes bildet sich am 3. ein zweites Maximum über der jütischen Halbinsel heraus, welches von längerem Bestand ist, als jenes erstere über Russland, denn dieses ist am 5. bereits verschwunden unter dem bis nach dem Süden Russlands sich erstreckenden Einflusse der Depression I^a. Das zunächst also über Holstein hervortretende Maximum verändert bis etwa zum 7. seine Lage sehr wenig; es verschiebt sich, nachdem am 4. bereits auch Skandinavien dem Gebiete hohen Luftdruckes angehört, sehr langsam über Süd-Norwegen und Südschweden nach der östlichen Ostsee zu, eine Höhe von 768 bis 771 mm beibehaltend. Am 8. und 9. jedoch zieht es sich nach dem Süden Russlands zurück, wo es sich noch am ersten Tage der folgenden Epoche befindet.

Im Westen Europas über dem Ozean, etwa in den Breiten der britischen Inseln, lagert während der Epoche ein ausgedehntes Depressionsgebiet. Am 1.

findet sich ein Minimum II unter etwa 29° w. L. von Gr., welches mit zunehmender Tiefe ostwärts fortschreitet und am 2. stürmische südliche Winde an der Westküste Irlands hervorruft. Aber bevor es die Küsten Grossbritanniens erreicht, wendet es sich nach Norden, ebenso wie ein am 3. ebenfalls über dem Ozean entstehendes Theilminimum IIª. Nach dem 3. lässt sich bei dem zur Zeit vorliegenden Beobachtungsmateriale der Verlauf der Hauptdepression II nicht mehr sicher verfolgen, doch scheint die am 4. abends in etwa 30° w. L. von Gr. und 56° n. Br. liegende Depression zum mindesten dem gleichen Depressionsgebiete anzugehören, wenn sie nicht, wie in der Bahnenkarte, allerdings als zweifelhaft, angenommen, eben das gleiche Phänomenen wie Minimum II selbst darstellt. Diese Depression gewinnt grösseren Einfluss auf die Luftdruckvertheilung Europas; sie giebt zunächst Veranlassung zur Bildung eines Theilminimums IIᵇ am 5. in der Biscayasee, welches den in den vorhergehenden Tagen auch über Frankreich sich erstreckenden hohen Luftdruck wieder unter 760 mm herabdrückt. Der ebenfalls nördlich gerichtete Verlauf hat zur Folge, dass Deutschlands Wetterlage durch diese Depression unbeeinflusst bleibt. Und obgleich das Hauptminimum in den Tagen vom 7. bis zum 9. entlang der nordfranzösischen Küste und alsdann über die Nordsee nach dem Skagerrack fortschreitet, so ist auch kein besonders hervorzuhebender allgemeinerer Einfluss dieser Erscheinung auf unser Vaterland zu bemerken.

Wie schon bemerkt, blieb also Zentraleuropa, insbesondere aber Deutschland, während dieser Epoche unter dem Einfluss des hohen Luftdruckes, und sieht man vom 2. und für die deutsche Ostseeküste auch vom 3. Tage des Monats ab, an welchen meist mässige westliche Winde wehten, so ist bei der Lage des Luftdruckmaximums eine schwache östliche Luftströmung über Deutschland während der Epoche vorherrschend; in den beiden letzten Tagen nehmen die Winde, mit der Verschiebung des Maximums nach Südrussland hin, naturgemäss eine südlichere Richtung an.

Schon am 8. bewirkt eine über dem Atlantischen Ozean herannahende Depression (Nr. IV) erneutes Fallen des Barometers über den britischen Inseln und vom 10. an dehnt dieselbe ihren Einfluss auch auf Zentraleuropa aus, welcher während der zweiten Epoche vom 10. bis 14. den Witterungszustand des grössten Theiles Europas bestimmt. Auch das Luftdruckminimum dieser Depression bewegt sich nur uber dem Ozean und zwar in den Tagen vom 9. bis 12. mit erheblicher Tiefe, vermuthlich unter 730 mm, über den Island berührenden Meerestheilen, jedenfalls nordwestlich von Schottland. Die Ausdehnung des niedrigen Luftdruckes nach Osten hin in den ersten Tagen dieser Epoche wird begünstigt, resp. ist theilweise eine Folge des unter zunehmender Tiefe sich von der Adria über Ungarn und Westrussland nordwärts bewegenden Minimums III, welches ebenfalls schon an den beiden letzten Tagen der vorhergehenden Epoche über dem Ligurischen Meere und Oberitalien sich zeigte.

In den ersten beiden Tagen der jetzt in Rede stehenden Epoche erstreckt sich der hohe Luftdruck im Süden Europas, welcher seinen höchsten Werth über der pyrenäischen Halbinsel erreicht, auch über Mittelfrankreich und Süddeutschland, doch stehen auch diese Gegenden bereits unter dem Einfluss der nordwestlichen Depression. Während den in England am 9. und 10., im nördlichen Frankreich am 10. abends stürmische südliche bis westliche Winde herrschen, nimmt die südwestliche Luftströmung an der deutschen Nordsee in Folge einer südlichen Ausbuchtung der Isobaren erst am 11. einen lebhafteren Grad an.

Im Laufe des 12. tritt der hohe Luftdruck sowohl in Südfrankreich als in Süddeutschland zurück, über der irischen See bildet sich ein Ausläufer, Nr. IV*, der Hauptdepression und schon am Abend dieses Tages wehen stürmische südwestliche Winde über dem Kanal und dem nördlichen Frankreich. Dieses Minimum IV* bewegt sich über die Nordsee, indem es zunächst an Tiefe zunimmt; die stürmischen Winde breiten sich nach Westen und Süden hin aus, sie erstrecken sich am 13. über ganz Frankreich und den Westen Deutschlands, sowie über die dänische und norwegische Nordseeküste, vielfach bis zum 14. anhaltend. Der niedrige Luftdruck verbreitet sich am 13. bis nach Italien hin und am 14. zeigt sich wiederum über dem Ligurischen Meere eine Depression (VII) und dehnt sich auch an diesem Tage die stärkere Luftbewegung bis in das nördliche und westliche Gebiet des Mittelmeeres aus.

Das Minimum IV*, welches am Abend des 13. an der südnorwegischen Küste eine Tiefe von etwa 730 mm erreicht, verläuft nördlich über dem norwegischen Meere und im Gegensatz zum westlichen Deutschland, welches während dieser Epoche von unruhigem Wetter betroffen wurde, blieb die Luftbewegung in Ostdeutschland bei südlicher und westlicher Richtung meist schwach.

Während der folgenden dritten Epoche vom 15. bis 21. sind es ein grosses Depressions-Phänomen und die mit ihm in engem Zusammenhang stehenden Neubildungen, welche die Witterungslage des Erdtheiles beherrschen.

Schon im Laufe des 14. war das Barometer an der westirischen Küste stark gefallen und die am Morgen daselbst unter dem Einfluss des an der norwegischen Küste liegenden Minimums IV* wehenden westlichen Winde waren nach Südwesten zurückgedreht und hatten stellenweise eine stürmische Stärke angenommen. Am Morgen des 15. hatte das Barometer über Irland vielfach einen Stand, der gegen den am Morgen des vorhergehenden Tages um über 23 mm niedriger war; ein tiefes Minimum von etwa 725 mm lag über dem Innern Irlands und voller Sturm herrschte über der irischen Insel, England und der nordfranzösischen Küste. Dies Minimum bewegte sich sehr langsam über England nach den Niederlanden hin, wo es am 16. abends sich befand; dabei nahm der Sturm an Intensität zu und erstreckte sich nach Süden hin über ganz Frankreich, ja sogar bis nach Spanien. Zahlreiche Verluste an Menschenleben, sowie schwerer Schaden an Eigenthum sowohl auf der See als auf dem Lande hatte dies ausserordentliche Phänomen zur Folge.

Es ist besonders bemerkenswerth, dass die intensiven Wirkungen der Erscheinung sich nicht weit nach Osten zu ausdehnten, sondern ungefähr mit dem Rhein über Mitteleuropa ihre östliche Grenze erreichten. Ebenso ist hervorzuheben, dass die Vorwärtsbewegung, insbesondere im Vergleich zu der sonstigen Mächtigkeit, eine sehr geringe war; vielleicht mag in dieser Hinsicht die Lage des Minimums VII am 15. und 16. über Siebenbürgen und Westrussland nicht ohne Einfluss gewesen sein.

Vom 16. abends an verändert jene tiefe Depression VI ihre Lage nur noch wenig und beginnt sich auszufüllen; auch die Stürme nehmen ab, über Frankreich jedoch nur langsam, so dass am 17. daselbst noch vielfach stürmisches Wetter herrscht. Während an den beiden vorhergehenden Tagen die Gestaltung der das Minimum umgebenden Isobaren keine Richtung besonders hervortreten liess, nehmen dieselben am 17. eine etwas langgestreckte Form an und zwar in der Richtung von Nordwest nach Südost. Im Laufe dieses Tages dreht sich diese Axe in einer Richtung, die dem Sinne der Drehung des Uhrzeigers entgegengesetzt ist; in der Richtung dieser Axe lassen sich am Abend, ausser dem ursprünglichen, zwei weitere geschlossene Minima erkennen; das westliche liegt etwa über der Bretagne, über Irland stürmische östliche und nordöstliche Winde veranlassend, das östliche mit gleicher Tiefe über der Provinz Hannover.

Dieses letztere bewegt sich ziemlich schnell ostwärts, das westliche Theilminimum dagegen sehr viel langsamer südwärts, und unter fast allgemeinem Steigen des Barometers erhält sich vom 18. abends bis zum 20. eine in der Richtung von West nach Ost langgestreckte Zone relativ niedrigen Luftdruckes über Frankreich und Deutschland bis nach Russland hinein. In diesem Depressionsgebiet finden noch die Minima VIe und VI^d ihre Entstehung.

Vom 18. an nimmt im Norden der Luftdruck zu; am 20. übersteigt derselbe über Lappland 770 mm, auch im Südwesten steigt vom 20. an das Barometer; die über Europa lagernden Depressionen verflachen sich immer mehr und es gewinnt der hohe Luftdruck am 21. auch an Herrschaft über Zentraleuropa. Während der ganzen Epoche ist an den deutschen Küsten die östliche Luftströmung die vorherrschende.

Jene Herrschaft des hohen Luftdruckes über Mitteleuropa hält nun während der vierten und letzten Epoche vom 22. bis 31. dauernd an. Während aber in der ersten Epoche ein Depressionsgebiet vorzugsweise über dem Ozean in gleichen Breiten wie die britischen Inseln bestand, findet sich in der jetzt in Rede stehenden der niedrigere Luftdruck meist südlicher, in der Gegend der Westküste Frankreichs, sowie über Spanien und das westliche Mittelmeer gelagert.

Es ist dies das Depressionsgebiet des „Minimums IX, welches vom Ozean her die Westküsten Europas erreicht und nach südlicher Wendung der Bahn am 22. sich die folgenden Tage über der Biscayasee bewegt. Am 26. bildet sich ein Theilminimum über dem südlichen Portugal, das seinen Verlauf an der Nordküste Afrikas nimmt, vom 27. an anhaltendes unruhiges Wetter im südwestlichen Mittelmeere veranlassend.

Von dem Maximum im Nordosten des Erdtheiles ausgehend, verbreitet sich der hohe Luftdruck immer mehr. Das Maximum selbst verschiebt sich westlich und lagert am 24. mit etwa 776 mm über dem südlichen Norwegen; an diesem Tage übersteigt über dem nördlichen Theil Grossbritanniens, über Skandinavien, dem nördlichen Russland und Norddeutschland das Barometer allenthalben 770 mm. Am folgenden Tage hat das Maximum an Intensität bis auf etwa 780 mm zugenommen und nur über Frankreich und der pyrenäischen Halbinsel ist der Luftdruck unter 770 mm. Die Lage des Maximums bleibt in der folgenden Zeit über dem Ostseegebiet wenig verändert, auch der Luftdruck im Kern desselben sinkt nicht unter 775 mm herab, doch gewinnt am 26. im Westen die Depression IX an Einfluss, es treten über Nordwestdeutschland stärkere Gradienten auf, in Folge deren die schon seit dem Beginn der Epoche über Deutschland meist östlichen Winde an der Nordseeküste an Stärke zunehmen, am 27. stellenweise einen stürmischen Grad erreichen. Am 28. findet eine Abnahme der Winde statt, indem einerseits das Depressionsgebiet sich nördlich verschiebt, andererseits auch das Maximum sich südostwärts fortbewegt. Am 29. liegt das letztere mit etwa 783 mm an der ostpreussischen Grenze, während der hohe, 770 mm übersteigende Luftdruck über Mittelfrankreich bis zur Gascogne sich erstreckt.

In den letzten beiden Tagen zieht sich das Maximum über Polen nach Südrussland hin; fast der ganze Erdtheil bleibt aber unter dem Einfluss dieser Antizyklone; die Luftbewegung über Zentraleuropa ist dabei sehr schwach und meist südlich gerichtet. Nur die nordwestlichen und nördlichen Küsten des Erdtheiles werden in diesen Tagen von Depressionen berührt, die in einiger Entfernung über den Meeren vorüberziehen.

Die folgende Zusammenstellung ist den meteorologischen Bulletins von Hamburg, Skandinavien und Dänemark, London, Paris, Wien und St. Petersburg entnommen und enthält alle Beobachtungen stürmischer Winde (8 Beaufort und darüber), soweit es sich um europäische Stationen handelt. Da in Frankreich, Spanien, Portugal, Italien und Russland die Schätzung der Windstärke nicht nach genau derselben Skala, wie in den übrigen Ländern, zu geschehen scheint, so sind in Kursiv·Schrift aus Frankreich, Spanien und Portugal noch alle Windstärken 7, aus Russland und Italien alle Stärken 6 und 7 hinzugefügt.

1. Morg.: Skudesnäs SSE 8; — Stornoway SSW 8.
   Nm.: Skudesnäs SSE 8; — Stornoway S 8.
   Ab.: Skudesnäs SSE 8; — *Saint Mathieu NW 7, Le Grognon W 7.*
2. Morg.: Skudesnäs SE 8, Samsö SE 8.
   Nm.: Skudesnäs SSE 8; — Valencia SE 8.
   Ab.: Oxö SW 8, Samsö SW 8, Haparanda S 8, Hernösand S 8; — *Valencia SE 9, Roche's Point S 8.*
3. Morg.: Christiansund W 8, Hernösand W 8; — *Uleaborg SSW 6, Nicolaistadt SW 6, Tammerfors S 8, Helsingfors SW 6, Pomenetz SW 6.*
   Ab.: Lissabon SW 9.
4. Morg.: *Uleaborg NNW 6, Wjatka SW 7, Astrachan N 6.*
   Ab.: *Er-Hastellic SE 7.*
5. Morg.: Valencia SE 8; — *Puy-de-Dôme W 7.*
7. Ab.: *Ile d'Aix SSW 7; — Palermo NW 6.*
8. Morg.: *Ile d'Aix W 7.*
   Nm.: Rochefort WNW 8.
   Ab.: *Puy-de-Dôme WSW 7.*
9. Morg.: Mullaghmore SE 8, Belmullet SSE 10, Valencia SE 8, Roche's Point S 8.
   Nm.: Mullaghmore ESE 9.
   Ab.: Belmullet W 8, Donaghadee SSW 8; — *Er-Hastellic WNW 7.*
10. Morg.: Oxö NE 8; — *Er-Hastellic W 7,* Servance SW 8, *Puy-de-Dôme W 7.*
    Nm.: Säntis W 8; — Rochefort WNW 8.
    Ab.: Jersey WSW 8; — Cherbourg SW 8, La Hague SW 8, *Le Grognon W 7, Servance SW 7, Pic-du-Midi SW 7.*
11. Morg.: *Le Grognon WNW 7, Servance SW 7.*
    Ab.: Bodö ENE 8; — *Servance WSW 7.*
12. Morg.: Bodö ENE 8, Skudesnäs SSE 8; — Barrow-in-Furness SSW 8, Pembroke SSW 8; — *Ouessant S 7.*
    Nm.: Skudesnäs SSE 8.
    Ab.: Skudesnäs SSE 9, Faerder SSE 8; — Hurst Castle SW 9, Dungeness SSW 8; — *La Hève SW 7, Cherbourg SSW 7, La Hague SSW 7, Er-Hastellic SW 8, Chassiron WSW 7, Puy-de-Dôme SW 7.*
13. Morg.: Helgoland S 8, Münster SSW 8, Karlsruhe SW 9; — Skudesnäs SE 8, Oxö ESE 8, Faerder ESE 8, Dovre S 8, Skagen S 8, Vestervig E 8, Fanö SSE 8, Samsö SE 8, Bogö SSE 8; — Scilly W 8; — *Gris-Nez NW 8, La Hève W 7, Ouessant WNW 7, Le Grognon WNW 7, Er-Hastellic WNW 7, Ile d'Aix W 7, Chassiron W 8, Biarritz WSW 7,* Servance SSW 8, Puy-de-Dôme W 8.
    Nm.: Swinemünde S 8, Hamburg SW 9; — Scilly W 8; — Jersey WNW 8.
    Ab.: Friedrichshafen SW 9; — Skudesnäs ESE 8, Oxö S 8, Skagen S 8, Vestervig SSW 8, Samsö SSW 8, Falun SW 8, Carlstadt SE 8; — Scilly WNW 8; — *La Hève WNW 8, Ouessant NW 7, Le Grognon NW 7, Er-Hastellic WNW 7, Ile d'Aix W 7, Chassiron WNW 7, Clermont WSW 7, Ile Sanguinaire W 7, Puy-de-Dôme WSW 7; — Cagliari WNW 6.*
14. Morg.: Friedrichshafen SW 8; — Säntis W 8; — Bodö E 8, Skudesnäs WNW 8, Faerder SSW 8, Hernösand SSE 6; — Jersey WNW 8; — *La Hève W 7, Er-Hastellic NW 7, Ile Sanguinaire WSW 7, — Livorno W 8.*

14. Nm.: Rochefort WNW 8.
　　Ab.: Bodö ENE 8; — Valencia SE 8; — *Lorient SW 7, La Coubre NW 7*, Ile Sanguinaire NW 8, *Servance WSW 7; — Livorno WNW 6, Neapel SE 6.*

15. Morg.: Spurn Head SE 8, Malin Head ENE 9, Valencia W 9, Pembroke SW 9, Prawle Point SW 10, Jersey WSW 9, Hurst Castle W 10, Dungeness SSW 8, Yarmouth SSE 8, Scilly WSW 10; — *La Hève SW 7, Cherbourg SW 7, La Hague SW 7, Brest W 7, Saint Mathieu WNW 7*, Ouessant W 9, *Lorient SW 7. Le Grognon W 7, Er-Hastellic WNW 7. Ile d'Aix W 7*, Chassiron W 8, *Ile Sanguinaire WNW 7. Puy-de-Dôme WSW 7.*
　　Nm.: Scilly W 10, Malin Head NE 8, Mullaghmore NNW 8, Belmullet N 8, Valencia WNW 8. Dungeness W 8, Jersey WSW 10; — Rochefort W 9.
　　Ab.: Königsberg E 10(?); — Oxö ESE 8, Fanö SE 8; — Malin Head NNE 8, Mullaghmore NW 8, Belmullet N 11, Pembroke WSW 10, Prawle Point WSW 10, Jersey W 10, Hurst Castle W 11, Dungeness W 9, London SW 8, Scilly W 10; — *Dunkerque SW 7*, Griz-Nez WSW 8, Boulogne WSW 8, *La Hève W 9*, Cherbourg WSW 9, La Hague WSW 9, *Saint Mathieu WNW 7*, Ouessant WSW 8, *Lorient N 7, Le Grognon W 7*, Er-Hastellic WNW 8, *Ile d'Aix W 7, Servance SSW 7*, Puy-de-Dôme W 8; — *Livorno W 6.*

16. Morg.: Oxö E 8, Samsö SE 8, Bogö SE 8; — Malin Head N 8, Mullaghmore NNW 9, Belmullet N 11, Holy Head NNE 8, Roches Point NNW 8, Pembroke NNE 8, Prawle Point WNW 8, Jersey WSW 11, Hurst Castle W 8, Scilly NW 11; — *Griz-Nez WSW 7*, La Hève W 8, Cherbourg W 9, *La Hague W 8, Brest W 8, Saint Mathieu WNW 9, Ouessant WNW 9, Lorient W 7, Le Grognon WNW 8*, Er-Hastellic WNW 8, *Ile d'Aix W 8*, Chassiron W 9, *La Coubre WNW 7, Biarritz W 8, Clermont W 7*, Besançon SSW 8. *Servance SSW 8*, Puy-de-Dôme W 9; — *Barcelona W 9, Madrid SW 7; — Sebastopol SSW 6.*
　　Nm.: Scilly NW 10, Mullaghmore NW 8, Belmullet N 8, Holy Head NNW 9; — Rochefort WNW 10.
　　Ab.: Karlsruhe SW 9; — Oxö ENE 8, Faerder ENE 8, Bogö ESE 8; — Holy Head NNW 9, Scilly NW 10; — *La Hève NW 8, Cherbourg NNW 7, La Hague NNW 7, Saint Mathieu NNW 7*, Ouessant NNW 9, *Le Grognon S 7*, Er-Hastellic NW 9, *Ile d'Aix WNW 9, Chassiron WNW 9, La Coubre WNW 7, Limoges W 9, Clermont SW 7, Cap Béarn NNW 7, Croisette NW 7, Servance SSW 8*, Puy-de-Dôme WSW 9; — *Livorno S 7, Cagliari WSW 6, Palermo WSW 7.*

17. Morg.: Oxö ENE 8, Faerder ENE 8; — *Dunkerque WSW 7, Boulogne NW 7, La Hève NW 8, Ile d'Aix WNW 7, Clermont WSW 7, Ile Sanguinaire WNW 7, Servance SSW 8*, Puy-de-Dome W 8; — *Barcelona SW 7; — Livorno WSW 7, Brindisi S 6.*
　　Nm.: Rochefort WSW 8.
　　Ab.: Oxö NE 8, Faerder N 8, Vestervig ENE 8, Samsö E 8; — Mullaghmore NE 8, Belmullet NNE 9, Donaghadee E 9; — *Servance SSW 8, Puy-de-Dôme WSW 7; — Livorno WSW 7.*

18. Morg.: Oxö NNE 8, Faerder NNE 8; — *Ile Sanguinaire S 7*, Servance SSW 8, *Puy-de-Dôme SSE 7; — Coruña WNW 7; — Turin NE 7.*
　　Ab.: Faerder NNE 8.

19. Morg.: Säntis SW 8.

20. Ab.: Oxö NNE 8, Samsö E 8, Kopenhagen NE 8, Bogö S 8.

21. Morg.: Faerder NNE 8; — *Palermo SW 6.*
　　Ab.: Oxö NNE 8, Faerder ENE 8; — *Palermo W 6.*

22. Morg.: *Livorno W 6; — Pinsk ESE 7, Kustow N 7.*

23. Morg.: *Kertsch E 6.*

24. Ab.: *Florenz NE 6.*

25. Morg.: Bodö SW 8; — *Yarmouth E 8; — Sicië E 7.*
　　Nm.: Yarmouth ENE 8.
　　Ab.: Bodö SW 10; *Croisette E 7, Sicië E 7.*

26. Morg.: Bodö W 8; — *Sicië E 7; — Cagliari SE 6.*
　　Ab.: Bodö WSW 8, Christiansund WSW 8; — Yarmouth ENE 8; — *Dunkerque ENE 7, Ouessant NNE 7.*

27. Morg.: Borkum E 8, Hannover ESE 8; — *Servance SW 7.*
　　Nm.: Helgoland ESE 8, Borkum E 8.
　　Ab.: Er-Hastellic SE 8; — *Cagliari E 6.*

28. Morg.: Säntis SW 8; Dogö ESE 8; — Sicié E 7; — Cagliari NE 7.
   Ab.: Sicié E 8; — Cagliari S 8.
29. Morg.: Cagliari S 6.
   Nm.: Skudesnäs SSE 8.
   Ab.: Skudesnäs SSE 8; — Malta SE 8.
30. Morg.: Skudesnäs S 8; — Malta SE 6; — Hangö W 9.
   Ab.: Bodö SW 9; — Malta SE 6.
31. Morg.: Bodö WSW 10; — Malta ESE 6; — Uleaborg W 6, Poti ENE 7.
   Ab.: Skudesnäs SSE 8; — Belmullet SSW 8, Valencia S 8; — Malta ESE 6.

2. Temperatur.

Das warme Wetter, welches die westlichen und südlichen Winde am Schluss des vorangehenden Monats über Deutschland mit sich führten, hält in Deutschland auch noch meist, und zwar besonders im Westen, während der ersten Tage des Oktober an; die Tages-Temperaturen liegen meist sehr hoch. Der heitere Himmel lässt die Abkühlung, welche die eintretenden östlichen, Luft aus jetzt kälteren Gegenden zuführenden Winde mit sich bringen, nicht zu schneller Geltung kommen. Vorzugsweise weist das norddeutsche Binnenland und der Süden bis etwa zum 5. hohe Temperaturen auf, während an der ostpreussischen Küste das Thermometer schon am 2. unter die Normale sinkt.

Wenn auch in Westdeutschland die Temperatur eine hohe bleibt, so wird die Abkühlung vom 6. an gleichzeitig mit der grösseren Ausdehnung des über dem Ostseegebiet liegenden Luftdruckmaximums allgemeiner und in Ostdeutschland tritt durchaus kühles Wetter ein, so dass am 8. die Morgen-Temperaturen daselbst stellenweise 5—7° unter dem vieljährigen Mittel liegen.

In dem Maasse wie vom 10. an die Depressionen des Luftdrucks auf die Witterungslage Deutschlands zum Einfluss gelangen und damit eine südliche und westliche Luftströmung zur Herrschaft kommt, nimmt auch die Luftwärme wieder zu; die Morgen-Temperaturen entfernen sich jedoch während der zweiten und dritten Epoche dieses Monats meist nicht erheblich von der Normalen, nur am Morgen des 20. und 21. sind stellenweise wieder positive Temperatur-Abweichungen bis zu 4° zu verzeichnen.

Mit dem 22., an welchem der von Nordosten heranrückende hohe Luftdruck an Einfluss gewinnt, tritt wieder schnelle und sehr intensive Abkühlung ein. Das kalte und rauhe Wetter hält bis zum Schlusse des Monats an, die Ablesungen am Minimum-Thermometer und auch die Beobachtungen an den Morgenterminen ergeben stellenweise Temperaturen unter Null-Grad, besonders in den Nächten zum 27. und 28. tritt in Ostdeutschland allgemeinerer Frost ein; die Morgen-Temperaturen gehen in diesen Tagen auch in Nordwestdeutschland bis zu 6° unter die Normale herab.

Die beiden ausgedehnten kälteren Zeitabschnitte betreffen besonders Zentral-Europa und das östliche Festland; bei dem letzteren nimmt der erste aber seinen Anfang schon mit Beginn des Monats, während der zweite nur etwa vom 21. bis 25. anhält. West- und Nordeuropa zeichnen sich in diesem Monat durch verhältnissmässig warmes Wetter aus.

3. Bewölkung, Niederschlag, Gewitter.

Während der Herrschaft des hohen Luftdruckes über Zentraleuropa ist das Wetter über Deutschland in den ersten Tagen des Monats bis etwa zum 6. heiter, des Morgens jedoch stellenweise neblich, sonst aber meist trocken; doch werden besonders vom Osten Reifbildungen gemeldet. Am 7. veranlasst eine kleine sehr flache Depression, welche am Rande des hohen Luftdruckes und dem Depressionsgebiet des Minimums II in Erscheinung tritt, in Süddeutschland reichliche Regenfälle und es tritt überhaupt an diesem Tage über Deutschland allgemein trübes Wetter ein, das bis gegen den 26. anhält.

Vom 9. an, also dem Tage, mit welchem Mitteleuropa unter den Einfluss der Depressionen gelangt, bis etwa zum 17. währt eine Epoche regnerischeren Wetters über Deutschland; aus diesem Zeitabschnitt und zwar bis zum 13. werden vielfach Gewitter gemeldet, die stellenweise ziemlich heftig auftreten und von Hagelschlag begleitet sind. Am 18. tritt unter starkem Steigen des Barometers, welches das Verschwinden der Depression VI mit sich bringt, Aufklaren ein und nur aus dem äussersten Osten werden messbare Niederschläge gemeldet.

Aber das Fortschreiten der Depression VI^a nach der Nordsee zu hat schon am 19. erneute Bedeckung des Himmels und zunächst in Westdeutschland Regenfälle zur Folge, welche sich bereits am folgenden Tage auch über Ostdeutschland erstrecken und bis zum 22. fortdauern. Während am 20. nochmals in diesem Monat Gewitter auftreten, meldet am 23. morgens von den telegraphisch an die Seewarte berichtenden Stationen Memel zum ersten Male in dieser Jahreszeit Schnee für die vorhergehende Nacht.

Das Ende dieser zweiten Niederschlagsepoche fällt mit dem Beginn des letzten Zeitabschnittes des Monats zusammen, welcher wieder durch die Herrschaft hohen Luftdruckes über Deutschland charakterisirt worden ist. Sieht man von den Niederschlägen ab, welche am 23. und 24. noch in Ostdeutschland fallen, so ist von dieser Zeit an über Deutschland das Wetter durchaus trocken, wenn auch die Himmelsbedeckung erst am 27. abnimmt. Alsdann aber herrscht bis zum Schluss des Monats am Tage heiterer Himmel; des Morgens findet vielfach Nebel- und Reifbildung statt.

Von nicht Deutschland, sondern andere Länder Europas betreffenden Niederschlägen sind besonders diejenigen hervorzuheben, welche über Grossbritannien am 15. und 16. die Depression VI begleiteten, sowie diejenigen, welche in den Tagen vom 24. bis 28. sich über das südliche Frankreich und das nordwestliche Italien erstreckten. Diese letzteren brachten Ueberschwemmungen durch die südfranzösischen Flüsse, insbesondere durch die Rhone mit sich; sie stehen in Zusammenhang mit der über der Biscayasee lagernden Depression IX und Randbildungen derselben. Folgende ausserordentliche Regenmengen ergaben die Beobachtungen in Frankreich: am 26. Avignon 105 mm, Marseille 71 mm, Sicié 98 mm; in Italien: am 27. Mailand 88 mm, am 28. Belluno 70 mm, Domodossola 64 mm, Livorno 90 mm.

II. Vorläufige Mittheilungen über das Wetter auf dem Nordatlantischen Ozean.

Die hier gegebenen Mittheilungen sind den Journalen nachstehender Schiffe entnommen worden:

Dampfschiffe: Oder, Thuringia, Berlin, Ceará, Kambyses, Holsatia, Desterro, Frankfurt, Borussia, Hamburg, Argentina, Strassburg, Salier, Neckar, Rosario, Weser, Ohio, Saxonia, Kronprinz Friedrich Wilhelm, Bavaria, Polynesia, Suevia, Amerika, General Werder, Hammonia, Hermann, Elbe, Fulda, Rugia, Slavonia, Carl Woermann, Aller, Trave, California, Ems, Westphalia, Rhenania, Werra, Eider, Bohemia, Rhätia, Gellert, Main, Polaria, Rhein, Saale, Hungaria, Allemannia, Moravia, India, Gothia, Francia.

Segelschiffe: Elisabeth, J. F. Pust, Savannah, Matthias, Marie, Roland, Auguste, Astronom, Schiller, Parnass, Bertha, Friederike, Port Royal, Dora, Georg, Confluentia, Janbaas, Maryland, Hermann, Aeolus, Magnat, Christine, Jupiter, Wilhelm, Deutschland, George Washington.

1. Die Wetterlage, welche nach den die letzte Epoche des September charakterisirenden veränderlichen Zuständen gegen Ende dieses Monats eingetreten war, erwies sich von etwas grösserer Beständigkeit; sie erhielt sich in ihren Hauptzügen unverändert bis etwa zum 5. Oktober, welche Zeit demnach als die erste Epoche letzteren Monats anzusehen ist. Ihre charakteristische Erscheinung war der anhaltend niedrige Luftdruck auf der östlichen Hälfte der Mittelzone. Das Minimum befand sich ausserhalb der Küsten des Kontinents, gewöhnlich zwischen 10° und 20° w. L., und in Folge dessen war die herrschende Windrichtung in dem Meeresstriche zunächst dem Lande Südwest bis Süd, weiter landabwärts, zwischen 20° und 40° w. L., aber Nordwest bis Nord. Es wehte durchgehends steif, mit häufigen Regenschauern; am 2. Oktober, als sich das ausserhalb der Kanalmündung, in etwa 15° w. L. befindliche Minimum auf 740 mm vertiefte, steigerte sich in der Umgebung des letzteren der Wind zu einem heftigen, von Gewitter begleiteten Sturme. Auch in der Nacht vom 4. zum 5. und den ganzen letzteren Tag hindurch herrschte in der Umgebung von 47° n. Br. und 26° w. L. nach dem Bericht von »Jupiter« wieder ein schwerer Sturm aus West bis Nordwest. Beständig hoher Luftdruck, der auch kaum 770 mm erreichte, zeigte sich nur auf dem südlich von der Neufundland Bank, in ungefähr 50° w. L. und zwischen 30° und 40° n. Br. gelegenen Theile der Mittelzone. Näher der amerikanischen Küste wechselten hoher und niedriger Barometerstand mit einander ab, und zwar so, dass dies Gebiet am 1., 2. und 5. von Depressionen, am 3. und 4. Oktober dagegen von einem Maximum eingenommen wurde. Beim Vorübergang der ersteren erreichte der Wind vereinzelt die Stärke 8; meistens war derselbe jedoch nur leicht bis mässig und überhaupt das Wetter hier ruhiger und beständiger wie im Osten. Die Richtung des Windes veränderte sich im Laufe der Epoche allmählich durch alle Striche des Kompasses, von Südwest durch Nordwest, Nordost und Südost bis auf Südwest zurück. Das Passatgebiet erstreckte sich im Osten meistens kaum über 25° n. Br. hinaus; auf der Mitte des Ozeans war seine polare Grenze, dem hier auf der Mittelzone herrschenden hohen Luftdrucke entsprechend, dagegen nördlicher, in 30° bis 35° n. Br. gelegen.

2. Durch eine Zunahme des Luftdrucks im Südosten, die unweit der portugiesischen Küste vom 4. bis zum 6. Oktober etwa 10 mm ausmachte, leitete sich am letzteren Tage die zweite Witterungsepoche des Monats ein, welche

die Zeit vom 6. bis zum 14. Oktober umfasst. Während derselben waren zwei Maxima vorhanden. Das eine erstreckte sich von der Küste Südeuropas in ungefähr Westsüdwest-Richtung bis nach durchschnittlich 45° w. L.; das zweite war über dem östlichen Theile des amerikanischen Kontinentes so gelegen, dass die Isobare von 765 mm ausserhalb und nahezu parallel der Küste verlief. Die höchsten Stände erreichten auf beiden Stellen nach den Schiffsbeobachtungen kaum 770 mm. Im Norden und besonders im Nordosten blieb der Barometerstand niedrig; ausserdem waren in der von Westindien nach der Gegend der Neufundland-Bank verlaufenden Rinne zwischen den beiden Maxima verschiedentlich Depressionen angedeutet. Die vorhandene Druckvertheilung bedingte eine Nordwärtsverschiebung der Passatgrenze im Osten bis nach etwa 35° n. Br. und die Herrschaft nordwestlicher Winde an der Küste von Portugal, während an der amerikanischen Küste fast ununterbrochen nordöstliche Winde wehten. Auf dem Meeresstriche zwischen Neufundland und dem Kanal schwankte die Windrichtung zwischen Südwest und Nordwest, mit Vorwiegen der Winde aus dem ersteren Quadranten.

Das Wetter auf dem nördlichen Theile des Gebietes war, wie sich aus den Journalen ergiebt, während dieser Epoche sehr unruhig. Das Schiff »Roland« hatte schon am 6. Oktober ausserhalb des Kanals anhaltenden Sturm aus Nord mit schweren Böen und dicken Regenschauern, und nach kurzer Unterbrechung, während welcher die jenen Sturm begleitende Depression sich ostwärts verzog, nahte am 8. und 9. eine neue, tiefere vom Westen heran. Am Morgen des 8. Oktober lag das Minimum in etwa 30° bis 25° w. L. Das Schiff »Matthias«, welches ostwärts steuernd sich in 47° n. Br. und 22° w. L. befand, hatte um diese Zeit den Wind S 9, die Luft sehr drohend und dick von Regen. Um 5³/₄ʰ p. m. schoss der Wind bei einem Barometerstande von 742.1 mm nach Westnordwest aus, mit schweren Regen- und Hagelböen bald wieder zum Sturme anwachsend. Am Bord des Dampfers »India«, in 50° n. Br. und 20° w. L., wurde das Umlaufen des Windes — von Südsüdost auf Nordwest 10 — um 7ʰ p. m. beobachtet. Das ostwärts segelnde Schiff »Jupiter« wurde vom Minimum in 49° n. Br. und 17° w. L. um 11ʰ p. m. erreicht, als der Wind von Südsüdost, der zuletzt mit orkanartiger Stärke geweht hatte, bei einem Barometerstande von 738 mm unter strömendem Regen nach Westsüdwest umlief. Am 9. Oktober herrschte auf der ganzen Strecke von 35° w. L. bis vor die Küste von Mitteleuropa ein schwerer Sturm aus West bis Nordwest mit orkanartigen Regen- und Hagelböen und sehr hoher, wilder See und bei fortwährendem Blitzen. Auch am 10., 11. und 12. hielt das stürmische Wetter noch an. Am 12., an welchem Tage westlich von Schottland der niedrigste Barometerstand von 730 mm eintrat, herrschte in der Kanalmündung wieder ein schwerer Sturm aus Süd bei dickem Regen, während weiter landabwärts der Wind mit derselben Stärke (10) aus Nordwest wehte.

Den schwersten Sturm des ganzen Monats, der sich besonders auch an den europäischen Küsten und auf dem Festlande fühlbar machte, brachte eine Depression, welche während der Zeit vom 13. bis zum 15. Oktober den Ozean überschritt. Anscheinend entstand dieselbe in dem rinnenförmigen Gebiete niederen Luftdrucks zwischen den beiden Maxima, in welchem schon seit Anfang der Epoche unruhiges Wetter herrschte. Zuerst lag das Zentrum der Störung nahe der Küste, bei Kap Hatteras, später weiter landabwärts, nordöstlich von den Bermudas Inseln. Das von New-Orleans kommende Schiff »Port Royal« hatte von 6ʰ p. m. des 7. bis 8ʰ a. m. des 10. Oktober, also 62 Stunden lang, in etwa 37° n. Br. und 66° w. L. anhaltend stürmischen Wind aus Nordost bis Nord mit starkem Regen, bei ganz langsam von 756 bis 761 mm steigendem Barometer. Vor dem Einsetzen des Sturmes zeigten sich in der Nähe des Schiffes zwei kleine Windwirbel von etwa 9 Meter Durchmesser, die mit dem herrschenden Winde von Nordost nach Südwest zogen. Die Nimbus-Wolke, welche über den Wirbeln schwebte, war nach unten scharf abgegrenzt, aber kein oberer Theil einer Wasserhose zu sehen. Das Segelschiff »Bertha«, welches sich ebenfalls auf der Heimreise, aber in einer etwa 300 Sm. nordöstlicheren Stellung befand, hatte den Wind am 7. aus Ostnordost und den ganzen Tag vollen Sturm bei hoher, wilder See. Später war der Wind ununterbrochen nordöstlich, und zwar bis zum 11. ziemlich mässig, bei ziemlich hohem beständigen Luftdruck; am 12. Oktober, als das Schiff in 40° n. Br. und 56° w. L. stand, wuchs aber der Wind, bei fallendem Barometer, aus Nord wieder zum vollen Sturme an. Am letzteren Tage begann die Depression, welche bis dahin ihren Ort verhältnissmässig wenig verändert hatte, rascher zu ziehen, und zwar in Nordost- bis Ostrichtung, wobei sie sich zugleich mehr und mehr vertiefte; am Morgen des 13. befand sich das Minimum östlich von der Neufundland-Bank, in ungefähr 45° n. Br. und 44° w. L.; am Morgen des 14. hatte es, mit der ungewöhnlichen Geschwindigkeit von 35 Sm. (65 Km.) in der Stunde fortschreitend, die Position 52° n. Br. und 25° w. L. erreicht, dann bewegte sie sich mit wieder abnehmender Geschwindigkeit auf die britischen Inseln zu.

Von den Schiffen, welche auf dem Ozean in den Bereich der Depression geriethen, liegen folgende Berichte vor:

Am 12. Oktober: Segelschiff »Deutschland«, in 41° n. Br. und 52° w. L., westwärts steuernd: Wind bei fallendem Barometer aus Ostnordost zunehmend bis Stärke 9, nach Mittag nördlicher holend. Niedrigster Barometerstand 754.8 mm um 8^h p. m. bei N 8.

Am 13. Oktober: Segelschiff »George Washington«, in 44° n. Br. und 37° w. L., westwärts bestimmt: Wind um Mitternacht Südost zu Süd 5, dann mit anhaltendem Regen und bei fallendem Barometer zunehmend und westlicher holend, um 4^h p. m. Südsüdwest 10, Barometerstand 742.8 mm, darauf Wind allmählich nach West und Barometer steigend.

Dampfer »Rugia«, in 48° n. Br. und 38° w. L., ostwärts bestimmt: Während der Nacht vom 12. zum 13. kommt der Wind aus Südost durch und nimmt zum Sturme zu, seit 9^h a. m. bei anhaltend heftigem Regen und bei rasch fallendem Barometer (in 24 Stunden um mehr als 30 mm). Um 9^h p. m. flaut der Wind von Südost 9 plötzlich ab auf Stärke 2 und geht von 9$^{1}/_{4}$^{h} bis 11$^{3}/_{4}$^{h} allmählich durch West nach Nordwest; während dieser Zeit sehr flau, mitunter windstill. Um 10$^{1}/_{4}$^{h} Minimum 730 mm. Um 11$^{3}/_{4}$^{h} p. m. setzt der Wind mit Stärke 5 von Nordwest ein und nimmt bis 1$^{1}/_{2}$^{h} a. m. am 14. Oktober wieder zum vollen Sturme zu. Regen bis 4^h a. m., dann aufklarend.

Dampfer »India«, in 49° n. Br. und 37° w. L., westwärts bestimmt: abends voller Orkan aus Nordost; später Wind nordwestlich holend. Barometer um 8^h p. m. 736.4 mm.

Am 14. Oktober: Dampfer »Rhein«, in 50° n. Br. und 22° w. L., westwärts bestimmt: Während der Nacht vom 13. rasch zum schweren Sturme zunehmender Südwestwind bei sehr sehr schnell abnehmendem Luftdruck. Um 8^h a. m. Barometer 727.6 mm, seit vorhergehendem Abend in 12 Stunden 31 mm gefallen; Wind Südwest 10, im Laufe des Tages abnehmend und westlicher.

Segelschiff »Georg«, in 48° n. Br. und 20° w. L., ostwärts steuernd: In der Nacht zunehmender Südwind bei anhaltendem Regen und fallendem Barometer.

Wind um 8ʰ a. m. S z W 9, um Mittag WSW 11, Barometer (niedrigster Stand) 746 mm, hohe Wellenberge; um Mitternacht zum 15. Oktober WNW 12, sehr hohe See. Am 15. im Laufe des Tages Wind etwas abnehmend, aber immer noch stürmend.

3. In der dritten Epoche, welche vom 15. bis zum 20. Oktober zu rechnen ist, bildete die vorerwähnte Depression eine der hauptsächlichsten Erscheinungen. Dieselbe lag während dieser Zeit über Westeuropa, sich nur langsam von Nord nach Süd bewegend, und rief auf dem östlichen Theile des Atlantischen Ozeans, zwischen der Küste und etwa 20° w. L., ebenso wie im Kanal und in der Nordsee, anhaltend heftige Stürme hervor, die hier bis zum 17. aus West bis Nordwest, später aus nördlicher bis nordöstlicher Richtung kamen. Bis zum 18. steigerten sich dieselben an jedem Tage zu orkanartiger Stärke. An den beiden folgenden Tagen war der Wind mässiger, wuchs aber auch dann noch stellenweise zur Sturmesstärke an. In Folge der geringen Ortsveränderung der Depression geriethen mehrere ostwärts segelnde Schiffe, welche dieselbe auf dem Ozean überholt und hinter sich zurückgelassen hatte, im Kanal von Neuem in das Sturmfeld hinein.

Während im Osten der Barometerstand fortwährend niedrig war, herrschte auf der übrigen Mittelzone ein ziemlich hoher Luftdruck. In der Druckvertheilung ging hier eine allmähliche Verschiebung vor sich, indem, einander folgend, zwei Maxima, das erste von 770, das zweite von 775 mm Höhe, in Ost- bis Südost-Richtung über den Ozean wanderten. Die Luftströmung wechselte dementsprechend mehrmals ihre Richtung. Auf der westlichen Hälfte des Ozeans, wo die Maxima eine verhältnissmässig nördliche Stellung hatten, wehten vielfach östliche Winde. Eigentliche Stürme kamen nicht vor, doch traten in der rinnenförmigen Depression zwischen den beiden Maxima, wenn schon dieselbe kaum eine grössere Tiefe als 760 mm erreichte, wiederholt heftige Böen mit Regenschauern und Gewittern auf. Letztere waren besonders stark und weit ausgedehnt am 18. und 19. Oktober, als die Depression und der begleitende Windumschlag über den Golfstrom hinwegging.

4. Auch die vierte Epoche, vom 21. bis zum 28. Oktober, charakterisirte sich durch eine wenig beständige Lage der Maxima, doch unterschied sie sich von der vorhergehenden durch den im Ganzen niedrigen Stand des Barometers, indem die Depression zwischen den beiden Maxima eine grössere Tiefe und Ausdehnung erlangte, und auch in so fern, als das erste Maximum, welches am 22. die Länge der Azoren erreichte, sich von hier nordostwärts fortpflanzte, so dass an den folgenden Tagen westlich von Irland hoher Luftdruck herrschte. Die von Nordwest gekommene Depression, welche hier zu Anfang der Epoche erschienen war und dann die Stelle der während der vorigen Epoche anwesenden über den westeuropäischen Gewässern eingenommen hatte, verschob sich zu gleicher Zeit nach dem Mittelmeer. Der Wind blieb auf der europäischen Seite des Ozeans vorwiegend nördlich, und zwar war er am 21. und 22. nordwestlich, an den folgenden Tagen dagegen vorherrschend nordöstlich. Unter der amerikanischen Küste herrschten vom 24. bis zum 27. Oktober ebenfalls wieder östliche Winde. Auf den übrigen Theile der Mittelzone vollzog sich mit der Verschiebung der Druckgebiete eine Aenderung der Windrichtung von Süd und Südwest durch West nach Nordwest und Nord. Die Depression, welche während der Epoche über den Ozean zog, erreichte ihre grösste Tiefe und den grössten Einfluss auf die Stärke der Luftbewegung am 25. und 26., als sie sich zwischen 45° und 30° w. L. befand. Am 26. Oktober betrug das beobachtete Minimum 734 mm und im

weiten Umkreise desselben wehte voller Sturm. Das Umlaufen des Windes von Süd nach Nord war von sehr heftigem Regen begleitet. An den übrigen als den beiden erwähnten Tagen traten stürmische Winde nur vereinzelt auf.

5. Die fünfte Epoche, welche die drei letzten Tage des Monats umfasst, zeichnete sich im Vergleich zu der vorgehenden durch einen durchschnittlichen hohen Barometerstand auf der Mittelzone aus, indem fast auf dem ganzen, südlich von 45° n. Br. gelegenen Theile derselben ein Luftdruck von über 765 mm herrschte. Nur im äussersten Westen zeigte sich eine seichte Depression. Diese rief nur Winde von mässiger Stärke hervor. Dagegen war eine Depression, welche am Nordrande des Maximums hinzog, am 28. bei Neufundland erschienen und am Morgen des 31. Oktober in 20° w. L. angelangt war, wieder von sehr schweren, von Südwest nach Westnordwest umlaufenden Stürmen begleitet, die beim Vorübergange des Minimums, der sich unter heftigem Regen und Gewitter vollzog, stellenweise zum vollen Orkan ausarteten.

Die Direktion der Seewarte.
Dr. *Neumayer.*

III^a. Abweichungen von der normalen Temperatur um (

Tag	Bodö	Skudesnäs*	Haparanda*	Stockholm*	Stornoway	Shields	Valencia	St. Mathieu	Paris*	Perpignan*	Borkum	Hamburg	Swinemünde	Neufahrwasser
1	2.5	3.8	2.0	1.9	3.3	3.1	0.7	1.7	0.8	2.4	2.2	3.3	3.3	2.6
2	5.2	6.6	2.5	1.7	1.2	1.2	1.3	1.6	0.6	1.4	3.1	2.6	3.8	2.2
3	0.0	1.5	4.3	5.7	3.0	0.6	1.4	1.9	0.8	4.8	0.0	0.1	0.8	1.0
4	1.3	2.8	1.3	1.1	31	23	4.3	4.3	23	5.8	1.7	24	0.4	0.1
5	1.7	2.6	0.1	2.5	5.4	2.5	3.9	3.1	0.7	1.9	1.9	3.1	0.6	1.1
6	2.4	3.9	1.7	4.3	4.9	2.6	2.3	2.6	0.2	4.1	0.7	0.9	2.3	1.4
7	0.8	3.6	1.8	5.3	3.9	1.1	1.8	1.4	0.2	1.4	1.7	1.1	2.0	1.0
8	3.1	3.2	1.5	2.2	1.9	2.4	1.9	1.2	0.4	0.1	0.8	0.2	3.4	5.2
9	3.5	1.3	1.3	0.4	3.1	1.9	2.0	3.2	0.4	3.1	2.0	1.2	1.7	1.5
10	5.2	4.0	1.3	3.8	1.0	0.3	1.2	0.2	1.5	1.6	2.7	2.0	0.3	1.6
11	4.2	3.0	0.3	1.0	1.0	2.3	2.8	2.9	0.2	0.3	0.9	1.3	0.2	3.0
12	3.9	2.7	1.7	0.6	0.7	4.4	2.3	3.8	0.6	5.8	1.2	0.1	0.2	0.7
13	4.5	4.6	4.4	4.1	0.8	1.0	2.0	0.9	0.8	3.0	3.0	2.8	0.8	2.7
14	5.6	1.8	3.8	5.7	0.2	1.1	0.3	1.7	2.9	0.5	0.6	0.9	0.6	1.2
15	5.4	2.1	4.4	3.1	1.0	2.1	1.5	3.1	0.8	1.2	0.5	3.4	1.0	2.1
16	3.3	4.3	5.2	2.5	2.8	2.7	1.1	0.2	2.1	2.3	1.1	0.3	0.4	1.9
17	2.1	4.4	4.2	2.5	4.0	2.8	2.3	0.0	1.2	1.0	0.7	1.2	0.7	1.3
18	0.4	2.4	4.4	2.3	1.3	2.4	1.2	5.7	0.9	2.5	0.7	0.6	1.7	3.3
19	1.2	1.5	0.3	1.9	0.9	1.3	1.0	0.8	5.9	2.3	0.6	0.4	1.5	0.5
20	1.9	2.7	1.1	0.5	2.1	2.1	0.9	0.9	0.2	2.9	0.1	2.6	1.1	4.3
21	1.1	3.4	3.3	0.3	0.5	1.1	0.8	0.8	2.8	1.3	2.3	3.0	0.9	2.7
22	1.6	1.9	1.1	0.3	0.1	1.0	1.0	1.0	4.9	5.5	3.0	3.4	3.2	2.6
23	3.4	1.5	3.9	0.9	2.1	1.2	1.1	1.6	1.4	2.6	2.4	1.9	1.5	2.6
24	1.3	1.2	2.9	1.5	3.6	3.1	0.1	1.1	0.7	3.5	0.9	0.0	0.2	2.8
25	6.8	1.5	5.1	2.5	0.4	2.6	1.5	1.5	0.3	6.4	1.3	1.1	1.3	3.2
26	4.4	1.1	6.5	0.9	2.1	2.2	3.0	1.6	1.3	3.2	4.0	2.7	6.1	4.1
27	2.1	0.4	1.9	2.3	1.7	2.3	5.2	0.3	0.7	3.9	6.3	4.5	3.7	5.4
28	4.5	4.4	6.6	3.4	2.7	3.0	1.1	3.3	1.7	0.3	5.2	3.5	3.9	1.8
29	2.8	4.7	1.1	0.2	0.3	2.5	3.3	4.0	0.1	2.9	2.7	2.9	1.7	2.3
30	5.3	5.3	6.3	1.8	0.9	4.9	2.3	3.0	2.8	1.9	1.2	2.3	3.1	5.9
31	4.8	5.8	7.9	2.8	4.3	5.0	2.9	4.6	0.8	0.0	0.9	2.7	3.4	4.8
Mittel	2.3	3.0	2.3	0.5	1.4	1.8	0.7	1.5	0.9	0.5	0.4	0.4	0.5	0.9

Die Werthe der Temperaturabweichungen beziehen sich für die Norwegischen, Schwedischen, Deutschen und Italienischen Orte auf 8 Uhr morgens, für die Französischen, Oesterreich-Ungarischen, und Türkischen auf 7 Uhr morgens.

im **Monat Oktober 1886** (fette Zahlen +, magere —).

Karlsruhe	München	Wien *	Hermannstadt *	Rom *	Archangelsk *	St. Petersburg **	Moskau *	Baku *	Constantinopel *	Katharinenburg *	Barnaul *	Irkutsk *	Taschkent *	Tag
1.4	1.2	2.0	1.7	2.2	5.0	0.9	1.1	0.4	2.2	0.8	2.7	3.0	1.5	1
0.2	4.5	2.9	0.2	2.9	7.8	1.9	4.2	0.4	0.9	0.2	0.7	1.8	2.3	2
4.8	1.4	1.3	0.5	0.3	0.9	1.3	7.4	1.3	1.8	2.7	6.1	1.5	6.4	3
1.8	1.3	1.3	0.7	1.5	3.0	1.8	0.3	4.9	0.1	3.5	1.4	2.7	2.3	4
1.2	0.2	3.5	4.2	0.0	1.0	2.9	3.2	4.7	0.6	0.3	2.3	2.1	3.3	5
4.9	4.0	3.2	2.6	0.4	0.6	3.1	4.5	2.4	0.2	0.7	1.3	3.1	2.7	6
2.3	3.8	3.2	0.5	0.9	5.0	3.5	5.4	3.0	0.1	1.7	1.9	3.5	5.0	7
2.5	3.8	4.2	3.6	1.4	1.7	3.1	5.2	1.6	2.4	4.2	1.0	4.7	1.3	8
0.7	0.6	2.8	0.8	2.4	3.9	1.5	0.8	9.0	0.8	4.9	0.7	3.5	4.9	9
1.9	2.5	3.1	2.3	1.5	1.1	1.1	3.2	5.8	0.0	4.7	8.8	2.7	4.0	10
1.4	0.6	0.5	0.6	0.5	0.7	3.1	1.6	3.3	1.0	2.5	0.2	8.5	7.9	11
0.8	2.2	3.4	6.6	0.3	0.1	1.5	1.4	0.7	2.6	4.0	3.1	3.7	6.9	12
4.2	2.1	2.2	6.0	2.6	1.0	3.2	4.6	0.5	3.3	4.4	4.4	2.1	3.9	13
0.8	1.0	2.6	0.5	0.3	3.0	2.5	3.2	3.7	2.9	0.1	0.8	2.2	2.5	14
1.2	1.3	0.6	3.7	3.7	4.8	0.4	3.2	2.9	3.7	2.3	4.1	3.4	1.2	15
1.8	1.5	2.8	0.1	0.9	5.2	0.3	3.6	3.0	1.7	1.8	16.3	5.8	0.3	16
2.1	1.0	1.8	3.3	2.2	4.2	0.7	2.4	3.5	2.3	2.4	18.5	5.2	0.2	17
0.4	1.6	2.0	1.1	1.7	3.4	1.4	5.0	4.0	7.7	3.9	9.1	7.2	0.1	18
0.9	0.9	1.0	1.9	4.3	3.0	3.4	5.6	4.2	6.6	4.1	2.6	15.4	2.0	19
1.5	4.0	1.6	3.5	5.7	7.2	0.1	4.6	1.8	6.5	8.5	6.0	11.0	0.7	20
2.7	3.1	3.2	2.9	4.5	9.4	1.6	2.3	4.0	5.9	9.7	2.6	1.2	2.4	21
1.4	4.7	2.6	7.8	3.2	4.0	7.6	8.2	3.2	6.3	10.7	6.9	4.2	3.6	22
3.4	3.2	2.0	1.4	1.2	2.7	8.1	7.7	2.8	6.1	6.3	14.5	13.0	7.0	23
1.8	1.4	0.2	5.3	0.8	0.3	5.2	2.5	2.8	4.9	6.6	6.7	2.7	2.1	24
0.2	0.0	0.1	4.2	0.1	1.3	7.4	0.9	5.0	4.6	3.2	7.4	6.1	5.5	25
0.8	0.2	0.4	1.3	1.4	2.1	0.4	0.9	4.5	1.2	4.0	7.6	16.3	9.0	26
1.2	0.2	1.7	1.2	3.3	5.5	1.1	1.5	3.4	1.1	3.7	3.8	14.0	6.8	27
1.9	2.0	2.9	7.2	5.4	2.2	1.4	2.0	1.9	1.0	1.4	9.0	9.5	4.9	28
2.1	1.9	2.5	7.7	3.8	1.8	3.9	4.0	1.4	2.0	0.8	3.4	7.6	1.5	29
4.1	3.3	3.9	9.7	0.9	3.2	3.5	1.7	3.3	1.6	10.8	6.0	6.7	2.0	30
1.8	2.8	4.6	10.5	1.9	6.4	3.2	0.4	4.0	1.4	12.6	2.8	7.1	7.2	31
0.5	0.7	0.8	1.3	0.8	0.3	0.7	0.8	0.3	2.2	3.0	2.1	3.2	0.9	Mittel

end Bei den übrigen Beobachtungsorten die von der Seewarte berechneten normalen Temperaturen zu
gt wurden, sind in den mit * versehenen Reihen die Differenzen der Temperatur und der aus dem
St. Petersburg entnommenen normalen Pentadenmitteln verzeichnet; für St. Petersburg ** sind die Ab-
von der täglichen Normalen derselben Stunde nach demselben Bulletin gegeben.

III^b. Vergleichende Zusammenstellung der thatsächlichen Witter[...]

	Hamburg																	Neuf[...]						
	Wirkliche Witterung											Prognose						Wirkliche Wit[...]						
	8ʰ a. m.					2ʰ p. m.					Niederschlag 8ʰa.m.–8ʰa.m.							8ʰ a. m.					2ʰ	
Tag	Temp.-Abw.	Temp.-Aend.	Windstärke	Windricht.	Bewölkung	Temp.-Abw.	Temp.-Aend.	Windstärke	Windricht.	Bewölkung		Temp.-Abw.	Temp.-Aend.	Windstärke	Windricht.	Bewölkung	Niederschlag	Temp.-Abw.	Temp.-Aend.	Windstärke	Windricht.	Bewölkung	Temp.-Abw.	Temp.-Aend.
1	w	u	l	e'	d	w	u	m	e	h	t	. w	—	f	ss'	b	r	w	z	l	e	b	n	z
2	w	u	m	e'	d	w	z	m	w	b	e	—	a	m	e	d	t e	k	a	l	s	h	w	z
3	n	a	l	x	d	n	a	l	e	v	t	—	u	m	s'e'	hd	o	n	z	l	s'	b	w	u
4	w	z	m	e	b	w	z	m	e	v	t	w	—	l	—	h	t	n	a	l	w	h	n	a
5	w	u	m	e	h	w	z	m	e	h	t	w	—	l	—	hd	o	n	a	l	s	h	n	a
6	n	a	m	e	h	w	a	m	e	h	t	w	—	m	e's	h	t	n	u	l	w	h	n	z
7	n	u	m	e	b	w	a	m	e	v	t	—	u	m	s	v	t e	n	z	l	e'	v	n	a
8	n	a	m	e	b	n	a	l	e'	b	e	w	—	l	e	h	t	k	a	l	s	h	n	u
9	n	u	l	e'	d	w	z	l	s	v	t	—	u	l	—	d	o	n	z	l	s	b	w	z
10	w	u	l	e'	b	n	a	m	s'	b	r	—	u	m	ss'	v	o	n	z	l	s'	r	n	u
11	n	u	m	s'	b	n	u	f	s'	v	e	—	a	f	—	v	r	w	z	l	w'	b	w	z
12	n	a	l	s'	v	n	z	m	s'	v	r	—	u	f	s'w	v	r	n	a	l	s	d	n	a
13	w	z	s	e'	r	n	u	s	s'	b	r	—	u	s	s'	b	r	k	a	l	s	d	w	u
14	n	a	m	s'	b	n	a	m	w	b	e	k	—	m	w	v	r	n	z	l	x	d	w	u
15	k	a	l	e'	d	w	z	f	s	v	e	k	—	l	—	v	o	k	a	l	s'	v	n	u
16	n	z	l	e'	d	w	u	f	e	v	e	—	z	s	s'	b	r	n	z	l	e'	b	n	a
17	n	u	f	e	v	n	a	l	e	h	e	—	a	—	w	v	r	n	u	m	e'	b	w	u
18	k	u	m	e'	h	n	z	l	e'	v	e	—	u	mf	—	b	r	w	z	l	w	b	w	z
19	n	u	l	e'	v	w	u	l	e	v	e	—	u	s	ee'	vd	o	n	a	l	w	h	w	u
20	w	z	l	e	r	n	a	l	e	r	r	—	u	l	e'	vd	o	w	z	m	e	h	n	a
21	w	u	l	s	r	n	z	m	s'	b	e	—	u	l	—	bd	e	w	a	l	e'	b	n	a
22	w	u	l	x	d	n	a	l	w	b	e	—	a	l	—	bd	r	k	a	m	e	r	k	a
23	n	a	l	e	r	n	a	l	n'	b	t	—	a	l	—	bd	r	k	u	l	e	r	k	z
24	n	a	l	n'	d	n	a	l	e	b	t	k	—	l	ne	bd	r	k	u	l	s	b	k	z
25	n	a	m	e	h	n	a	m	e	b	t	—	a	l	e	hd	o	k	u	l	e'	b	k	a
26	k	a	m	e	b	k	a	m	e	b	t	k	—	m	e	v	o	k	a	l	s	b	k	z
27	k	a	f	e	v	n	z	f	e	h	t	k	—	f	e	b	r	k	a	l	s'	b	k	u
28	k	u	m	e'	h	n	z	f	e	h	t	k	—	f	e'	b	r	n	z	l	s	h	n	z
29	k	u	f	e'	h	n	u	m	e'	h	t	f/-	—	f	ee'	h	t	k	u	l	s	d	n	u
30	k	u	l	e'	d	n	u	l	w	d	e	f/-	—	l	—	hd	t	k	a	l	x	h	n	u
31	k	u	l	e	v	w	z	l	e'	h	t	f/-	—	l	—	hd	t	k	z	l	s	h	n	z

In den Angaben der wirklichen Witterung zu den Beobachtungs-Terminen 8ʰ a. m. und 2ʰ p. m. bedeutet
Temperatur-Abweichung: k = kalt (negative Abw. > 2°), n = normal (Abw. 0—2°), w = warm (positive Ab[...]
Temperatur-Aenderung: a = Abnahme, u = unveränderter Stand (Aenderung < 1°), z = Zunahme der Te[...]
Windstärke: l = leicht (0—2), m = mässig (3—4), f = frisch (5—6), s = stürmisch (> 6);
Windrichtung: n, e, s, w = N, E, S, W; n', e', s', w' = NE, SE, SW, NW; z = Stille; für die
  striche werden die auf der Windrose bei Drehung von Süd über West nach Nord zunächst liegenden Hauptstrich[...]
Bewölkung: h = heiter (0—1), v = wolkig (2—3), b = bedeckt (4), r = Niederschläge, d = Nebel, D[...]

ltnisse im Oktober 1886 und der gestellten Prognosen.

s e r — Prognose					München — Wirkliche Witterung — 8ʰ a. m.					2ʰ p. m.					Niederschlag 8ʰ a. m. – 8ʰ a. m.	Prognose						Tag
Temp.-Aend.	Windstärke	Windricht.	Bewölkung	Niederschlag	Temp.-Abw.	Temp.-Aend.	Windstärke	Windricht.	Bewölkung	Temp.-Abw.	Temp.-Aend.	Windstärke	Windricht.	Bewölkung		Temp.-Abw.	Temp.-Aend.	Windstärke	Windricht.	Bewölkung	Niederschlag	
—	1	x	v	tc	n	a	m	e'	h	w	u	f	n'	h	t	w	—	m	s'	v	-/r	1
u	m	e	hd	o	w	z	m	s'	h	w	u	l	x	h	t	—	a	m	e	d	tc	2
u	m	s'e'	hd	o	n	a	l	e'	h	w	u	m	n'	h	t	—	u	l	—	hd	o	3
—	lm	w	vd	o	n	u	l	w	d	w	a	l	n'	h	t	w	—	l	—	h	t	4
—	l	—	hd	o	n	a	l	e	d	n	a	m	e	b	t	w	—	l	—	hd	o	5
u	l	—	hd	o	w	z	f	s'	b	w	z	l	n'	b	e	—	a	m	s	v	tc	6
u	l	—	v	tc	w	u	m	e'	v	w	u	f	n'	b	t	—	u	l	—	v	tc	7
—	l	e	h	t	w	u	m	w	v	w	a	l	n'	v	t	—	u	l	—	v	tc	8
u	l	e	hd	o	n	a	l	x	d	w	u	l	x	v	e	—	u	l	—	d	o	9
u	m	ss'	v	r	w	z	l	s'	v	n	a	m	s'	v	e	—	u	m	ss'	v	r	10
-/a	f	ss'	b	r	n	a	m	s'	v	n	z	f	w	b	t	—	a	f	—	v	r	11
u	f	s'w	v	r	w	z	m	s'	v	n	u	l	n'	h	e	—	u	f	s'w	v	r	12
u	f	s'	b	r	w	u	m	w'	r	n	a	f	w	b	rg	—	u	s	s'	b	r	13
z	s	s'	b	r	n	a	f	s'	r	k	a	f	w	v	e	k	—	m	w	v	r	14
—	l	—	v	o	n	a	m	s'	v	n	z	m	e'	v	r	k	—	l	—	v	o	15
z	f	s	b	r	n	z	f	e'	b	w	a	m	w	r	r	—	z	s	s'	b	r	16
—	f	e'	b	r	n	a	m	e'	b	n	u	m	w	v	t	—	a	—	w	v	r	17
—	mf	e	b	r	n	u	m	s'	v	n	z	m	e'	b	t	—	a	fs	w	b	r	18
u	s	ee'	vd	o	n	z	l	e'	b	w	z	l	n'	v	t	—	u	s	ee'	vd	o	19
u	l	e	hd	o	w	z	f	s'	b	w	u	l	x	b	t	—	u	l	—	v	tc	20
u	l	—	bd	e	w	a	l	w'	d	n	a	l	w'	b	r	—	u	l	—	bd	e	21
a	l	—	bd	r	n	a	f	s'	b	n	u	m	w	v	r	—	a	l	—	bd	r	22
—	l	—	bd	r	k	a	l	e'	h	n	u	f	n'	h	t	—	a	l	—	bd	r	23
—	l	—	bd	r	n	z	m	n'	d	k	a	m	e	b	t	k	—	l	ne	bd	r	24
a	l	e	hd	o	n	z	m	e	b	k	u	m	n'	b	t	—	a	l	e	hd	o	25
—	m	e	v	o	n	u	f	e	b	n	z	f	n'	b	t	k	—	m	e	b	r	26
—	f	e	b	r	n	u	f	e	b	n	u	m	e	b	t	k	—	f	e	b	r	27
—	f	e'	v	tc	k	a	m	e	h	w	z	f	e	h	t	k	—	f	e'	b	e	28
· —	f	ee'	h	t	n	u	l	e	h	w	u	l	n'	b	t	f/—	—	f	ee'	h	t	29
· —	l	—	hd	t	k	a	l	x	d	n	a	n	n'	h	t	f/—	—	l	—	hd	t	30
· —	l	—	hd	o	k	u	l	e	d	k	a	l	n	d	e	f/—	—	l	—	hd	o	31

hlag: t = trocken, o = etwas Regen (0—1.5 mm), r = Regen, Schnee etc. (> 1.5 mm), g = Gewitter.
ngaben des Niederschlages gelten für die Zeit von 8ʰ a. m. des angegebenen Tages bis 8ʰ a. m. des folgenden.
der Prognose haben die Zeichen in den bezüglichen Stellen die gleiche Bedeutung, nur bei Bewölkung ist
aderlich; es treten ferner hinzu die folgenden Zeichen, bei Temperatur-Abweichung: f = Frost, bei Niederschlag:
derlich, o = ohne wesentliche Niederschläge. Die Prognose steht bei dem Datum, für welches sie gegeben ist.
che bedeuten: Zähler zuerst, Nenner dann. Ist für die der Stelle entsprechende Witterungs-Erscheinung
ose nicht gestellt, so wird dies durch — angedeutet.

III°· Monatssumme des Niederschlags in Millimetern auf den Normal-Beobachtungs-Stationen und Signalstellen der Deutschen Seewarte.

Oktober 1886.

Station	mm	Station	mm	Station	mm
Memel	31	Stralsund	—	Tönning	36
Brüsterort	31	Darsserort	34	Cuxhaven	34
Pillau	28	Wustrow	39	Geestemünde	49
Hela	51	Warnemünde	29	Bremerhaven	—
Neufahrwasser	54	Wismar	24	Neuwerk	—
Rixhöft	36	Marienleuchte	36	Keitum	69
Leba	40	Travemünde	35	Brake	36
Stolpmünde	32	Friedrichsort	43	Weserleuchtthurm	—
Rügenwaldermünde	34	Kiel	43	Wilhelmshaven	36
Colbergermünde	45	Schleimünde	24	Schillinghörn	—
Swinemünde	35	Hamburg	29	Wangerooge	39
Ahlbeck	41	Altona	—	Karolinensiel	46
Greifswalder Oie	—	Aarösund	57	Nesserland	39
Thiessow	20	Flensburg	59	Norderney	57
Arkona	25	Brunshausen	30	Borkum	50
Wittower Posthaus	27	Glückstadt	32		

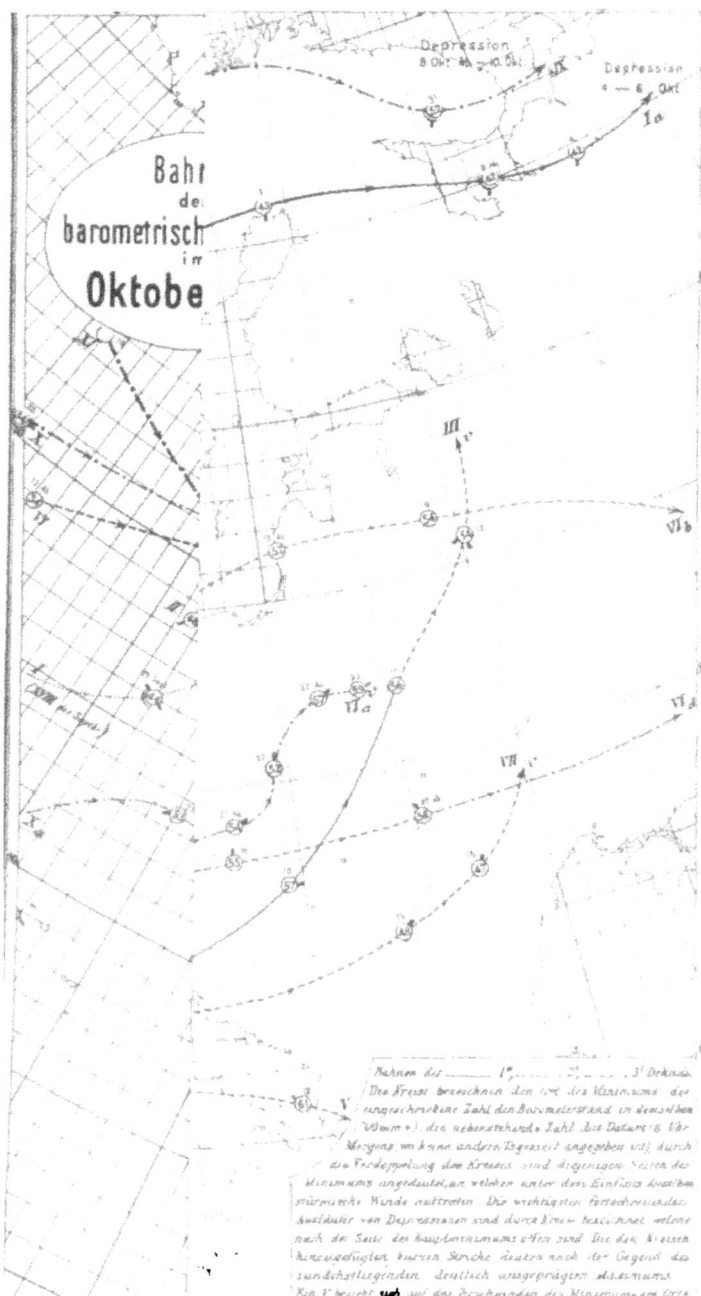

Bah[n]
de[r]
barometrisch[en]
i[m]
Oktobe[r]

Depression
8 Okt. [...] –10 Okt.

Depression
4 – 6 Okt.

III

VIb

IIa

VI

VII

Monatsbericht der Deutschen Seewarte.

November 1886.

Inhalt: I. Die atmosphärischen Vorgänge in Europa, insbesondere Zentral-Europa. II. Vorläufige Mittheilungen über das Wetter auf dem Nordatlantischen Ozean. III. Meteorologische Tabellen. Karte der Bahnen der barometrischen Minima im November 1886. Tabelle der Mittel, Summen und Extreme für den November 1886 aus den meteorologischen Aufzeichnungen der Normal-Beobachtungsstationen an der Deutschen Küste.

I. Die atmosphärischen Vorgänge in Europa, insbesondere Zentral-Europa.

1. Luftdruck und Wind.

Wenn auch das Maximum des Luftdruckes, welches in der letzten Epoche des vorangehenden Monats die Witterungs-Verhältnisse des grössten Theiles Europas beherrschte, sich nach dem Südosten zurückgezogen hatte und andererseits über dem Ozean im Westen der britischen Inseln tiefere Depressionen auftreten, so erhält sich während der ersten Epoche dieses Monats vom 1. bis 4. der Luftdruck über den eigentlich kontinentalen Gebieten des Erdtheils auf einer 760 mm übersteigenden Höhe und nur über Grossbritannien, sowie Skandinavien und Jütland sinkt er unter diesen Betrag herab.

Schon am 1. bildet sich über der nördlichen Ostsee ein neues Maximum von etwa 773 mm heraus, welches an Intensität zunehmend sich am folgenden Tage östlich nach dem Innern Russlands verschiebt und am 3. daselbst eine Höhe von 787 mm erreicht. Gleichzeitig dehnt das im Westen der pyrenäischen Halbinsel liegende Gebiet hohen Luftdrucks sich nach Osten zu aus und so ist der Barometerstand am 3. über ganz Europa mit der schon oben genannten Ausnahme und unter Ausschluss des nördlichen Frankreichs und nordwestlichen Deutschlands höher als 770 mm. Inzwischen ist im Nordwesten Grossbritanniens die aus dem vorigen Monat stammende Depression No. I der Bahnenkarte vorübergezogen, nur an den Westküsten Irlands und Schottlands stärkere südliche Winde veranlassend, sonst aber ohne weiter sich erstreckenden Einfluss. Das nachfolgende Minimum II ist schon von weiter gehender Bedeutung; indem es am Morgen des 3., also an dem Tage, an welchem der hohe Luftdruck über dem Kontinent herrschte, mit etwa 735 mm westlich von den Hebriden liegt, bestehen steilere Gradienten über den britischen Inseln, und stürmische südliche Winde an der Ostküste Schottlands, über ganz Irland und dem irischen Kanal waren die Folge dieser Erscheinung; am Abend dieses Tages erstreckte sich der stürmische Südwest bis nach der Bretagne hin.

Während das Hauptminimum sich schnell über dem norwegischen Meere verlief, am folgenden Tage auch stürmische, südliche Winde an den west-skandinavischen und jütischen Küsten erzeugend, folgte ihm ein etwas weniger tiefer Ausläufer II* auf ziemlich gleicher Bahn nach. Derselbe veranlasste ein erneutes und weiter nach Süden sich erstreckendes Sinken des Barometers in Westeuropa und bereitete so die Luftdruck-Verhältnisse der nächsten Epoche vor, indem auch das Azoren-Maximum an Einfluss verlor.

Eine Ausbuchtung der Isobaren, welche in Verbindung mit dem Minimum II stand, berührte am 4. Westdeutschland und während an der deutschen Küste in den ersten drei Tagen die Winde meist südlich und schwach waren, bewirkte dieselbe an jenem Tage an der Nordseeküste ein mässiges Auffrischen und eine Drehung in die westliche Richtung.

In der zweiten Epoche vom 5. bis 15. steht der ganze Erdtheil unter dem Einfluss der zahlreich auftretenden Depressions-Phänomene, welche meist einen südlicheren Verlauf nehmen und zum Theil Zentraleuropa durchziehen; niedriger Luftdruck fast über dem ganzen Erdtheile ist das charakteristische dieser Epoche.

Am 5. erreicht vom Ozean her das Minimum III die irische Insel; dasselbe nimmt im Laufe des Tages an Tiefe zu und am Abend mit 739 mm etwa über der Ostküste der irischen See liegend beherrscht es bereits die Witterungslage West- und Zentral-Europas bis zum Mittelländischen Meere hin. Bei sehr langsamem Fortschreiten über England nahm der Luftdruck im Kern der Depression bis zum nächsten Morgen noch weiter ab und erreichte die Tiefe von 733 mm. In seiner Umgebung fand sich ein Sturmgebiet, welches sich über den grössten Theil der britischen Inseln, über Nordfrankreich und die Niederlande bis etwa gegen Borkum hin erstreckte, doch fläute der Wind daselbst wieder schnell ab, während am 7. die an die deutsche und jütische Küste anstossenden Theile der Nordsee von Süd- und Südwest-Sturm betroffen wurden.

Vom 6. abends an nahm das Minimum III einen nordöstlichen Verlauf über die Nordsee und Schweden nach dem Weissen Meere zu, verlor jedoch an Intensität und allgemeiner Bedeutung, indem es die Herrschaft über die Witterungslage Europas mit mehreren zu selbstständiger Existenz gelangenden Theilminima theilte.

Am 6. entwickelten sich zunächst die Ausläufer III[a] und III[b], von denen der erstere von West-Jütland aus entlang der norwegischen Küste verlief. Das Theilminimum III[b] nahm seine Bahn in westlicher Richtung quer über die pyrenäische Halbinsel nach dem ligurischen Meere, indem sich am 7. noch zwischen ihm und dem Hauptminimum über der südlichen Biscayasee ein weiteres Minimum III[c] herausbildete, das sich bis zum 8. über Frankreich und dem nördlichen Abhang der Alpen entlang schliesslich nach Galizien und Polen zu bewegte. In diesem grossen, durch das Minimum III und die mit ihm in Zusammenhang stehenden sekundären Bildungen hervorgerufenen Depressionsgebiete, entstand . noch am 8. abends, und zwar in Verbindung mit dem an der Küste des ligurischen Meeres liegenden Minimum III[b], ein neues Minimum III[d] am Nordabhange der Alpen in der Gegend des Bodensees.

Wohl unter dem Einfluss einer neuen im Nordwesten Schottlands am 8. auftretenden Depression IV bewegte sich dieses Minimum nördlich und verschwand am 10. über der Nordsee; ebenso erhielt nach dem Auftreten des Ausläufers IV[a] am 9. über der irischen See das Minimum III[b] einen nach Norden gerichteten Bewegungsimpuls, so dass es in den Tagen bis zum 11. schnell mit wenig veränderter Tiefe über Oesterreich, Ostdeutschland, die russischen Ostseeprovinzen und Finland nach dem Weissen Meere zu verlief.

Während das genannte Hauptminimum IV ohne direkt weiteren Einfluss auf unsern Erdtheil über dem Meere im Norden Schottlands der Wahrnehmung sich entzog, war das Depressionsgebiet des ebenfalls schon angeführten Theilminimums IV[a] der Entwicklungsort zahlreicher, neuer Luftdruckminima, diese erhielten in den letzten Tagen der Epoche gemeinsam mit dem Minimum V den niedrigen Luftdruck über Europa.

Es tritt so am 9. gewissermaassen das Minimum IV[a] an Stelle des Minimums III und sowohl die Lage als Tiefe des ersteren ist an diesem Tage wenig verschieden von der des letzteren am 5. abends; die weitere Entwicklung weicht jedoch erheblich ab, wie es die veränderten Umstände auch erwarten lassen. Am 5. abends bildete Minimum III die einzige Depression über dem ganzen Erdtheile, während am 9. bereits die Minima III^b und III^d im Süden und Westen des Minimums IV^a bestehen. Demzufolge nimmt dieses auch einen südlicheren Verlauf nach der Biscayasee, wo es am 10. und 11. seine Lage wenig verändert und sich allmählich ausfüllt. Am 10. treten jedoch mehrere sekundäre Bildungen auf, IV^b im Nordwesten Spaniens, IV^c über Tyrol und IV^d über der Bretagne; nur die beiden letzteren beeinflussen Zentraleuropa und zwar IV^d den Nordwesten, IV^c den Osten. Nach dem Vorübergang des letzteren bildet sich am 12. nachmittags über Oesterreich ein neues Minimum IVe, welches ebenfalls das östliche Zentral-Europa in seinem weiteren nördlichen Verlaufe berührt.

Nachdem das Minimum IV^d entlang der französischen bis zur west-englischen Küste fortgeschritten ist, nimmt es am Abend des 11. eine durchaus nördliche Bewegungs-Richtung an, dies trifft wiederum gleichzeitig mit dem Erscheinen der Depression V bei den Hebriden zusammen. Diese letztere verläuft anfänglich südlich über die irische See, wendet sich dann nach dem Kanal und bewegt sich parallel den niederländischen und deutschen Küsten bis nach Westpreussen, wo sie am 15. abends verschwindet, indem einerseits ein Steigen des Barometers über dem Weissen Meere und Finland, andererseits ihre Lage zwischen dem Minimum IV^f über Westrussland und der neuen nordwestlichen Depression VII ihrer Vorwärtsbewegung und ihrem selbstständigen Bestehen ein Ziel setzen.

Mit Ausnahme des 6. und 7. war die Luftbewegung über Europa im Allgemeinen eine mässige, an den deutschen Küsten sogar meist schwach. An den letzteren war die südliche bis westliche Richtung dabei bei weitem vorherrschend, nur traten besonders in Westdeutschland am 9. unter dem Einflusse der Depression III^d, und vom 10. bis 11. vormittags in Folge der Lage der Minima IV^a und IV^d östliche Winde auf.

In der dritten Epoche vom 16. bis 18. nimmt im Süden, besonders im Südwesten der Luftdruck zu; die Bahnen der Minima haben eine nördlichere Lage und berühren nicht mehr Zentraleuropa, doch liegt dieses noch ganz in dem Depressionsgebiete.

Die beiden der Epoche angehörenden Minima VII und VIII erstrecken ihren Einfluss bis in den südlichen Theil Zentraleuropas hinein, das erstere am 16. durch eine tief nach Süden reichende Ausbuchtung der Isobaren, das letztere durch ein am 17. an der Küste von Wales entstehendes Theilminimum VIII^a, während sie beide selbst über dem Meere im Norden Europas verlaufen. Dieses Theilminimum, über die Nordsee und Südschweden östlich fortschreitend, veranlasst am 17. und 18. über Frankreich stürmische, südwestliche bis nordwestliche Winde indem gleichzeitig der hohe Luftdruck des Azoren-Maximums sich ziemlich schnell über Südwest-Europa ausbreitet.

Eine mässige, anfangs südliche, dann westliche Luftstromung über Deutschland ist die Folge der Druckvertheilung dieser Epoche.

Am Anfang der vierten Epoche vom 19. bis 28. lagert bereits ein Maximum des Luftdrucks von über 770 mm im Südwesten Frankreichs; dieses Maximum beherrscht mit alleiniger Ausnahme des 25. und 26. auch die Witterungslage Zentral-Europas.

Unter sehr allmählicher Zunahme an Intensität aber grösserer Ausdehnung seines Bereiches verschiebt sich dasselbe langsam nach dem Süden der britischen Inseln, wo es am 24. eine Höhe von etwa 781 mm erreicht, der hohe 770 mm übersteigende Luftdruck erstreckt sich dabei auch über die östlichen Theile des europäischen Russlands. Während dieser Zeit besteht sehr ruhiges Wetter über Deutschland, ohne dass eine Windrichtung besonders hervortretend wäre. Die wenigen bis dahin erscheinenden Minima IX, X und XI berühren auch nur die Grenzen Europas.

Eine bedeutende Depression betrifft vom 20. bis 22. das Jonische Meer und hat daselbst stürmisches Wetter zur Folge.

Bei unveränderter Lage des Maximums über Irland gewinnt am 25. die Depression XI an grösserer Bedeutung für die Witterungslage Europas; am Morgen erstreckt sie ihren Einfluss über die östliche Ostsee und fast über ganz Russland. Die Bildung eines Theilminimums am Südost-Abhange der Kjölen über Norrland am Abend des gleichen Tages und der südöstliche Verlauf desselben zieht Deutschland und Oesterreich-Ungarn in den Bereich des Depressionsgebiets; an den deutschen Küsten tritt am 25. in Folge dessen eine nordwestliche Luftströmung auf, die am 26. ziemlich stark auffrischt.

Schon am 27. hat das Luftdruck-Maximum seine Herrschaft mit stillem Wetter über Zentraleuropa wiedergewonnen, zwar hat es an Höhe etwas verloren, aber am 28. ist wiederum in West- und Mitteleuropa bis zum Norden der Balkanhalbinsel hin der Barometerstand allenthalben höher als 770 mm. Die britischen Inseln gelangen jedoch am 28. unter fallendem Barometer bereits unter den Einfluss einer mächtigen, über dem isländischen Meere herannahenden Depression, deren Vorläufer XII bereits am 26. Nordeuropa berührt.

Während der beiden letzten Tage des Monats, die hier als die fünfte Epoche zu bezeichnen sein werden, beherrscht die ebengenannte Depression XIII fast ausschliesslich die Witterungs-Verhältnisse Europas. Der hohe Luftdruck zieht sich schnell nach Süden zurück und nur der in dem Zusammenhang mit dem Azoren-Maximum stehende Theil erhält sich im Südwesten über Spanien in nennenswerther Höhe.

Wenn nun auch die Lage des Minimums nördlich und jenseits des Polarkreises bleibt, so hat seine bedeutende Tiefe unter 725 mm doch starke Gradienten zur Folge und werden stürmische, westliche Winde im nördlichen Europa dadurch veranlasst, die sich am 29. bis zur westdeutschen Küste ausdehnen.

Ueber den britischen Inseln steigt am 30. das Barometer wiederum stark und wehen daher daselbst frische bis stürmische nördliche Winde.

Der weitere Verlauf der Erscheinung, insbesondere die in dem Depressionsgebiete auftretenden Theilminima gehören dem folgenden Monate an.

Die folgende Zusammenstellung ist den meteorologischen Bulletins von Hamburg, Skandinavien und Dänemark, London, Paris, Wien und St. Petersburg entnommen und enthält alle Beobachtungen stürmischer Winde (8 Beaufort und darüber), soweit es sich um europäische Stationen handelt. Da in Frankreich, Spanien, Portugal, Italien und Russland die Schätzung der Windstärke nicht nach genau derselben Skala, wie in den übrigen Ländern, zu geschehen scheint, so sind in Kursiv-Schrift aus Frankreich, Spanien und Portugal noch alle Windstärken 7, aus Russland und Italien alle Stärken 6 und 7 hinzugefügt.

1. Morg.: Skudesnäs SSE 8; — *Malta SE 6*.
    Nm.: Skudesnäs NE 9; — *Valencia S 8*.
    Ab.: Faerder SSE 8, Hernösand S 8; — Mullaghmore S 8.

5

2. Morg.: Dovre SSE 8.
   Nm.: Skudesnäs S 8.
   Ab.: Königsberg E 8; — Servance W 7.
3. Morg.: Skudesnäs SSE 8; — Stornoway S 9, Aberdeen S 8, Ardrossan S 8, Malin-Head SSW 8,
     Mullaghmore S 9, Donaghadee SW 8, Holyhead SSW 8, Valencia SSW 9, Roche's
     Point SW 8; — Cagliari SSE 6; — Hangö SW 6.
   Nm.: Skudesnäs SSE 8; — Sumburgh Head S 9, Aberdeen S 8, Holyhead SSW 9, Scilly SSW 8.
   Ab.: Skudesnäs SSE 10; — Belmullet W 8; — Saint Mathieu SW 7, Ouessant SSW 7.
4. Morg.: Christiansund WSW 8, Faerder SSE 8, Dovre S 8, Vestervig S 8, Samsö S 8, Göteborg S 8;
     — Hangö S 6.
   Ab.: Skudesnäs SSW 8; — Servance SW 8.
5. Morg.: Brindisi SE 6.
   Nm.: Rochefort SSW 8.
   Ab.: Scilly WNW 8; — Er-Hastellic NW 7, Serrance S 7, Puy-de-Dôme SSW 8; — Livorno SSE 7,
     Brindisi SE 6.
6. Morg.: Borkum S 8; — Oxö E 8, Kopenhagen ESE 8; — Belmullet N 9, Holyhead NNE 9,
     Pembroke WNW 8, Scilly WNW 8, Jersey W 8, Hurst Castle W 8; — Dunkerque S 7,
     Gris-Nez W 8, La Hève WNW 7, Ouessant W 7; — Punta d'Ostro SE 8.
   Nm.: Holyhead N 9, Scilly NW 8, Dungeness WNW 10; — Jersey WSW 8.
   Ab.: Faerder S 8; — Vlissingen SSW 9, Helder S 8; — Belmullet N 9, Donaghadee NE 8, Holyhead
     NNW 9; — Dunkerque S 7, Gris-Nez W 8, Boulogne SW 8, La Hève W 7, Serrance
     SW 7; — Neapel SE 6.
7. Morg.: Helgoland SW 8, Borkum S 9; — Faerder SE 8, Samsö S 8.
   Nm.: Keitum SW 8, Helgoland SW 9, Borkum SW 9.
8. Morg.: Biarritz W 8.
   Ab.: Skudesnäs S 8; — Neapel SE 6.
9. Ab.: Oxö ENE 8; — Belmullet NE 8; — Biarritz W 7, Cap Béarn SW 8, Perpignan S 7, Puy-
     de-Dôme S 8.
10. Morg.: Faerder NE 8; — Puy-de-Dôme SW 7; — Cagliari S 6.
   Ab.: Serrance SW 7.
11. Morg.: Serrance SW 7.
   Ab.: Neapel SW 6.
12. Nm.: Säntis W 8.
13. Ab.: Serrance W 7, Puy-de-Dôme WSW 8.
14. Morg.: Puy-de-Dôme WSW 7.
   Nm.: Säntis W 8.
   Ab.: Servance SW 8, Puy-de-Dôme W 8; — Neapel WSW 6, Palermo SW 6.
15. Morg.: Säntis WNW 8; — Servance SW 7.
   Ab.: Skudesnäs SE 8.
16. Morg.: Skudesnäs SE 8, Oxö ESE 8, Dovre SSE 8; — Malta NE 8; — Rostow a. D. SW 6.
   Nm.: Skudesnäs SE 8.
   Ab.: Faerder SE 8, Skagen S 8; — Puy-de-Dôme WSW 7.
17. Morg.: Hurst Castle WSW 8; — La Hève SW 7, Ouessant WSW 7.
   Nm.: Skudesnäs SSE 8; — Rochefort WSW 8.
   Ab.: Karlsruhe ESE 9; — Samsö SSW 8, Herndsand SSE 8; — Dunkerque W 7, Gris-Nez NW 7,
     Boulogne W 9, La Hève WNW 8, Ouessant NW 7, Er-Hastellic NW 7, Limoges WSW 8,
     Servance S 8, Puy-de-Dôme SW 8.
18. Morg.: Faerder E 8; — Dunkerque WNW 7, Boulogne WNW 7, Er-Hastellic NNW 7; —
     Livorno W 6
   Ab.: Faerder NNE 8; — Croisette NW 7, Serrance SW 7; — Livorno W 6.
20. Morg.: Skudesnäs SSE 8; — Belmullet SSW 8; — St. Gotthard N 8.
   Ab.: Skudesnäs SSE 8, Faerder S 8; — Palermo NW 6.
21. Morg.: Bodö SW 9, Christiansund WSW 8; — Agram NE 8.
   Ab.: Bodö SW 10.
22. Morg.: St. Gotthard N 8.
   Ab.: Cap Béarn NNW 7.
23. Morg.: Bodö SW 8.
   Ab.: Bodö WSW 8, Christiansund WSW 9.

24. Morg.: Säntis E 8; — Bodü WSW 8, Christiansund WNW 8; — *Scupel NNE 7;* — *Ucaborg W 7,*
Hangö SSW 7, Helsingfors SW 7.
Nm.: Säntis E 8.
Ab.: Bodü W 10; — *Florenz ESE 6, Brindisi NNE 6.*
25. Morg.: Säntis E 8; — *Livorno E 6;* — *Coruña ENE 7;* — St. Gotthard N 8; — *Ucaborg NNW 7,*
Windau N 7.
Ab.: Christiansund NW 10, Skudesnäs NW 8, Faerder WSW 8; — *Brindisi NNE 6.*
26. Morg.: Skudesnäs NW 8, Vestervig NW 8, Samsö WNW 8; — *Windau NW 7.*
Ab.: Christiansund NW 8.
27. Morg.: Christiansund W 8.
Ab.: Christiansund W 8.
28. Morg.: Christiansund WSW 8; — *Odessa NW 6.*
Ab.: Christiansund W 8, Skudesnäs WSW 8, Faerder WSW 8; — Helmullet SW 9.
29. Morg.: Borkum SW 8; — Flurü SW 8, Skudesnäs SSW 8, Oxö SSW 8, Faerder SW 8, Samsö
SW 8; — Helmullet W 8.
Nm.: Keitum SW 8, Borkum SW 8, Säntis W 8; — Skudesnäs WSW 8.
Ab.: Kiel SW 8; — Oxö SW 8, Faerder SSW 8, Samsö SSW 8, Bogö SSW 8, Carlshamn WSW 10;
— *Puy-de-Dôme W 7.*
30. Morg.: Säntis W 8; — Faerder SSW 8; — Holyhead WNW 8; — *Ouessant NW 7;* — Hangö
WSW 8, *Helsingfors WSW 7, Pernau W 7, Wyborg SW 6.*
Nm.: Holyhead NNW 8.
Ab.: Holyhead NNW 8.

2. Temperatur.

Der Einfluss der Depressionen im Nordwesten macht sich in Bezug auf die Temperatur in Deutschland zunächst nur über dem westlichen Theile durch langsame Erwärmung bemerkbar, während in Ostdeutschland das kalte Wetter der letzten Tage des vorangehenden Monats, durch die bei stillem, heiterem Himmel im hohen Luftdruck-Gebiete stattfindende Wärme-Ausstrahlung begünstigt, noch bis etwa zum 4. anhält; es liegt dort die Morgen-Temperatur vielfach bei Nachtfrost bis zu 4° und 5° unter der Normalen.

Mit der Ausdehnung des niedrigen Luftdruckes über Europa in der zweiten Witterungsepoche dieses Monats, also vom 5. an, erstreckt sich die Erwärmung über die Normale auch nach Osten hin; und im wesentlichen erhält sich dieser Zustand über Deutschland bis zum Schlusse der Epoche, zeit- und stellenweise erhebt sich die Temperatur bis zu 6° über das vieljährige Mittel. Die Schwankungen der Temperatur, welche die verschiedenen Lagen der Depressionen herbeiführen, sind meist sehr allmähliche und geringe. Und selbst die Abkühlung in der vierten Epoche unter dem Einfluss des Luftdruck-Maximums ist eine nicht sehr erhebliche, am unbedeutendsten in Norddeutschland, etwas stärker in Süddeutschland, wo in der letzten Dekade vielfach Nachtfröste auftreten. Es dürfte dies der westlichen Lage des Maximums und seiner geringen Ausdehnung nach Norden hin zuzuschreiben sein, da in Folge dessen das erstere unter dem Einfluss einer ozeanischen Luftströmung stand.

Die warme Witterung erstreckt sich fast über den ganzen Erdtheil während dieses Monats; nur haben in der ersten Pentade die östlichen, in der letzten Dekade die südlichen Länder eine kältere Periode.

3. Bewölkung, Niederschlag, Gewitter.

Nach dem Beginn des Monats mit heiterem Wetter über Deutschland macht sich der Einfluss der westlichen Depressionen mit der nach Osten zu fortschreitenden Erwärmung gleichzeitig durch eine von Westen her vordringende Trübung des

Himmels bemerkbar. Am 2. und 3. herrscht stark nebliges Wetter, welches am 4. in allgemein trübes und regnerisches übergeht. Die starke Bedeckung des Himmels und die Häufigkeit der Niederschläge hält bis zum Schlusse des Monats an. In der vierten Epoche, also mit dem Schlusse der zweiten Dekade, treten wieder, in Folge des sich über Deutschland verbreitenden hohen Luftdruckes, starke und allgemeinere Nebel auf.

In Norddeutschland sind besonders niederschlagsreiche Tage der 9. beim Vorübergang der Depression III^d, der 12. bis 14. unter dem Einfluss der Minima IV^d und V und der 16. bis 18. in Folge einer V-förmigen mit Minimum VII in Zusammenhang stehenden Depression und des Minimums VIII^a; die von dem ligurischen Meere her in nordöstlicher Richtung über Ungarn und Südrussland verlaufende Depression IX erstreckt ihren Einfluss nördlich bis nach Schlesien, im Riesengebirge zu Beginn der dritten Dekade ausserordentliche Schneefälle veranlassend; so wurde in Wang allein am 20. November 75 mm Niederschlagshöhe gemessen, welche einer Schneehöhe von etwa einem Meter entspricht, und auf der Schneekoppe wurde der Regenmesser unter dem Schnee vergraben.

Trotz der Häufigkeit der Niederschläge blieb jedoch in Norddeutschland, besonders aber im Osten die monatliche Niederschlagssumme meist erheblich hinter der Normalen zurück.

In Süddeutschland zeichneten sich besonders der 7. und 8. durch sehr starke, vielfach 30 mm übersteigende Regenfälle aus; so meldet Altkirch für den 7. 41 mm, für den 8. 32 mm, Karlsruhe für den 7. 31 mm; noch bedeutend grössere Regenmengen giebt die »Uebersicht der Ergebnisse der an den badischen meteorologischen Stationen angestellten Beobachtungen« für den 7. an: u. A. Villingen 54 mm, Höchenschwand 63 mm, Schweigmatt 62 mm und Schopfheim sogar 68 mm; in Folge dessen trat auch eine Anschwellung des Rheins, jedoch nur von mässiger Höhe ein. Diese Erscheinungen stehen in Verbindung mit dem Vorübergang des Theilminimums III^a über Süddeutschland.

Auch über Frankreich, welches vom 6. bis 8. in dem gleichen, ausser dem oben genannten noch das Minimum III^b enthaltenden Depressionsgebiete liegt, fallen in diesen Tagen ausserordentlich heftige Regengüsse, die eine Wiederholung der Ueberschwemmungen am Schlusse des vorigen Monats in allen südöstlichen Departements zur Folge haben. Dieselben wurden um so verheerender, als der Wasserstand ohnehin noch nicht auf das normale Maass zurückgegangen war.

Vom 7. November an steigen Rhone, Isère, Durance von Neuem; ein heftiges Unwetter herrscht an der Küste von Nizza bis Marseille, wo die kleinen Wasserläufe, ausserordentlich angewachsen, sich von allen Seiten ergiessen. Die Ueberschwemmung dehnt sich auf Savoyen und die am Jura gelegenen Departements aus; Saone und Doubs verlassen ihr Bett. Diese ungewöhnliche Lage bringt grosse Zerstörungen mit sich und dauert bis zum 12., indem die Ausdehnung der Depresssion IV^a am 10. und 11. wiederum neue schwere Regenfälle mit sich führt. Diese letzteren erstrecken sich auch auf das nordwestliche Italien, wo infolgedessen auch im Po-Gebiete Ueberschwemmungen stattfinden. Am 11. fielen in Besançon 85 mm, in Gap sogar 180 mm Regen; von den italienischen Stationen melden u. A. am 11. Turin 62 mm, Genua 70 mm, Porto Maurizio 75 mm.

An die Seewarte wird von Cuxhaven für den 18. abends Wetterleuchten gemeldet; aus Baiern wird von einem Gewitter am 12. in der Rheinpfalz, von einem zweiten am 18. zwischen Lech und Leisach berichtet.

II. Vorläufige Mittheilungen über das Wetter auf dem Nordatlantischen Ozean.

Die hier gegebenen Mittheilungen gründen sich auf die Journale nachstehender Schiffe:

Dampfschiffe: Argentina, Neckar, Rosario, Rio, Weser, Ohio, Saxonia, Kronprinz Friedrich Wilhelm, Bavaria, Uruguay, Leipzig, Hohenzollern, Santos, Bahia, Nürnberg, Baltimore, Valparaiso, Hannover, Köln, Paranagua, Rhätia, Polaria, Rhein, Elbe, Saale, Allemannia, Hammonia, Aller, Amerika, Fulda, Moravia, Suevia, Trave, Rugia, Ems, Eider, Werra, India, Gothia, Westphalia, Hermann, Francia, Australia, Gellert, Wieland, Albingia, Main, Hungaria.

Segelschiffe: Parnass, Friederike, Dora, Maryland, Hermann, Aeolus, Hugo, Andromeda, Mozart, Dakota, Shakspere, Cleopatra, Polynesia, Amaranth, Deutschland.

1. Aus der Betrachtung der Hauptzüge der Luftdruck-Vertheilung auf dem Nordatlantischen Ozean ergeben sich für die Witterung des November fünf verschiedene Epochen, von welchen die erste die Zeit vom 1. bis zum 4. des Monats umfasst. Der höchste Luftdruck befand sich während derselben auf dem südöstlichen Theile der Mittelzone. Das Maximum von ungefähr 773 mm Höhe lag südöstlich von den Azoren; das von der Isobare von 765 mm umschlossene Gebiet erstreckte sich von der Küste Südeuropas und Nordafrikas in Westsüdwest-Richtung bis nach 50° w. L. Ein zweites Gebiet hohen Luftdrucks, dessen Maximum über dem Festlande lag, nahm die amerikanischen Küstengewässer ein. In dem breiten Streifen niedrigeren Drucks, welcher sich zwischen den beiden von der Umgebung der Bermudas Inseln nach Nordschottland hinaufzog, zeigten sich zwei Depressionszentren: das eine, im Südwesten, von etwa 755, das andere, im Nordosten, von ungefähr 745 mm Tiefe. Durch die Druckvertheilung bedingt, war die vorherrschende Windrichtung auf dem grössten, östlichen Theile der Mittelzone Südwest bis West, in der Umgebung der amerikanischen Küste dagegen Nordost bis Nord. Die Passatgrenze lag auf der Ostseite des Meeres in 35° bis 40° n. Br. Im Bereiche der beiden Depressionen trat der Wind mehrfach mit der Stärke 8 bis 9 auf, insbesondere in der Umgebung des Minimums westlich von Irland, und das Wetter war trübe und regnerisch; im Südwesten war die Depression von sehr heftigen Gewittern begleitet. Auf dem grössten Theile des Ozeans herrschte jedoch während der Epoche gutes Wetter, und schwere Stürme kamen überhaupt nicht vor.

2. Indem sich die rinnenförmige Depression zwischen den beiden Maxima, nachdem dieselbe sich allmählich ostwärts bis zur Mitte des Ozeans verschoben hatte, ausfüllte und zugleich an der Küste von Süd- und Mitteleuropa ein erhebliches Fallen des Barometers eintrat, vollzog sich am 5. der Uebergang zu der Druckvertheilung, welche die zweite Epoche, vom 5. bis zum 12. November charakterisirte. Das Maximum von 770 bis 775 mm befand sich während derselben auf der Mitte des Ozeans zwischen 40° und 50° n. Br. und zwischen 25° und 50° w. L., mit seiner Grenze von 765 mm einen grossen Theil sowohl der Mittelzone als auch des Nordmeeres umfassend. Der östliche Meeresstrich wurde dagegen bis zur Breite von Gibraltar hinunter von einem Depressionsgebiet eingenommen, dessen Minima über Westeuropa lagen und das ausserhalb des Kanals am 9. eine Tiefe von 740 mm erreichte. Eine andere Depression im Westen des Maximums, deren Tiefe 740 bis 750 mm betrug, erschien am 7. bei Kap Cod und verschob sich langsam längs der Küste nach der Neufundland Bank. Gleich-

zeitig mit deren Vorrücken verschob sich die Längsachse des Gebietes hohen Drucks auf der Mitte des Ozeans allmählich aus der Lage Nordwest-Südost in die Lage Nord-Süd. Die nördlichen, und zwar anfänglich aus dem Nordwest-, vom 10. an aber vorwiegend aus dem Nordost-Quadranten kommenden Winde, welche die Druckvertheilung jetzt auf dem Meeresstriche zwischen 30° w. L. und der europäischen Küste hervorrief, wehten anhaltend mit grosser Heftigkeit. Unter anderen hatte das Schiff »Maryland«, welches sich auf der Reise von Newyork nach Hamburg am 8. in 45° n. Br. und 22° w. L. befand, vom letzteren Tage bis zum Morgen des 12. November fortwährend sehr schweres Wetter. Der Wind, dessen Richtung sich allmählich von WNW nach NNE veränderte, wehte, von orkanartigen Regen- und Hagelböen begleitet, am 9., 10. und 11. unausgesetzt 58 Stunden hindurch mit der Stärke 11 bis 12. An denselben Tagen zeigte sich zwischen 40° und 50° n. Br. überall und fortwährend heftiges Blitzen, und auf mehreren Stellen steigerten sich die elektrischen Entladungen zu schweren Gewittern. Im Westen veränderte sich die Windrichtung im Laufe der Epoche von Südost durch Südwest nach Nordwest. Der Vorübergang des Minimums der Depression war auch hier mehrfach von heftigem Sturme, vornehmlich aber, wie fast immer in der Golfstromgegend, von Gewittern und starken Regenfällen begleitet. Südlich von 40° n. Br. und zwischen 20° und 50° w. L. wehte ein ziemlich beständiger, frischer Ostwind, bei gutem Wetter. Ob derselbe in unmittelbarer Verbindung mit dem Passatgebiet stand, lässt sich aus dem bisher eingegangenen Beobachtungsmaterial nicht feststellen. Auf dem östlichen Theile des Ozeans lag die Passatgrenze jetzt erheblich südlicher als vorher.

3. Die dritte Epoche, als welche die Zeit vom 13. bis zum 19. November zu rechnen ist, kennzeichnete sich durch eine normale Luftdruck-Vertheilung. Während im Süden von 40° n. Br. ziemlich hoher Luftdruck herrschte, wurde der Norden von einer ununterbrochenen Reihe ostwärts ziehender Depressionen eingenommen, die indessen die Mittelzone nur mit ihrer Südhälfte berührten und hier nur ausnahmsweise eine grössere Tiefe als 750 mm erreichten. Der Wind war in Folge dessen auf dem grössten Theile der Mittelzone westlich, abwechselnd zwischen Südwest und Nordwest, und steigerte sich, wenn auch durchschnittlich steif wehend, nur in vereinzelten Fällen zu einer Stärke über 8. An der Küste von Portugal blieb der Wind beständig aus nordwestlicher bis nördlicher Richtung.

4. Die Wetterlage der vierten Epoche, vom 20. bis zum 27. November, war durch hohen Luftdruck auf dem östlichen Meerestheile, niedrigen Druck auf der Mitte des Ozeans charakterisirt. Das Maximum im Osten, welches vom Kontinent bis nach etwa 20° w. L. hinausreichte, verschob sich im Laufe der Epoche allmählich nordwärts und lag vom 23. an nördlich von Kanalbreite, wo am 24. und 25. Barometerstände von nahe 780 mm beobachtet wurden. Die Depression auf der Mitte des Ozeans erreichte ihre grösste Tiefe von ungefähr 745 mm am 23. November, als das Zentrum derselben in 40° n. Br. und 40° w. L. lag. Im Westen war der Luftdruck schwankend, aber ebenfalls meistens niedrig. Unter dem Einfluss der Druckvertheilung herrschten in den europäischen Küstengewässern jetzt östliche Winde, anfänglich nur im Süden von 40° n. Br., vom 23. an, nachdem das Maximum sich nordwärts verschoben hatte, aber auch vor dem Kanal. Zwischen 20° und 40° w. L. war der Wind südlich, jenseits des letzteren Meridians vorwiegend nordwestlich. Im Westen und auf der Mitte des Ozeans fanden während der Epoche häufige und ausgedehnte Niederschläge statt, und verschiedentlich wuchs der Wind hier zur Stärke 8—9 an. Im Ganzen blieb das Wetter auf der Mittelzone jedoch ziemlich ruhig.

Eine auffallige Störung des Wetters zeigte sich am 24. und 25. November auf der Mitte des Ozeans in der Passatregion. Sie ist insofern von besonderem Interesse, als unweit der Stelle, wo sie auftrat, in den letzten Tagen des Monats eine, von heftigem und anhaltendem Sturme begleitete Depression lag. Kapitän C. Bahlke vom Schiffe ›Polynesia‹ berichtet über diese Störung, wie folgt:

›Am 24. November, in 20° n. Br. und 35° w. L., gegen 6ʰ p. m. Passat abflauend und südlich holend, im Süden drohend aufkommende Luft mit heftigem Wetterleuchten. Nach 8ʰ p. m. das drohende Gewölk schnell herüber kommend mit steif zunehmendem Winde aus Süd; furchtbares Blitzen in Südsüdost und starkes Donnern; zeitweilig Elmsfeuer auf den Toppen; nach 9ʰ 30ᵐ kein Donnern mehr hörbar. Von 10ʰ 30ᵐ p. m. an schnell zunehmender stürmischer Wind, variirend zwischen Süd und Südsüdost bei fast ununterbrochen anhaltendem Regen; furchtbares Blitzen im Osten, der ganze Himmel ein Flammenmeer.

Am 25. November nach 1ʰ a. m Wind etwas mässiger und beständiger aus Südsüdost. Barometer seit 8ʰ des vorhergehenden Abends allmählich mit Schwankungen allmählich fallend bis 756.2 mm um 5ʰ a. m; dann Wind östlicher holend und Luft abklarend. Vormittags frischer Ostsüdostwind und gutes Wetter.‹

5. Mit dem Beginn der fünften Epoche, welche die letzten drei Tage des Monats umfasst, veränderte sich die Wetterlage dahin, dass unter gleich-zeitigem Zurückweichen des Gebietes hohen Luftdrucks im Osten ein anderes von der amerikanischen Küste herannahte und jetzt die Mitte des Ozeans einnahm. Das Maximum von ungefähr 775 mm lag am 29. und 30. November nördlich von den Azoren, in der Umgebung von 40° bis 45° n. Br. und 30° w. L. In Folge dessen waren auf der nördlichen Hälfte der Mittelzone fast quer über den Ozean wieder westliche Winde herrschend, und zwar im Osten vorwiegend nordwestliche, im Westen südwestliche. Nur in der Nähe der amerikanischen Küste traten unter dem Einflusse eines dort befindlichen zweiten Maximums nordöstliche Winde auf. Obschon das Barometer auf der Mittelzone kaum unter 760 mm fiel, wehte es vor dem Kanal doch vielfach steif bis stürmisch mit Regenschauern. Das eigentliche Sturmfeld der Epoche lag indessen, wie schon bemerkt, in der Passatregion, westlich von den Canarischen Inseln. Das Schiff ›Amaranth‹, welches sich im nordwestlichen Theile der Depression in 31.6° n. Br. und 32° w. L. befand, hatte vom Mittage des 27. November bis zum Mittage des 1. Dezember ununterbrochen Sturm, beginnend aus Nordnordwest und durch Nordost allmählich herumholend bis Ost, bei erst fallendem, später wieder steigendem Barometer. Der niedrigste Stand desselben — 756 mm — wurde am Morgen des 29. beobachtet. An Bord des Schiffes ›Polynesia‹, welches diesen Sturm ebenfalls zu bestehen hatte und etwa 300 Sm. südwestlicher stand, trat das Minimum 20 Stunden später ein. Die See war ungemein hoch und wild, der Sturm so schwer, dass ›Amaranth‹ am 28. und 29. November, volle zwei Tage hindurch, nur das Gross-Untermarssegel zu führen im Stande war.

Die Direktion der Seewarte.

Dr. Neumayer.

III. Meteorologische Tabellen.

III⁺ Abweichungen von der normalen Temperatur um (⁷

Tag	Bodö	Skudesnäs	Haparanda	Stockholm	Stornoway	Shields	Valencia	St. Mathieu	Paris	Perpignan	Borkum	Hamburg	Swinemünde	Neufahrwasser
1	5.6	6.2	0.5	o.6	4.4	2.3	1.8	3.3	0.7	0.8	1.2	0.1	2.1	3.3
2	7.2	6.0	8.5	5.5	1.6	2.9	0.9	2.3	3.6	2.2	4.2	0.8	2.9	4.9
3	7.1	5.9	8.2	4.5	5.1	0.3	4.2	3.2	3.0	1.5	2.8	2.0	2.3	4.6
4	8.0	4.4	8.8	5.1	07	1.3	0.4	1.8	1.5	2.6	2.9	4.3	0.2	4.4
5	3.2	2.7	7.4	5.3	4.7	1.2	1.2	2.1	3.7	2.8	03	0.2	2.2	1.2
6	0.9	4.4	6.1	2.3	1.3	2.2	2.8	1.7	1.9	1.7	1.1	4.3	0.3	1.1
7	4.4	3.5	7.1	3.5	2.3	0.4	3.2	1.4	5.4	0.3	1.6	2.9	2.2	1.2
8	4.4	1.8	7.0	5.9	1.6	08	0.7	0.3	4.2	1.3	1.4	0.9	1.7	3.9
9	1.1	3.7	5.2	0.9	o.6	2.5	5.8	0.2	4.4	6.1	0.7	1.4	2.6	2.8
10	0.2	1.0	2.4	4.3	1.2	2.1	0.7	2.7	1.3	2.1	1.2	1.8	0.3	5 0
11	0.0	3.7	0.6	3.7	1.0	2.2	0.2	2.8	1.9	6.0	1.4	2.3	0.9	2.3
12	1.9	5.0	3.6	6.4	02	1.1	1.6	2.3	1.8	4.6	0.5	1.6	2.4	2.3
13	4.6	5.1	9.8	6.0	03	1.5	1.1	1.8	0.2	0.4	1.4	0.1	2.3	2.8
14	0.4	1.1	0.4	5.2	0.3	2.5	2.3	1.5	1.4	2.5	2.1	3.6	2.9	o.8
15	2.1	3.2	3.6	4.6	4.3	3.7	2.4	3.7	2.3	2.1	2.6	2.5	1.4	2.7
16	1.2	4.3	1.0	4.8	2.4	0.7	1.4	1.4	2.3	0.1	4.8	2.3	1.6	2.8
17	5.1	0.9	9.0	6.2	2.3	1.2	1.3	4.8	2.9	2.9	1.5	2.1	3.1	0.3
18	4.2	0.5	8.2	1.8	0.1	1.7	0.3	3.3	0.7	4.2	2.2	1.6	3.3	2.8
19	2.5	2.6	6.2	3.0	6.1	0.7	4.2	4.6	1.1	2.8	4.7	1.5	1.2	0.9
20	4.0	4.6	2.0	2.2	6.7	6.2	4.3	2.6	3.9	4.7	3.0	2.5	2.7	5.0
21	6.9	4.1	9.4	1.8	1.1	1.2	3.2	0.3	1.6	4.0	4.5	1.6	2.8	3.1
22	5.4	0.2	10.2	1.3	5.6	2.6	4.4	1.4	1.3	3.2	4.2	2.5	3.2	1.0
23	9.3	3.8	8.2	0.7	5.7	3.1	3.3	3.3	3.1	1.6	1.1	1.8	2.5	4.0
24	3.8	5.9	12.0	2.3	5.7	3.6	2.1	2.8	4.2	2.6	4.0	0.5	2.3	3.6
25	3.9	6.0	8.4	0.9	5.1	2.6	0.1	3.2	3.5	2.5	5.9	6.0	4.8	5.4
26	1.7	4.2	2.5	4.5	4.7	1.8	0.9	2.0	19	9.3	5.8	6.0	6.3	6.6
27	2.7	4.5	3.5	0.1	4.7	1.1	3.0	0.9	2.3	2.7	4.3	0.1	2.8	3.9
28	1.8	5.2	0.3	2.5	5.8	3.3	3.5	1.6	1.3	3.5	3.2	3.3	2.2	2.4
29	8.4	5.8	5.5	7.1	2.5	2.8	0.8	5.0	0.5	7.8	1.6	2.3	3.5	5.7
30	4.3	3.5	9.9	4.7	0.3	1.6	0.3	1.6	1.4	1.9	2.0	3.8	2.8	2.0
Mittel	3.9	3.8	5.5	3.5	1.9	0.8	1.2	1.0	1.1	1.0	2.4	1.8	1.8	1.7

Die Werthe der Temperaturabweichungen beziehen sich für die Norwegischen, Schwedischen, Deutschen und Italienischen Orte auf 8 Uhr morgens, für die Französischen, Oesterreich-Ungarischen, und Türkischen auf 7 Uhr morgens.

i im Monat November 1886 (fette Zahlen +, magere —).

Karlsruhe	München	Wien*	Hermann-stadt*	Rom*	Archangel-k*	St. Petersburg**	Moskau*	Baku*	Constantinopel*	Katharinenburg*	Barnaul*	Irkutsk*	Taschkent*	Tag
1.1	0.1	5.6	9.9	2.8	5.4	0.5	2.5	4.9	1.6	0.6	5.9	1.4	12.1	1
2.7	3.4	5.1	7.7	0.8	3.5	2.1	0.4	2.1	2.1	3.4	2.2	3.8	15.4	2
3.3	2.0	4.3	6.4	2.2	2.9	1.8	4.0	1.1	3.3	11.7	1.8	5.8	2.1	3
2.2	0.5	3.5	10.7	2.9	1.9	0.0	1.0	3.3	4.8	21.7	4.5	2.6	0.3	4
3.6	3.6	1.2	11.3	2.9	1.5	0.4	2.0	2.5	3.9	14.9	8.2	5.6	4.8	5
4.3	2.3	2.5	12.1	2.1	5.5	1.1	0.4	0.4	4.5	15.3	11.4	3.6	1.8	6
2.3	3.9	5.3	0.2	6.8	3.8	2.6	0.1	1.3	0.5	9.6	3.6	3.5	4.8	7
1.1	4.4	8.3	0.4	7.2	1.6	1.2	3.0	0.9	3.5	9.8	5.9	4.0	3.6	8
1.6	0.9	9.3	2.7	4.2	2.4	5.4	8.4	1.0	2.7	15.9	13.5	4.6	5.3	9
1.2	1.3	1.4	9.3	2.8	8.0	3.1	0.6	1.3	2.9	3.6	12.0	1.3	3.8	10
3.9	4.9	4.7	11	5.0	4.0	7.9	6.0	0.5	3.6	6.2	0.4	4.8	5.3	11
0.7	0.5	2.0	1.9	7.8	4.0	6.2	2.7	1.7	2.2	9.2	15.5	8.2	4.5	12
0.8	2.7	0.5	1.4	8.6	2.1	5.9	7.1	2.7	3.3	7.8	6.6	3.8	1.3	13
4.4	5.1	0.9	5.0	6.2	8.1	5.6	7.9	0.7	5.3	6.0	7.6	1.9	2.3	14
4.3	2.6	4.0	6.2	2.6	6.7	6.3	8.7	1.9	7.9	3.8	7.0	0.5	3.6	15
0.5	0.3	2.4	0.0	1.0	2.7	5.4	5.9	3.4	5.1	6.8	4.1	13.0	24	16
4.0	6.2	2.4	1.3	0.7	6.9	3.6	5.8	3.6	6.6	0.1	5.9	14.9	0.8	17
2.6	5.5	2.0	2.0	5.1	0.9	3.9	4.0	2.7	4.2	0.8	4.2	0.9	2.0	18
1.8	0.1	3.0	1.4	3.1	6.1	3.2	4.8	2.4	3.3	4.2	14.2	8.0	9.2	19
1.8	1.0	1.9	1.3	1.7	5.3	6.0	7.0	2.9	—	2.0	11.3	8.7	6.3	20
2.9	0.1	1.5	0.3	1.9	0.6	1.6	7.4	4.9	1.7	3.8	7.7	0.5	1.9	21
1.2	0.2	0.1	0.1	2.8	8.6	2.7	7.8	4.9	4.7	6.1	10.7	3.6	1.4	22
0.7	0.8	3.7	0.3	2.9	7.2	3.5	6.1	2.2	4.9	4.3	8.2	1.8	1.6	23
2.4	0.5	1.6	0.2	2.3	4.3	2.4	3.0	4.0	1.7	6.3	7.5	3.6	3.0	24
2.4	3.5	1.4	0.8	3.1	8.4	3.6	2.4	4.8	1.3	4.8	4.7	2.4	1.9	25
1.1	1.7	1.9	0.3	6.7	4.3	2.2	1.7	5.3	1.1	9.9	4.7	—	0.3	26
3.4	3.2	4.5	2.3	6.8	2.1	2.2	2.4	2.9	0.8	8.4	7.3	2.3	1.5	27
1.7	0.1	1.6	3.7	6.7	3.5	0.5	2.5	2.7	0.2	5.6	10.6	0.4	8.1	28
0.7	1.6	3.6	5.7	4.2	1.1	6.3	0.3	1.3	2.3	6.4	1.0	5.5	10.5	29
1.9	2.7	2.7	6.1	3.8	1.3	8.0	7.5	1.0	3.1	0.0	9.4	5.8	6.2	30
1.7	1.4	1.2	1.4	0.6	2.1	3.1	3.4	1.4	(1.3)	0.1	2.3	(1.1)	0.0	Mittel

end bei den übrigen Beobachtungsorten die von der Seewarte berechneten normalen Temperaturen zu
gt wurden, sind in den mit * versehenen Reihen die Differenzen der Temperatur und der aus dem
St. Petersburg entnommenen normalen Pentadenmitteln verzeichnet; für St. Petersburg ** sind die Ab-
von der täglichen Normalen derselben Stunde nach demselben Bulletin gegeben.

IIIᵇ· Vergleichende Zusammenstellung der thatsächlichen Witter

	Hamburg																						Neu						
	Wirkliche Witterung											Prognose							Wirkliche Wi									
	8ʰ a. m.					2ʰ p. m.					Niederschlag 8ᵃ a.m.—8ᵃ a.m.									8ʰ a. m.					2ʰ	
Tag	Temp.-Abw.	Temp.-Aend.	Windstärke	Windricht.	Bewölkung	Temp.-Abw.	Temp.-Aend.	Windstärke	Windricht.	Bewölkung		Temp.-Abw.	Temp.-Aend.	Windstärke	Windricht.	Bewölkung	Niederschlag		Temp.-Abw.	Temp.-Aend.	Windstärke	Windricht.	Bewölkung	Temp.-Abw.	Temp.-Aend.
1	n	z	m	e'	v	n	a	m	e	b	t	—	z	m	s	v	-/r		k	z	l	w	v	n	a
2	n	u	l	e'	d	n	u	l	s	d	t	—	u	lm	s	v	e		k	a	l	s	h	n	u
3	n	z	m	e'	d	w	z	m	s	b	t	—	u	l	—	hd	o		k	u	l	s	d	k	a
4	w	z	m	s	b	w	u	f	s'	b	e	w	—	fs	s'	b	r		k	u	l	s	v	n	z
5	n	a	l	s	h	w	u	m	s	v	e	w	—	m	ws'	b	r		n	z	l	s'	b	n	z
6	w	z	f	s'	v	w	u	f	s'	h	t	w	—	m	s	b	r		n	a	l	s	d	w	z
7	w	a	f	s	v	w	a	f	s'	b	t	w	—	fs	—	b	r		n	z	l	s	d	w	z
8	n	a	l	w	d	n	u	m	s'	v	r	—	a	—/w'	v		r		w	z	l	s'	b	w	a
9	n	u	m	n'	r	n	a	l	s	b	r	—	z	f	s'	b	r		w	a	l	e'	b	w	a
10	n	a	l	e'	d	n	z	m	e	b	t	—	u	m	—	b	r		w	z	l	w'	d	w	u
11	w	z	l	e	d	w	z	l	s'	v	t	—	u	l	—	bd	r		w	a	l	s	d	w	u
12	n	u	l	e'	v	w	z	l	s	b	t	—	u	l	—	bd	r		w	u	l	x	d	n	a
13	n	a	l	e'	b	n	a	m	e'	r	r	—	a	l	—	b	r		w	u	l	w	b	w	z
14	w	z	m	s'	r	n	u	l	s'	r	e	—	ua	m	sw	b	r		n	a	l	s	v	n	u
15	w	a	l	n	d	n	a	l	w	d	t	—	a	m	w	v	e		w	z	l	s	b	w	u
16	w	u	l	e'	b	w	z	l	s	b	r	—	z	-/f	s'	b	r		w	u	l	w'	v	w	u
17	w	u	m	w	h	w	a	m	s'	b	r	—	u	m	s'	b	r		n	a	l	s	v	n	a
18	n	u	l	w	h	n	a	m	s'	b	r	w	—	m	s'w	b	r		w	z	m	s	b	w	z
19	n	u	m	n	v	w	z	l	n	v	t	—	a	m	w'	v	e		n	a	l	s'	v	n	a
20	k	a	l	x	d	n	a	l	e'	d	t	—	a	l	n	vd	te		w	z	m	n'	b	w	z
21	n	z	l	w	d	w	z	m	s'	d	e	k	—	l	—	hd	o		w	a	f	n	b	n	a
22	w	u	m	n	b	n	a	m	n	b	t	f/—	a	l	—	d	o		n	a	l	w	b	w	z
23	n	a	l	n	d	n	a	l	n'	h	t	—	ua	l	—	d	o		w	z	l	n	v	n	a
24	n	z	m	w	b	n	z	m	w	b	r	f/—		l	—	d	o		w	u	l	w'	b	w	z
25	w	z	f	w'	r	w	z	m	n	b	e	—	a	-/f	-/w'	v	r		w	z	l	n	b	w	u
26	w	u	f	w'	b	w	u	m	n	v	t	—	u	m	wn	b	r		w	z	m	w'	h	w	z
27	n	a	l	w	d	n	a	l	s'	b	e	—	a	—	n	v	v		w	a	m	n'	v	w	a
28	w	z	l	w	d	w	z	l	w	b	t	—	a	l	n	v	o		w	a	l	w	b	w	z
29	w	a	f	s'	b	n	a	s	s'	b	t	w	—	-/f	s'	v	v		w	z	l	w	b	w	a
30	w	z	f	s'	b	w	z	s	s'	b	e	—	u	s	s'w	b	r		n	a	m	s'	b	n	a

In den Angaben der wirklichen Witterung zu den Beobachtungs-Terminen 8ʰ a. m. und 2ʰ p. m. bedeutet
Temperatur-Abweichung: k = kalt (negative Abw. > 2°), n = normal (Abw. 0—2°), w = warm (positive A
Temperatur-Aenderung: a = Abnahme, u = unveränderter Stand (Aenderung < 1°), s = Zunahme der T
Windstärke: l = leicht (0—2), m = mässig (3—4), f = frisch (5—6), s = stürmisch (> 6);
Windrichtung: n, e, s, w = N, E, S, W; n', e', s', w' = NE, SE, SW, NW; x = Stille; für die
   striche werden die auf der Windrose bei Drehung von Süd über West nach Nord zunächst liegenden Hauptstre
Bewölkung: h = heiter (0—1), v = wolkig (2—3), b = bedeckt (4), r = Niederschläge, d = Nebel, l

e r Prognose					München Wirkliche Witterung 8ʰ a. m.					2ʰ p. m.					Niederschlag 8ʰ a.m.–8ʰ a.m.	Prognose						Tag
Temp.-Aend.	Windstärke	Windricht.	Bewölkung	Niederschlag	Temp.-Abw.	Temp.-Aend.	Windstärke	Windricht.	Bewölkung	Temp.-Abw.	Temp.-Aend.	Windstärke	Windricht.	Bewölkung		Temp.-Abw.	Temp.-Aend.	Windstärke	Windricht.	Bewölkung	Niederschlag	
z	m	s	v	-/r	n	z	l	c	d	n	z	l	s'	d	t		—	z	m	s	v	-/r	1
u	l	sc'	v	t e	w	z	l	w	d	w	z	l	n'	h	t		—	u	lm	s	v	e	2
u	l	—	hd	o	n	a	m	e	d	n	a	l	s'	d	.t		—	u	l	—	hd	o	3
z	mf	s	v	-/r	n	a	l	s'	d	n	z	l	w'	d	e	w	—	f	s'	b		r	4
z	m	s'	b	r	w	z	l	c'	r	w	z	m	n'	v	t	w	—	m	ws'	b		r	5
—	m	s	b	r	w	a	m	s	v	w	z	l	x	b	e	w	—	m	s	b		r	6
u	f	s	v	-/r	w	z	l	c'	r	w	u	m	e	b	t	w	—	nif	s'	b		r	7
-'a	f	s'/w	b	r'	w	u	n	n'	b	n	a	m	n'	b	r		—	a	—/w'	v		r	8
u	m	s	v	t e	n	a	f	s'	r	n	a	m	w'	b	t		—	u	m	s'	v	o	9
u	m	—	b	r	n	a	m	e'	b	n	z	l	x	b	t		—	u	m	—	b	r	10
u	l	—	bd	r	w	z	m	w'	b	w	z	m	e	v	t		—	u	l	—	bd	r	11
u	l	—	bd	r	n	a	l	e'	b	n	a	f	w	r	t		—	u	l	—	bd	r	12
a	l	—	b	r	k	a	m	e'	h	n	z	l	c'	h	r		—	a	l	—	b	r	13
ua	m	sw	b	r	w	z	f	s'	b	w	u	f	w	r	r		—	ua	m	sw	b	r	14
u	m	s'w	b	r	w	a	f	s'	r	n	a	l	w	r	r		—	a	m	w'	b	r	15
z	-,f	s'	b	r	n	a	m	e'	h	w	z	m	e	h	t		—	z	-/f	s'	b	r	16
u	m	s	v	r	w	z	l	w	b	w	a	m	w	b	e		—	u	m	s'	b	r	17
—	m	s'w	b	r	w	u	f	w	r	w	a	m	w	v	r	w	—	m	s'w	b		r	18
a	m	w	b	r	n	a	f	w	r	k	a	l	s'	r	r		—	a	m	w	v	t e	19
—	l	n	v	o	n	z	m	w	b	n	z	m	w'	b	t	k	—	l	n	v		o	20
—	l	—	hd	o	n	a	m	w	v	n	a	l	w'	h	e	k	—	l	—	hd		o	21
a	l	—	d	o	n	u	m	s'	r	w	u	l	s'	r	e	f/-	a	l	—	d		o	22
ua	l	—	d	o	n	u	m	w'	b	n	z	l	w'	b	e		—	ua	l	—	d	o	23
—	l	—	d	o	n	a	l	n'	r	n	u	m	e	b	t	f/-	—	l	—	d		o	24
a	-/f	-/w'	v	r	k	a	f	w	d	k	a	l	s'	d	t	k	—	l	—	h		o	25
u	m	wn	b	r	n	z	m	s'	b	n	z	l	w	r	e		—	u	m	wn	b	r	26
a	—	n	v	v	w	z	m	s'	r	n	u	l	w'	r	e		—	u	m	w'n	v	r	27
a	l	n	v	o	n	a	l	e	d	n	a	m	e	b	t		—	a	l	n	v	o	28
—	-,f	s'	v	v	n	a	l	w'	d	k	a	l	x	d	t		—	z	m	s'	hd	o	29
u	s	s'w	b	r	k	a	m	e'	h	n	z	m	s'	b	t		—	u	s	s'w	b	r	30

ag: t = trocken, e = etwas Regen (0—1.5 mm), r = Regen, Schnee etc. (> 1.5 mm), g = Gewitter.
aben des Niederschlages gelten für die Zeit von 8ʰ a. m. des angegebenen Tages bis 8ʰ a. m. des folgenden.
r Prognose haben die Zeichen in den bezüglichen Stellen die gleiche Bedeutung, nur bei Bewölkung ist
rlich; es treten ferner hinzu die folgenden Zeichen, bei Temperatur-Abweichung: f = Frost, bei Niederschlag:
rlich, o = ohne wesentliche Niederschläge. Die Prognose steht bei dem Datum, für welches sie gegeben ist.
e bedeuten: Zähler ›zuerst‹, Nenner ›dann‹. Ist für die der Stelle entsprechende Witterungs-Erscheinung
e nicht gestellt, so wird dies durch — angedeutet.

III⁰· Monatssumme des Niederschlags in Millimetern auf den Normal-Beobachtungs-Stationen und Signalstellen der Deutschen Seewarte.

November 1886.

Station	mm	Station	mm	Station	mm
Memel	28	Stralsund	—	Tönning	27
Brüsterort	43	Darsserort	13	Cuxhaven	76
Pillau	27	Wustrow	16	Geestemünde	59
Hela	22	Warnemünde	17	Bremerhaven	—
Neufahrwasser	27	Wismar	26	Neuwerk	—
Rixhöft	24	Marienleuchte	29	Keitum	75
Leba	31	Travemünde	33	Brake	60
Stolpmünde	23	Friedrichsort	57	Weserleuchtthurm	—
Rügenwaldermünde	26	Kiel	55	Wilhelmshaven	50
Colbergermünde	26	Schleimünde	34	Schillighörn	—
Swinemünde	12	Hamburg	33	Wangerooge	70
Ahlbeck	9	Altona	—	Karolinensiel	60
Greifswalder Oie	—	Aarösund	67	Nesserland	59
Thiessow	6	Flensburg	68	Norderney	63
Arkona	13	Brunshausen	41	Borkum	74
Wittower Posthaus	12	Glückstadt	38		

eit		Bewölkung			Niederschlag			Stationen	
Mittel	8ʰ	2ʰ	8ʰ	Mittel	8ʰ a. m.	8ʰ p. m.	Summa		Monats-Mittel, Summen u. Extreme für Luftdruck, Temperatur und Hydrometeore.
85	8.5	8.3	6.6	7.8	14	14	28	Memel	
88	8.5	7.0	7.9	7.8	21	6	27	Neufahrwasser	
91	8.3	6.8	6.2	7.1	7	5	12	Swinemünde	
91	7.7	7.4	8.1	7.7	14	2	16	Wustrow	
92	8.5	8.0	8.0	8.2	31	25	55	Kiel	
90	8.4	8.2	7.6	8.1	20	13	33	Hamburg	
91	8.3	7.3	7.5	7.6	34	42	75	Keitum	
90	6.5	6.9	6.6	6.7	28	22	50	Wilhelmshaven	
92	7.3	6.9	6.8	7.0	39	36	74	Borkum	

Tage it st. Wind	Stationen	Winde %	1. Dekade		2. Dekade		3. Dekade		Winde %	
			Ostsee	Nord- see	Ostsee	Nord- see	Ostsee	Nord- see		Mittel- und Summenwerthe der Dekaden.
7	Memel	N	1	1	13	10	24	22	N	
0	Neufahrwasser	NE	2	3	4	1	7	10	NE	
3	Swinemünde	E	6	11	2	3	0	1	E	
5	Wustrow	SE	35	15	18	11	1	0	SE	
4	Kiel	S	38	33	32	35	6	1	S	
		SW	13	26	13	20	21	28	SW	
3	Hamburg	W	3	9	6	10	20	17	W	
4	Keitum	NW	1	1	6	3	20	18	NW	
6	Wilhelmshaven	Stille	1	1	6	7	1	3	Stille	
9	Borkum									

ocenten				Windgeschwindigkeit in Metern per Sekunde		Stationen	
W	NW	Stille	Mittel	Tage mit ⚬ oder > 15 m			Monatliche Summen und Mittel für die Windverhältnisse.
8	5	1	5.24	26. 28.		Memel	
15	12	3	3.39	—		Neufahrwasser	
12	13	1	5.26	—		Swinemünde	
7	9	1	6.05	—		Wustrow	
9	7	8	5.04	29.		Kiel	
11	7	2	6.08	7.		Hamburg	
14	8	3	5.46	7. 26. 29.		Keitum	
14	7	7	5 65	7.		Wilhelmshaven	
9	8	2	9.49	6. 7. 13. 17.—19. 26. 29. 30.		Borkum	

24.	25.	26.	27.	28.	29.	30.	Da- tum	Stationen	
5.29	4.30	9.83	5.49	11.35	11.04	11.62		Memel	Tagesmittel der Windgeschwindigkeit nach dem Anemometer.
2.18	2.13	7.45	4.70	5.15	5.28	5.45		Neufahrwasser	
4.73	3.59	7.34	4.16	6.02	9.71	9.02		Swinemünde	
7.73	6.06	10.58	4.50	9.88	12.25	10.22		Wustrow	
4.84	6.03	8.41	2.41	6.10	11.05	9.93		Kiel	
4.26	5.78	8.86	2.74	6.82	11.47	11.14		Hamburg	
4.68	8.38	11.15	2.97	6.23	12.33	8.44		Keitum	
3.69	8.27	10.51	2.44	5.47	11.31	9.09		Wilhelmshaven	
6.22	11.45	14.54	4.67	8.18	17.23	12.77		Borkum	

ach den Aufzeichnungen der Barographen in Memel 776.5 mm, 8ʰ p. m. am 2. bis 3ʰ a. m.
ad m. am 14., in Wustrow 777.7 mm, 11ʰ p. m. am 23. und 745.3 mm 1ʰ—5ʰ p. m. am 11.
uum *) ? mm, 7ʰ ? m. am ? und ? mm, 7ʰ ? m. am ?. — Die mittlere Temperatur wird
au Mai bis August aus der ersten und dritten Kombination als allgemeines Temperaturmittel
ab berechnet.
ifser Thaubildung sind ausgeschlossen, auch wenn die Thaumenge eine mefsbare Gröfse
er selben Horizontal-Abschnitts enthält das Procentverhältnifs der Windrichtungen in den
dr die einzelnen Stationen ist, um die Lage der Luvseite anzudeuten, von je zwei entgegen-
ge Windrichtung an, wie dieselbe sich aus den Aufzeichnungen der Registrir-Anemometer
er frei aufgestellt.) Das Mittel dieser Werthe oder die mittlere Windgeschwindigkeit des
ga Stunde 15 m per Sekunde erreichte oder überstieg.

Die Direktion der Seewarte

Monatsbericht der Deutschen Seewarte.
Dezember 1886.

Inhalt: I. Die atmosphärischen Vorgänge in Europa, insbesondere Zentral-Europa. II. Vorläufige Mittheilungen über das Wetter auf dem Nordatlantischen Ozean. III. Meteorologische Tabellen. Karte der Bahnen der barometrischen Minima im Dezember 1886. Tabelle der Mittel, Summen und Extreme für den Dezember 1886 aus den meteorologischen Aufzeichnungen der Normal-Beobachtungsstationen an der Deutschen Küste.

I. Die atmosphärischen Vorgänge in Europa, insbesondere Zentral-Europa.

1. Luftdruck und Wind.

Der Monat Dezember 1886 zeichnet sich durch ausserordentlich intensive atmosphärische Bewegungen über Europa aus. Besonders in der ersten Hälfte des Monats erreichen die Minima des Luftdruckes ungewöhnliche Tiefen und beherrschen auf ihren verhältnissmässig südlich verlaufenden Bahnen die Witterungslage Zentral-Europas, so dass daselbst auch allenthalben der mittlere Barometerstand des Monats erheblich hinter dem normalen zurückbleibt.

Während der ersten Epoche vom 1. bis zum 7., welcher eigentlich auch die letzten beiden Tage des vorangegangenen Monats zuzuzählen sind, liegen die Hauptdepressionszentren einerseits über den nördlichen Meerestheilen, andererseits über dem Mittelmeere. Die Witterung Zentral-Europas wird zum Theil direkt durch jene Luftdruckminima, zum Theil durch zu selbstständiger Existenz sich entwickelnde Ausläufer derselben beeinflusst.

So erstreckt sich während der ersten drei Tage des Monats ein Gebiet niedrigen Luftdruckes von Skandinavien über Zentral-Europa und Italien bis nach Tunis hin. Dasselbe enthält am 1. in seinem nördlicheren Theil zwei Depressionen, die beide als Randbildungen der intensiven und ausgedehnten Depression zu betrachten sind, die in den letzten Tagen des November über Nord-Europa vorüberzog. Die eine derselben, No. I^a, ist, an der norwegischen Küste in ungewöhnlicher, südlicher Richtung verlaufend, nur von geringer Bedeutung, während die andere, No. I^b, am 1. stellenweise starke bis stürmische westliche und südwestliche Winde an den norddeutschen Küste hervorruft, die sich bei der ziemlich geradlinigen Fortbewegung vom Skagerrak nach dem Weissen Meere am 2. auch über die russischen Ostseeküsten und Finnland erstrecken.

Dieses ist unmittelbar gefolgt von einem anderen, gleichfalls demselben allgemeinen Bewegungs-Phänomen angehörenden Minimum I^c, welches schon auf der Isobarenkarte vom 1. abends durch eine Ausbuchtung an der Ostküste Schottlands angedeutet wird. Am 2. finden wir dasselbe als geschlossenes Minimum über der südöstlichen Nordsee an der westjütischen Küste liegen, frische rechtdrehende Winde in seiner näheren Umgebung veranlassend; alsdann verläuft es ebenfalls in nordöstlicher Richtung über Südschweden und Finnland nach dem Weissen Meere zu.

Das während derselben Tage im Süden über dem Ligurischen Meere lagernde Minimum II besteht auch bereits seit dem 29. des vorigen Monats. Am 2. entsendet es einen Ausläufer, II^a, über Mähren, der jedoch schon im Laufe des folgenden Tages in dem Depressionsgebiet des Minimum I^c verschwindet.

Am 3. findet über Zentral-Europa ein allgemeines Steigen des Barometers statt, so dass am Abend dieses Tages und am Morgen des 4. eine Zone hohen, 760 mm übersteigenden Luftdruckes von Frankreich über Zentral-Europa nach dem südlichen Russland sich erstreckt. Aber schon am 4. abends steht Zentral-Europa wieder unter Einfluss des nördlichen Depressionsgebietes, welches jetzt durch das neu erschienene Minimum III gebildet wird, und des südlichen, nach wie vor dem Minimum II angehörend. Die Isobaren des Minimum III haben eine mit der Spitze nach Süden gerichtete V förmige Gestalt angenommen, ein Umstand, der an der nordwestdeutschen Küste am 4. frische südliche und südwestliche Winde zur Folge hat; doch hat dies Minimum am folgenden Tage nur noch sehr unbedeutenden Einfluss auf die Witterungslage Deutschlands, indem es schnell in nördlicher Richtung nach dem nördlichen Eismeer verläuft.

Inzwischen hat die südliche Depression II eine westliche und vom 4. an eine nördliche Bewegung über Ungarn und Westrussland hin angenommen und ist ihre Lage und Bestehen am 5. besonders für die Witterung im Osten Zentral-Europas maassgebend. Eine Randbildung, IIᵇ, am 4. abends an der venetischen Küste entstehend, gewinnt keinen ausgedehnteren und allgemeineren Einfluss.

Im Südwesten Europas nimmt am 5. der Luftdruck stark zu, am 6. morgens im nördlichen Spanien und südwestlichen Frankreich 770 mm übersteigend. Gleichzeitig liegt über dem norwegischen Meere eine tiefe Depression, No. IV, und etwa bei Christiania ein Ausläufer, IVᵃ, derselben, welcher den niedrigsten Barometerstand von etwa 729 mm enthält. Steile Gradienten und stürmische südliche bis westliche Winde, die an der Ostseeküste sich stellenweise bis zum vollen Sturme steigern, sind über Norddeutschland am 6. die Folge dieser Luftdruckvertheilung.

Während nun dieses Theilminimum bei unbedeutend zunehmender Tiefe sich schnell östlich fortbewegt, verändert die Haupt-Depression ihre Lage nur wenig, und die starke bis stürmische südliche und westliche Luftbewegung hält demnach auch noch am 7. an. Die Isobaren sind vom 6. an im wesentlichen von West nach Ost gerichtet mit nach Süden zunehmendem Luftdruck; es ist somit ein Zustand vorbereitet, welcher dem eigenartigen Verlauf der Phänomene in der folgenden Epoche günstig ist.

Fast ausschliesslich stand die norddeutsche Küste während der ganzen Epoche unter der Herrschaft der nördlich von ihr gelegenen Depressionen, daher sind die Winde auch durchaus südliche bis westliche und nur am 3. und 5. von durchweg geringerer Stärke.

Die zweite Epoche des Monats vom 8. bis 17. zeichnet sich durch eine Reihe sehr tiefer Depressionen aus, welche vom Atlantischen Ozean her die britischen Inseln überschreiten und die Nordsee etwa zwischen dem 53. und 58. Breitengrad passiren; dementsprechend sind diese Erscheinungen von ausserordentlich unruhigem Wetter an den Nordsee- und in ihrem weiteren Verlauf auch an den Ostseeküsten begleitet.

Vom Morgen bis Abend des 7. hatte sich die Druckvertheilung über Europa nicht wesentlich verändert und auch der Barometerstand im Westen der britischen Inseln zeigte nur eine geringe Abnahme; doch deutete bereits das Zurückdrehen der westlichen Winde in eine südliche Richtung das Nahen einer neuen Depression an. Während der Nacht zum 8. trat denn auch ein ganz ungewöhnlich schnelles Sinken des Luftdruckes im nordwestlichen Europa ein, so u. A. in Mullaghmore an der westlichen irischen Küste bis zum anderen Morgen um rund 40 mm und befindet sich zu dieser Zeit zunächst noch über dem Meere im Nordwesten Irlands ein Luftdruck-Minimum von 705 mm.

Diese intensive Störung des atmosphärischen Gleichgewichtes brachte naturgemäss eine ausserordentlich heftige Luftbewegung mit sich und so herrscht bereits am Morgen des 8. über den britischen Inseln und dem Kanal schwerer Sturm, der stellenweise zum vollen Orkan ausartet. Das Sturmgebiet dehnt sich schnell nach Osten zu aus und so weht schon am Nachmittage in der deutschen Nordsee ein Südsturm und am Abend erstreckt sich das stürmische Wetter bis nach Süddeutschland hinein. Ueber Frankreich war der Sturm am 8. der heftigste, welcher seit dem Bestehen des dortigen meteorologischen Dienstes, d. i. seit 30 Jahren, aufgetreten ist. Im Laufe des Tages war das Minimum über Irland und die irische See bis in die Gegend von Liverpool fortgeschritten, das Barometer zeigt am Abend in Barrow-in-Furness einen Stand von nur 696 mm, welcher somit nur wenig den auf dem europäischen Festlande bisher als niedrigsten bekannten von 694 mm über Schottland am 26. Januar 1884 abends übersteigt.

Diese Erscheinung beherrscht zunächst gänzlich die Witterungslage Europas, sie bewegt sich vom 8. abends bis zum 10. langsam nach dem Skagerrak zu, allmählich an Tiefe abnehmend. Ihre Lage über der Nordsee am 9. bringt für die deutsche Nordseeküste anhaltenden, zum Theil starken Südweststurm mit sich; auch in ihrem Rücken, über Grossbritannien und Frankreich, dauerte an diesem Tage das stürmische Wetter noch fort.

Am 10. wendet sich die Bahn des Minimums plötzlich nach Norden und verläuft alsdann über dem norwegischen Meere. Mit diesem Tage lässt allgemein die Heftigkeit der Luftbewegung nach. Aber schon am Abend nehmen die Winde an den westeuropäischen Küsten wieder eine südliche Richtung an und am 11. morgens bemerken wir eine neue intensive Depression im Westen Schottlands, welche bis zum 12. wiederum westwärts unter zunehmender Tiefe nach der Nordsee fortschreitet, so dass am 12. Westdeutschland abermals von stürmischen südwestlichen Winden betroffen wird. Im Laufe dieses Tages bewegt sich das Minimum südostwärts nach Schleswig, wo es am Abend mit einer Tiefe von 729 mm liegt; gleichzeitig hat über Frankreich und Süddeutschland der Luftdruck etwas zugenommen und die Folge davon ist eine weitere Stärkezunahme der südwestlichen und westlichen Winde über Westdeutschland, so dass in Hamburg während zweier Stunden die mittlere Windgeschwindigkeit 29 Meter pro Sekunde erreicht. Am folgenden Tage wird auch die Ostsee von stürmischem Wetter betroffen, indem nunmehr das Luftdruck-Minimum mit abnehmender Tiefe in nordöstlicher Richtung über Südschweden und die nördliche Ostsee nach dem Weissen Meere zu fortschreitet.

Schon am 13. aber wird der westliche Theil Europas dem Einflusse dieser Depression entzogen, denn ein Vorläufer, IX*, eines noch über dem Ozean liegenden Minimums IX berührt bereits die westfranzösischen und südirischen Küsten. Es tritt derselbe am Abend als geschlossenes Minimum am Eingang des Kanals auf, verliert jedoch schon am 14. seine Selbstständigkeit, indem die Haupt-Depression weiter herannaht. Jenes Theilminimum verliert sich am 15. über der nördlichen Nordsee gänzlich, während an diesem Tage das Minimum IX mit grösserer Tiefe, nämlich etwa 738 mm, über dem südwestlichen England liegt, unruhiges Wetter über dem Kanal veranlassend. Auch diese Depression nimmt vom 15. an eine ziemlich geradlinige nordöstliche Bahn nach den Nordbotten zu an und bringt am 16. wiederum stürmischen Südwest an der deutschen Nordseeküste mit sich.

Im Rücken der Haupt-Depression erscheint am 15. über dem Atlantischen Ozean ein Ausläufer IX^b, welcher direkt die Witterungslage Zentral-Europas erst in der nächsten Epoche beeinflusst, aber Veranlassung zur Bildung eines neuen Theilminimums, IXe, am 16. in der Biscayasee giebt, das seinerseits bis zum 17. schnell über Südfrankreich und Süddeutschland bis nach der westpreussischen Küste hin fortschreitet.

Wohl finden wir während dieser Epoche in den Tagen vom 8. bis 12. auch ein Depressionsgebiet über dem ligurischen Meere, doch ist dies von keiner allgemeineren Bedeutung, obgleich das Minimum VII die grössere Tiefe von 744 mm erreicht. Interessant sind diese Erscheinungen jedoch insofern als der Zusammenhang ihrer Bildung und ihrer eventuellen Bewegungen mit den grossen Depressions-Erscheinungen des nördlicheren Europas nicht zu verkennen ist und sie daher ebenfalls eigentlich nur als Theilminima jener zu betrachten sind.

Während der dritten Epoche vom 18. bis 21. bildet sich allmählich ein Maximum des Luftdruckes im Nordwesten Europas heraus, während das Depressions-Gebiet im Nordosten sich erhält und die Zentral-Europa betreffenden Minima südlichere Bahnen über dem eigentlichen europäischen Kontinent einschlagen. Es sind dies insbesondere einerseits noch mit dem Minimum IX der vorigen Epoche in Zusammenhang stehende, andererseits dem atlantischen Depressions-Gebiet X angehörende sekundäre Bildungen. Zu den ersteren ist das Theilminimum IXe zu zählen, welches vom 17. abends bis zum 18. abends ausserordentlich schnell von der Bretagne über Norddeutschland nach den russischen Ostseeprovinzen fortschreitet und von stürmischen Winden am 18. morgens in Süddeutschland, am 18. abends in Ostdeutschland begleitet wird.

Sieht man von der flachen Depression IX^f ab, die vom 18. abends bis 19. abends über der westlichen Nordsee liegt, so nehmen die übrigen Minima der Epoche einen noch südlicheren Verlauf und sind die Veranlassung zu den ganz ausserordentlichen Schneefällen im deutschen Binnenlande.

Besonders die beiden Theilminima X^a und X^b gewinnen eine grössere Intensität. Indem das Luftdruck-Maximum über Irland an Höhe zunimmt und der höhere, 760 mm übersteigende Luftdruck sich nach Osten zu ausdehnt, tritt im Norden des Minimums X^a am 20. eine lebhaftere östliche Luftbewegung ein. Die Depression X^b hat am 21., über Piemont liegend, eine Tiefe von etwa 744 mm und veranlasst im nördlichen Italien ebenfalls vielfach stürmisches Wetter; bei ihrer darauf folgenden nördlich gerichteten Bewegung nimmt sie jedoch schnell an Tiefe ab.

Während an den beiden ersten Tagen der Epoche die Winde an der deutschen Küste unregelmässig sind, ist am 20. und 21. die östliche Luftbewegung daselbst vorherrschend. Wie schon bemerkt, dehnt sich der hohe Luftdruck allmählich über das Nord- und Ostseegebiet bis nach Grossrussland hin aus, indem gleichzeitig das eigentliche Maximum sich nach Süden verschiebt, und so findet sich am 21. abends sogar eine Zone 770 mm übersteigenden Luftdruckes von Westfrankreich über Nordwestdeutschland und die Ostseeländer sich erstreckend. Aber das Herannahen einer neuen Depression vom Ozean her hat in diesen Gegenden bald wieder erneutes Fallen des Barometers zur Folge; der höhere Luftdruck erhält sich schliesslich nur im Südwesten und Osten Europas, im Verlaufe der vierten Epoche, vom 22. bis 29., seine Lage in nord-südlicher Richtung verschiebend, während Zentral-Europa unter den Einfluss der nunmehr wieder etwas nördlicher verlaufenden Depressionen tritt.

Die am ersten Tage dieser Epoche über Irland liegende Depression XI verfolgt eine Bahn, welche besonders jener des Minimums VIII sehr ähnlich ist, die Abtrennung eines nach Norden verlaufenden Ausläufers am 22. ist ohne Einfluss auf die weitere Bewegungsrichtung. Das Luftdruck-Minimum passirt am 23. die nordwestdeutsche Küste und hat daselbst an diesem Tage umlaufende Winde zur Folge.

Während das folgende Minimum XII über den nördlichen Meeren verläuft und nur durch V-förmige Ausbuchtung der Isobaren und einen unbedeutenden Ausläufer die Witterungslage Zentral-Europas beeinflusst, tritt am 26. ein Minimum XIV vor dem Kanal in Erscheinung, welches schnell an Tiefe zunimmt und sowohl an der nordfranzösischen Küste als über dem südlichen England überaus starke Schneestürme veranlasst, die mehrtägige Störung des dortigen telegraphischen Betriebes zur Folge haben. Am 27. morgens liegt diese Depression mit 737 mm über Belgien und nimmt unter schneller Abnahme seiner Tiefe seine Bahn ebenfalls über Nordwestdeutschland und die Ostsee nach dem Weissen Meere zu.

Am Schlusse der Epoche entsendet eine wiederum im Nordwesten Europas vorüberziehende Depression XV einen Ausläufer über die Nordsee, der jedoch bereits am 30. über der Provinz Hannover verschwindet.

Mit Ausnahme des 23. und 27., an welchen Tagen theils umlaufende, theils östliche Winde in Nordwestdeutschland wehen, ist die westliche und südliche Windrichtung bei mässiger Stärke in diesem Zeitabschnitt vorherrschend.

Auch in dieser Epoche erhält sich das Depressionsgebiet über dem nördlichen Italien, jedoch ohne Einfluss auf die Witterung Zentral-Europas.

Am Beginn der fünften Epoche, welche die letzten beiden Tage des Monats enthält und sich auch noch über die ersten Tage des Januar erstreckt, nimmt der Luftdruck im Westen schnell zu; am 31. liegt ein ausgedehntes Maximum von 776 mm über der Nordsee und hoher Luftdruck herrscht über dem ganzen Erdtheile, doch erstreckt das über der Adria liegende Depressionsgebiet XVI seinen Einfluss bis auf Oesterreich-Ungarn und das östliche Deutschland.

Die Lage des Luftdruck-Maximums hat östliche und nördliche Winde an der deutschen Küste zur Folge, die im Westen schwach sind, im Osten jedoch stellenweise frisch wehen.

Die folgende Zusammenstellung ist den meteorologischen Bulletins von Hamburg, Skandinavien und Dänemark, London, Paris, Wien und St. Petersburg entnommen und enthält alle Beobachtungen stürmischer Winde (8 Beaufort und darüber), soweit es sich um europäische Stationen handelt. Da in Frankreich, Spanien, Portugal, Italien und Russland die Schätzung der Windstärke nicht nach genau derselben Skala, wie in den übrigen Ländern, zu geschehen scheint, so sind in Kursiv-Schrift aus Frankreich, Spanien und Portugal noch alle Windstärken 7, aus Russland und Italien alle Stärken 6 und 7 hinzugefügt.

1. Morg.: Borkum NW 8; — *Ilangö SW 6, Helsingfors SW 6, Pernau SW 6, Windau SW 6, Petrosawodsk WSW 6.*

Nm.: Stornoway NNW 10.

Ab.: Rügenwaldermünde W 8; — Skagen NW 8, Samsö WNW 8, Hammershus SW 8, Göteborg WSW 8, Carlshamn WSW 8; — Nairn NNE 9, Ardrossan WNW 8, Mullaghmore NW 8, Belmullet NW 8.

2. Morg.: Samsö S 8; — *Ouessant N 7, Cap Béarn NW 7, Croisette NW 7;* — Lesina SSE 9, St. Gotthard N 8; — *Kuopio SW 6, Tammerfors SSW 6, Ilangö SW 8, Helsingfors SW 10, Pernau SSW 7, Windau SW 7, Wyborg SW 6, Sardowala SSW 8, Ssermaxa SSW 8, Powenez SW 6, Totma W 7.*

Ab.: *Ile Sanguinaire WSW 7.*

3. Morg.: *Marseille NW 7;* — St. Gotthard N 8; — *Hangö S 7.*
Ab.: Skudesnäs WSW 9, Oxö SW 8; — *Pesaro SW 6.*

4. Morg.: Oxö SSW 8, Faerder SSW 10, Skagen SW 8, Samsö SSW 8; — *Ouessant S 7;* — *Pesaro NNW 7;* — *Helsingfors W 6,* Ssermaxa SW 8, *Totma SW 6, Wjälka WSW 7.*
Nm.: Borkum SSW 8.
Ab.: Faerder S 9, Christiania SSW 9, Skagen SW 8, Fanö SW 6, Hernösand SSW 8, Carlstad SW 8; — *Gris-Nez SSW 7, Er-Hastellic N 7.*

5. Morg.: Hernösand S 8; — *Cleaborg SW 6, Helsingfors SW 7, Pinsk NE 6.*
Ab.: Oxö WSW 8, Faerder SSW 8; — *Brindisi SW 6.*

6. Morg.: Swinemünde SSW 8, Wustrow SW 8, Kiel SW 8, Hamburg SW 8, Keitum W 8, Helgoland W 8, Wilhelmshaven SW 8, Borkum SW 8, Münster SW 8, Kassel SSW 8; — Skudesnäs WNW 8, Oxö W 8, Vestervig SW 8, Fanö WSW 8, Samsö WSW 8, Bogö SW 10, Hammershus SW 10, Göteborg SSW 8; — *Servance W 7;* — *Hangö SW 6.*
Nm.: Memel SSW 9, Neufahrwasser WSW 9, Swinemünde WSW 8, Helgoland W 8; — Scilly WSW 8.
Ab.: Memel SW 9, Rügenwaldermünde W 8, Kiel W 8, Königsberg SW 8; — Christiansund WSW 8, Faerder WSW 8, Bogö W 8, Hammershus SW 8, Wisby W 8, Carlshamn W 8; — Pembroke WSW 8, Scilly WSW 8; — *Gris-Nez WSW 7,* Ouessant WSW 8.

7. Morg.: Hamburg SW 8, Münster SW 8, Kassel SSW 8, Hannover W 8, Königsberg SW 8, Kaiserslautern SW 8, Karlsruhe SW 9; — Säntis W 8; — Christiansund W 8, Faerder WSW 8; — Holyhead WNW 8, Scilly WNW 9; — *Gris-Nez W 7, Ouessant WNW 7, Ile d'Aix WSW 7, Nancy SSW 7;* — *Pernau WNW 7, Welikije Luki SSW 7,* Ssermaxa SSE 8.
Nm.: Kaiserslautern WSW 8; — Säntis WSW 8; — Scilly WNW 8; — Rochefort WNW 8.
Ab.: Swinemünde SW 8, Münster WSW 8, Königsberg S 10, Karlsruhe SW 9, Friedrichshafen SW 8; — Christiansund WSW 9; — *Gris-Nez WNW 7, La Hève WNW 7, Ouessant S 7, Puy-de-Dôme W 7.*

8. Morg.: Christiansund SW 8, Faerder WSW 8; — Stornoway E 9, Aberdeen SE 9, Spurnhead SSE 10, Mullaghmore SSE 8, Belmullet WSW 12, Barrow-in-Furness S 8, Holyhead WSW 9, Parsonstown SSW 9, Valencia WSW 10, Roches Point W 8, Pembroke WSW 10, Scilly W 11, Prawle Point WSW 8, Jersey WSW 8, Hurst Castle SW 11, Dungeness SSW 10, London S 8, Oxford SSW 9, Yarmouth S 8; — *Dunkerque S 7, Gris-Nez SSW 7, La Hève SSW 8, Cherbourg SSW 8, La Hague SW 9, St. Mathieu WSW 8, Ouessant WSW 9, Lorient SW 8, Le Grognon WSW 8, Er-Hastellic WSW 9, Le Mans SSW 7, Ile d'Aix SW 7,* Chassiron SW 8, *Puy-de-Dôme SW 7.*
Nm.: Helgoland S 9, Borkum S 9; — Skudesnäs ESE 8; — Stornoway ENE 10, Mullaghmore NW 8, Belmullet NNW 8, Holyhead SW 11, Valencia WNW 11, Scilly W 11, Jersey WSW 10; — Rochefort WSW 11.
Ab.: Swinemünde S 9, Kiel S 8, Hamburg S 9, Cushaven SSE 9, Keitum SSW 9, Borkum SW 9, Hannover S 8, Kaiserslautern SW 8, Karlsruhe SW 9; — Skudesnäs ESE 10, Oxö ESE 10, Faerder SE 9, Skagen S 8, Vestervig SE 8, Fanö S 8, Samsö S 10, Kopenhagen S 8, Bogö SSE 10, Hammershus S 8, Göteborg S 10, Carlshamn SSW 8; — Sumburgh-Head E 9, Stornoway NE 10, Spurn-Head S 9, Longborough SW 8, Mullaghmore NNW 8, Belmullet NW 10, Donaghadee SW 8, Barrow-in-Furness W 11, Holyhead WSW 10, Valencia WNW 10, Roches Point WNW 8, Pembroke WSW 11, Scilly W 11, Prawle Point WSW 10, Jersey WSW 10, Hurst Castle W 10, Dungeness WNW 10; — Dunkerque SW 8, Gris-Nez W 9, Boulogne W 9, La Hève WNW 9, Cherbourg WSW 9, *Saint-Mathieu NW 7,* Ouessant W 9, *Lorient W 7, Le Grognon WNW 7,* Er-Hastellic WNW 9, *La Coubre WNW 7,* Biarritz SW 8, Limoges SW 9, Clermont SW 8, *Nancy S 7,* Besançon SSW 8, *Lyon SSE 7,* Servance SW 9, Puy-de-Dôme WSW 9, *Pic-du-Midi W 7;* — *Palma W 7.*

9. Morg.: Hamburg SSW 8, Keitum SSW 9, Helgoland SW 9, Wilhelmshaven SSW 8, Borkum SSW 11, Münster SSW 8, Vliessingen SW 8; — Brüssel SW 8, Vliessingen SW 8, Helder SW 8; — Oxö SSE 10, Faerder SSE 8, Skagen S 8, Vestervig ESE 8, Fanö SSW 8, Samsö SSE 10, Bogö S 8; — Ardrossan NW 9, Malin-Head NNW 9, Mullaghmore NW 8, Donaghadee N 10, Barrow-in-Furness WSW 9, Holyhead NW 11, Scilly NW 9, Jersey W 9, Hurst Castle W 10, Dungeness W 10; — Dunkerque SW 8, Gris-Nez SW 9, Boulogne SW 9, La Hève WNW 9, Cherbourg SW 9, Brest W 8, Ouessant NW 8, Le Grognon NW 8, Er-Hastellic NW 7, Ile d'Aix WSW 7, Chassiron W 9, Biarritz NW 9, *Ile Sanguinaire SW 7,* Servance SW 9, Puy-de-Dôme W 8; — *Madrid*

NW 7, Coruña W 7, Barcelona W 8; — *Hangö SSE 7, Helsingfors SSE 7, Pernau SSE 6,* Ssermaxa WSW 8, *Wjatka SSW 7.*

Nm.: Swinemünde S 8, Hamburg S 9, Keitum SW 10, Helgoland SW 10, Borkum SW 9, Kaiserslautern SW 8; — Ardrossan WNW 9, Mullaghmore WNW 8, Belmullet N 9, Holyhead WNW 9, Scilly NW 8; — Rochefort WNW 9.

Ab.: Hamburg SSW 9, Cuxhaven SW 8, Keitum SW 8, Borkum SW 9, Münster SW 9, Kaiserslautern SW 8, Karlsruhe SW 9; — Oxö SE 8, Faerder SSE 8, Skagen S 8, Fanö SW 8, Samsö S 10, Bogö SSW 8, Göteborg S 10, Carlshamn SSW 8; — Spurn Head WNW 8, Mullaghmore NW 8, Belmullet NNW 8, Barrow-in-Furness W 9, Liverpool W 8, Scilly NW 9; — *Charleville W 7,* Dunkerque NNW 8, *Boulogne WNW 7,* La Hève WNW 8, *Cherbourg SW 7, Saint-Mathieu NW 7, Er-Hastellic NNW 7, Ile d'Aix WNW 7, Chassiron W 7,* Biarritz W 9, *Ile Sanguinaire WSW 7,* Servance NW 9; — *Livorno N 6,* Neapel SW 8.

10. Morg.: Faerder SSE 8, Skagen SW 8, Bogö SW 8, Göteborg S 8; — *Cherbourg NNW 7,* Biarritz WSW 8, *Clermont WSW 7, Ile Sanguinaire NNW 7,* Servance S 8; — Punta d'Ostro S 8; — *Sardowala S 6,* Ssermaxa S 8.
Ab.: De Sanguinaire WNW 8, *Puy-de-Dôme WSW 7,* Servance S 9; — *Neapel WNW 7.*

11. Morg.: Servance S 8; — *Ssermaxa S 6, Totma SW 6, Efremow SSE 6, Koslow SSE 6.*
Nm.: Säntis WNW 8.
Ab.: Samsö S 8; — *Lorient SW 7, Le Grognon WSW 7,* Er-Hastellic SW 8, Servance S 9, Puy-de-Dôme WSW 8.

12. Morg.: Münster W 9, Altkirch SW 9, Kaiserslautern W 8, Karlsruhe SW 9, München SW 8; — Samsö SSE 8, Göteborg S 8; — Pembroke SSW 8, Scilly W 8; — *Gris-Nez W 7,* Boulogne W 8, *La Hève WNW 7, Cherbourg W 7, La Hague W 7,* Ouessant W 8, *Lorient WSW 7,* Clermont WSW 8, Servance S 9, Puy-de-Dôme WNW 9; — *Pernau SW 6,* Ssermaxa SW 8.
Nm.: Helgoland WSW 9, Borkum SW 9; — Säntis W 8.
Ab.: Hamburg SW 10, Cuxhaven SW 8, Wilhelmshaven WSW 8, Borkum W 9, Hannover W 8, Altkirch W 8, Karlsruhe SW 9, Friedrichshafen SW 9; — Bogö SSW 8, Carlshamn SSW 8; — Scilly W 9, Jersey W 8; — Boulogne W 8, *La Hève WNW 7, Cherbourg W 7, La Hague W 7,* Ouessant W 7, Servance SSW 8, Puy-de-Dôme W 8.

13. Morg.: Rügenwaldermünde WSW 8, Swinemünde WSW 8, Karlsruhe SW 9, München W 8; — Bogö W 8; — *Boulogne W 7,* Servance S 8; — *Hangö SSE 6.*
Nm.: München W 8.
Ab.: Upsala NNE 8; — Saint-Mathieu WNW 8, Ouessant W 8, Lorient SW 8, *Le Grognon WNW 7, Nantes SW 7,* Servance SSW 7, Puy-de-Dôme WSW 8; — *Malta NW 6.*

14. Morg.: Königsberg W 8, Karlsruhe SW 9; — Belmullet E 10, Donaghadee E 8; — *Ouessant W 7,* Servance SW 8, *Puy-de-Dôme WSW 7;* — *Hangö SSE 7, Helsingfors S 7, Sardowala S 6.*
Nm.: Mullaghmore E 8, Belmullet E 10.
Ab.: Mullaghmore E 8, Belmullet E 10; — *Servance NW 7.*

15. Morg.: Scilly WNW 8; — *Er-Hastellic WSW 7, Ile d'Aix WSW 7.*
Nm.: Säntis SW 8; — Mullaghmore ENE 8, Dungeness WSW 9; — Rochefort W 8.
Ab.: Altkirch WSW 8; — Oxö NE 8; — Dungeness WSW 9; — *Gris-Nez WSW 7, Boulogne WSW 7.*

16. Morg.: Borkum SW 9; — Samsö S 8; — Puy-de-Dôme SSE 8; — *Barcelona SW 7.*
Nm.: Keitum WSW 8, Helgoland WSW 8; — Rochefort NE 8.
Ab.: Carlshamn WNW 10; — *Cette NW 7, Croisette SW 7,* Puy-de-Dôme WSW 8; — *Livorno ESE 6.*

17. Morg.: Herööand NE 8; — *Livorno SW 6;* — *Hangö S 6, Helsingfors SSW 6, Pernau SSW 6.*
Nm.: Skudenäs WNW 8.
Ab.: Skagen NW 8, Haparanda E 8; — *Nantes SSW 7.*

18. Morg.: Kaiserslautern SW 8, Karlsruhe SW 9; — Haparanda ENE 8; — *Hangö SW 7, Pernau SW 7,* Ssermaxa W 8, *Petrosawodsk W 6, Wjatka WSW 6, Brjansk SW 7, Koslow S 7.*
Nm.: Haparanda NE 8.
Ab.: Rügenwaldermünde W 8, Königsberg W 10.

19. Morg.: Coruña NE 7; — *Wilna WSW 6, Nowgorod SSW 7, Lgow S 6, Orenburg SW 6.*
Nm.: Rochefort NE 8.

20. Morg.: *Rom SSE 6;* — St. Gotthard S 8; — *Wjatka S 7, Orenburg SSW 6.*
 Nm.: Säntis SW 8.
 Ab.: *Palermo SW 7.*
21. Morg.: Bamberg N 9; — *Rochefort N 7, Nancy N 7, Cap Béarn NNW 8, Croisette NW 7, Sicie NW 7, Ile Sanguinaire W 7, Puy-de-Dôme WNW 7;* — San Fernando SSW 9; — Turin W 7, *Livorno W 7;* — St. Gotthard N 8.
 Nm.: Stornoway S 9.
 Ab.: Stornoway S 9, Ardrossan SSW 8; — Cap Béarn NNW 8, Marseille NW 8, *Puy-de-Dôme NNW 7, Ile Sanguinaire W 8, Florenz SW 7, Livorno WSW 7, Cagliari W 6.*
22. Morg.: Florö ESE 8, Skudesnäs SSE 8; — Barrow-in-Furness SE 9, Roche's Point SW 8; — *Marseille NW 7, Croisette NW 8, Skid NW 7, Puy-de-Dôme WNW 7;* — St. Gotthard N 8.
 Nm.: Skudesnäs SSE 9; — Holyhead W 9, Scilly WNW 9.
 Ab.: Skudesnäs SSE 9; — Liverpool W 8, Holyhead WNW 9, Scilly NW 8; — *Cherbourg WNW 7, La Hague WNW 7, Er-Hastellic WSW 7, Marseille NW 7, Croisette NW 7;* — *Malta NW 6.*
23. Morg.: Kassel S 8, Karlsruhe SW 9; — Säntis W 8; — Yarmouth NW 8; — *Dunkerque NW 7,* Boulogne NW 8; — *Hangö SSE 6,* Helsingfors S 8, *Charkow ESE 6.*
 Nm.: Säntis W 8.
 Ab.: *Dunkerque W 7.*
24. Morg.: Skudesnäs SSE 8; — Koslow ESE 8, Poti E 8.
 Nm.: Säntis W 8.
 Ab.: *Cherbourg NW 7, La Hague NW 7, Puy-de-Dôme W 7.*
25. Morg.: Borkum NW 9; — Säntis W 8; — *Cap Béarn N 7.*
 Nm.: Säntis W 8.
 Ab.: *Pesaro NW 6, Cagliari WNW 6.*
26. Ab.: Scilly N 10, Hurst-Castle SE 8; — *Boulogne SE 7, Cherbourg S 7, La Hague S 7,* Lorient S 8, Le Grognon W 8, *Er-Hastellic W 7, Nantes SSW 7, Chassiron S 7;* — *Brindisi NW 6.*
27. Morg.: Scilly NNW 8, Dungeness N 8; — Dunkerque N 8, Gris-Nez N 7, Boulogne N 9, La Hève NW 8, Cherbourg NW 8, La Hague NW 8, *Er-Hastellic NNW 7, Le Mans SW 7, Chassiron NW 7, Nancy SW 7, Briançon N 7, Puy-de-Dôme W 7.*
 Nm.: Säntis W 8; — Belmullet W 8; — Rochefort NW 8.
 Ab.: Karlsruhe SW 9, Friedrichshafen SW 9; — Belmullet W 8; — *Dunkerque NW 7,* Boulogne NNW 8, *Marseille NW 7, Puy-de-Dôme WNW 7.*
28. Morg.: Skudesnäs SE 8; — Belmullet WNW 9; — *Croisette NW 7;* — *Brindisi SE 6, Livorno NW 6.*
 Nm.: Skudesnäs ESE 8; — Belmullet WNW 8, Scilly NW 8.
 Ab.: Mullaghmore W 8, Belmullet WNW 10, Scilly WNW 9; — *Ouessant WNW 7, Puy-de-Dôme W 7.*
29. Morg.: Scilly NW 8; — *Cherbourg NW 7, La Hague NW 7, Ouessant NW 7,* Puy-de-Dôme WNW 8.
 Ab.: *Ouessant NW 7, Croisette NW 7,* Sicie NW 8, *Ile Sanguinaire NW 7; Cagliari W 6.*
30. Morg.: *Puy-de-Dôme WNW 7;* — *Cagliari WNW 6, Malta WNW 6;* — St. Gotthard N 8.
 Ab.: *La Hève NE 7.*
31. Morg.: *Malta WNW 6;* — St. Gotthard N 8.
 Ab.: Altkirch ESE 8, Friedrichshafen NE 9; — *Pesaro NE 7.*

2. Temperatur.

Mit dem Beginn des Monats macht sich über Zentral-Europa eine allmähliche Abkühlung bemerkbar und gewinnt ein am 2. im deutschen Binnenlande auftretendes Frostgebiet an weiterer Ausdehnung; dasselbe vereinigt sich schliesslich am 4. mit dem im Nordosten Europas lagernden Kältegebiet. An diesem Tage herrscht Frost über ganz Mittel-Europa und über dem grössten Theil von Frankreich, nach Südwesten sogar bis zum Golf von Biscaya. Diese Temperaturvertheilung hält bei dem ruhigen Wetter auch noch am 5. an. Mit dem 6. jedoch gewinnen die nördlichen Depressionen wieder an Einfluss, welcher sich zunächst durch starke Erwärmung im Nordsee- und Ostseegebiet, sowie im nördlichen Frankreich bemerkbar macht, während im mittleren Frankreich und südlichen Deutschland der Temperaturumschlag erst am 7. eintritt.

Von diesem Tage bis zum 17., also während der ganzen im ersten Abschnitt als zweite bezeichneten Epoche bleibt Mittel-Europa frostfrei. Das Wetter ist über Deutschland aussergewöhnlich mild, besonders in der Zeit vom 12. bis 15. finden sich die höchsten Temperaturen des Monats und übersteigt in diesen Tagen die Morgen-Temperatur die Normale stellenweise um 10° und darüber.

Mit dem 18. beginnt wiederum ein entschiedenes Sinken der Temperatur gleichzeitig mit der Entwickelung und Ausdehnung des Luftdruck-Maximums im Nordwesten und am 19. nimmt eine zweite Frostperiode über Deutschland ihren Anfang, die etwa bis zum 27. anhält, mit theilweiser Westdeutschland betreffender Ausnahme am 24. und 25. Die beiden folgenden Tage herrscht Thauwetter über Mittel-Europa bis nach den russischen Ostseeprovinzen hin, während die mit erneutem Vorrücken des westlichen Maximums verbundene östliche Luftströmung an den beiden letzten Tagen des Monats kältere Temperaturen herbeiführt und somit am 31. Deutschland und Ostfrankreich in das Frostgebiet hineinzieht.

Im Allgemeinen ist der Monat Dezember für Mittel-Europa als ein milder zu bezeichnen; auch für das europäische Russland verdienen die sehr erheblich über dem vieljährigen Mittel liegenden Temperaturen hervorgehoben zu werden.

---

8. Bewölkung, Niederschlag, Gewitter.

Während des ganzen Monats herrschte über Zentral-Europa, insbesondere über Deutschland, trübes und niederschlagreiches Wetter, als nothwendige Folge der oben besprochenen Druckvertheilung, nach welcher dieser Theil Europas fast dauernd unter dem Einfluss der Depressionen stand.

In den ersten Tagen erstrecken sich die Niederschläge zum Theil in Form von Schnee und Hagel meist auf die Küste Nordwestdeutschlands. Aus dem Binnenlande werden für diese Zeit nur wenige Niederschläge gemeldet, mit Ausnahme des Ostens, wo der Vorübergang des Minimums II° am 2. reichliche Schneefälle mit sich brachte.

Auch die Depression II. welche — von der Adria herkommend — Oesterreich-Ungarn und Polen passirte, veranlasste in ihrem Bereich starke Niederschläge, so auch am 4. und 5. über Schlesien starke Schneefälle.

Mit dem Beginn des unruhigen Wetters über Deutschland am 6. tritt auch ein besonders niederschlagsreicher Zeitabschnitt daselbst ein; im Allgemeinen sind jedoch zunächst in Ostdeutschland die Niederschläge seltener und weniger ergiebig als in Westdeutschland. Das Regengebiet erstreckt sich am 6. besonders über die westdeutsche Küste und verbreitet sich erst allmählich gleichzeitig mit dem weiter gehenden Einfluss der Depressionen nach Süden zu.

Die Depression IX° ruft bei ihrem südlichen Verlaufe am 16. heftige Regengüsse über Süddeutschland hervor; so meldet Karlsruhe für diesen Tag 43 mm Niederschlagshöhe. Diese Depression ist der Vorläufer der ebenfalls südliche Bahnen einschlagenden Minima der dritten Epoche, welche in den Tagen vom 18. bis 22. bei der nunmehr niedrigeren Temperatur die Veranlassung zu jenen aussergewöhnlichen Schneefällen in Süd- und Mitteldeutschland und dadurch zu ausgedehnten und anhaltenden Verkehrsstörungen gaben. Es betrugen in diesen Tagen an den der Seewarte berichtenden Stationen die Höhen des geschmolzenen Schneewassers: am 18. zu Altkirch 23 mm, am 19. zu Kaiserslautern

20 mm, zu Karlsruhe 36 mm, am 20. zu Altkirch 32 mm, zu Karlsruhe 35 mm, am
21. zu Chemnitz 57 mm, zu Grünberg 21 mm, zu Altkirch 39 mm, zu Karlsruhe
21 mm, zu Friedrichshafen 21 mm.

Wenn in den folgenden Tagen die Niederschläge auch nicht mehr so allgemein besonders starke sind, so dauert doch das zu Niederschlägen neigende Wetter bis zum 29. an, mit Ausnahme des 26., an welchem Tage nur sehr vereinzelt Schneefälle gemeldet werden. An den letzten beiden Tagen des Monats, also mit dem Vorrücken des westlichen Luftdruck-Maximums, tritt eine weitere Abnahme der Niederschläge ein.

Gewitter wurden beobachtet am 7. und 8. in der Helgoländer Bucht, ferner am 12. im Grossherzogthum Baden, im nördlichen Württemberg und in Franken; am 18. berichtet die württembergische Station Gaildorf vereinzelt über ein Gewitter.

II. Vorläufige Mittheilungen über das Wetter auf dem Nordatlantischen Ozean.

Zu den synoptischen Wetterkarten, auf welche die hier gegebenen Mittheilungen sich gründen, sind die Journale nachstehender Schiffe verwendet worden:

Dampfschiffe: Hohenzollern, Santos, Bahia, Nürnberg, Baltimore, Valparaiso, Pernambuco, Hannover, Lissabon, Köln, Massalia, Paranagua, Menes, Erna Woermann, Corrientes, Thuringia, Graf Bismarck, Petropolis, Braunschweig, Hesperia, Hohenstaufen, Berlin, Argentina, Frankfurt, Hamburg, Fulda, Ems, Rhätia, Eider, Polaria, Suevia, Hungaria, Rugia, Amerika, Slavonia, Werra, Aller, Moravia, Wieland, California, Hermann, Saale, Westphalia, Australia, Gellert, Albingia, Main, Rio, Polynesia, Weser, Bohemia, Saxonia, Bavaria.

Segelschiffe: Shakspere, Polynesia, Amaranth, Deutschland, Paula, George Washington, Wilhelm, Hermann, Victoria, Emilie, Van den Bergh, Caroline Behn, Hedwig, Magdalene.

1. Die erste Epoche des Dezember, welche die Zeit vom 1. bis zum 5. dieses Monats umfasst, hatte eine ähnliche Wetterlage wie die letzte Epoche des November, doch erstreckte sich das Gebiet hohen Luftdrucks auf der Mitte des Ozeans, dessen Maximum von etwa 775 mm Höhe nördlich von den Azoren lag, jetzt über die Grenze der Mittelzone hinaus in höhere Breiten. In Folge dessen bestanden zwei getrennte Gebiete niedrigen Drucks, eines an der Ost-, ein anderes an der Westseite des Maximums. Das Minimum der östlichen Depression lag meistens über dem Festlande, nur am 3. und 4. Dezember ausserhalb der Küste und erreichte auch dann vor dem Kanal kaum eine Tiefe von 755 mm. Der nördliche, bis in die Passatregion durchstehende Wind, den die Druckvertheilung auf dem Meeresstriche zwischen der europäischen Küste und etwa 25° w. L. hervorrief, wehte vielfach steif, mit Böen und Staubregenschauern, ohne jedoch die Stärke 7 zu überschreiten. Die westliche Depression, dessen Minimum zu 747 mm beobachtet wurde, bewegte sich langsam von Kap Cod längs der amerikanischen Küste nach der Neufundland-Bank. Die südwestlichen Winde ihrer Vorderseite waren von starken Regenfällen begleitet; an ihrer Rückseite folgte ein heftiger, mehrere Tage anhaltender Sturm aus West bis Nordwest mit Schneegestöber. Beim Vorübergang des Minimums fanden heftige Gewitter statt. Am Südrande der Mittelzone, in 30° n. Br. und 40° w. L., hatte das Schiff »Polynesia«, unter der

Einwirkung einer südlich von ihm befindlichen dritten Depression, derselben, die schon in den letzten Tagen des November in diesem Theile das Passatgebiets vorhanden war, am 1. und 2. Dezember Sturm aus Ost mit heftigen Regenböen. Auf dem grössten Theile des Ozeans herrschte jedoch während der Epoche ziemlich ruhiges Wetter.

2. Vom 4. Dezember an, als die westliche Depression die Höhe der Neufundland-Bank erreicht hatte, begann dieselbe sich rascher fortzubewegen; der hohe Luftdruck über dem Nordmeere, welcher die östliche von der westlichen Depression getrennt gehalten hatte, verschwand, und es stellte sich die Wetterlage her, welche die den Zeitraum vom 6. bis zum 15. Dezember umfassende zweite Epoche kennzeichnete. Das Gebiet, wo der Luftdruck beständig hoch blieb, lag während dieser Zeit erheblich südlicher als vorher, zwischen den Azoren und den Kanarischen Inseln. Hier erreichte der beobachtete höchste Barometerstand bis zum 12. Dezember 776 bis 770 mm. Ein zweites, weniger beständiges Maximum erschien am 8. am südlichen Theil der atlantischen Küste der Vereinigten Staaten und nahm, ostwärts fortschreitend, am Ende der Epoche die Gegend südwestlich von den Azoren ein. Am Nordwest- und Nordrande des Gebietes hohen Luftdrucks entlang zogen mehrere Depressionen, von denen die erste — dieselbe, die während der ersten Epoche unter der amerikanischen Küste lag, — schon am 6., die zweite am 8., die dritte am 11. und die vierte am 15. Dezember die britischen Inseln erreichte. Auf dem grössten Theile ihres Weges über den Ozean berührten sie die Mittelzone nur mit ihrer Südhälfte, so dass hier die Windrichtung vorherrschend westlich war, schwankend aber zwischen Süd und Nordwest. Nur in den amerikanischen Gewässern traten in Folge der südlicheren Lage der Bahn der Minima an mehreren Tagen, nämlich am 6. und 7. und am 12. und 13., ziemliche beständige östliche Winde auf. Die Grenze des Passats lag meistens südlich von 30° n. Br. Die Witterung war im Vergleich zu der der vorhergehenden Epoche sehr stürmisch. Insbesondere wurde der nordöstliche Theil der Mittelzone von anhaltend sehr schwerem Wetter betroffen, und waren es hier vornehmlich zwei Depressionen, die sich durch die orkanartigen Stürme, von denen sie begleitet waren, und durch die von letzteren verursachten ungemein grossen Schiffsverlüste auszeichneten.

Die erste Depression kam, wie es scheint, aus dem Meeresstriche zwischen der amerikanischen Küste und den Bermudas Inseln. In nordöstlicher Richtung fortschreitend kreuzte das Minimum während der Nacht vom 5. zum 6. Dezember den Parallel von Kap Henry und in der Nacht vom 6. zum 7. die Neufundland-Bank. Am Morgen des 8. Dezember befand es sich, nachdem es den Ozean mit sehr grosser Geschwindigkeit durchzogen hatte, schon unweit der Westküste Schottlands; dann zog es, mit einer Biegung seiner Bahn nach Südosten die britischen Inseln und die Nordsee überschreitend, den skandinavischen Gewässern zu. Die Tiefe der Depression war anfänglich nur wenig unter 760 mm, obgleich auffälligerweise schon damals die begleitenden Winde von sehr grosser Stärke waren; auf dem Wege über den Ozean nahm sie jedoch rasch zu und erreichte, wie bereits an einer früheren Stelle berichtet wurde, in England den aussergewohnlichen Betrag von 696 mm. Der ausserordentlichen Tiefe des Minimums entsprechend war der Sturm vom 8. bis 9. Dezember der schwerste und verheerendste, welcher die britischen Gewässer seit langer Zeit betroffen hatte.

Die zweite, wegen des stürmischen Wetters in Mittel-Europa bemerkenswerthe Depression erschien am 11. östlich von Neufundland und erreichte, in nahezu Ost-Richtung fortschreitend, am 15. Dezember die britische Küste.

Der Sturm, welcher sie begleitete, war ebenfalls auf dem grössten Theile ihres Weges über den Ozean nicht besonders heftig, wuchs aber in den europäischen Gewässern wieder zu grosser Stärke an, wenn schon er auch hier nicht so verheerend auftrat wie der vom 8. und 9. Dezember.

Ein Bild des in dem Bereiche der beiden erwähnten Depressionen herrschenden Wetters ergiebt sich aus den nachstehenden Auszügen aus den Schiffs-Journalen.

Segelschiff »Hedwig«. Dezember 5 in 37° n. Br. und 71° w. L.: Seit dem Vormittage Sturm aus Ost, allmählich südlicher drehend; unaufhörlicher Regen. In der Nacht zum 6., während der Wind südwestlich holt, Gewitter, Elmsfeuer und strömender Regen.

Dezember 6 in 38° n. Br. und 70° w. L.: Wind umlaufend, wechselnd zwischen Südwest, Nordwest und Nordost, bald Stille, bald Sturm; Gewitter und Regenströme. Das Schiff arbeitet furchtbar und ist nicht zu regieren, da die See von allen Seiten über das Schiff zusammenbricht und der Wind bald von dieser, bald von jener Seite hereinbricht. Barometer stetig, fällt kaum unter 760 mm.

Dezember 7 in 38° n. Br. und 68° w. L.: Bis 10ʰ a. m. Mallung; bald Stille, bald steife Briese; dann Sturm aus Südsüdwest bis Westsüdwest 9 mit heftigen Böen. Während der Nacht Wind nach West und abflauend. Das Barometer bleibt stetig und fällt nicht unter 758 mm.

Segelschiff »Hermann«. Dezember 6 in 41° n. Br. und 64° w. L.: In der Nacht (vom 5.) Sturm aus Südost bis Südsüdwest mit heftigem Regen; aus Südsüdwest gegen 8ʰ a. m. für einige Zeit zum vollen Orkan anwachsend, obschon das Barometer nicht unter 758 mm fällt. Nachmittags Wind rasch abnehmend und wieder aus Nordost durchkommend; Regen.

Dezember 7 in 41° n. Br. und 63° w. L.: Nachts Wind durch Südost wieder nach Südwest drehend; beständiger, heftiger Regen; anhaltend Blitzen am südlichen Horizont, Elmsfeuer auf allen Toppen und Raanocken. Gegen 5ʰ a. m. Wind mit einem Male wieder mit Stärke 7 aus Nordost. Mittags heftiger Sturm aus Ostnordost, sehr wilde, durcheinander laufende See. Nachmittags Regen nachlassend und Luft abklarend. Der Wind holt südöstlich und nimmt ab; gegen 6ʰ p. m. holt er auf Südwest, aus welcher Richtung er während der Nacht abermals zum Sturme anwächst. Das Barometer fällt nicht unter 755 mm und beginnt am 8. Dezember zu steigen; der Wind holt dann nach West und nimmt zur mässigen Briese ab.

Segelschiff »Emilie«. Nahe der amerikanischen Küste bei Sandy Hook am 5., 6. und 7. Dezember anhaltender Sturm aus Nordost bis Nord, mehrere Male für längere Zeit zur Stärke 11 anwachsend, erst mit dichtem Schneetreiben, später mit Regen. Das Barometer steht beim Beginn des Sturmes auf 774 mm, sinkt allmählich, aber nicht unter 757 mm. Am Abend des 7. holt der Wind nordwestlich und mässigt sich, bei steigendem Barometer, zu einer steifen Briese.

Dampfer »Ems«, westwärts fahrend. Am 5. Dezember von 10ʰ p. m. an schwerer Sturm aus Südsüdost. Gegen 2ʰ a. m. des 6. — in 41° n. Br. und 67° w. L. — plötzlich still; dann der Wind von Nordnordwest allmählich zur Stärke 9—10 zunehmend, später nach Nordost holend und aus dieser Richtung abflauend. Bis 6ʰ a. m. anhaltender Regen, später Hagel und Schnee. Niedrigster Barometerstand 748.4 mm.

Dampfer »Slavonia«, ostwärts. Dezember 7 in 56° n. Br. und 20° w. L.: Stürmischer Wind von Westsüdwest über Süd und Ost nach Nord laufend; Barometer sehr rasch fallend. In der Nacht und am folgenden Tage orkanartiger

Sturm aus Nordnordwest (11). Tiefster Barometerstand um 2^h a. m. des 8. Dezember in 57° n. Br. und 19° w. L. gleich 713 mm.

Segelschiff »Deutschland«. Dezember 7 in 49° n. Br. und 17° w. L.: Barometer bis 8^h a. m. hoch, dann bei südlich drehendem, zunehmendem Winde rasch fallend; drohende Luft. Abends Sturm aus Südwest mit sehr schweren Böen; hohe, anwachsende See. Um 10^h p. m. holt der Wind nach West; das Barometer trotzdem noch immer fallend.

Dezember 8 in 49° n. Br. und 13° w. L.: Orkanartiger Sturm aus West bis Westnordwest mit entsetzlich schweren Hagelböen; gewaltige See. Barometer um Mitternacht 738 mm. Benutzten beim Lenzen mit gutem Erfolge Oel zur Beruhigung der Wellen.

Dezember 9 in 49° n. Br. und 10° w. L.: Unverändert orkanartiger Sturm aus Westnordwest mit furchtbaren Hagelböen. Um 1^h a. m. legten das Schiff an den Wind. Barometer jetzt im Steigen begriffen. Nach 8^h p. m. Sturm abnehmend, doch noch immer sehr hohe See; hielten ab.

Segelschiff »Amaranth«. Dezember 8 in 45° n. Br. und 19° w. L.: Wind West 9 bis Westnordwest 11, Barometer 756 mm. Orkanartige Hagelböen aus Nordnordwest bis Nordwest. Legten wegen der sehr hohen nördlichen See das Schiff an den Wind.

Dezember 9 in 44° n. Br. und 19° w. L.: Nachts noch orkanartiger Sturm aus Nordwest, aber morgens nachlassend und später zu mässiger Briese aus Südwest abflauend; anhaltender Regen.

Dampfer »Aller« geräth, von Westen kommend, in der Nacht vom 7. zum 8. Dezember, in etwa 50° n. Br. und 15° w. L., in den Bereich des Unwetters. Hat schweren Sturm aus Nordwest (11) mit orkanartigen Hagelböen.

Dampfer »Saxonia« wird von dem Orkan am 8. Dezember eben ausserhalb des Kanals betroffen. Das Schiff nimmt zwei Sturzseeen über, wodurch Boote, Kajüte, Ruderhaus, Kartenzimmer und Messeraum eingeschlagen werden.

Dampfer »Baltimore«, von Brasilien nach Antwerpen. Dezember 8 in 48° n. Br. und 6° w. L.: Wind Südwest 9 bis Westnordwest 10, harter Sturm, sehr hoher Seegang. Sahen uns genöthigt, den Kopf des Schiffes gegen die See zu legen. Das Schiff arbeitet gewaltig, bemeistert jedoch die ausserordentlich schweren heranrollenden Brechseeen vortrefflich und nimmt verhältnissmässig wenig Wasser über. Während der Nacht grelles Blitzen in Südost und Nordwest. Der schwere Sturm hält bis zum Mittage des nächsten Tages an; darauf nimmt der Wind ab. Niedrigster Barometerstand um 2^h a. m. des 9. Dezember gleich 733.2 mm.

Dampfer »Bahia«, von St. Vincent nach Hamburg bestimmt, ist ausserhalb des Kanals von 8^h a. m. des 8. bis zum Mittage des 9. Dezember ebenfalls durch die ungemein schwere See, welche den orkanartigen Sturm begleitet, zum Beiliegen genöthigt. Berichtet gleichfalls von starkem Blitzen und Elmsfeuern auf beiden Toppen und Raanocken.

Dampfer »Bavaria«, von Hamburg über Havre nach St. Thomas. Dezember 7, nachmittags, zwischen Weser-Feuerschiff und Texel: Stürmischer Wind aus Nordnordwest bis West, Hagel und Regen, Blitzen, Böen; zeitweilig bis zur Stärke 10 zunehmend. Barometer allmählich von 738.8 bis 745.9 mm steigend.

Dezember 8, in der Nordsee, südwestlich von Texel: In der Nacht südlich krimpender, zunehmender Wind mit Regenböen, bei rasch fallendem Barometer. Seit 8^h a. m. Sturm aus Süd, anwachsend zu orkanartiger Stärke und südöstlich drehend. Luft mit Wasserstaub angefüllt, so dass keine Schiffslänge weit zu sehen ist. Grösste, vollen Orkan erreichende Gewalt des Windes zwischen 11^h a. m. und

1^h p. m. aus Südost zu Süd. Barometer 726.8 mm. Gegen 2^h p. m. Wind nach Südwest, erst abnehmend; das Barometer bleibt aber langsam beim Fallen und nach 8^h p. m. wird der Sturm aus Südwest wieder orkanartig.

Dezember 9, in der Nordsee, zwischen Texel und Gabbard-Bank: Bis 6^h a. m. orkanartiger Sturm aus Südwest bei bedecktem Himmel und fallendem Barometer. Tiefster Stand um 6^h gleich 714.6 mm. Darauf wird der Wind mit zunehmendem Luftdruck leichter und holt nachmittags durch West nach Nordnordwest, aus welcher Richtung er noch einmal, aber nur für kurze Zeit zum heftigen Sturme anwächst. (Das Dampfschiff ›Bavaria‹ erlitt in dem Sturme eine schwere Beschädigung des Buges, so dass es in Havre zu einer grösseren Reparatur genöthigt war.)

Segelschiff ›Shakspere‹, ebenfalls im südwestlichen Theile der Nordsee.

Dezember 7: Sturm aus Nordnordwest (9).

Dezember 8: Während der Nacht schnell zum Sturme zunehmender und durch West nach Südsüdost krimpender Wind. Drehten um Mittag, etwa 50 Sm. nordwestlich vom Terschelling-Leuchtthurm bei, um das Wetter vorübergehen zu lassen. Nachmittags orkanartiger Sturm aus Süd mit furchtbaren Windstössen. Gegen Abend heftiges Blitzen in allen Richtungen, der ganze Horizont ein Flammenmeer; die See furchtbar aufgeregt und von ockergelber Farbe. Barometer sehr rasch fallend, in den acht Stunden von 4^h a. m. bis Mittag um 25.8 mm. Niedrigster Stand um Mitternacht 713.8 mm.

Dezember 9: Den Tag über bei beständig niedrigem Luftdruck anhaltend schwerer Sturm aus Süd bis Südwest; erst nach 8^h p. m. bei rascher steigendem Barometer Sturm abnehmend ohne Richtungsänderung des Windes.

Um dieselbe Zeit, als im nördlichen Theile des Ozeans der schwere Sturm wüthete, fand auch in der Passatregion wieder eine auffallige Störung des Wetters statt. Das Schiff ›Magdalene‹, welches zwischen 20° und 25° n. Br. nach Westen steuerte, hatte, seitdem es das Passatgebiet erreicht, fast täglich Gewitter und starke Regenfälle gehabt, und das Wetter blieb dick, regnerisch und gewitterhaft bis zum 10. Dezember, an welchem Tage das Schiff nach 21° n. Br. und 56° w. L. gelangte. Ueber das Wetter am 8. besagt das Journal das Folgende:

Segelschiff ›Magdalene‹. Dezember 8 in 21° n. Br. und 51° w. L.: Um 2¹/₂^h p. m. kam die Luft dick und schauerig im Osten, Südosten und Süden herauf. Bald darauf entlud sich ein Gewitter, wobei der Wind aus Ost zeitweilig mit Stärke 9 wehte, dann aber wieder abnahm. Nachmittags wolkenbruchartiger Regen, anhaltend bis 2^h a. m. des 9., während welcher Zeit das Schiff fortwährend von nahen Gewittern umgeben war. Es blitzte und donnerte zuweilen gleichzeitig; dabei war die Luft so dick und regnete es so kolossal, dass noch bei Tage fast nächtliche Finsterniss herrschte und keine Schiffslänge weit zu sehen war. Einen annähernden Begriff davon, wie es regnete, kann man sich aus der Thatsache machen, dass die Gig, die hinten auf der Reling offen stand und in der wir Wasser fangen wollten, in den 3 Stunden von 2¹/₂^h bis 5¹/₂^h p. m. bis zum Ueberlaufen voll geregnet war. Dieselbe ist in der Mitte 77 cm tief.*) Gegen 5¹/₂^h p. m. wurde es plötzlich still; bald schien von dieser, bald von jener Seite leiser Zug zu sein. Am 8^h p. m. kam der Wind wieder östlich durch und nahm zu.

Die nachstehenden Journal-Berichte betreffen die Stürme vom 14. und 15. Dezember.

Segelschiff ›Wilhelm‹. Dezember 15 in 49° n. Br. und 15° w. L.: Schwerer Sturm aus West bis Nordwest mit orkanartigen Böen; sehr wilde See. Gebrauchten Oel zur Beruhigung der Wellen.

---

*) Die hiernach geschätzte Regenhöhe dürfte mindestens 450 mm ausmachen.

Segelschiff »Polynesia«. Dezember 15 in 48° n. Br. und 12° w. L.: Nachts steifer Wind aus Westnordwest. Nach 2½ʰ a. m. holt derselbe westlicher und nimmt in Puffen zur Sturmesstärke zu. Um 4ʰ 30ᵐ a. m. schwere Gewitterböe mit Regen und Hagel. Von 10ʰ a. m. an voller Sturm (10) aus Westsüdwest; orkanartige Böen und Windstösse mit Regen und Hagel. Es weht unverändert bis 8ʰ p. m.; dann nimmt der Wind, etwas westlicher holend, schnell zur Stärke 8 ab.

Dampfer »Ems«, ostwärts steuernd. Dezember 14 in 45° n. Br. und 48° w. L.: Wind Ost bis Ostsüdost 8, dichter Nebel und Schneegestöber, dunkle verstopfte Luft, hohe See aus Nordost und Südost, Barometer fallend.

Dezember 15 in 47° n. Br. und 40° w. L.: Wind umlaufend durch Südost und Südwest nach Nordwest; Sturm, harte Regenschauer. Während des Vormittags furchtbares Wetter; aussergewöhnlich hohe See. Barometerstand 739.9 mm.

Segelschiff »Hermann«. Dezember 15 in 45° n. Br. und 45° w. L.: Gegen Mittag setzt, nachdem das vorher ziemlich hoch stehende Barometer bis 748 mm gefallen ist, sehr schwerer Sturm aus West ein, der bis 10ʰ a. m. des nächsten Tages anhält. Gebrauchten mit vortrefflichem Erfolge beim Lenzen vor der wilden See Oel zur Beruhigung der Wellen.

3. Die dritte Epoche, vom 16. bis zum 20. Dezember. Die letzte der in der vorigen Epoche auftretenden Depressionen schlug von der Neufundland-Bank, wo sie am 15. Dezember erschien, eine mehr südostwärts gegen die Küste von Südeuropa gerichtete Bahn ein und blieb, nachdem sie den Meeresstrich zwischen den Azoren und den Kanarischen Inseln erreicht hatte, mehrere Tage stationär. Die grösste Tiefe der Depression wurde am 19. Dezember nördlich von Madeira zu 740 mm beobachtet. Auf den ganzen übrigen Theile der Mittelzone, sowie anscheinend auch auf dem Nordmeere herrschte dagegen hoher Luftdruck. In dem Gebiete des letzteren waren zwei Maxima ausgebildet: eines auf der Mitte des Ozeans in 40° bis 50° n. Br., das am 19. Dezember eine Höhe von 778 mm erreichte, ein zweites weniger hohes im Südwesten. Die Isobare von 765 mm, welche das Gebiet hohen Drucks nach Südosten hin begrenzte, verlief ungefähr von 50° n. Br. und 20° w. L. nach 30° n. Br. und 40° w. L. Dies war die Wetterlage der dritten Epoche. Sie bedingte auf dem grössten Theile der Mittelzone eine Luftströmung aus dem östlichen Halbkreise, die besonders auf dem Striche vom Kanal nach den Azoren, wo sie aus Nordost kam, mit grosser Stärke und Beständigkeit auftrat. Vor dem Kanal und in der Umgebung von Kap Finisterre herrschte an mehreren Tagen voller Sturm aus Nord bis Ostnordost. Westliche Winde von einiger Beständigkeit zeigten sich nur im nördlichen Theile der amerikanischen Küstengewässer. Auch hier erreichte der Wind mehrmals die Stärke 8; doch war das Wetter im Ganzen bedeutend weniger stürmisch wie in der zweiten Epoche.

4. Das Maximum auf der Mitte des Ozeans hatte sich während der vorhergehenden Tage langsam südostwärts verschoben. Vom 21. bis zum 24. Dezember, dem Beginne und Ende der vierten Epoche, nahm es die Umgebung der Azoren ein. Auf den nördlichen Theile der Mittelzone gelangten in Folge dessen quer über den Ozean wieder westliche Winde zur Herrschaft. Im Süden blieb der Wind vorherrschend östlich, doch erstreckte sich dessen Gebiet meistens nicht über 35° n. Br. hinaus. Der Luftdruck war anhaltend hoch; das Maximum bei den Azoren hatte eine Höhe von 770 bis 775 mm und die auf der Mittelzone beobachteten niedrigsten Barometerstände lagen nur wenig unter 760 mm. Die Depression im Südosten war schon zu Anfang der Epoche nach dem Mittelmeer

zurückgedrängt worden. Das Wetter war während dieser Epoche für die Jahreszeit sehr ruhig.

5. Am 25. und 26. Dezember, welche beiden Tage als die fünfte Epoche zusammengefasst sind, ging eine rasche Verschiebung in der Druckvertheilung vor sich; in der Weise, dass das Maximum, welches vorher die Wetterlage auf der Mittelzone beherrschte, sich auf den europäischen Kontinent zurückzog und an seiner Statt ein neues, von Westen kommendes Gebiet hohen Luftdrucks die Mitte des Ozeans einnahm. Der Wind machte dabei auf der ganzen Mittelzone einen raschen Umlauf, stellenweise durch alle Striche des Kompasses, blieb jedoch im Norden von 45° n. Br. vorherrschend westlich. In den beiden Gebieten niederen Drucks, von denen das eine die beiden Maxima trennte und das andere sich im Westen des neuerschienenen Maximums befand, bildeten sich anscheinend mehrere Depressionszentren aus, die in nordöstlicher Richtung zogen. Bei ihrem Vorübergang wuchs der Wind mehrfach, wenn auch nur für kurze Zeit, zur Stärke 9 bis 10 an.

6. Während der sechsten Epoche, die vom 27. bis zum letzten Dezember zu rechnen ist, waren die Druckverhältnisse wieder beständiger. Das vorhandene Gebiet hohen Luftdrucks nahm jetzt die östliche Hälfte der Mittelzone ein. Das Maximum von 770 bis 775 mm Höhe lag westlich von Kap Finisterre. Im Westen war der Luftdruck niedrig; doch verschob sich die hier befindliche Depression allmählich nordostwärts, und vom 29. an zeigte sich im äussersten Westen, unter der amerikanischen Küste ebenfalls hoher Druck. Unter dem Einflusse der Druckvertheilung herrschte auf dem nördlichen Theile der Mittelzone eine westliche Luftströmung, und zwar war die vorherrschende Windrichtung vor dem Kanal West bis Nordwest, zwischen 20° und 50° w. L. Süd bis Südwest, westlich von 50° w. L. Nordwest. Am letzten Tage des Monats kam jedoch der Wind unter der amerikanischen Küste aus Ost. An der Küste von Portugal herrschte beständiger Nordostwind, der anscheinend in unmittelbarer Verbindung mit dem Passat stand. Das Wetter blieb auch während dieser Epoche ziemlich ruhig, entsprechend der geringen Tiefe der Depressionen, welche nur am 27. Dezember 750 mm überschritt, an den folgenden Tagen aber nicht 755 mm erreichte. Indessen steigerte sich der Wind, insbesondere an der Rückseite der Depression, aus Nordwest, verschiedentlich zur Stärke 8 und am 27. Dezember wehte er nach dem Berichte von »Emilie«, über welches Schiff das Minimum in 40° n. Br. und 62° w. L. gegen 8ʰ a. m. des genannten Tages hinwegging, für kurze Zeit selbst orkanartig.

Die Direktion der Seewarte.

Dr. Neumayer.

III. Meteorologische Tabellen.

III⁎ Abweichungen von der normalen Temperatur um (

Tag	Bodö	Skudesnäs*	Haparanda*	Stockholm*	Stornoway	Shields	Valencia	St. Mathieu	Paris*	Perpignan*	Borkum	Hamburg	Swinemünde	Neufahrwasser
1	0.2	0.2	1.7	4.7	2.5	3.3	0.3	2.4	4.6	1.1	0.4	2.1	1.9	2.7
2	3.0	6.0	0.2	2.9	4.7	7.1	2.4	0.6	3.7	2.1	0.3	0.9	0.5	0.3
3	5.9	1.7	9.6	1.9	0.3	7.1	0.7	1.5	4.0	6.1	1.8	3.4	2.4	1.0
4	3.4	2.7	0.2	2.5	0.2	1.0	2.6	2.2	8.0	6.2	2.7	2.3	0.9	1.3
5	1.4	1.2	9.8	0.5	3.8	1.4	3.8	0.4	9.5	5.5	0.0	6.4	2.3	0.8
6	2.1	4.6	7.4	3.7	0.7	3.6	3.6	4.3	2.8	2.9	4.8	1.3	0.5	0.3
7	0.1	2.7	6.8	2.7	1.8	0.3	1.2	1.9	4.6	5.7	4.0	6.6	3.0	4.3
8	0.4	0.1	9.0	1.9	1.8	0.2	1.1	4.9	1.2	5.1	0.6	1.0	1.8	4.2
9	3.2	3.0	6.6	5.1	0.1	1.3	0.5	0.4	0.3	1.9	1.9	2.7	3.6	3.5
10	0.8	2.8	10.6	6.9	0.7	2.4	2.2	0.4	0.3	0.5	2.7	2.9	3.8	1.4
11	2.5	0.9	10.4	6.3	0.5	1.2	2.3	4.5	2.5	3.8	1.1	0.4	1.4	2.8
12	2.7	1.5	10.5	5.5	1.1	0.7	1.8	4.4	5.8	3.4	4.1	3.6	2.2	1.7
13	0.1	0.3	10.9	4.9	1.7	2.9	0.1	2.8	2.0	3.0	4.2	2.9	4.1	4.4
14	1.5	0.0	7.5	4.5	1.0	1.0	0.1	4.3	5.8	0.4	3.6	0.2	1.4	2.8
15	4.5	1.8	1.3	1.7	0.5	1.0	3.8	1.8	6.6	1.6	1.8	3.4	3.0	2.1
16	4.9	3.0	11.3	2.9	2.7	0.2	4.3	0.8	1.8	6.2	3.1	4.4	5.3	4.7
17	4.9	3.3	12.9	1.5	7.1	6.1	6.0	0.1	1.6	1.8	1.8	1.0	3.0	3.6
18	3.1	4.9	0.5	0.3	2.7	6.1	6.0	2.0	1.8	0.9	0.6	0.4	0.4	0.0
19	8.5	0.9	0.7	4.5	5.5	6.7	6.5	5.2	3.0	0.2	0.1	0.9	1.1	0.3
20	4.8	2.8	9.7	6.3	8.2	1.6	5.9	6.8	4.0	0.3	1.2	1.6	1.1	1.7
21	5.2	1.6	5.7	10.1	1.2	8.2	0.9	4.5	5.6	3.8	3.6	5.8	1.0	0.7
22	5.0	2.4	1.6	8.3	0.5	2.1	1.3	0.5	9.1	6.3	5.4	2.7	2.1	2.2
23	3.6	3.0	2.2	1.9	2.1	2.1	3.0	1.6	1.2	3.9	4.7	4.7	4.3	5.2
24	1.4	0.3	0.0	0.3	0.5	0.1	0.2	0.2	1.9	6.4	0.0	1.1	4.2	2.4
25	3.0	0.7	0.8	0.9	2.7	2.1	2.5	0.8	2.3	3.9	2.5	0.9	3.0	2.4
26	4.4	1.4	0.4	2.3	3.2	1.5	3.0	1.3	2.6	7.3	0.5	1.6	1.5	3.2
27	4.6	0.8	1.7	3.4	5.5	2.6	0.9	—	0.4	1.8	1.7	1.8	2.1	0.1
28	2.8	0.8	7.5	3.4	1.6	0.4	0.3	3.6	0.6	0.2	0.4	0.7	1.8	0.1
29	0.3	0.5	3.7	1.6	1.6	1.4	1.5	2.2	0.6	2.2	0.6	1.1	2.3	2.3
30	4.5	2.9	2.5	6.0	2.1	4.7	1.2	2.0	0.4	1.8	1.0	1.2	1.7	3.2
31	2.3	0.3	1.7	11.4	1.8	5.3	1.5	4.6	2.4	3.8	1.1	1.6	2.0	2.2
Mittel	1.5	0.1	2.0	0.8	1.7	2.2	1.0	(0.6)	1.2	1.6	0.6	0.1	0.8	1.1

Die Werthe der Temperaturabweichungen beziehen sich für die Norwegischen, Schwedischen, Deutschen und Italienischen Orte auf 8 Uhr morgens, für die Französischen, Oesterreich-Ungarischen und Türkischen auf 7 Uhr morgens.

ı im Monat Dezember 1886 (fette Zahlen +, magere —).

Karlsruhe	München	Wien*	Hermannstadt*	Rom*	Archangelsk*	St. Petersburg**	Moskau*	Baku*	Constantinopel*	Katharinenburg*	Barnaul*	Irkutsk*	Taschkent*	Tag
0.9	1.6	2.0	6.2	1.2	13.6	7.5	6.7	1.9	0.0	2.6	8.0	0.0	4.4	1
2.4	0.3	0.2	1.7	1.9	11.8	7.1	7.6	2.3	3.9	12.1	2.9	9.7	3.5	2
1.7	1.6	0.4	6.1	0.1	10.8	4.6	9.6	2.0	7.5	12.6	6.6	1.4	1.0	3
3.8	2.6	1.6	6.7	2.8	7.8	5.1	9.8	1.5	9.4	12.0	8.7	3.2	0.4	4
4.3	3.2	2.0	—	3.1	6.0	3.9	3.2	0.4	8.2	12.0	5.9	2.7	0.9	5
3.2	6.3	2.4	1.7	5.9	8.3	2.9	11.0	1.2	6.4	9.6	5.7	9.8	1.0	6
6.9	6.4	1.5	0.9	6.9	8.5	6.2	7.2	2.6	4.0	10.8	10.4	7.0	1.6	7
2.6	0.3	4.7	2.5	0.1	8.5	7.0	8.6	4.2	2.3	14.6	9.9	7.8	1.2	8
4.5	6.7	2.5	4.6	2.7	11.5	7.5	7.8	3.8	3.7	14.0	1.6	5.0	1.5	9
2.4	2.2	4.9	11.1	1.1	11.5	8.1	9.4	4.8	4.2	13.1	7.2	12.2	1.7	10
1.7	2.8	2.9	3.1	5.5	12.5	7.9	8.4	5.6	7.8	10.5	10.4	9.2	0.6	11
10.6	10.1	0.6	3.6	2.1	13.0	8.2	11.3	4.2	6.2	8.3	11.0	12.9	2.2	12
6.9	5.8	5.4	3.4	0.1	13.6	7.1	8.1	7.4	6.3	4.8	9.2	10.9	3.8	13
10.0	10.8	3.6	2.1	4.2	11.0	8.6	8.5	7.4	3.9	7.4	6.3	13.1	0.8	14
7.7	5.2	3.6	1.8	0.7	11.4	7.6	9.1	4.9	1.2	5.0	4.4	13.4	1.8	15
4.6	4.8	6.5	0.1	4.5	10.6	6.8	9.5	4.2	2.9	1.0	8.6	7.0	1.8	16
2.2	5.4	11.3	8.4	6.0	8.6	9.8	11.1	4.1	6.4	10.4	7.0	9.1	3.0	17
9.7	2.6	2.9	10.7	6.9	10.4	6.7	14.0	6.8	9.2	13.8	3.2	0.1	1.9	18
1.3	3.1	2.6	11.8	5.6	6.8	6.0	10.6	3.9	9.9	17.8	9.2	3.3	5.4	19
1.2	3.6	3.1	4.8	7.5	3.0	0.8	7.8	2.6	9.5	19.4	13.6	1.0	6.6	20
2.9	0.0	1.9	5.8	7.3	0.9	3.3	3.9	4.4	9.1	—	8.8	2.1	1.3	21
4.3	4.1	2.1	11.2	0.8	3.4	4.9	0.7	3.6	11.0	8.7	8.1	7.7	2.4	22
0.5	3.8	5.9	8.9	7.4	8.8	2.6	4.6	6.5	9.5	2.7	5.9	4.8	2.6	23
2.0	2.8	4.7	4.9	3.5	5.8	3.0	4.5	3.0	8.8	9.0	10.3	11.7	1.0	24
0.6	1.9	0.6	3.6	1.0	2.8	4.3	6.3	4.8	8.2	6.4	5.0	2.9	7.0	25
0.7	1.3	1.7	2.8	3.7	1.8	5.5	1.2	2.8	7.8	12.5	8.9	4.7	3.9	26
2.4	3.6	0.5	2.8	7.1	4.5	3.5	0.1	6.6	7.6	13.7	11.5	5.3	8.9	27
2.6	3.6	5.6	3.2	0.5	10.1	4.0	0.1	5.8	1.4	11.3	6.9	4.6	11.4	28
2.6	3.9	1.2	0.6	1.5	4.7	1.1	1.5	4.6	3.6	2.1	8.0	0.7	2.0	29
1.7	1.1	2.0	5.0	2.1	5.1	3.8	3.0	4.6	8.6	11.4	8.3	1.3	2.2	30
0.3	0.1	2.3	4.6	2.7	0.5	6.1	6.1	5.0	8.0	5.9	11.6	5.3	6.0	31
1.8	2.2	1.8	(3.7)	0.2	6.7	4.7	6.8	4.1	6.3	(8.7)	5.4	5.9	1.0	Mittel

rnd bei den übrigen Beobachtungsorten die von der Seewarte berechneten normalen Temperaturen zu
gt wurden, sind in den mit * versehenen Reihen die Differenzen der Temperaturen und der aus dem
St. Petersburg entnommenen normalen Pentadenmitteln verzeichnet; für St. Petersburg ** sind die Ab-
von der täglichen Normalen derselben Stunde nach demselben Bulletin gegeben.

III^b. Vergleichende Zusammenstellung der thatsächlichen Witter…

	Hamburg												Prognose						Neuf…						
	Wirkliche Witterung																			Wirkliche Wit…					
	8h a. m.					2h p. m.					Niederschlag 8h a.m.—8h a.m.								8h a. m.					2h	
Tag	Temp.-Abw.	Temp.-Aend.	Windstärke	Windricht.	Bewölkung	Temp.-Abw.	Temp.-Aend.	Windstärke	Windricht.	Bewölkung		Temp.-Abw.	Temp.-Aend.	Windstärke	Windricht.	Bewölkung	Niederschlag	Temp.-Abw.	Temp.-Aend.	Windstärke	Windricht.	Bewölkung	Temp.-Abw.	Temp.-Aend.
1	w	a	f	w	b	n	a	f	s'	v	e	—	ua	mf	ww'	b	r	w	u	l	s	b	n	u
2	n	a	f	s	h	n	a	f	s'	v	r	—	a	mf	w	v	r	n	a	l	s'	v	n	a
3	k	a	m	s'	v	n	u	m	w'	v	t	k	—	mf	n	v	r	n	u	l	e	b	n	z
4	k	z	m	s'	v	k	a	m	e'	h	t	k	—	l	w	v	o	n	a	l	w	h	n	a
5	k	a	l	s'	h	k	a	m	w	d	e	—	u	m	ss'	v	e	n	z	m	n'	b	n	z
6	n	z	s	s'	r	w	z	s	s'	b	r	—	z	l	w	b	te	n	u	m	s	b	n	u
7	w	z	s	s'	r	w	u	f	s'	b	r	w	—	mf	w	v	r	w	z	l	s'	b	w	z
8	n	a	s	s'	b	n	a	s	s	b	r	—	a	f	w	v	r	w	u	m	w	b	w	a
9	w	z	s	s'	v	w	z	s	s	v	r	w	—	s	ss'	b	r	w	u	m	s	b	w	z
10	w	u	s	s'	v	w	a	s	s'	h	t	w	—	s	s'	v	r	n	a	l	s	v	n	a
11	n	a	m	w	h	n	a	m	s'	h	r	—	a	m	w	h	o	w	u	l	w	b	n	a
12	w	z	m	s	r	w	z	s	s'	b	r	f/—	—/f	s'	hd		t	n	u	m	s'	h	n	u
13	w	u	f	w	h	w	u	f	w	h	t	w	—	mf	w	v	r	w	z	m	s'	v	w	z
14	n	a	m	s'	b	w	u	m	s'	v	e	—	a	m	w'	v	o	w	a	l	s'	v	w	u
15	w	z	l	s	b	w	z	l	e'	d	e	—	u	mf	s	b	r	w	u	l	s'	b	w	u
16	w	u	f	s'	h	w	u	s	s'	b	t	—	u	m	—	b	r	w	z	l	s	b	w	z
17	n	a	m	s'	v	w	u	f	w	v	r	w	—	l	—	v	r	w	a	l	n	r	w	a
18	n	u	l	n'	r	n	a	l	w	r	r	—	a	m	—	v	te	n	a	l	s'	v	n	a
19	n	a	l	w	d	n	a	l	e'	b	t	k	—	m	w	v	v	n	u	f	w	h	n	u
20	n	u	l	n'	d	n	u	m	n'	b	t	k	—	l	—	b	r	n	z	l	n	b	n	u
21	k	a	m	n	h	k	a	l	n	v	t	f	—	m	e	b	r	n	a	m	e	b	k	a
22	k	z	l	n	b	k	z	l	n	b	e	f	—	m	n'	hd	t	k	a	f	e	b	k	u
23	k	a	l	e'	r	k	a	l	n	b	e	—	z	fs	s'	b	r	k	a	l	s	b	k	a
24	n	z	l	s'	b	n	z	m	s'	b	r	f	—	l	—	b	r	k	z	m	w	v	k	z
25	n	z	l	s'	d	n	z	f	w	b	r	—	—	m	ss'	b	r	k	u	l	s	d	k	a
26	n	a	l	s'	h	n	a	m	s'	b	e	—	a	m	ww'	v	v	k	u	l	s	d	n	z
27	n	u	f	e'	r	n	a	m	e'	b	r	—	z	m	s'	v	v	n	z	l	s	d	n	u
28	n	z	m	w	b	n	z	m	s'	b	r	—	u	mf	—	v	v	n	u	m	s	b	n	z
29	n	u	l	s	r	n	u	l	s'	d	r	w	—	mf	w	v	v	w	z	l	s'	d	n	u
30	n	u	l	n'	d	n	u	l	n'	d	e	—	a	m	w'	vd	v	w	u	l	n	b	n	u
31	n	a	l	n'	h	n	a	l	n	v	t	—	a	l	n'	vd	o	w	a	f	n'	b	n	a

In den Angaben der wirklichen Witterung zu den Beobachtungs-Terminen 8h a. m. und 2h p. m. bedeutet
Temperatur-Abweichung: k = kalt (negative Abw. > 2°), n = normal (Abw. 0—2°), w = warm (positive A…
Temperatur-Aenderung: a = Abnahme, u = unveränderter Stand (Aenderung < 1°), s = Zunahme der T…
Windstärke: l = leicht (0—2), m = mässig (3—4), f = frisch (5—6), s = stürmisch (> 6);
Windrichtung: n, e, s, w = N, E, S, W; n', e', s', w' = NE, SE, SW, NW; x = Stille; für die
striche werden die auf der Windrose bei Drehung von Süd über West nach Nord zunächst liegenden Hauptstrich…
Bewölkung: h = heiter (0—1), v = wolkig (2—3), b = bedeckt (4), r = Niederschläge, d = Nebel, D…

u	mſ	s'w	b	r	n z m s' b	n a l w r	r	—	u	mſ	s'w	b	r	1									
a	mſ	ww'	v	r	n a l w' r	k a l x r	r	—	a	mſ	w	v	r	2									
u	mſ	e	v	r	n a l n r	k u l e' b	r	—	u	l	—	v	r	3									
—	l	w	v	o	k a m n' b	k a l n d	r	k —	l	w	v	o	4										
u	m	ss'	v	e	k u ſ w' r	k u m w' b	e	—	u	l	—	v	e	5									
z	m	—	b	r	k a m w' v	n z l s' b	t	—	u	l	—	v	te	6									
—	mſ	w	v	r	w z ſ s' b	w z l w v	t	w —	mſ	w	v	r	7										
—	ſ	s'	b	r	n a m e' h	n a m e h	t	—	a	ſ	w	v	r	8									
—	s	ss'	b	r	w z m s' b	w z l s' b	e	w —	s	ss'	b	r	9										
—	s	s'	v	r	w a ſ s' r	n a ſ w v	e	w —	s	s'	v	r	10										
ua	m	s'	h	o	w u m w b	w z m w b	r	—	a	m	w	h	o	11									
—	-/ſ	s'	hd	t	w z s s' b	w u m w' r	r	ſ/— —	-/ſ	s'	hd	t	12										
—	s	s'	b	r	w a s w r	w z s w h	e	w —	mſ	w	v	r	13										
a	mſ	w	v	r	w z s s' b	w z s w v	t	—	a	m	w'	v	o	14									
u	m	ws'	v	o	w a m e' v	w u l x v	t	w —	mſ	s'	b	r	15										
—	m	s	b	r	w u ſ e' b	w a m e b	e	w —	m	w	b	r	16										
—	mſ	ws'	v	v	w u ſ w' r	w a l n' b	t	w —	m	—	b	r	17										
a	m	—	v	te	w a l e' v	w z ſ w v	r	—	a	m	—	v	te	18									
—	m	w	v	v	w u m n' r	w a m e' b	e	—	a	m	w	v	o	19									
—	m	—	v	v	w u m n' d	w u m e b	r	—	uz	l	—	b	r	20									
—	m	e	b	r	n a m w' r	k a l x r	r	ſ —	m	e	b	r	21										
—	m	n'	hd	t	k a ſ w b	k a ſ w b	e	ſ —	m	—	b	r	22										
—	m	e'	b	r	k a l e' r	n a ſ w b	e	—	z	s	s'	v	r	23									
z	l	—	b	r	w z ſ w r	n u l s' v	r	ſ —	l	—	b	r	24										
—	m	ss'	b	r	n a l w r	n a m w r	r	— —	m	ss'	b	r	25										
z	m	s'	b	r	n u m w b	k a l e' h	t	—	a	m	ww'	v	v	26									
—	m	ws'	v	v	k a l s b	n z l x v	t	—	z	m	—	v	v	27									
z	mſ	ss'	b	r	w z ſ w v	w z m w b	r	w —	mſ	w	v	v	28										
—	mſ	w	v	v	w u l s r	n u l w' b	r	w —	mſ	w	v	v	29										
a	l	s	v	v	n a m s' b	n a l x r	r	—	a	l	—	v	v	30									
a	l	n	v	r	n a m w' r	k a ſ n' b	e	—	a	l	—	v	r	31									

lag: t = trocken, e = etwas Regen (o—1.5 mm), r = Regen, Schnee etc. (> 1.5 mm), g = Gewitter.
;aben des Niederschlages gelten für die Zeit von 8ʰ a. m. des angegebenen Tages bis 8ʰ a. m. des folgenden.
r Prognose halten die Zeichen in den bezüglichen Stellen die gleiche Bedeutung, nur bei Bewölkung ist
erlich; es treten ferner hinzu die folgenden Zeichen, bei Temperatur-Abweichung: f = Frost, bei Niederschlag:
rlich, o = ohne wesentliche Niederschläge. Die Prognose steht bei dem Datum, für welches sie gegeben ist.
e bedeuten: Zähler »zuerst«, Nenner »dann«. Ist für die der Stelle entsprechende Witterungs-Erscheinung
e nicht gestellt, so wird dies durch — angedeutet.

III a. Monatssumme des Niederschlags in Millimetern auf den Normal-Beobachtungs-Stationen und Signalstellen der Deutschen Seewarte.
Dezember 1886.

Station	mm	Station	mm	Station	mm
Memel	62	Stralsund	—	Tönning	64
Brüsterort	34	Darsserort	66	Cuxhaven	116
Pillau	20	Wustrow	48	Geestemünde	70
Hela	20	Warnemünde	41	Bremerhaven	—
Neufahrwasser	20	Wismar	54	Neuwerk	—
Rixhöft	23	Marienleuchte	60	Keitum	124
Leba	61	Travemünde	62	Brake	59
Stolpmünde	32	Friedrichsort	81	Weserleuchtthurm	—
Rügenwaldermünde	39	Kiel	18	Wilhelmshaven	64
Colbergermünde	45	Schleimünde	52	Schillighörn	—
Swinemünde	31	Hamburg	72	Wangerooge	55
Ahlbeck	23	Altona	—	Karolinensiel	102
Greifswalder Oie	—	Aarösund	80	Nesserland	71
Thiessow	19	Flensburg	97	Norderney	98
Arkona	20	Brunshausen	44	Borkum	124
Wittower Posthaus	44	Glückstadt	67		

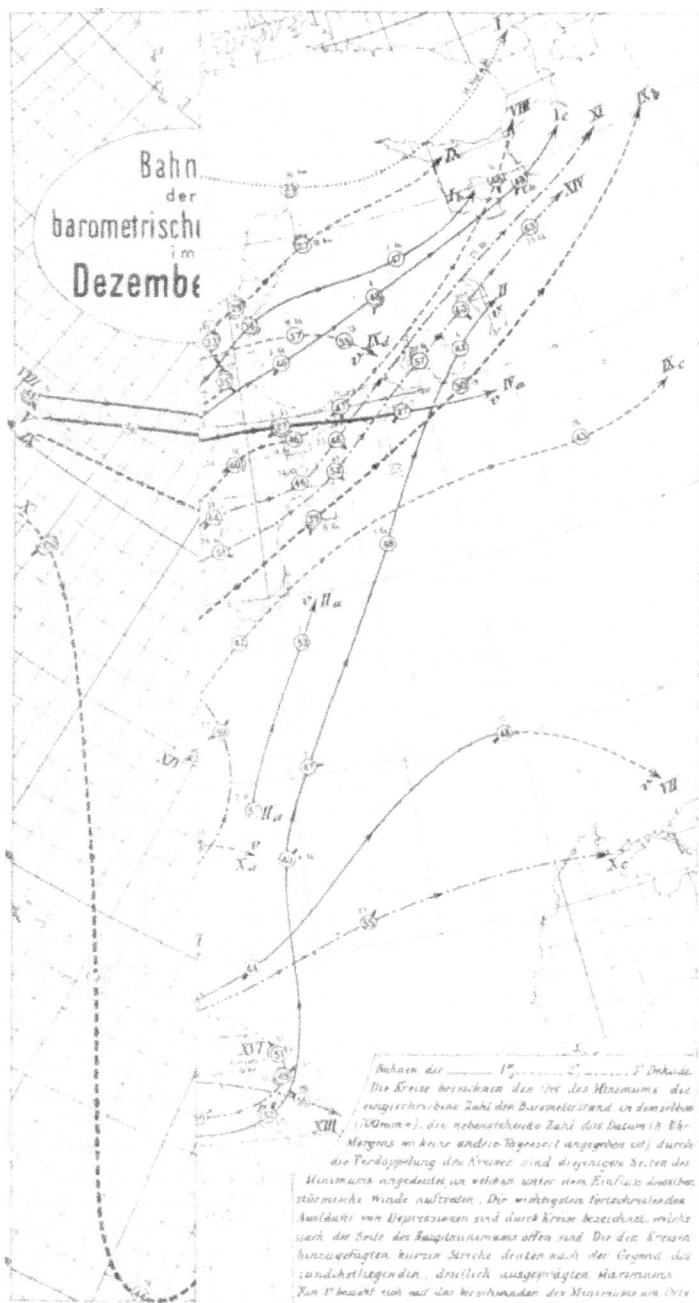

Bahn
der
barometrischen
im
Dezember

Tage it st. Wind	Stationen	Winde %/o	1. Dekade		2. Dekade		3. Dekade		Winde %/o	
			Ostsee	Nord-see *)	Ostsee	Nord-see *)	Ostsee	Nord-see *)		
4	Memel	N	2	3	2	1	6	14	N	
2	Neufahrwasser	NE	2	1	4	9	17	18	NE	
5	Swinemünde	E	0	0	3	6	9	11	E	
7	Wustrow	SE	5	3	7	7	19	8	SE	
1	Kiel	S	36	14	27	9	25	8	S	
		SW	38	47	26	34	11	23	SW	
3	Hamburg	W	16	26	25	22	9	9	W	
0	Keitum	NW	1	6	5	7	3	3	NW	
3	Wilhelmshaven Borkum	Stille	0	0	1	6	1	6	Stille	

Mittel- und Summenwerthe der Dekaden.

ocenten			Windgeschwindigkeit in Metern per Secunde		Stationen
W	NW	Stille	Mittel	Tage mit = oder > 15 m	
12	7	0	8.17	1. 2. 6.—8. 13. 14. 18. 19. 24.	Memel
15	2	0	5.96	6.	Neufahrwasser
19	2	0	8.28	6.—9. 12. 13 21.	Swinemünde
18	4	0	9.29	1. 2. 6.—10. 12.—14. 16.—19.	Wustrow
18	2	3	7.12	6. 8.—10. 12. 13. 16.	Kiel
11	2	1	8.98	1. 2. 6.—10. 12. 13. 16.	Hamburg
23	12	3	6.34	4. 6. 8. 9. 12. 13. 16.	Keitum
23	1	7	7.69	2. 6.—10. 12. 16.	Wilhelmshaven Borkum

Monatliche Summen und Mittel für die Windverhältnisse.

24.	25.	26.	27.	28.	29.	30.	31.	Da-rum / Stationen
10.38	6.79	3.22	5.02	7.78	5.63	2.91	6.00	Memel
5.19	3.17	2.75	4.84	5.50	1.66	4.27	8.93	Neufahrwasser
6.46	5.03	6.29	9.00	6.37	3.35	2.66	9.27	Swinemünde
8.00	5.34	8.74	7.95	8.24	4.13	3.29	4.59	Wustrow
4.37	4.98	6.70	4.64	5.75	4.00	3.64	4.27	Kiel
6.62	6.00	6.89	6.57	7.28	5.13	4.47	4.99	Hamburg
3.33	3.85	5.92	6.50	3.63	3.42	4.88	2.53	Keitum
5.48	6.08	6.13	6.48	6.56	4.63	8.09	4.75	Wilhelmshaven Borkum

Tagesmittel der Windgeschwindigkeit nach dem Anemometer.

aach den Aufzeichnungen der Barographen in Memel 773.0 mm, 10$^{1}/_{2}$ʰ p. m. am 21 und
astrow 775.6 mm, 4ʰ—5ʰ p. m. am 31. und 728.9 mm 0ʰ—8ʰ a. m. am 9., in Hamburg
— Die mittlere Temperatur wird auf dreierlei Weise berechnet, als $^{1}/_{2}$ (8 a. + 8 p.),
ation als allgemeines Temperaturmittel angenommen, was dem wahren Mittel sehr nahe

lofser Thaubildung sind ausgeschlossen, auch wenn die Thaumenge eine meßbare Größe
esselben Horizontal-Abschnitts enthält das Procentverhältniß der Windrichtungen in den
die einzelnen Stationen ist, um die Lage der Luvseite anzudeuten, von je zwei entgegen-
Windrichtung an, wie dieselbe sich aus den Aufzeichnungen der Registrir-Anemometer
frei aufgestellt.) Das Mittel dieser Werthe oder die mittlere Windgeschwindigkeit des
Stunde 15 m per Secunde erreichte oder überstieg.

www.ingramcontent.com/pod-product-compliance
Lightning Source LLC
Chambersburg PA
CBHW021524210326
41599CB00012B/1370